超(超)临界机组
模拟量控制系统的调试及优化

赵志丹　高　奎　陈志刚　王　峥
　　　　　　　　　　　　　　　　　编著
王海涛　梁　朝　郝德锋

中国电力出版社
CHINA ELECTRIC POWER PRESS

内 容 简 介

本书由多位从事火力发电机组控制策略设计、组态、调试、优化及试验的热控专业人员共同完成。总结了亲身参与的百余台超（超）临界机组的模拟量控制经验，从国内第一台超临界机组到当前投产的最新型机组的控制策略。本书共分为十章，内容包括超（超）临界机组模拟量控制策略，采用不同辅机类型及运行工艺下的机组控制策略及相关特点，针对机组节能及电网考核指标进行的控制优化。

本书可供从事超（超）临界燃煤发电机组控制策略设计、组态、安装、调试、电厂运行、电厂检修的工程技术人员及管理人员阅读，也可作为电厂运行、检修人员的培训教材和高等院校相关热力发电专业师生的参考用书。

图书在版编目（CIP）数据

超（超）临界机组模拟量控制系统的调试及优化/赵志丹等编著. —北京：中国电力出版社，2016.2（2025.3 重印）
ISBN 978-7-5123-8600-6

Ⅰ.①超⋯ Ⅱ.①赵⋯ Ⅲ.①火力发电-发电机组-超临界机组-模拟量-控制系统-研究 Ⅳ.①TM621.3

中国版本图书馆 CIP 数据核字（2015）第 283474 号

中国电力出版社出版、发行
（北京市东城区北京站西街 19 号 100005 http://www.cepp.sgcc.com.cn）
北京世纪东方数印科技有限公司印刷
各地新华书店经售

*

2016 年 2 月第一版 2025 年 3 月北京第三次印刷
787 毫米×1092 毫米 16 开本 15.5 印张 365 千字
印数 2501—3000 册 定价 **60.00** 元

前 言

我国 2014 年的煤炭产量为 38.7 亿 t，接近世界煤炭总产量的一半，而其中 50% 的煤炭产量用于火力发电。随着经济的发展，特别是环保要求的日益提高，燃煤发电与环境保护之间的矛盾日益突出。如何实现节能降耗并减少对环境污染的问题，已经成为发电设备技术发展的主要趋势。而增大机组容量，提高机组的运行参数等级是实现这一目标的重要手段。因此，超临界、超超临界、高效超超临界以及二次再热超超临界发电机组已逐步成为燃煤发电机组的主流和发展方向。同时，上述机组的辅机设备也在不断发生改变，汽动引风机、低低温省煤器、超临界热-电联产等正逐步得到推广。这些都要求机组的运行水平及自动控制品质必须得到保障，这就对控制策略的发展和完善提出了更高的要求。此外，随着国内装机容量的增加，各电网的自动调度水平逐步提高，发电厂之间对机组负荷的占比出现竞争。这也要求机组的自动控制策略在满足自身运行稳定的前提下，还要充分考虑电网的相关指标，同时确保在发电负荷的竞争中处于领先的地位。

为适应超临界机组的发展，相应的自动控制策略必须进行不断地创新和完善。我们总结了十几年来所承担的 350MW 超临界和 600、660、1000MW 超临界、超超临界、高效超超临界及正在开展的二次再热超超临界项目，从机组的总体控制策略及不同辅机配置所带来的控制策略上的差异出发，从基建期间机组自动控制的投入及机组投产后的控制策略优化，就机组自动控制方面出现的问题，结合锅炉、汽轮机、性能试验等方面的专家和工程师，与组态设计和运行技术人员一起，对控制对象以及控制方式进行深入分析和反复探索，开展了大量的研究工作，控制对象涵盖了三大主机厂的主流机组。通过总结多年的试验和实践，并吸收国际先进控制理念，形成了适用于我国国情的相关控制策略，并在多台机组的调试和优化工作中进行了推广应用，取得了良好的效果。希望本书的出版能为超临界机组控制技术的发展做出贡献。

本书由赵志丹、高奎、陈志刚等编著。第一、三章由高奎编写；第二、十章由赵志丹编写，第四章由王峥编写，第五、六章由陈志刚编写，第七章由郝德锋编写，第八章由梁朝编写，第九章由王海涛编写。赵志丹负责全书的总体组织和统稿。

本书编著具有多台超临界、超超临界、高效超超临界、二次再热超超临界机组的控制组态、调试、试验研究及控制优化的经验。并在试验研究和编写过程中得到了多个项目上许多同事的大力支持和帮助；本书编写过程中还借鉴了国内外多位研究者的最新研究成果，在此一并表示感谢！

由于成书仓促，内容较为复杂，不足之处敬请读者批评指正。

编 者
2015 年 10 月

目　录

前言

第一章　超（超）临界机组的相关简介及控制要求 ················· 1
　第一节　超（超）临界机组的相关简介 ····················· 1
　第二节　超（超）临界机组模拟量控制的基本要求 ············· 7

第二章　超临界机组的模拟量控制 ······················· 12
　第一节　超临界机组模拟量控制的特点及要求 ··············· 12
　第二节　超（超）临界机组模拟量控制的基本内容 ············· 25
　第三节　超（超）临界机组模拟量控制优化的总体思路 ··········· 69
　第四节　主要 DCS 系统模拟量控制的相关要点 ··············· 77

第三章　双进双出钢球磨制粉系统模拟量控制的优化 ············· 99
　第一节　双进双出钢球磨直吹式制粉系统简介 ··············· 99
　第二节　双进双出钢球磨直吹式制粉系统模拟量控制的特点 ········ 104

第四章　风扇磨煤机制粉系统模拟量控制的优化 ··············· 112
　第一节　风扇磨煤机制粉系统介绍 ····················· 112
　第二节　风扇磨煤机制粉系统模拟量控制的特点 ·············· 117

第五章　采用汽动引风机机组模拟量控制的优化 ··············· 122
　第一节　汽动引风机系统简介 ······················· 122
　第二节　汽动引风机炉膛负压控制策略 ··················· 130
　第三节　凝汽式汽动引风机的 RB 试验 ··················· 136
　第四节　回热式（背压式）汽动引风机 RB 控制策略 ··········· 139

第六章　一次调频控制的优化 ························· 148
　第一节　一次调频控制的构成及运行方式 ················· 148
　第二节　一次调频控制策略的优化 ····················· 151

第七章　抽汽供热机组控制的优化·························· 158

第一节　工业供热超临界机组相关系统的简介·················· 158

第二节　工业供热超临界机组热负荷控制的优化················ 161

第三节　采暖供热超临界机组相关系统的结构·················· 164

第四节　采暖供热超临界机组负荷控制的优化·················· 165

第八章　针对机组经济指标进行控制上的优化············ 170

第一节　机组滑压曲线的优化······························ 170

第二节　凝结水系统控制的优化···························· 174

第三节　低温烟气换热器控制优化·························· 181

第九章　机组相关改造后的控制优化······················ 187

第一节　机组引增合一改造后的控制优化···················· 187

第二节　机组环保改造后进行的优化························ 192

第十章　超临界机组控制技术的发展······················ 200

第一节　超（超）临界机组 APS 控制技术·················· 200

第二节　二次再热机组控制策略的特点······················ 221

参考文献·· 238

第一章

超（超）临界机组的相关简介及
控制要求

目前，我国的电力工业仍以燃煤发电机组为主，煤炭化石燃料的日渐紧缺以及煤炭燃烧后污染物排放所引起的环境污染问题已经成为当前引人关注的难点问题。燃煤火电机组对环境的影响直接制约了煤电的可持续发展，解决煤电的可持续发展问题是我国电力工业可持续发展的重要任务。

为节约能源和减轻环境污染，国内外正在开发多种洁净煤发电技术，包括循环流化床（CFB）、增压流化床联合循环（PFB-CC）、整体煤气化联合循环（IGCC）以及超临界（SC）与超超临界技术（USC）。在同等蒸汽参数情况下，联合循环的效率比蒸汽循环的效率高10％左右，但 PFB-CC 和 IGCC 尚处于试验或示范阶段，在技术上及经济性上仍存在许多不完善之处。

超临界技术已十分成熟，超超临界机组也已在我国批量投运，这些都积累了良好的运行经验，形成了一套完整而成熟的设计、制造技术。与此同时，材料工业的发展使超临界机组采用更高参数成为可能，因此，技术成熟的大容量超临界、超超临界、高效超超临界以及二次再热超超临界机组将是我国清洁煤发电技术的主要发展方向，也是现阶段提高煤电效率、降低单位发电量污染物排放最有效的手段之一，为解决能源利用率低和环境污染严重等问题提供了最现实和最有效的途径。

第一节　超（超）临界机组的相关简介

一、发展历程

自 20 世纪 50 年代开始，以美国和德国为代表的工业发达国家开始研究并发展超临界和超超临界机组，经过 30 多年的研究、完善和发展，到 20 世纪 80 年代，超临界、超超临界发电技术逐步趋于成熟，随着运行可靠性、可用率的不断提高，超临界机组逐步成为发展燃煤火电机组的主导方向。进入 20 世纪 90 年代后，随着对环保要求的日益严格和新材料的成功开发，发电效率更高、污染物排放量更少的超超临界火力发电技术得到迅速发展和成功应用，到 20 世纪 90 年代末期，超超临界火力发电技术已经成为成熟、先进、高效的洁净燃煤发电技术的主流。

美国是世界上发展超临界发电技术最早的国家，早在 20 世纪 50 年代就开始超临界发电技术的探索和研究。美国拥有 9 台世界上容量最大的超临界机组，单机容量 1300MW。世界上第一台超超临界机组于 1957 年在美国 Philo 电厂投入商业运行，该机组由 B&W 和 GE 公司设计制造，蒸汽参数为 31MPa/621℃/566℃/566℃，容量为 125MW，采用二次中间再热。由于超临界机组的热效率同亚临界机组相比有明显提高，因此从 20 世纪 60 年代中期开始，超临界机组在美国得到迅速发展。

苏联是发展超临界机组最坚决的国家，也是当时拥有超临界机组最多的国家。1949 年，苏联投运了第一台超超临界试验机组，锅炉容量 12t/h，蒸汽参数 29.4MPa/600℃，积累一定经验后便开始生产 300MW 超临界机组，并在之后逐步形成 300、500、800、1200MW 四个容量等级的超临界机组。

日本从 20 世纪 60 年代中期开始发展超临界机组，主要采用引进、仿制、创新的技术路线，虽然起步较晚，但吸收了美国和欧洲的最新技术，发展速度很快，收效显著。日本第一台超临界机组是日立公司从美国 B&W 公司引进的蒸汽参数为 24.12MPa/538℃/566℃，容量为 660MW 的超临界机组，于 1967 年在姊崎电厂投运。

德国也是发展超临界技术最早的国家之一。1956 年，德国投运了一台容量为 88MW，蒸汽参数为 34MPa/610℃/570℃/570℃的超超临界机组，但因机组容量小，未获得很大发展。1972 年投运了一台容量为 430MW，蒸汽参数为 24.5MPa/535℃/535℃的超临界机组；1979 年投运了一台容量为 475MW，蒸汽参数为 25.5MPa/530℃/540℃/530℃的超临界机组。德国开发的螺旋管圈水冷壁锅炉，实现了超临界锅炉的滑压运行，目前在欧洲和日本的全滑压运行超临界机组广泛采用了这类锅炉。

丹麦于 1997 年、1998 年投运了两台容量为 411MW、蒸汽参数为 29MPa/582℃/580℃/580℃的二次中间再热超超临界机组，机组效率为 47%，净效率达 45%，采用海水冷却，汽轮机背压为 2.6kPa。2000 年投运了一台容量为 410MW，蒸汽参数为 30.5MPa/582℃/600℃的超超临界机组，设计效率为 49%，是世界上迄今为止热效率最高的火电机组。

20 世纪 90 年代，我国引进了一批超临界火力发电机组。经过多年的运行实践和不断地研究、总结，为我国发展国产化超临界机组积累了宝贵的经验。1992 年投产的华能石洞口第二发电厂 2×600MW 进口超临界机组标志着我国拥有了高效发电机组。2004 年，首台国产化 600MW 超临界机组在华能沁北电厂成功投入商业运行，掀开了我国火电工业建设的新篇章。从"十一五"初期开始，我国超（超）临界机组即呈现出快速发展的趋势，600MW机组基本上都采用了超临界或超超临界参数，1000MW 机组全部采用了超超临界参数。自2006 年以来，随着华能玉环电厂、华电国际邹县发电厂、国电泰州电厂、上海外高桥第三发电厂、国电北仑电厂等一批 1000MW 超超临界机组投产及稳定运行，超超临界机组的单机容量、参数和数量已达到国际先进水平，具备了 1000MW 级超超临界电厂全部自主设计能力并达到国际先进水平，在设备设计制造水平上具备了 600MW 和 1000MW 等级超超临界机组制造能力。

为进一步降低能耗，减少污染排放、改善环境，在材料技术发展的支持下，超临界机组正在朝着更高参数的高效超超临界方向发展。

美国正在进行新一代（760℃）的超超临界参数机组的锅炉材料研究计划，以开发温度和压力更高的超超临界机组。2001 年，美国启动先进超超临界发电技术研究计划，研发目标是开发蒸汽参数达到 760℃/760℃/38.5MPa 的火电机组，效率达到 46%～48% 以上。

俄罗斯致力于新一代高效超超临界机组的设计工作，蒸汽参数为（30～32）MPa/（580～600）℃/（580～600）℃，给水温度为 300℃，当凝汽器压力 3.4～3.6kPa 时，预计电厂效率可达 44%～46%。

日本于 2000 年开始"700℃级别超超临界发电技术"可行性研究，2008 年 8 月正式启动"先进的超超临界压力发电（A-USC）"项目的研究，目标是开发 700℃级燃煤发电机组，已确定机组参数先实现 35MPa/700℃/720℃/720℃，最终将再热蒸汽温度提高到 750℃，机组净效率达到 46%～48%。

欧盟近年来正在进行"Thermie700 计划"，目标是使下一代超超临界机组的蒸汽参数达到 37.5MPa/700℃/700℃，从而使热效率达到 52%～55%。

在我国，国家科技部已将 700℃以上高参数超超临界发电列入"十二五"规划，重点组织开发技术研究，确定了目标参数为：压力≥35MPa、温度≥700℃、机组容量≥600MW，并具体制定了研发初步进度，争取在"十二五"末建立示范电站。2010 年 7 月，国家能源局成立了"国家 700℃超超临界燃煤发电技术创新联盟"，宗旨是通过对 700℃超超临界燃煤发电技术的研究，有效整合各方面资源，共同攻克技术难题，提高我国超超临界机组的技术水平，实现 700℃超超临界燃煤发电技术的自主化，带动国内相关产业的发展，为电力行业的节能减排开辟新的路径。

二、超（超）临界机组的分类

由于水蒸气存在明确的临界点参数，即：临界压力为 22.129MPa，临界温度为 374.15℃，临界焓为 2095.2kJ/kg，临界熵为 4.4237kJ/(kg·K)，临界比容为 0.003147m³/kg，所以超临界机组有着明确的物理意义，即主蒸汽压力超过 22.129MPa 的机组称为超临界机组。

随着超临界机组的发展，蒸汽参数进一步提高，循环热效率相应得到提高，为了便于区分，提出了超超临界机组及高效超超临界机组的概念。超临界机组、超超临界机组及高效超超临界机组的蒸汽参数划分尚未有统一的看法，按照机组的发展阶段，工程上一般把主蒸汽温度介于 540～571℃，主蒸汽压力介于 23～26MPa 之间的发电机组划分为超临界机组，把主蒸汽温度在 600℃左右，主蒸汽压力介于 26～29MPa 之间的发电机组划分为超超临界机组，把目前处于研究和大力发展的主蒸汽温度介于 650～710℃，主蒸汽压力超过 30MPa 的发电机组划分为高效超超临界机组。

超（超）临界机组模拟量控制的主要内容是协调控制，协调控制将汽轮机和锅炉作为整体进行考虑，保证锅炉能量输出与汽轮机能量输入之间的平衡，满足机组具备快速负荷响应能力的同时，维持机组主要运行参数稳定。不同型式的锅炉具有不同的运行特性，协调控制系统的调试及优化工作必须对这种特性予以考虑，并根据机组运行情况的特点，设计合理的协调及子系统的控制策略。

根据整体布置方式的不同，超（超）临界煤粉锅炉的主要采用Ⅱ型和塔式两种，也有采用 T 型的布置方式。Ⅱ型锅炉高度较低，受热面易于布置成逆流传热方式，尾部烟气向下流动，有利于吹灰，但其占地面积大，烟道转弯影响传热性能。塔式锅炉再热器压降小，高压汽水系统压降小，烟气阻力小，尾部受热面烟气温度偏差小，但锅炉高度较高，安装及检修费用有所提高，对于灰分较高的燃煤，积灰塌落易引起燃烧不稳甚至灭火。

根据燃烧器结构及布置不同，超（超）临界锅炉燃烧方式可分为切向燃烧、墙式燃烧及W型火焰燃烧三种方式。切向燃烧中四角火焰相互支持，一、二次风混合便于控制，煤种适应性更强，燃烧器为直流、可摆动式，有利于汽温调节。墙式燃烧上部炉膛宽度方向上的烟气温度和速度分布比较均匀，使过热蒸汽温度偏差较小，并可降低整个过热器和再热器的金属最高点温度。W型火焰燃烧下炉膛截面积偏大且四周敷设卫燃带，可使煤粉火焰具有较高温度而又不易冲墙，减少结渣危险，对于难燃的贫煤及无烟煤在燃烧稳定性上优于切圆及墙式燃烧方式。

三、超（超）临界机组主要辅机的区别

1. 锅炉启动系统

直流锅炉在启动前必须建立一定的启动流量和启动压力，强迫工质流经受热面，使其得到冷却。直流锅炉不像汽包锅炉那样有汽包作为汽水固定的分界点，水在锅炉管中加热、蒸发和过热后直接向汽轮机供汽，而在启停或低负荷运行过程中有可能提供的是不合格蒸汽，可能是汽水混合物，甚至是水，因此，直流锅炉必须配套一个特有的启动系统，以保证锅炉启/停和低负荷运行期间水冷壁的安全和正常供汽。

根据超临界直流锅炉启动分离器的运行方式，启动系统可分为内置式和外置式两种。外置式分离器启动系统只在机组启动和停运过程中投入运行，在正常运行时解列于系统之外，系统解列或投运前后操作复杂，汽温波动大，难以控制，对汽轮机运行不利，因此，外置式分离器启动系统在现代超临界及超超临界锅炉上已不使用。内置式启动分离器在锅炉启/停及低负荷运行期间保持湿态运行，起汽水分离作用，而在锅炉正常运行期间，汽水分离器仅作为蒸汽通道。内置式汽水分离器系统简单，操作方便，从根本上消除了外置式分离器解列或投运操作所带来的汽温波动问题，在超临界及超超临界锅炉上得到广泛应用，我国的超临界、超超临界锅炉全部采用内置式分离器启动系统。

内置式分离器启动系统根据疏水回收系统的不同，基本可分为扩容器式、循环泵式和热交换式三种。不同的内置式分离器启动系统各有优缺点，扩容器式启动系统投资少、运行操作方便、容易实现自动控制、维修工作量少，但运行经济性差；循环泵式启动系统工质和热量回收效果好、但投资大、运行操作相对复杂、转动部件的运行和维护要求高、循环泵的控制要求高；热交换器式启动系统运行操作方便、工质热量回收效果好、维修工作量少，但投资大、金属耗量大。启动系统的选择一般以用户要求为主，主要考虑投资大小和运行维修的方便性。国产超临界锅炉基本采用带循环泵和扩容式两种内置式分离器启动系统，超超临界锅炉普遍采用带循环泵的启动系统。

2. 制粉系统

磨煤机及制粉系统的选型是电厂安全、稳定、经济运行的保证。磨煤机根据其工作转速可分为低速磨煤机、中速磨煤机及高速磨煤机，制粉系统一般分为贮仓式制粉系统和直吹式制粉系统两大类。根据制粉系统内干燥介质的压力不同，又可分为正压系统及负压系统。

大型超（超）临界机组制粉系统为了简化系统，增加安全性，系统按抗爆压力设计，不设防爆门，同时为减少煤仓间的建筑投资，大多采用直吹式系统。直吹式制粉系统磨煤机型式主要有中速磨煤机、双进双出钢球磨煤机、风扇磨煤机。

中速磨煤机的优点是电耗较低、空载功率小、噪声小、整套磨煤装置紧凑、占地面积比

钢球磨小、碾磨部件磨损轻、启动迅速、负荷调节特性好，一般均能适用于烟煤和贫煤的磨制。但是，磨煤机对原煤带进的三块（铁块、木块和石块）的敏感性比其他类型磨煤机大，运行中易引起磨煤机振动、石子煤排放量增大等故障，磨煤机通风阻力较大，磨煤机结构较为复杂、运行和检修的技术水平要求较高，对煤种的适用性有限，不易磨制高灰分的硬质煤。当煤种适宜时优先采用中速磨煤机是合理的，在目前投产的超（超）临界机组制粉系统中，中速磨煤机制粉系统是较为普遍使用的系统。

双进双出钢球磨最突出的优点是煤种适应性广，运行稳定可靠，维修方便，可在运行中填补钢球，运行周期较长，对磨制煤种的可磨性指数和磨损指数没有任何限制，可以磨制包括褐煤在内的所有煤种，特别适用于磨制低挥发分的无烟煤以及高灰分的贫煤。然而，钢球磨煤机及其制粉系统也存在诸如系统复杂、运行电耗高、部件多、占用空间大、耗钢多、磨损大、噪声大、爆炸事故多、用于正压系统时密封困难等缺点。因此，在磨制其他磨煤机不能胜任的煤种或无合适规格的其他磨煤机时，选用钢球磨煤机是合理的。我国电厂燃煤煤种混杂且煤质劣化的趋势对超（超）临界机组的安全稳定运行带来巨大压力，因此，钢球磨煤机制粉系统在超（超）临界机组上也得到了较多的使用。

在各类磨煤机中，风扇磨煤机的制粉电耗最低，可以磨制外在水分高的煤种。风扇磨煤机属于高速转动的磨煤机，其破碎方式以高速撞击为主，在磨煤机运行过程中会产生强烈的冲刷磨损，特别是当磨制较硬的煤时，冲击板等磨损快，碾磨部件寿命短，维修工作量大。经运行电耗与磨耗金属和维修费用综合考虑，其运行经济性同中速磨煤机相当，在煤种适宜的条件下，采用风扇磨煤机对节能是有一定意义的，一般适用于磨制褐煤，油页岩及泥煤。风扇磨煤机对煤质变化的适应性较差，在煤种多变的锅炉上采用风扇磨煤机应慎重考虑，目前投产的燃用褐煤的超（超）临界机组，较多的采用风扇磨煤机。

3. 锅炉烟气系统

风烟系统是锅炉保证燃煤锅炉燃烧运行的基本系统，风烟系统在向锅炉炉膛提供一定风量使煤粉在炉膛内达到充分燃烧的同时，保证引风量与送风量相适应以维持炉膛负压在规定的范围内，炉膛内燃烧产物经脱硝、除尘及脱硫等工艺处理后抽入烟囱排向大气。

燃煤火电厂烟气系统中通常设置两50％容量的引风机用来将锅炉燃烧产生的烟气抽出，通过烟囱排放到大气中。随着建设绿色环保电厂的要求日益强烈，新建大型电厂都同步建设有烟气脱硫装置，未设置脱硫装置的电厂正在通过进行技术改造加装脱硫装置。在装有脱硫装置的电厂中，烟气通过脱硫装置进行脱硫后再排放到大气中。

目前，设置有脱硫装置的烟气系统可分为分设锅炉引风机和脱硫增压风机以及设置引增合一联合风机两种型式。分设锅炉引风机和脱硫增压风机的系统，引风机和增压风机分别设置并相互独立选型设计，二者以 FGD 入口为界，引风机考虑分界线前锅炉尾部和电除尘器的烟气阻力，增压风机考虑分界线后烟道、吸收塔以及烟囱内的烟气阻力，在机组负荷变化时，需同时调节串联的两种风机，调节比较复杂。设置引增合一联合风机的系统，在统一考虑锅炉尾部、电除尘器、烟道、吸收塔和烟囱内的全部阻力的前提下设置联合引风机，这种方案节省设备初投资、节约脱硫岛吸收区占地、节电效果明显、运行维护费用低、符合基建原则，同时具有调节对象单一，烟气系统响应负荷变化较分设方案迅速、准确的优势。采用引风机和脱硫增压风机合并设置的方案，技术上可行而且经济，新建大型火电厂普遍优先考虑设置联合引风机。

锅炉引风机与脱硫系统的增压风机合并，可以大幅度降低厂用电率，提高电厂运行经济性，但随着机组容量增大，合并后引风机电动机容量进一步增大，带来电动机启动电流过大对厂用电系统带来冲击等问题，采用小汽轮机驱动的汽动引风机能够彻底解决这一问题。通过引风机的转速调节，保持引风机导叶处于经济的开度范围，使风机在不同负荷下能够保持较高的效率，汽动引风机可将蒸汽的热能直接转换为机械能，减少了能量转换环节和能量损失，提高了热能的利用效率，因此汽动引风机是一种比较优化的能源利用方式。采用汽动引风机的锅炉烟气系统不仅可通过导叶调整炉膛负压，还具备通过风机转速调节炉膛负压的能力，控制上不仅存在引风机的静叶调节，而且存在小汽轮机的转速调节，控制上的变结构相对电动引风机更为复杂。近些年，无论是在新建超（超）临界机组上还是投产机组的技术改造中，汽动引风机已获得成功的使用并得到推广。

4. 空冷系统

根据汽轮机做功后乏汽冷却方式的不同，机组凝汽器冷却系统可分为湿冷式冷却系统（水冷系统）和干冷式冷却系统（空气冷却系统）两种。

湿冷式冷却系统分为开式冷却系统（直流供水）和闭式冷却系统（循环供水），开式冷却系统以江河湖海的水作为冷却水，冷却水通过水泵送入汽轮机凝汽器，冷却汽轮机排汽，回水到送水源，不做循环，适用于沿江、沿海及周围水资源丰富的地区。冷却水在凝汽器与冷却塔之间进行循环的冷却方式为闭式循环冷却系统，乏汽通过热交换的方式把热量传给冷却水，热量直接在冷却塔或其他冷却设备中散发到大气。

湿冷系统在运行过程中需要大量的冷却水，随着大容量火力发电机组的快速建设，水资源的节约利用已经成为火电机组建设及运行过程中必须考虑的问题，空冷技术作为一种有效的节水型火力发电技术很好地解决了这一问题，它不仅节约了用水量，而且对在富煤缺水地区的火电机组的建设提供了很大的选择空间。

空冷系统是直接或间接利用空气作为冷却介质的冷却方式，依据空气和排汽热交换方式的不同，可分为直接空冷系统、混凝式（海勒式）间接空冷系统和表面式（哈蒙氏）间接空冷系统。直接空冷系统中，汽轮机排汽直接进入空冷凝汽器，与空气直接换热，其冷凝水由凝结水泵进入汽轮机的回热系统，它所需的冷却空气通常由大直径轴流风机采用机械通风方式提供。混凝式间接空冷系统中，汽轮机排汽与循环水混合冷却，将冷却水中极小的一部分通过凝结水精处理装置后送入汽轮机的回热系统，系统需要设大规模的精处理设备，设备多、系统较复杂。表面式间接空冷系统冷却方式与普通湿冷机组相同，循环水通过表面式凝汽器来凝结汽轮机排汽，循环水送入自然通风冷却塔中进行冷却，凝结水及循环水可按各自的要求分别处理，系统相对简单、设备少。

直接空冷汽轮机的排汽由空气直接冷凝，蒸汽与空气之间进行热交换，没有循环水系统，与其他方式的空冷系统相比较具有初始温差大、设备少、系统简单、空气流量调节灵活、冬季防冻措施可靠等优点。该系统的缺点是风机群噪声污染、空冷凝汽器体积比水冷凝汽器体积大得多、庞大的真空系统容易漏气、大直径排汽管道加工比较困难、直接空冷大多采用强制通风，耗电量大。

5. 热网系统

发展热电联产是节约能源、保护环境的有效措施，大量研究和实践表明了热电联产可以提高能源的利用程度，对减少温室气体及粉尘排放量有着重大意义。超（超）临界机组热电联产作为一种高效用能形式已经成为大型火电站的一个发展方向。

热电联产的超（超）临界机组其电厂内部热网系统一般由抽汽管路、热网加热器、热网疏水泵、热网循环泵、热网除氧器及补水系统等设备组成。热网系统利用汽轮机抽汽通过热网加热器的换热来加热热网循环水，热网回水由热网循环水泵升压后，经过热网加热器加热后被输送至厂外热网。热网加热器的疏水通过热网疏水泵回收至热力系统，回收方案有多种形式，如，不经处理直接回收至除氧器、经过高温除铁后回收至除氧器、降温后回收至凝结水系统（凝汽器或凝结水管路）。热网补充水一般采用化学软化水，补水管路可设置为正常补水和事故补水两路，经热网补充水泵补入热网回水管。

此外，近些年热电联产的超（超）临界机组利用其再热抽汽用于周边工厂（如，化工厂、钢厂等）的工业供热机组逐渐增多，再热抽汽一部分直接用作工厂驱动设备的动力汽源，一部分经减温减压用于供热。不但提高了电厂的能源利用率，提高了整体的经济性，而且替代了工厂内部的供热锅炉，减少了污染物的排放，获得很高的社会效益。

第二节　超（超）临界机组模拟量控制的基本要求

目前，我国电力事业已进入大电网时代，随着电网容量的不断增大，电网的用电结构也在发生巨大的变化，负荷的波峰、波谷差距加大，特别是太阳能发电、风电的装机在电网的占比不断加大，而这些机组发电量的可控性较差，均需要电网内的其他机组做出相应的调节。如果火力发电机组没有相应的调频、调峰能力，电网就对供电品质失去了控制，也就不能对供电质量提供保证。这就要求发电机组需要具备 AGC 功能和一次调频功能，同时又要保证机组本身安全稳定的运行。这就要求机组的自动控制水平必须提高，不但满足自身的安全、稳定、经济运行，同时还要满足电网自动化调度的严格要求。这已成为单元机组模拟量控制的一个基本要求，更是机组模拟量控制优化的主要要求。下面以某电网 AGC 及一次调频的考核细则为例，介绍其相关要求。

一、AGC 主要考核指标

如图 1-1 所示，这是国内某台机组一次典型的 AGC 控制过程。

图 1-1 中，P_{min} 是该机组可调的下限出力，P_{max} 是其可调的上限出力，P_n 是其额定出力，P_d 是其启/停磨煤机时的临界点功率。

整个过程的描述：T_0 时刻以前，T_1 时刻以前，该机组稳定运行在出力值 P_1 附近，T_0 时刻，AGC 控制程序对该机

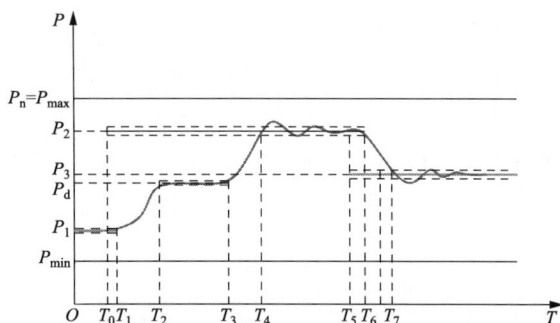

图 1-1　机组 AGC 控制过程图

组下发功率为 P_2 的设点命令，机组开始涨出力，到 T_1 时刻可靠跨出 P_1 的调节死区，然后到 T_2 时刻进入启动磨煤机区间，一直到 T_3 时刻，启动磨煤机过程结束，机组继续涨出力，至 T_4 时刻第一次进入调节死区范围，然后在 P_2 附近小幅振荡，并稳定运行于 P_2 附近，直

至 T_5 时刻，AGC 控制程序对该机组发出新的设点命令，功率值为 P_3，机组随后开始降出力的过程，T_6 时刻可靠跨出调节死区，至 T_7 时刻进入 P_3 的调节死区，并稳定运行于其附近。

1. 可用率（K_A）

$$K_A = \frac{可投入\ AGC\ 时间}{月有效时间}$$

其中可投入 AGC 时间指结算月内，机组 AGC 保持可用状态的时间长度，月有效时间指月日历时间扣除因为非电厂原因（含检修、通道故障等）造成的不可用时间。

AGC 可用率考核采用定额考核方式，被考核机组的 AGC 可用率考核电量为

$$(K_A^* - K_A) \times P_N \times 1\ (\text{h}) \times \alpha_{AGC,A}$$

式中：K_A^* 为可用率指标要求，为 98%；$\alpha_{AGC,A}$ 为 AGC 可用率考核系数，其数值为 1；P_N 为该机组容量，MW。

2. 调节速率

调节速率是指机组响应 AGC 指令的速率，其计算公式如下：

$$v_i = \frac{P_e - P_s}{T_e - T_s}$$

式中：P_e 为其结束响应过程时的出力，MW；P_s 为其开始动作时的出力，MW；T_e 为结束的时刻，min；T_s 为开始的时刻，min。

如果变负荷过程中需要启停磨煤机组，在计算时还需要考虑启停磨煤机组的时间 T_d，此时的调节速率计算公式变为

$$v_i = \frac{P_e - P_s}{T_e - T_s - T_d}$$

K_{1i} 衡量的是该 AGC 机组第 i 次实际调节速率与其应该达到的标准速率相比达到的程度。其计算公式如下：

$$K_{1i} = \frac{v_i}{v_N}$$

式中：v_i 为该次 AGC 机组调节速率，MW/min；v_N 为机组标准调节速率，MW/min。

其中：一般的直吹式制粉系统的汽包炉的火电机组为机组额定有功功率的 1.5%；一般的带中间储仓式制粉系统的火电机组为机组额定有功功率的 2%；循环流化床机组和燃用特殊煤种（如劣质煤，高水分低热值褐煤等）的火电机组为机组额定有功功率的 1%；超临界定压运行直流炉机组为机组额定有功功率的 1.0%，其他类型直流炉机组为机组额定有功功率的 1.5%。

3. 调节精度

调节精度是指机组响应稳定以后，实际出力和 AGC 设定点出力之间的差值。其计算公式如下：

$$\Delta P_{i,j} = \frac{\int_{T_{Sj}}^{T_{Ej}} |P_j(t) - P_j|\, \mathrm{d}t}{T_{Ej} - T_{Sj}}$$

式中：$\Delta P_{i,j}$ 为机组在第 j 计算时段内的调节偏差量，MW；$P_j(t)$ 为其在该时段内的实际出

力，MW；P_j 为该时段内的设点指令值，MW；T_{Ej} 为该时段终点时刻；T_{Sj} 为该时段起点时刻。

K_{2i} 衡量的是该 AGC 机组第 i 次实际调节偏差量与其允许达到的偏差量相比达到的程度。

$$K_{2i} = \frac{\Delta P_{i,j}}{调节允许的偏差量}$$

式中：$\Delta P_{i,j}$ 为该次 AGC 机组的调节偏差量，MW，调节允许的偏差量为机组额定有功功率的 1%。

4. 响应时间

响应时间是指 EMS 系统发出指令之后，机组出力在原出力点的基础上，可靠地跨出与调节方向一致的调节死区所用的时间。即

$$t_{i-1} = T_1 - T_0 \text{ 和 } t_i = T_6 - T_5$$

$$K_{3i} = \frac{t_i}{标准响应时间}$$

式中：t_i 为该次 AGC 机组的响应时间。

火电机组 AGC 响应时间应小于 1min，水电机组 AGC 的响应时间应小于 10s。K_{3i} 衡量的是该 AGC 机组第 i 次实际响应时间与标准响应时间相比达到的程度。

5. 调节性能综合指标

每次 AGC 动作时，AGC 调节性能计算公式：

$$K_{Pi} = \frac{K_{1i}}{0.75 \times K_{2i} \times K_{3i}}$$

式中：K_{Pi} 衡量的是该 AGC 机组第 i 次调节过程中的调节性能好坏程度。

调节性能日平均值 K_{Pd} 计算公式：

$$K_{Pd} = \frac{\sum\limits_{i=1}^{n} K_{Pi}}{n}$$

式中：K_{Pd} 反映了某 AGC 机组一天内 n 次调节过程中的性能指标平均值。未被调用 AGC 的机组是指装设 AGC 但一天内一次都没有被调用的机组。

调节性能月度平均值 K_{Pi} 计算公式：

$$K_P = \frac{\sum\limits_{i=1}^{n} K_{Pi}}{n}$$

式中：K_P 反映了某 AGC 机组一个月内 n 次调节过程中的性能指标平均值。未被调用 AGC 的机组是指装设 AGC 但在考核月内一次都没有被调用的机组。

实测机组月度调节性能 $K_P < 1$，则该机组 AGC 性能指标不满足要求，按 AGC 性能考核。

AGC 性能考核采用定额考核方式，被考核机组的 AGC 性能考核电量为 $(1-K_P) \times P_N \times 1$ (h)$\times \alpha_{AGC,P}$，$\alpha_{AGC,P}$ 为 AGC 性能考核系数，其数值为 2。

相比过去的电网考核细则，现行的考核细则突出了对 AGC 工况下实时负荷控制精度的考核，新的考核方式下，假如机组负荷控制品质稍差，则意味着 AGC 运行工况下全过程被实时考核的电量将更多，而最终电厂统计的考核电量将以上网电价折算后进行结算。由此可

见，现行的考核方法对机组协调控制下的调节品质即负荷控制精度提出了相当严格的要求。在现行细则实行后，改善 AGC 考核的唯一方法即提升机组的协调控制品质，以保证机组在负荷动态控制的全过程中，既满足负荷的迅速响应又满足负荷点的持续稳定。对机组来说，在既定的负荷变化设定速率下，负荷响应实际速率与设定值越接近，负荷的控制精度越高，考核的指标结果也越好。

二、一次调频主要考核指标

并网发电厂机组必须具备一次调频功能，并网发电厂机组一次调频的人工死区、调速系统的速度变化率和一次调频投入的最大调整负荷限幅、调速系统的迟缓率、响应速度等应满足电网一次调频技术管理要求。并网运行的机组必须投入一次调频功能，当电网频率波动时应自动参与一次调频，并网发电厂不得擅自退出机组的一次调频功能。现以华中电网为例详细介绍火电机组一次调频各个性能指标。

1. 转速死区

转速死区是特指系统在额定转速附近对转速的不灵敏区。为了在电网周波变化较小的情况下，提高机组运行的稳定性，一般在电调系统设置有转速死区。但是过大的死区会减少机组参数一次调频的次数及性能的发挥。发电机组一次调频的转速死区应不超过 2r/min。此外，在局域电网容量较小的情况下（孤网运行方式）转速死区为 7r/min。

2. 响应时间

机组参与一次调频的响应滞后时间，目的是要保证机组一次调频的快速性。发电机组一次调频的响应滞后时间应不超过 3s。

3. 速度变动率

发电机组一次调频的速度变动率应为 4%～5%。

4. 一次调频的最大调整负荷限幅

额定负荷 500MW 及以上的火电机组，一次调频的负荷调整限幅为机组额定负荷的 ±6%；额定负荷 210～490MW 的火电机组，一次调频的负荷调整限幅为机组额定负荷的 ±8%。

5. 响应行为

当机组在 80% 的额定负荷状态下运行，对持续 60s 的一定频率的阶跃变化，其负荷调整响应的滞后时间、调整的幅度应满足如下要求：

（1）机组一次调频的负荷调整幅度应在 15s 内达到理论计算的一次调频的最大负荷调整幅度的 90%。

（2）在电网频率变化超过机组一次调频死区时开始的 45s 内，机组实际出力与响应目标偏差的平均值应在理论计算的调整幅度的 ±5% 内。

三、超临界机组模拟量控制相关需求

依据上述电网调度中心对火电机组的考核规定，结合超临界机组运行的自身特点，在进行超临界机组模拟量控制调试和优化时，除满足"两个细则"的要求外，必须很好地协调汽轮机、锅炉两侧的控制动作，合理保持内外两个能量供求的平衡关系，即：机组与电网用户之间能量供求平衡关系和锅炉与汽轮机之间能量供求平衡关系，以同时兼顾负荷响应能力和机组机前汽压稳定两个方面的性能指标的基本要求。最终，超临界机组模拟量控制系统的功

能应该具有以下几个方面。

1. 精确的负荷控制能力

电网对火电机组的 AGC 考核和一次调频考核已经提高到负荷控制精度的高度，不但要求机组能够按照电网要求进行负荷调整，满足负荷变化的幅度及负荷变化的速率而且对于负荷调整精度也提出了严格要求。这就要求成为电网主力的超临界机组的负荷控制必须精确、稳定、快速。

2. 稳定的机组运行参数

直流锅炉机组中，由于没有储能作用较大的汽包环节及较粗的下降管，工质在机组内的循环速度上升，直接做功的蒸汽质量与机组循环工质总质量（水和蒸汽）的比值很高。这就要求控制系统应更为严格地保持工作负荷与燃烧速率之间的关系，严格地保持机组的物料平衡关系。模拟量控制系统应能随时检测与消除机组运行过程中的各种内、外扰动，维持锅炉与汽轮机的能量平衡以及锅炉内部燃料、送风、引风、给水等各子控制回路的出力平衡与工质平衡。

3. 机组出力具有限制功能

机组运行过程中可能出现局部故障或负荷需求超过了机组此时的实际能力，产生外界需求与机组允许出力的失调。模拟量控制系统应具有机组主/辅机出力的协调能力及在锅炉、汽轮机子控制系统的控制能力受到限制的异常工况下，自动改变机组控制模式，维持控制指令与机组能力的平衡，锅炉与汽轮机的能量平衡以及锅炉燃烧、送风、引风、给水等各子控制回路之间的能量平衡。

4. 良好的煤种适应能力

超临界直流炉控制的核心是水煤的配比，锅炉燃煤煤种的变化对机组协调控制会造成很大的不利影响。从许多电厂实际燃煤的煤种来看，多数电厂由于掺烧低成本、低热值煤种的原因，煤种已经较大地偏离了锅炉设计煤种，影响了锅炉的燃烧特性。对于直流锅炉的影响尤为突出，汽压的控制特性变差，主蒸汽温度、再热汽温度等控制困难。这导致在机组参与 AGC 调节时，出现负荷响应慢、主蒸汽压力、主蒸汽温度、再热汽温等重要参数严重偏离设定值的情况。这就要求机组协调控制系统应该适应煤种的变化做出适当的调整。

第二章

超临界机组的模拟量控制

在我国，材料科学和发电设备制造技术的发展以及发电机组控制策略和电厂人员运行维护水平的提高，为发电机组向大容量、高参数发展创造了条件。因此，发展超临界机组是火力发电领域中提高发电效率、节约能源、改善环境影响、降低发电成本的必然趋势，大型火力发电机组采用效率更高的超临界和超超临界参数已经成为当今火力发电行业的主流。在过去 10 年的新建火力发电机组中，有相当多的机组是直流超临界机组或超超临界机组，这些机组高参数工况运行、高循环效率特性，是我国火电机组平均发电煤耗明显下降的原因。因此，目前火电机组的建设，首选超临界或超超临界机组，甚至 300MW 等级相对较小容量机组的建设，也首选超临界机组。这些机组的容量从 300MW 等级到 1000MW 等级，参数从超临界、超超临界、高效超超临界直到今天的二次再热超超临界，结构越来越复杂，并且凝结水泵、风机的变频控制广泛使用，不少机组为降低厂用电率还采用汽动引风机、单一汽动给水泵、风机等主要辅机；此外，由于我国幅员辽阔，煤炭资源状况的分布千差万别，超临界机组因燃用煤质的不同而使制粉系统存在很大的差异；加之各电网的电源结构差别很大，对机组 AGC 投入率及控制品质的要求也不尽相同。这些原因造成机组的模拟量控制策略在某些系统上千差万别，因此，本章节主要针仅对超临界机组模拟量控制的共性内容进行介绍分析。

从工程热力学上我们可以知道，超临界机组有着明确的物理意义，即，水蒸气临界点参数为，临界压力 22.129MPa，临界温度 374.15℃，临界焓 2095.2kJ/kg，临界熵 4.4237kJ/(kg·K)，临界比容 0.003147m³/kg。水在临界压力的情况下，加热到临界温度时就立即全部汽化，汽化是在一瞬间完成的，没有水与水蒸气两相共存的状态，但有相变点。水在高于临界压力的情况下，定压加热逐渐变为过热蒸汽，无汽化过程，无相变点。工程上把主蒸汽压力超过 22.129MPa 的机组称为超临界机组。随着超临界机组的蒸汽参数进一步提高，又提出了超超临界机组的概念，只不过是超超临界机组的蒸汽参数更高一些。两者在控制策略上没有明显的差异。因此，本章节均称作超临界机组。

第一节 超临界机组模拟量控制的特点及要求

对超临界机组而言，机组模拟量控制同样由协调控制系统及其子系统构成，只不过各子系统的交叉限制及相互间的耦合更加强烈，能量流与工质流相互融合，给水流量、燃料量、汽轮机蒸汽流量（调门开度）的改变都对机组的电负荷及主蒸汽压力产生影响。模拟量控制的特点：各系统间配比严格，结构复杂，广泛使用前馈和变参数控制。这里所说的各系统间的配比是指其动态过程的变负荷幅度、变化率、负荷段、延时时间等参数，可以归结为不同的负荷段及负荷变化率的函数，但整个模拟量控制的核心仍然是水煤比例的控制。其中涉及超临界直流锅炉的运行特点及响应特性，因此，在论述模拟量控制的特点之前，先要予以简单说明。

一、超临界直流锅炉的运行特点

超临界直流锅炉只是在参数等级上高于以前运行的亚临界直流锅炉，其特性是一个多输入、多输出的被控对象，各个过程参数之间耦合较强，而且控制对象动态特性的延迟时间和惯性时间较大，非线性严重，这些都对自动控制系统提出了更高的要求。超临界直流炉主要输出量是汽温、汽压和蒸汽流量；主要输入量是给水量、燃料量、送风量。对于不同型式的直流锅炉，它们的动态特性有较大的差别。但对超临界机组的自动控制系统而言，都是一套相当庞大和复杂的控制系统，需要有一套可靠性高、功能完善的自动控制策略，才能确保大型超临界火电机组的正常运行。

超临界直流锅炉工作时，它的加热区、蒸发区和过热区之间的界限并非是固定不变的，锅炉的任何输入量变化时都会引起输出量的变化。所以对超临界直流锅炉不能像汽包锅炉那样，将主蒸汽压力、主蒸汽温度、给水和燃烧控制作为相对独立的系统进行分析。它的各子系统是互相关联的，尤其是当燃料量和给水量的配比偏差较大时，对汽温将会有显著影响。这是超临界直流锅炉（也是任何直流锅炉）控制的主要特点。

锅炉给水经给水泵加压后进入给水母管，依次通过加热区、蒸发区和过热区，并将给水全部变成过热蒸汽，但其在加热区、蒸发区和过热区之间没有固定的分界点。给水在加热区，水的焓和温度逐渐升高，比容略有增加，压力由于有流动阻力损失而有所下降；在蒸发区，汽水混合物的焓继续升高，比容急剧增加，压力下降较快，饱和温度随压力降低而下降；在过热区，蒸汽的焓、温度、比容均上升，压力下降更快。

相关试验表明，若蒸发量不变，热负荷增加10%，则出口焓增约为250kJ/kg，相应温度升高100℃。若热负荷不变，蒸发量减少，同样会使出口汽温升高。所以，在直流锅炉中热负荷与蒸汽量，即燃料量与给水量（水煤配比）不相适应时，出口过热蒸汽温度会产生显著的变化。维持汽温稳定是直流锅炉自动控制中的一个艰巨任务，为了减小维持出口汽温所遇到的困难，首先应通过保持一定的水煤比来维持汽水行程中某一点的焓（或汽温），即，常说的中间点温度，这一点与汽包锅炉完全不同，但与亚临界直流炉的控制相同。

超临界直流锅炉的另一个重要特点是蓄热能力较小。直流锅炉的蓄热量同样是工质和受热面金属中贮存热量的总和。与汽包炉相比，汽包锅炉有重型汽包，大的水容积，较粗的下降管和联箱等，其蓄热能力比直流锅炉要大2~3倍。但在下降同样压力时，汽包锅炉依靠蓄热量产生的蒸汽量比直流锅炉多一倍，但所需供汽时间较长。因此，在适应负荷往复变化的能力上，超临界直流炉因其惯性小，动作更加灵活。

关于锅炉蓄热能力对负荷适应性的影响，要作具体分析。汽包锅炉蓄热能力大，在外界扰动时，自行适应负荷及保持参数稳定的能力较强。而且由于蓄热释放或贮存的速度慢，手动操作或自动控制时均能及时对参数进行控制，锅炉运行工况不会偏离正常工况过大。但是，由于蓄热能力大，蓄热的释放和贮存的速度慢，当锅炉负荷适应电网需求改变时，蒸发量及参数的反应比较迟钝，往往不能迅速跟上工况变化的要求。而直流锅炉则与之相反，但在外界扰动时，参数变化比较敏感，这些就对自动控制系统提出了更严格的要求。但是，当主动改变锅炉负荷时，由于其蓄热能力小，蓄热释放或贮存的速度快，因而蒸发量及参数能迅速跟上变工况的要求，可适应尖峰负荷的调节，特别是负荷变动的拐点过程，这是直流锅炉控制上有利的一面。

二、各种扰动下超临界直流锅炉的响应特性

超临界直流锅炉在控制上可简化为一个三输入两输出的控制对象，三个输入量为给水流量、燃料量、汽轮机阀位指令（汽轮机蒸汽流量）；两个输出量为负荷和主蒸汽压力。机组在满足电网负荷要求的前提下，快速维持机炉间的能量平衡，即，主蒸汽压力的偏差在较小的范围内。三个输入量的扰动特性介绍如下。

1. 汽轮机调节阀开度阶跃扰动

这是一个典型的负荷扰动。当调节阀阶跃开大后，蒸汽流量快速增加，此时主蒸汽压力由于蒸汽量的增加而下降。由于汽压下降，会使锅炉蓄热量改变而产生一定的附加蒸汽量，所以能维持一段时间内蒸汽量高于原来的水平。但由于燃料量未发生改变，故经过一段时间之后，蒸汽量逐渐减少，最终保持在扰动前的水平。这时汽压下降速度也逐渐减慢，一段时间后达到新的稳态值，可通过汽轮机数字电液控制系统（digital electric hydraulic control system，DEH）手动方式下的一次调频试验进行观察。

在扰动的最初阶段由于蒸汽量显著增加，汽温明显下降（锅炉的蒸发段前移）。但实际上汽温只是稍有降低，这是因为过热器金属释放蓄热量产生了补偿作用，使出口汽温自始至终没有显著的偏差。

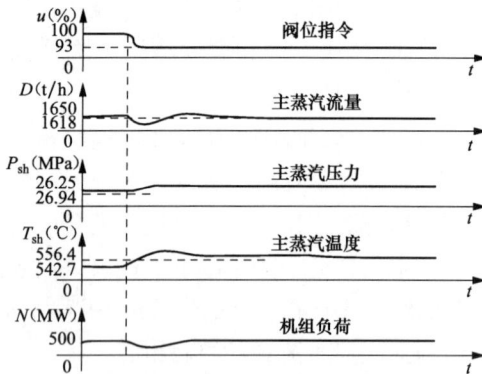

图 2-1 调节阀开度阶跃扰动曲线

汽轮机功率变化与蒸汽流量变化类似，最初会产生一个上跳变化，但由于燃料量未变，在汽轮机功率最终达到稳态时，仍恢复到原来的水平（忽略节流损失的影响）。

500MW 超临界压力直流锅炉调节阀开度阶跃扰动动态特性仿真曲线，如图 2-1 所示。

2. 燃料量阶跃扰动

燃料量阶跃增大后，需要经过一个短暂的滞后，蒸汽量才会逐渐升高，然后逐渐下降，达到稳态时稍低于原来的水平。当燃料量增加时，烟气侧热负荷的变化是很快的，蒸汽量增加过程的滞后主要是由于传热和金属蓄热增加造成的。蒸汽量升高的波动过程中，超过给水量的额外蒸汽量是由于加热区和蒸发区的缩短所形成的。由于蒸汽量的提高，导致锅炉压力升高，虽然给水压力和给水调节阀开度均未变化，但出口压力的上升，系统的差压下降使给水量会自动减少。稳态时蒸汽量应等于给水量，所以蒸汽量最终低于原来的水平。

燃料量的增加，使锅炉水煤比发生变化，汽温也会发生明显变化。在初始阶段，由于蒸汽量与燃料燃烧释放出来的热量近乎按比例变化，加上金属蓄热变化形成的滞后作用，所以汽温在经过一段滞后时间后才逐渐上升。在锅炉过热区的起始部分，汽温变化滞后较小，变化速度较快，但变化幅值较小。在过热器出口，汽温变化滞后较大，变化速度较慢，但变化幅值较大，汽温变化持续的时间较长。

汽压在经过短暂滞后开始上升，最后稳定在较高的水平上，这时因为汽轮机调门开度未变，最初的压力上升是由于蒸汽量增加和流动阻力增加造成的。稳态时能维持压力在较高的水平是由于汽温升高，蒸汽容积流量增加的结果。虽然稳态时蒸汽的重量流量低于原来的水平，但汽压却能保持在较高的数值上。

汽轮机功率呈二次上升波动变化，最初的上升是由于蒸汽量的增加，第二次上升是由于蒸汽参数（主蒸汽温度和压力）的提高。

500MW 超临界压力直流锅炉燃料量阶跃扰动动态特性仿真曲线，如图 2-2 所示。

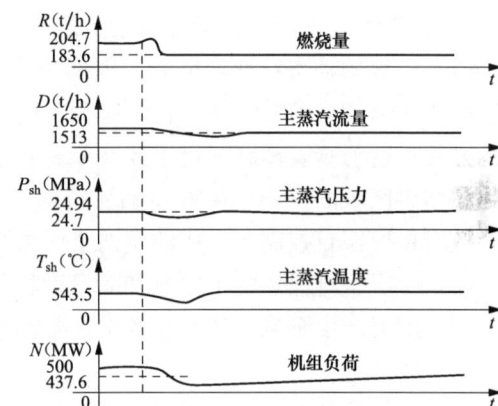

图 2-2　燃料量阶跃扰动曲线

3. 给水量阶跃扰动

燃料量保持不变的情况下，给水量阶跃增加，蒸汽量逐渐增加，最终达到新的稳态值。由于燃料量未变，所以给水量的增加使加热区和蒸发区长度都增加了，从而使锅炉内部工质的贮量增加。最初阶段，蒸汽量小于给水量，然后蒸汽量逐渐上升。当加热区，蒸发区和过热区长度达到新的稳定状态之后，给水量与蒸汽量一定相等，所以蒸汽量会逐渐增加。可见，只有给水量改变后才能引起稳态时锅炉蒸汽量发生变化。因此，直流锅炉的出力首先应由给水量变化来保证，同时用燃料量作相应的调整，使蒸汽参数符合给定要求。

汽温的变化方向与燃料量的变化方向相反，由于金属蓄热的滞后作用，汽温变化有滞后，是逐渐达到稳定值的。

汽压变化呈一次波动变化过程，且最终值高于原来数值，这是由于汽轮机调节阀开度未变，蒸汽量增加，压力自然会升高。随后由于汽温下降，蒸汽容积流量减少，汽压将稍有下降，但最终稳态值会高于原来的水平。

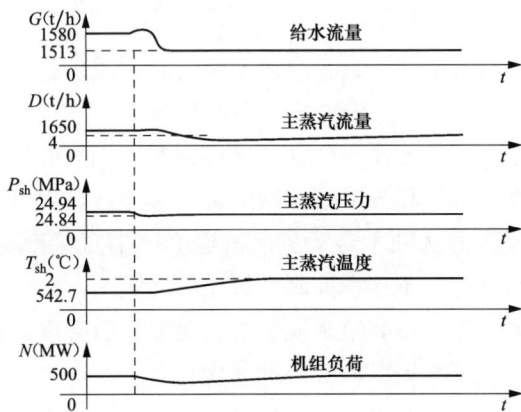

图 2-3　给水流量阶跃扰动曲线

汽轮机功率变化是先增加然后降低，而且稳态值低于原来水平。最初阶段由于蒸汽量增加而使汽轮机功率增加，随后由于汽温下降而使汽轮机功率减小。但由于燃料量未变，最终的汽轮机功率基本不变，只是由于蒸汽参数降低而使汽轮机功率稍低于原来的水平。

500MW 超临界压力直流锅炉给水流量阶跃扰动动态特性仿真曲线，如图 2-3 所示。

三、超临界直流锅炉自动控制的特点

随着机组的运行工艺日趋复杂，机组的

自动控制系统作为实现机组安全经济运行目标的有效手段，其作用日益重要，功能也日趋完善，不仅担负着机组主、辅机运行参数的控制、各控制回路的调节、辅机间的联锁保护、顺序控制、参数显示、异常报警、性能计算、趋势记录和报表输出等功能。而且从辅助运行人员实施对机组运行的监控，发展到可以实现机组自动启停（APS）功能。从单元机组的协调控制发展成为投入自动发电控制（AGC），满足电网负荷的要求，这些都已成为大容量火力发电机组必不可少的组成部分。其中，模拟量控制系统（MCS）作为机组整个控制系统的核心，不仅承担着协调汽轮机和锅炉之间的能量平衡，而且控制着炉侧和机侧各子系统的自动运行。超临界机组的自动控制系统与亚临界参数机组相比，其动态特性更为复杂，需要更加完善的控制策略。

（一）与汽包炉相比，运行工艺上的侧重点导致控制策略的设计存在差异

（1）机组的动态特性随负荷大范围变化（通常的负荷变化范围 50％～100％），呈现出很强的非线性和变参数特性。特别是为了适应调峰运行的需要，超临界机组常采用复合变压运行方式，这意味着超临界机组要在亚临界和超临界两个区域工作，由于水蒸气特性在亚临界和超临界区域的差异，使得超临界机组在亚临界和超临界区域转换时的动态特性差异显著。机组在模拟量控制上，要注重两个区域中控制函数的变化幅度和速率。

（2）由于直流锅炉的工质流和能量流相互耦合，汽轮机调门开度、燃料量、给水流量都对主蒸汽压力产生影响，从而在各个控制回路，特别是给水、汽温及负荷控制回路之间存在很强的非线性耦合。

（3）直流炉的热力系统蓄热较少，通常为相同容量汽包炉的 1/3～1/2，因此对外界的扰动响应速度较快，容易发生分离器入口过热度摆动大、水冷壁超温、主蒸汽超温及超压等情况，不但影响主蒸汽温度的控制，而且容易造成汽水分离部分的金属热疲劳。

（4）有些超临界机组采用二次中间再热，不但过热器与再热器间存在热负荷的分配，一次再热与二次再热件同样存在热负荷的分配，加上低温省煤器、烟气再循环等调整手段的存在，使机组控制系统的特性更加复杂化。

（5）从控制模型上比较，超临界机组作为三输入两输出的控制结构比汽包炉机组的两输入两输出控制结构更为复杂，主要参数间相互交叉限制使两者在控制策略上差别很大。

（二）与常规煤粉汽包炉控制策略相比，超临界直流炉的自动控制有其自己的特点

1. 水煤比控制

直流锅炉中核心的控制就是水煤比的控制。当直流锅炉运行在湿态方式时，汽水分离器（俗称小汽包）起到汽水分离的作用，控制上基本可以把它看成是一个汽包锅炉。这时给水控制系统的任务就是保持锅炉最小给水流量不变，其给水流量包括给水旁路调节阀来的给水及炉水循环泵出口的再循环流量之和；燃烧控制系统的任务就是控制锅炉的蒸发量，用过热器减温喷水控制锅炉出口的主蒸汽温度，给水流量的扰动不会对主蒸汽温度产生直接影响。在这个阶段给水和燃料的控制各自有独立的控制目标，不存在控制水煤比的问题。

当直流锅炉运行在干态方式时，汽轮机阀位、燃料量和给水流量的改变都会引起锅炉内部汽水分界面的改变，从而有可能导致锅炉出口主蒸汽温度的大幅度变化。

直流锅炉的主蒸汽温度控制与汽包锅炉类似，通过调整过热器减温喷水量来控制锅炉出口的主蒸汽温度，通常采用两到三级导前温度的串级控制，分别控制各级过热器出口联箱的蒸汽温度。但是，直流锅炉在水煤比失调时，对过热器出口汽温会产生严重影响。如果燃料量与给水流量两者相差 10%，出口汽温变化可达 100℃左右，将严重影响机组安全运行。如果采用和汽包锅炉同样的控制方法，即用喷水减温的方法控制出口汽温，那就要求减温水量有足够大的调节范围。大量地使用减温喷水，不仅影响给水量和减温水量在不同负荷下的比例（通常减温水占给水的 7% 左右），当喷水量增加后，主汽流量的增加使实际主蒸汽压力大于设定值，通过锅炉主控输出来的给水量设定会相应地减少，反而在一定范围扩大水煤比的失调程度。所以，直流锅炉中不能把喷水减温方法作为消除水煤比失调而引起汽温偏差的主要手段。换句话说，必须用保持水煤比作为维持出口主蒸汽温度的主要粗调手段而用喷水减温作为控制汽温的辅助性细调手段，同时要在给水的控制策略中包含减温水量对给水量的修正逻辑。但是，用保持水煤比的方法直接维持过热器出口汽温困难较大，因为被控对象的燃料－出口汽温通道的惯性都比较大，直接用水煤比保持出口主蒸汽温度不能保证良好的控制质量。如果采用这种方案，还要解决与喷水减温控制系统之间的协调问题。水煤比保持不变时，过热器出口蒸汽焓值不变。对于汽水行程中某一点而言，这个结论同样是正确的。换言之，汽水行程中某一点工质焓值的变化反映了水煤比的变化。大量试验证明，燃料量或给水量扰动时，汽水行程中各点工质焓值的动态特性曲线形状相似，而且越接近于汽水行程的入口，惯性和滞后就越小。因此，对水煤比控制的修正逻辑，无论是采用煤跟水的控制还是水跟煤的控制都是取微过热蒸汽的焓（或汽温）作为反映水煤比是否合适的标志。这是因为微过热蒸汽之前各受热面的吸热量约占工质总吸热量 60% 左右，这些受热面包括对流，辐射等各种受热面，具有一定的代表性，而且惯性较小。所以选用微过热蒸汽的焓（或汽温）作水煤比信号能获得较好的控制品质（滞后较小）。

控制上一般采用锅炉汽水分离器入口处的微过热蒸汽来作为水煤比是否出现偏差的标志。锅炉进入干态运行方式后，机组按照滑压方式（复合变压）运行时，只要将该点的过热度控制在设计值上，就可以将锅炉的汽水分界面控制在设计值上。分离器入口蒸汽的过热度指的是分离器入口温度减去该点的蒸汽压力对应的饱和温度。

汽水分离器入口蒸汽温度测点也叫中间点，它是锅炉汽水系统中能够最早反映出水煤比失调的信号。该点的过热度控制目标值随主蒸汽压力的设定（机组设定负荷）而改变。通常该点处的过热度一般在 10～40℃ 范围之内，有的超临界机组过热度还要更低一些。从控制系统动态特性上来说，非线性比较严重，所以有的直流锅炉上采用了中间点焓值的控制方案。理论上讲，采用焓值控制的方案有利于解决上述动态特性的非线性问题，但蒸汽温度的物理概念更为明确一些，只要保证过热度的设定为分离器入口压力的函数而不是负荷的函数。在整个控制上选择过热度控制水煤比的策略并无不当之处。

在直流锅炉自动控制策略的发展过程中，在给水和燃料的配比上通常采用三种控制方式，第一种是以锅炉主控的输出（BID 指令）通过函数发生器形成燃料量的设定，根据燃料的设定形成给水的设定；第二种是以锅炉主控的输出（BID 指令）通过函数发生器形成给水流量的设定，根据给水流量的设定形成燃料量的设定；第三种是以锅炉主控的输出（BID 指令）通过两个不同的函数发生器，同时形成给水流量和燃料量的设定。同时对于水煤比控制的输出，为修正给水流量和燃料量的配比，可以修正给水流量的设定或修正燃料量的设定，也可以按照控制的要求依次修正给水量和燃料量的设定。并由此形成锅炉控制系统内部水跟煤的控制策略和煤跟水的控制策略。水跟煤的控制策略如图 2-4 所示；煤跟水的控制策略如图 2-5 所示。

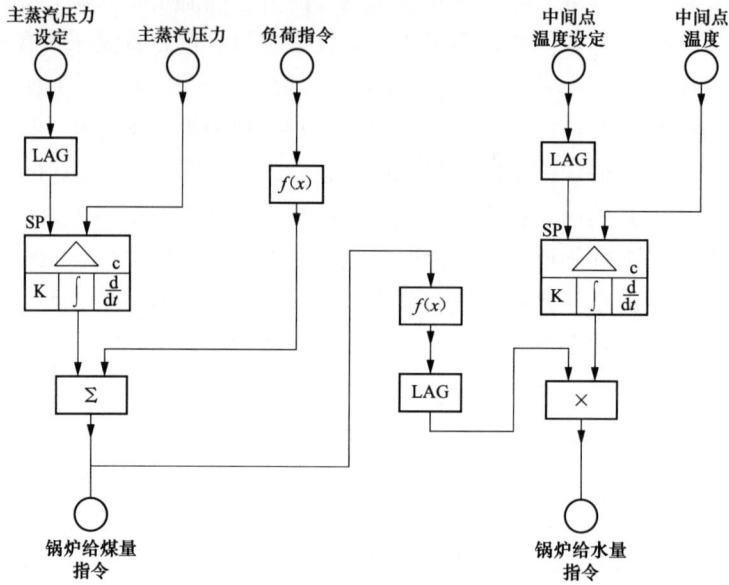

图 2-4　水跟煤的控制策略

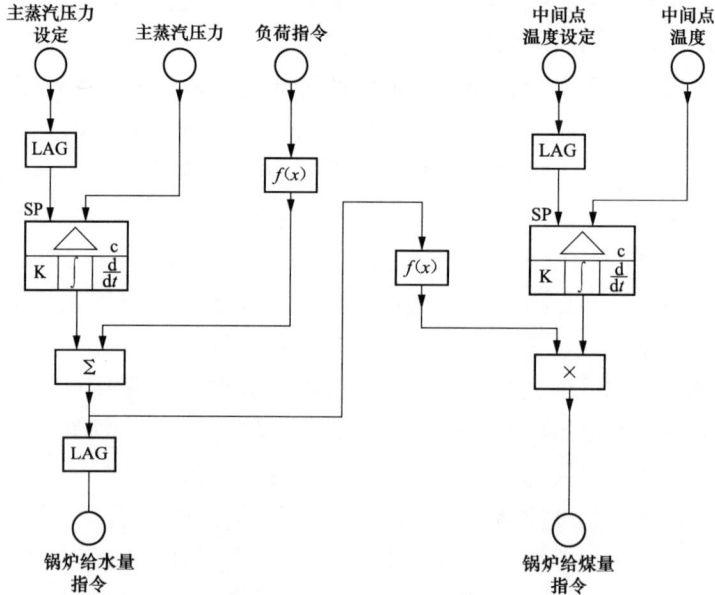

图 2-5　煤跟水的控制策略

说明：随着锅炉负荷的改变，水煤比的设定值需要改变，这个变化体现在图中函数设置上。如图 2-4 所示水跟煤的控制策略中，水煤比的控制是通过修正给水流量的设定来实现，此外锅炉主控在手动状态下的输出跟随实际燃料量，给水手动状态下的给水设定与实际给水流量的偏差通过中间点温度调节器的跟踪值来给予平衡；如图 2-5 所示煤跟水的控制策略中，水煤比的控制是通过修正燃料量的设定来实现，而锅炉主控在手动状态下的输出跟随实际给水流量，燃料主控手动状态下的燃料量设定与实际燃料量的偏差通过中间点温度调节器的跟踪值来给予平衡。

上述两种控制策略在机组的控制中都有应用，从控制锅炉主蒸汽温度的角度来考虑，给水流量对中间点温度的影响要快一些，所以采用水跟煤的控制方案有利于主蒸汽温度的控制，但不利于主蒸汽压力的控制。相反，采用煤跟水的控制，不利于主蒸汽温度的控制。

从多台不同厂家、不同容量的超临界直流炉机组的调试和控制优化过程可以发现，控制好水煤比的关键是合理的滑压曲线选择及锅炉主控控制主蒸汽压力偏差的调节品质。一旦主蒸汽压力波动较大，水煤比调节根本无法控制好分离器入口温度，也就无法获得较好的主蒸汽温度调节品质。其次，分离器入口温度的设定应当使用分离器入口的压力，如果采用负荷来设定分离器入口的温度，必须与设定负荷下的滑压曲线相参照，否则无法获得很好的调节品质。此外，考虑到锅炉配备直吹式制粉系统时，锅炉燃料量的增加需要经过制粉系统这个惯性时间比较长的迟延环节，所以在实际工程中，为了改善中间点温度的控制效果，当燃料量指令改变后，对给水流量指令的变化加了一个迟延环节。具体在机组控制策略的投入过程，磨入口一次风量测量的准确性，煤质的变化是否频繁等因素也是对控制品质产生影响的因素。

2. 协调控制策略

从机炉能量平衡的控制角度出发，机组的协调控制策略通常分直接能量平衡（DEB）和间接能量平衡（IEB）两种结构。直流炉没有汽包，其协调控制最好以间接能量平衡（IEB）的方式来构造，因为在直接能量平衡（DEB）的构造中，锅炉侧的能量回路需要引入汽包压力的微分，这是直流炉所不具备的。有些直流炉的控制引入分离器压力的微分构造成直接能量平衡，但由于直流炉惯性较小，分离器压力的波动较大，特别是一次调频动作的情况下会导致入炉燃料量的波动较大，所以直流炉负荷控制的协调控制策略最好选择间接能量平衡。而汽包炉的协调控制策略最好选择直接能量平衡，特别是煤种水分较大或掺烧褐煤、煤泥运行的机组，由于磨煤机热风偏小（基本处于全开的状态），合理选择直接能量平衡中微分项的增益，能够控制好入炉燃料的变换过程，获得较好的控制效果。

直流炉间接能量平衡协调控制策略的构成方式有三种：

① 锅炉跟随汽轮机为基础的协调方式，负荷指令作为汽轮机主控的设定。当机组负荷改变后，负荷指令直接形成的锅炉主控的前馈，机前压力偏差送到锅炉主控的调节器，既满足负荷快速变化的要求，又能够维持稳态下主蒸汽压力偏差较小。

② 汽轮机跟随锅炉为基础的协调方式，负荷指令直接送到锅炉主控，机前压力信号送到汽轮机主控调节器。要求增加负荷时，锅炉先增加负荷，待汽压升高后才使汽轮机增加负荷。这种方式下的主蒸汽压力控制平稳，负荷响应存在滞后，不满足 AGC 运行方式的要求。

③ 协调控制方式（双解耦控制），负荷指令和主蒸汽压力偏差信号同时送往汽轮机和锅炉的主控制器，要求增加负荷时，锅炉和汽轮机同时增加负荷。若汽压偏低时，锅炉继续增加燃料，而汽轮机适当减少负荷，以减少汽压偏差，反之亦然。这样，既能够保证比较迅速地适应负荷要求，又不致使汽压偏差过大。

比较上述三种协调方式，锅炉跟随汽轮机为基础的协调方式，功率偏差很小、压力偏差较大；汽轮机跟随锅炉为基础的协调方式，压力偏差很小、功率偏差较大；协调控制方式，功率和压力偏差在变负荷过程中同时存在，只是相对上两种方式压差和功差小一些。考虑到当今电网对机组运行指标的考核，双解耦控制很难适应电网 AGC 考核标准的要求。因此，绝大多数的机组，尤其是水电装机占有量较少的电网，通常采用锅炉跟随汽轮机为基础的协调方式，主要满足电网对机组负荷指令的要求，同时考虑到机组的安全运行，在汽轮机主控的设定回路增加压力偏差修正负荷设定的拉回回路（带有一定的死区），在压差偏大时影响一定的负荷调节，并使整个协调控制的品质变差，消除压力偏差的时间较长。

除上述机炉协调的三种方式外，在协调控制的构成中还包括锅炉跟随（BF）、汽轮机跟随（TF）、手动方式，机组协调控制方式如图 2-6 所示。

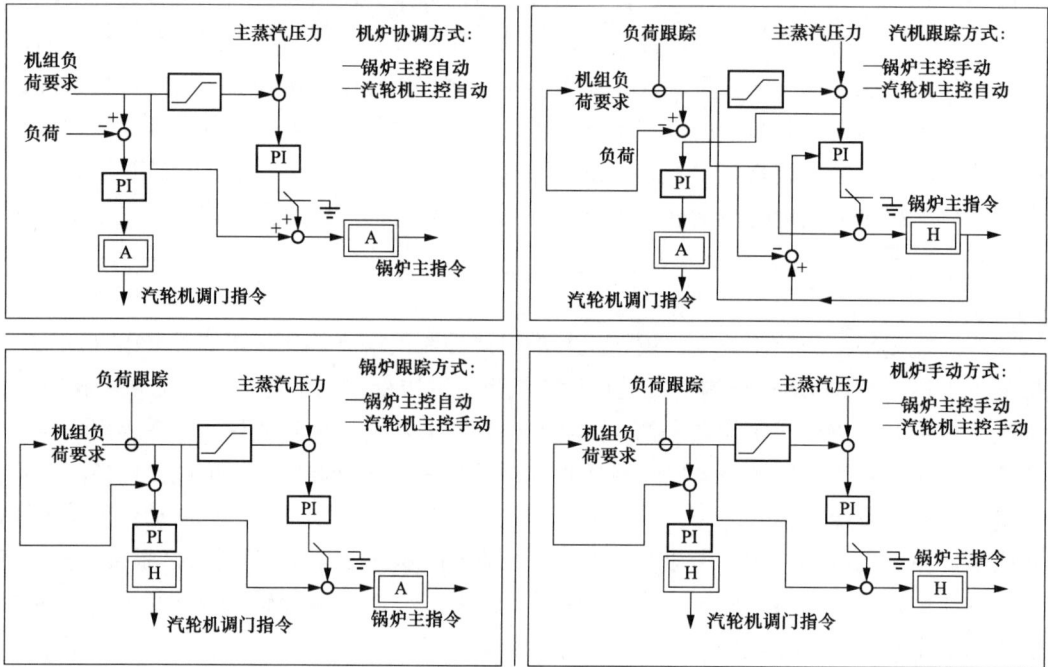

图 2-6 机组协调控制方式

3. 风煤交叉限制和煤水交叉限制

在直流锅炉中，为了保证锅炉燃烧的安全性和经济性，与汽包锅炉一样，控制系统都设计了燃料量、总风量、给水量之间的交叉限制。只是相对汽包炉的控制更为复杂，具体的设计方案如下：

① 风煤交叉限制。根据当前实际的燃料量［经煤质净热量（BTU）校核后］，给出当前燃料对应总风量指令的下限；根据当前实际的总风量，给出燃料量指令的上限，以确保任何工况下都有足够的风量，保证进入炉膛的燃料量充分燃烧。特别是变负荷过程，考虑到燃烧滞后和富风的控制策略，前馈风量在增负荷过程加风，在减负荷过程也加风，只是两个过程的增加量有所区别，根据氧量的变化来分别设置。

② 煤水交叉限制。当锅炉转入干态运行方式时，为了防止水煤比出现严重失调，控制系统采用煤水交叉限制。具体做法是根据当前实际的燃料量（经 BTU 校核后），给出给水流量指

令的最大值和最小值，使得给水流量指令在这个区间变化，一旦出现如磨煤机跳闸、煤质大幅度变化等特殊工况，交叉限制功能就能将给水流量自动控制在范围内。另外还有根据当前实际的给水流量给出燃料量指令的最大值，以防止锅炉受热面超温，如图 2-7 和图 2-8 所示。

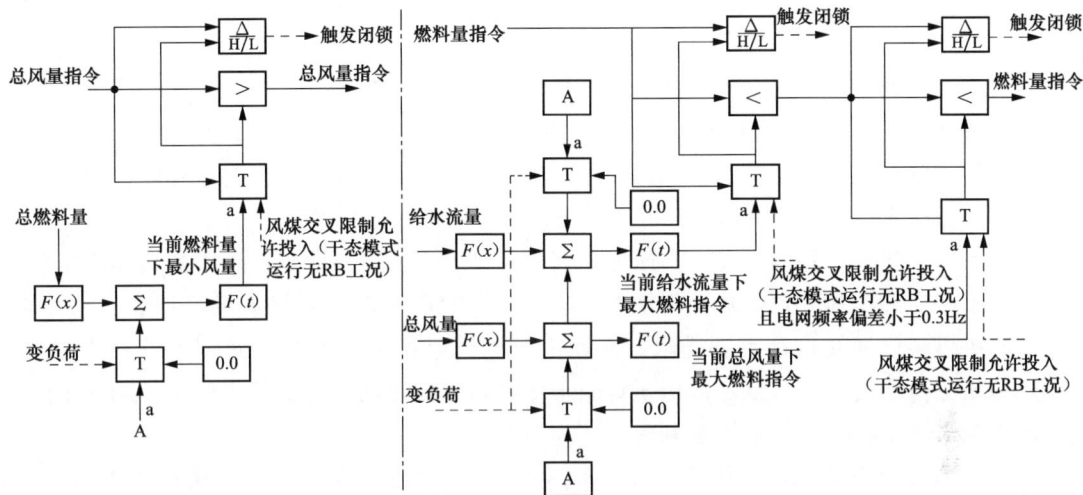

图 2-7　锅炉侧风煤交叉限制示意

如图 2-7 所示，风煤交叉限制功能是考虑燃烧过程"富风"的控制策略，在实际燃料及设定燃料取大值后作为风量的设定，保证在任何工况下的总风量设定都不小于燃料量的需求。但为保证锅炉的热效率，通常对总风量的设定增加氧量校正。对燃料量的设定是考虑总风量对燃料量设定及给水流量对燃料量设定取小值后形成，以确保锅炉的安全运行。

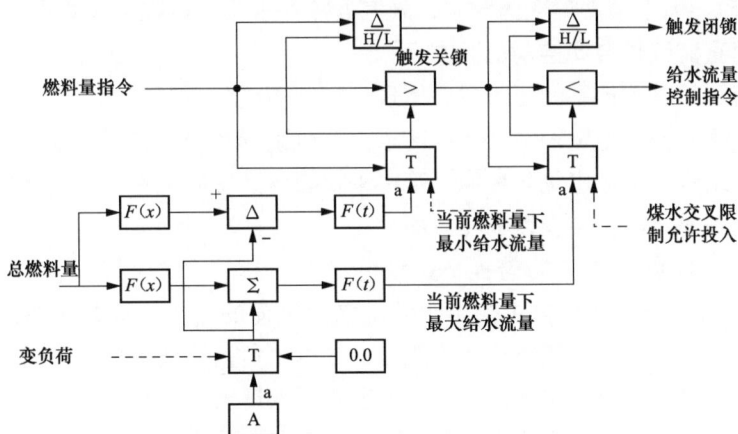

图 2-8　锅炉侧煤水交叉限制示意

说明：上述风煤交叉限制和煤交水叉限制都是在相应控制系统投入自动控制方式时才起作用。此外整个控制上，经过交叉限制之后，总风量设定值取最大值，燃料量值设定取最小值，给水流量设定值取中间值。

4．超临界机组特殊工况下的控制

（1）RB（RUN BACK）工况。超临界机组在辅机故障工况下快速减负荷（RUN

BACK）功能在设计基本与亚临界直流炉和汽包锅炉类似，基本上都包含送风机 RB、引风机 RB、一次风机 RB、给水泵 RB、磨煤机 RB、空气预热器 RB 等内容，各别类型的超临界机组还设计有高压加热器 RB（高压加热器旁路 50％容量设计）。在这种 RB 工况下机组的控制方式都自动转切换到汽轮机跟踪（TF）控制方式，主蒸汽压力的设定值根据滑压运行曲线自动下降到 RB 目标值所对应的值，锅炉侧强制减少燃料量和给水流量至 RB 目标对应的燃料量。与汽包炉 RB 的主要区别在于给水泵 RB，由于直流锅炉中没有像汽包锅炉中的汽包水位这种极易导致锅炉跳闸的过程参数，所以相对汽包锅炉而言，超临界机组 RUN BACK 功能面临的压力比汽包锅炉相对要小一些，但直流炉 RB 工况下的过热度控制是一个难点，特别是给水泵 RB 时，选择合理的滑压速率和给水设定的延时时间至关重要。

（2）高压加热器切除的工况。高压加热器旁路 100％容量设计时，高压加热器正常状态下切除，不产生高压加热器 RB。但为减轻运行人员的操作，必须保证机组水煤比的控制，部分超临机机组设计有自动控制逻辑，在此工况下机组切至汽轮机跟踪（TF）控制方式，炉侧燃料量保持不变，给水设定值切至对应于切除高压加热器状态的给水设定，同时中间点温度的控制采用变参数控制来快速调节。

（3）FCB 工况下的控制。FCB（fast cut back）是指机组在高于某一负荷之上运行时，因机组内部故障或外部电网故障与电网解列，瞬间甩掉全部对外供电负荷，并保持锅炉在最低负荷运行，维持发电机带厂用电运行（厂用高压变压器带厂用电）或维持汽轮机空负荷—额定转速（厂用电由启动备用变压器供给）。主要实现停线不停电、停电不停机、停机不停炉功能，是整个机组最顶端、难度最大的试验。对电网容量较小的机组运行具有重要的意义，其控制上结合了 RB、协调控制系统（CCS）、燃料器管理系统（BMS）、数字式电液控制系统（DEH）等多个系统的相互配合。在控制上超临界机组比汽包炉易于实现（汽包水位控制相对较难），但主蒸汽温度的控制、凝汽器热井水位上的控制是难点。

四、超临界直流锅炉自动控制的要求

超临界直流锅炉自动控制的要求主要体现在机组不同的运行状态下，协调及主要子系统的控制目标满足机组安全稳定经济运行的需求。在机组的整个模拟量控制上，利用前馈、反馈、变参数、变结构、自适应等各种控制策略来解除各系统间的相互耦合，实现机组的控制目标。其自动控制的要求主要有以下几方面。

（1）在满足机组负荷指令的前提下，维持主蒸汽压力的控制偏差较小。在机组投入 AGC 运行方式的前提下，汽轮机主控用于满足电网负荷的需求，锅炉主控用于维持机炉之间的能量平衡；其中，锅炉的热负荷变化能力，是机组负荷变化响应速度的关键。

（2）控制给水量与燃料量的配比在一个范围内，保证汽水分离器入口蒸汽的过热度在合理范围，确保水冷壁不超温，主蒸汽温度的可控性良好。通常要考虑升负荷、降负荷、不同的负荷段、不同的负荷变化率、稳态及 RB 等各种工况的要求。

（3）保持不同负荷段减温水量与给水量的配比，在保证负荷（主蒸汽流量）的前提下，分配好给水与减温水量的配比，确保水冷壁有足够的冷却水量，水冷壁的温度不超温。

（4）保持最佳的燃烧工况，汽轮机节流损失较小并有足够的调节裕度（适应 AGC 及一次调频的要求），主蒸汽压力运行平稳，锅炉具有最高的燃烧率。

（5）保证制粉系统、风烟系统的安全及稳定运行。

就上述超临界直流炉的控制任务而言，其控制系统有本身的特殊性。由于主蒸汽压力控制保证了汽轮机负荷的需要，也就是机组负荷指令。在锅炉跟随汽轮机的协调方式下，主要是电网调度指令（ADS）。超临界直流炉控制需要明确的是锅炉出口的主蒸汽压力并不是在任何时候都运行在超临界参数范围内，具体的讲：在机组启动和低负荷阶段运行在亚临界参数范围，随着机组负荷的升高，锅炉出口主蒸汽压力逐渐上升，大约在机组带 70% 额定负荷以上的时候，主蒸汽压力才运行在临界压力之上，这是一种复合变压方式运行。

对超临界机组的控制而言，汽轮机的控制部分基本上与亚临界机组相同。在 DEH 控制投入远方之前，汽轮机可选择就地的阀位方式、功率控制、主蒸汽压力控制等几种方式之一（有的 DEH 控制仅存在压力和功率控制两种方式）；在机组投入远方后，DEH 接受远方汽轮机主控的流量指令，汽轮机本身相当于一个执行机构。超临界机组和亚临界机组锅炉部分控制的差别，也就是直流锅炉和汽包锅炉控制的差别，在亚临界参数直流锅炉控制中遇到的问题，在超临界参数锅炉上都存在。当然，随着机组容量的增大和主蒸汽参数的提高，超临界参数锅炉比亚临界参数锅炉控制起来难度更大一些。煤粉直流锅炉和煤粉汽包锅炉在燃烧系统的控制方面，几乎是没有差别，其目的都是尽最大可能提高锅炉的燃烧率，但在汽水系统上则差别很大。汽包锅炉存在明显的汽水分界线—汽包水位，给水和燃料的控制是两个有独立目标的控制系统，即：汽包水位和主蒸汽压力；而直流炉的控制核心是，在机组的任何工况，必须保证燃料量与给水流量的比例在一个合理的范围，通常此值在稳态时约为 $1:7.5$，升负荷在 $1:7 \sim 1:7.5$ 之间，降负荷大于 $1:8$，RB 工况下给水的设定和延时更为复杂一些。所以直流锅炉的给水自动控制与汽包锅炉的给水控制完全不同。

五、超临界直流炉控制的难点

1. 机组滑压曲线的选择

与汽包炉机组相比，直流炉机组在主蒸汽压力的控制上都选择滑压运行方式；而汽包炉机组既可选择滑压运行又可选择定压运行（变负荷后，由运行人员修改定压设定值）。但直流炉的负荷—主蒸汽压力设定通常不使用滑压偏置来修正，负荷点对应的主蒸汽压力设定比较严格。选择合理的滑压曲线是超临界直流炉控制的第一个关键点，滑压曲线的设置必须满足 AGC 指令下汽轮机对电网负荷指令有足够的调节裕量，优先保证负荷调节；此外，还要考虑机组运行过程的经济性，尽可能减少节流损失。同时还要确保炉侧分离器入口温度或焓值与设定的主蒸汽压力相对应，确保水冷壁不超温、主蒸汽温度可控性较好（减温水调门的可控性）。

2. 水煤比控制

超临界直流炉的给水控制与汽包炉给水控制的最大区别在于直流炉汽水分界面的不固定性。当超临界锅炉在干态运行方式以后，进入锅炉的给水一次通过锅炉的受热面变成蒸汽，没有明确而稳定的汽水分界面，而且汽水分界面不但受给水流量的影响，也受进入炉膛燃料量的影响。在某一负荷下，一旦实际的汽水分界面偏离设计值较多，或者实际汽水分界面向锅炉入口或出口偏移较多，必将导致锅炉蒸发段和过热段的比例严重偏离设计值，使水煤比的失调比较严重，最终结果导致锅炉出口的主蒸汽温度大幅升高或降低，这时仅仅依靠过热器减温喷水不可能将主蒸汽温度控制在允许范围之内，会严重威胁机组的安全运行。

水煤比控制的品质直接影响着机组的安全运行，特别是机组变负荷过程、RB 过程的动态燃料量、给水量配比已成为直流炉运行的核心问题。控制上的难点包括：

（1）分离器入口蒸汽温度（过热度）设定函数的确定。

（2）变负荷过程燃料量前馈与给水前馈的比例及相互的延时配合。

（3）减温水流量对给水设定的修正。

（4）不同工况下给水设定延时时间的选择，特别是 RB 状态下给水设定延时时间的自适应控制。

（5）煤质变化频繁的影响（BTU 控制）。

（6）锅炉水冷壁超温的控制。

3. 超临界直流炉启动系统的复杂性

超临界直流锅炉的启动系统要比汽包锅炉复杂得多。其启动系统的主要功能是建立冷态、热态循环清洗，建立启动压力和启动流量，以确保水冷壁安全运行；最大可能地回收启动过程中的工质和热量，提高机组的运行经济性，对蒸汽管道系统暖管。启动系统主要由启动分离器及其汽侧和水侧的连接管道、阀门等组成，大多数启动系统还带有炉水循环泵和疏水扩容器。锅炉启动系统简图，如图 2-9 所示。

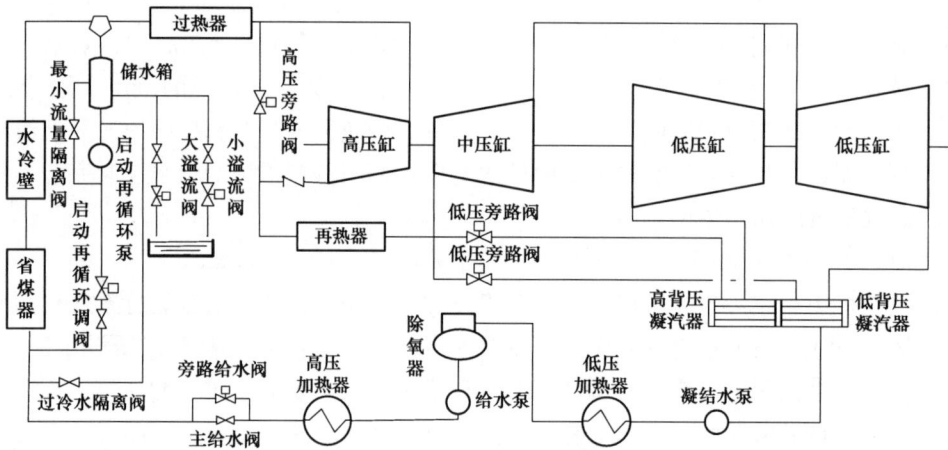

图 2-9 锅炉启动系统简图

通常在直流炉点火至带 25%～30% 负荷之前，直流炉处于湿态运行，为满足锅炉清洗及保证受热面的安全，锅炉的给水流量一直处于启动流量的控制，即：要求在任何工况下进入锅炉的给水流量都不能低于这个最小流量，此流量约为锅炉额定负荷下给水流量的 20%～30% 之间。此时给水控制的任务就是保持最小给水流量不变，这时锅炉的负荷或者蒸发量只能由燃料量来控制。给水经锅炉受热面后进入汽水分离装置，分离出来的蒸汽进入过热器，分离出来的给水疏放到疏水扩容器。一般的直流炉汽水分离器都带有储水箱，在锅炉湿态运行阶段，通过炉水循环泵及专门的疏水调节阀来保持汽水分离器储水箱的水位在允许范围之内。进入到疏水扩容器的疏水在水质合格的情况下排入凝汽器，也可直接排放掉。经炉水循环泵的水与锅炉给水泵来的补充水重新进入锅炉的受热面。当锅炉进入干态运行方式后，汽水分离器的入口蒸汽就有了一定的过热度，汽水分离器仅仅作为蒸汽的通道。干态和湿态方式的判断逻辑如图 2-10 所示。

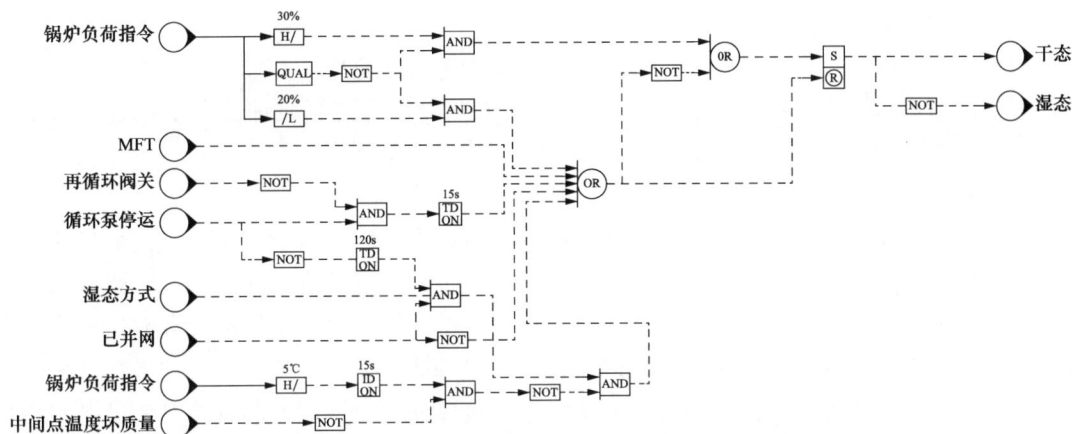

图 2-10　干态和湿态方式的判断逻辑

需要注意：在干态和湿态运行方式的判断中，主要考虑负荷量的大小，通常在 25％～30％负荷之间，此外过热度与炉水循环系统的运行状态也是重要的参考量。如果机组在转干态后的水冷壁经常超温，可考虑将转干态判断的负荷点提高或提高一定的主蒸汽压力，以此来改变锅炉水冷壁的水动力特性。

4. 超临界直流炉的控制难度大

对于单元机组的机炉协调控制系统来说，在配置汽包锅炉的机组上，忽略一些次要因素，可以把它简化成一个两输入两输出的控制对象。炉侧控制锅炉的燃烧率，机侧控制汽轮机高压调门的开度，两个控制变量分别为机组的有功功率和机侧的主蒸汽压力。锅炉的燃烧率和汽轮机高压调门的开度分别对主蒸汽压力和有功功率有很大的影响，组成一个多变量的控制对象。而对于直流锅炉机组来说，给水流量的扰动也会对主蒸汽压力和机组负荷产生影响。直流炉的工质流和能量流相互耦合，在控制上可简化为一个三输入两输出的控制对象，三个输入量为给水量、燃料量、总风量，三者之间相互交叉限制，耦合关系更强，使直流炉的控制难度增大。

5. 适应 AGC 运行方式

适应 AGC 运行方式时，负荷指令呈阶梯型往复变化，变负荷幅度及变化率呈现多变性。又由于直流锅炉的蓄热较小，仅相当于汽包锅炉的 1/3～1/2，锅炉内部温度的变化对主蒸汽温度的影响非常大，特别是配置双进双出钢球磨煤机直流炉的主蒸汽温度控制，在给水与燃料量的控制上必须采取非常规的控制策略。

第二节　超（超）临界机组模拟量控制的基本内容

超临界机组模拟量控制的主要内容包括协调控制系统及主要子系统的控制，它们彼此之间相互配合、制约，构成一个错综复杂的整体，虽然在机组稳态和动态方式下存在一定结构和参数上的变化，但整个模拟量控制系统通过前馈、反馈、延时、线性等控制策略密切配合来保证运行参数的稳定。并在此基础上投入机组的 AGC 和一次调频功能，满足电网对机组运行过程的要求，提高整个机组的自动控制水平。

一、协调控制

协调控制系统的设计原则是将汽轮机和锅炉作为整体来考虑，在能量平衡控制策略基础上，通过前馈/反馈、连续/断续、线性/非线性、方向控制等控制机理的有机结合，来协调控制机组功率与机前压力，协调处理负荷要求与实际出力的平衡。在保证机组具备快速负荷响应能力的同时，维持机组主要运行参数的稳定。

机组协调控制系统根据电网负荷要求和机组运行状态决定机组负荷指令、锅炉负荷指令和汽轮机负荷指令，从而控制锅炉燃烧率和 DEH 中汽轮机调门的开度变化。协调控制系统可保证机组的输出功率快速而平稳地适应电网负荷要求，同时保证机组运行参数在允许的范围内。锅炉主控指令的变化会引起锅炉侧水、煤、风的协同变化，汽轮机主控指令（汽轮机的流量指令）相当于汽轮机高压调门的开度指令。具体而言，协调控制就是在满足电网负荷要求的前提下，尽可能地提高锅炉的燃烧率，确保机前压力为设定值，实现汽轮机和锅炉之间的能量平衡。

对超临界直流炉而言，由于工艺上没有汽包，在锅炉负荷的构造上，只能以汽水分离器的压力作为替代，但直流炉的工质流和能量流相互耦合，亚临界与超临界过程汽水系统的特性变化较大，故其分离器压力的微分存在较大的波动。如果以此构造直接能量平衡（DEB）的控制策略，燃烧系统的煤量波动较大，因此，超临界机组的协调控制策略上应首先选择间接能量平衡（IEB）的控制策略。此外，超临界直流锅炉与煤粉汽包炉相比，动态特性上有所不同，主要表现在直流锅炉的蓄热仅相当于相当容量煤粉汽包炉的 $1/3 \sim 1/2$，燃烧过程热惯性较小，能够适应负荷的快速变化，特别是负荷控制的拐点过程更为迅速。但超临界直流炉的控制系统各变量间的相互间耦合及交叉限制更为严重，协调控制需要兼顾的变量更多，整个控制更为复杂，控制参数更难于整定。

超临界机组的整个控制策略中，水煤比控制（WFR）是整个控制的核心，更是机组协调控制系统投入的基础，也是最难投运的控制系统。在投入协调控制之前，相关的风烟系统、给水系统、燃烧系统、主蒸汽温度控制系统、水煤比控制等必须已投入自动并经过一定的扰动试验且调节品质合格，各参数之间的交叉限制函数已经正确设置，能够保证极端情况下机组的运行安全，在这种情况下开始着手投入协调控制的各种运行方式。

（一）协调控制系统的功能

1. 机组负荷指令的形成

机组负荷指令运算回路，主要由 AGC 回路和功率设定值回路构成。在非协调状态下，机组的负荷指令跟随实发功率；在协调方式下，运行人员可以通过负荷设定窗口手动给出机组负荷指令；在 AGC 方式下，负荷指令接受电网中心调度（ADS）来的指令。负荷指令经过负荷限制逻辑及相应运算后输出，就是我们通常所说的目标负荷，目标负荷通过变化率限制回路按一定的负荷变化率形成机组功率设定值。负荷变化率是运行人员根据机组设备的运行情况来确定的，通常电网要求不低于 $1.5\%/\mathrm{min}$。在超临界直流机组的协调控制当中不应当对设定负荷增加惯性环节。当负荷变化时，设定负荷指令作为前馈同时改变进入炉膛的煤量和去汽轮机 DEH 的负荷设定，在保证机组安全的前提下，尽最大可能提高锅炉的燃烧率，响应机前压力的要求。控制逻辑如图 2-11 所示。

ADS 信号的构成：当 DCS 与电气远动 RTU 接口正常时，电网允许机组投入 AGC 运

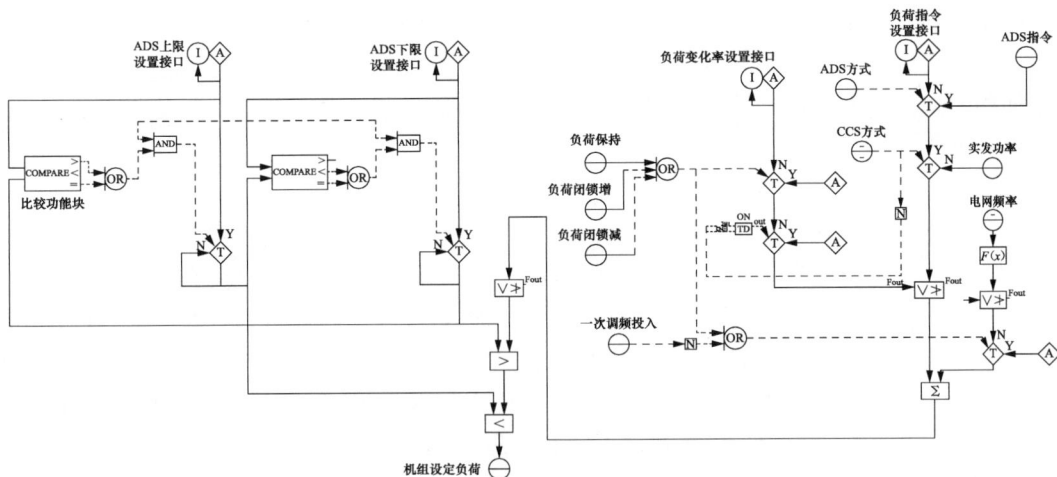

图 2-11 机组负荷指令形成控制逻辑

行，运行人员将 AGC 投入，机组 ADS 负荷指令信号即可参与到控制系统中，实现机组负荷控制的遥控。

ADS 投入允许条件（以下条件相"与"）：

（1）机组负荷控制在协调控制方式。

（2）ADS 指令与机组负荷设定值偏差在允许范围内。

（3）ADS 信号正常。

ADS 强制退出条件（以下条件相"或"）：

（1）机组负荷协调控制方式没有投入。

（2）调度负荷信号故障。

2. 频率校正回路

机组一次调频回路接收发电机频率信号，经一次调频曲线后加入到机组的负荷设定值中，但一次调频函数的输出值受到机组运行中变负荷幅度的限制，在接近负荷高/低限时的一次调频量值相应减小。当一次调频发生，汽轮机的调门开度改变时，机组变化的功率同时叠加到机组的协调控制系统的负荷设定回路（如图 2-11 所示机组负荷指令形成逻辑），以便和汽轮机本身的一次调频功能相适应。一方面保证汽轮机主控设定负荷与反馈的实发功率信号的平衡，汽轮机主控的反向调节作用不会抵消一次调频的作用；另一方面，一次调频动作的量值同时作用于锅炉主控，迅速改变煤量以补偿压力的失衡。一次调频功能有一个不灵敏区，当电网频率在该不灵敏区波动时，一次调频输出量值为"0"。需要注意的是，汽轮机本身的一次调频功能与协调系统中的一次调频设置相一致，不产生相互的干扰。

在我国各电网对机组一次调频能力的要求有所不同，但基本上要求一次调频动作 3s 后，负荷有明显的变化，15s 后变化的负荷达到一次调频量值的 90%，1min 后变化的负荷基本稳定。这些要求对蓄热较少的超临界直流炉来讲比汽包炉和流化床机组要相对困难，必须提高锅炉对主蒸汽压力的响应速率。

需要注意：通常的一次调频动作包括 DEH 方式和 CCS＋DEH 方式两种，在汽轮机的 DEH 方式下，一次调频的量值直接叠加在汽轮机的流量指令上，此时为保证动作量值的稳定，需要增加及其压力对动作量值的修正；而 CCS＋DEH 方式投入时，协调的汽轮机主控对增加的一次调频量进行闭环调节，此时对汽轮机流量的叠加需要一定的弱化，否则会出现动作初期的超调。此外，汽轮机主控存在的压力拉回修正应当进行相应的闭锁，不对一次调频分量进行修正。

3. 机组目标负荷的上限和下限

无论机组协调控制方式是否投入，机组负荷上限和下限设定值的设定都是通过控制逻辑内部的功能块来实现，对于 600MW 机组而言，上/下限值的设定范围在 0～660MW 之间。如图 2-11 所示机组负荷指令形成逻辑，在协调或 AGC 方式下，运行人员通过画面接口设定负荷的上限与下限。目标负荷必须在上/下限之间，否则目标负荷在逻辑上不起作用。机组在协调未投入的情况下，负荷的上限和下限跟踪机组的实发功率并带有一定的偏置，因此在协调投入后，必须首先合理设定负荷的上限和下限。

4. 机组目标负荷变化率的设定

为防止目标负荷的阶跃变化扰动对机组整个控制系统产生的冲击，目标负荷改变后通过负荷变化率的限制形成设定负荷。负荷变化率可以手动设定，也可以自动设定。在自动方式时，根据机组给定负荷或者锅炉输入指令自动给出机组的负荷变化率。在手动方式时，负荷变化率可在机炉协调画面的负荷变化率设定区设定。机组目标负荷设定值经过一次调频量值的修正、目标负荷高限和低限限制、机组目标负荷变化率限制后形成机组设定负荷，控制逻辑如图 2-11 所示。需要注意的是，此处的一次调频量值受到机组运行范围高限和低限的限制。

5. 主蒸汽压力设定

在锅炉和汽轮机主控都没有投入自动时，机组主蒸汽压力设定值跟踪汽轮机侧实际主蒸汽压力，此时压力变化率不受限制。当滑压运行方式投入（协调或汽轮机跟随投入）时，机组主蒸汽压力设定值跟踪机组给定负荷对应的滑压曲线。在有的超临界机组运行方式的设置上，还有一种运行方式称为 BI 方式（给水在自动、水煤比在手动），按照锅炉的输入负荷设定机组的主蒸汽压力。机组的负荷－滑压曲线各点对应关系见表 2-1，滑压曲线基本为定-滑-定方式，确定 50% 负荷对应的压力及 90%～95% 负荷下转为额定压力。机组主蒸汽压力设定逻辑如图 2-12 所示。

表 2-1   1000MW 机组滑压运行参数表

负荷指令（MW）	0	300	500	950	1200
压力设定值（MPa）	9.7	9.7	14.8	25.2	25.2

在图 2-12 中，主蒸汽压力的设定存在定压与滑压两种模式，但对超临界机组来说，正常运行必须在滑压运行方式下；此外滑压曲线的选择必须兼顾变负荷过程汽轮机调门的裕度及汽轮机的经济性，而滑压变化率必须能够保证变负荷过程所对应的压力变化，即，负荷变化结束，主蒸汽压力设定变化结束，否则将影响机组 W 考核曲线拐点处的调节。具体滑压曲线的设置与汽轮机的结构（GV 阀的各数及运行方式）存在一定的关系，在维持参数较高的情况下尽可能减少节流损失。

6. 机组运行方式

在机组控制策略的设计上，机炉协调控制根据机组运行工况形成下面的锅炉和汽轮机指令。

　　（1）锅炉主控指令。

　　（2）汽轮机主控指令。

　　（3）锅炉输入变化率指令（有的超临界机组设计有 BI 方式，即，机组在干态且给水投入自动而水煤比在手动的情况下，它包含了 TF 方式）。

　　这些指令间的关系取决于选择的运行方式。机组运行方式如下：

　　（1）机炉协调控制方式（CCS）。

　　（2）锅炉跟踪控制方式（BF）。

　　（3）汽轮机跟踪控制方式（TF）。

　　（4）机组手动控制方式。

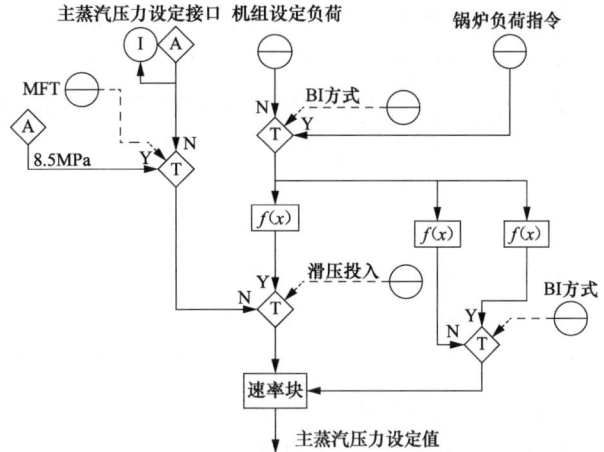

图 2-12　机组主蒸汽压力设定逻辑

　　7. 交叉限制功能

　　交叉限制功能是指在给水、燃料和总风量的每个流量设定指令上加上一些限制，以确保这些参数之间的不平衡在任何工况下都不会超出最大或最小允许的限值。这些功能只有在相应的回路运行在自动方式下才有效。可以简单地概括为总风量设定取最大；燃料量设定取最小；给水流量设定取上下限之间（限值取自燃料量构造的函数）。

　　8. 机组负荷的禁增、禁降

　　机组负荷的禁增/禁降功能是为了维持机组的稳定运行并作为机组控制系统的保护手段之一。当机组运行在 CCS 方式时，某些重要的子控制回路，如汽轮机调门、给水、燃料或总风量达到其控制范围的边界状态，机组将不能连续的稳定运行。当出现机组禁增或禁降条件时，相应方向的负荷变化率将强制切换到零，这时机组负荷只允许单方向变化。如果相应的重要子控制回路重新回到控制范围，该项限制不起作用。

　　9. 湿态/干态切换

　　作为超临界锅炉的特点，有两种运行方式。它们的分界点大约在锅炉产生的蒸汽流量等于锅炉最小给水流量的工况点上。"湿态-干态"方式转换按以下确定：随着负荷和燃料量的增加分离器储水箱液位和锅炉循环水流量将减少。当燃料量增加，锅炉达到最小给水流量时，分离器里的水全变成蒸汽。

　　如果锅炉产生的蒸汽流量小于锅炉最小给水流量，即称为"湿态方式"，如果锅炉产生的蒸汽流量大于锅炉最小给水流量，即称为"干态方式"。湿态运行方式可以被看做一个汽包锅炉。当然，随着锅炉运行方式的不同，控制策略也会不同。大体上可以根据机组负荷指令来判断锅炉运行方式的切换。

　　10. RUNBACK 功能

　　如果机组在正常运行时出现锅炉或汽轮机重要辅机事故跳闸的工况，锅炉输入指令将会按照预先设定的速率快速下降，下降速率根据跳闸辅机的种类不同而有所不同。如果不做上述处理，机组将不能继续稳定运行。锅炉输入指令将一直下降到剩余运行辅机所能允许的负荷水平为止。

为了达到锅炉输入指令快速下降的目的，锅炉侧的相应子控制回路均应在自动控制方式，这些子控制回路包括给水、燃料量、送风和炉膛压力。此外，为了达到快速稳定压力控制以防止由于锅炉输入指令变化造成主蒸汽压力波动的目的，还需要使汽轮机主控处于自动运行方式。

RB 发生后，锅炉负荷以预先设定的目标值和变化率来减少，这时机炉协调控制方式将退出，通常保持 TF 方式、滑压运行。

（二）协调控制策略

超临界机组机炉协调控制系统的任务是通过汽轮机和锅炉协调动作，使机组在满足电网负荷需求的同时，又保证机前主蒸汽压力的稳定，即汽轮机和锅炉间的能量平衡。协调控制方式可以分为以汽轮机跟随为基础的协调控制方式和以锅炉跟随为基础的协调控制方式，从机炉能量平衡的角度讲可分为直接能量平衡和间接能量平衡，但对直流炉而言主要的构成方式是间接能量平衡方式。机组同时具有滑压方式运行和频率校正回路功能，并可投入 AGC 方式运行及自动减负荷（RB）功能，部分电网要求机组具备 FCB 功能。目前机跟炉的协调控制方式和炉跟机的协调控制方式在超临界直流炉的控制中都有应用，但随着电网对 AGC 功能的要求及对机组相关指标考核的日益严重，炉跟机的协调控制方式已成为机组协调方式的主流。在炉跟机的协调控制方式下，功率的控制虽然严格，但炉侧压力波动带来的燃料量变化给机组运行的稳定性带来影响。

机组协调控制系统根据电网负荷要求和机组运行状态决定机组负荷指令、锅炉负荷指令和汽轮机负荷指令，从而控制锅炉给水量和燃烧率以及汽轮机的流量。协调控制系统可保证机组的输出功率快速而平稳地适应电网负荷的要求，同时又保证机组运行参数在允许的范围之内。锅炉主指令的变化会引起锅炉侧给水流量、燃料量、总风量的协同变化。汽轮机主控输出指令相当于汽轮机流量指令，DEH 根据流量指令分配各调节阀门的开度。汽轮机主控指令由压力调节回路或负荷调节回路按照不同的运行方式计算产生。整个超临界机组控制策略简如图 2-13 所示，在超临界机组的整体控制上，按照机组的负荷指令形成汽轮机主控指令和锅炉主控指令。机侧用于调节实发功率为电网需求，炉侧调节主蒸汽压力为设定值，维持机炉间的能量平衡。

1. 机组目标负荷设定值

协调控制回路使用目标负荷与机组实际负荷相比较。目标负荷信号通常由操作人员手动给出，或来自电网调度指令。这个目标负荷信号通过一个速率限制器，该速率限制器根据预先设定值来限制目标负荷的变化率。如果目标负荷的变化率小于所选定的限制率，目标负荷将不受限制地向后传递。如果目标负荷的变化率大于所选定的限制率，目标负荷将只能以该速率限制器所选定的最大变化率向后传递。经速率限制后的负荷指令即为机组负荷指令。此信号被送到一个加法器中，叠加上一个频率偏差信号，以补偿系统频率偏差。然后两个信号的和通过"负荷限制器"的选择器（高值和低值选择器）。"负荷限制器"的输出信号就是所谓的机组设定负荷，同时分配给汽轮机主控和锅炉主控。

去汽轮机主控的机组负荷指令信号用于和机组的实际功率相比较，同时将主蒸汽压力的偏差信号经函数发生器转换为功率偏差叠加到所产生的功率偏差信号上，通过对负荷设定的修正以补偿主蒸汽压力的偏差。即机组的压力拉回回路，它对机组的负荷相应产生一定的负面影响，由于压力偏差较大而产生一定的功率偏差，但对维持机炉的能量平衡有利，可加速

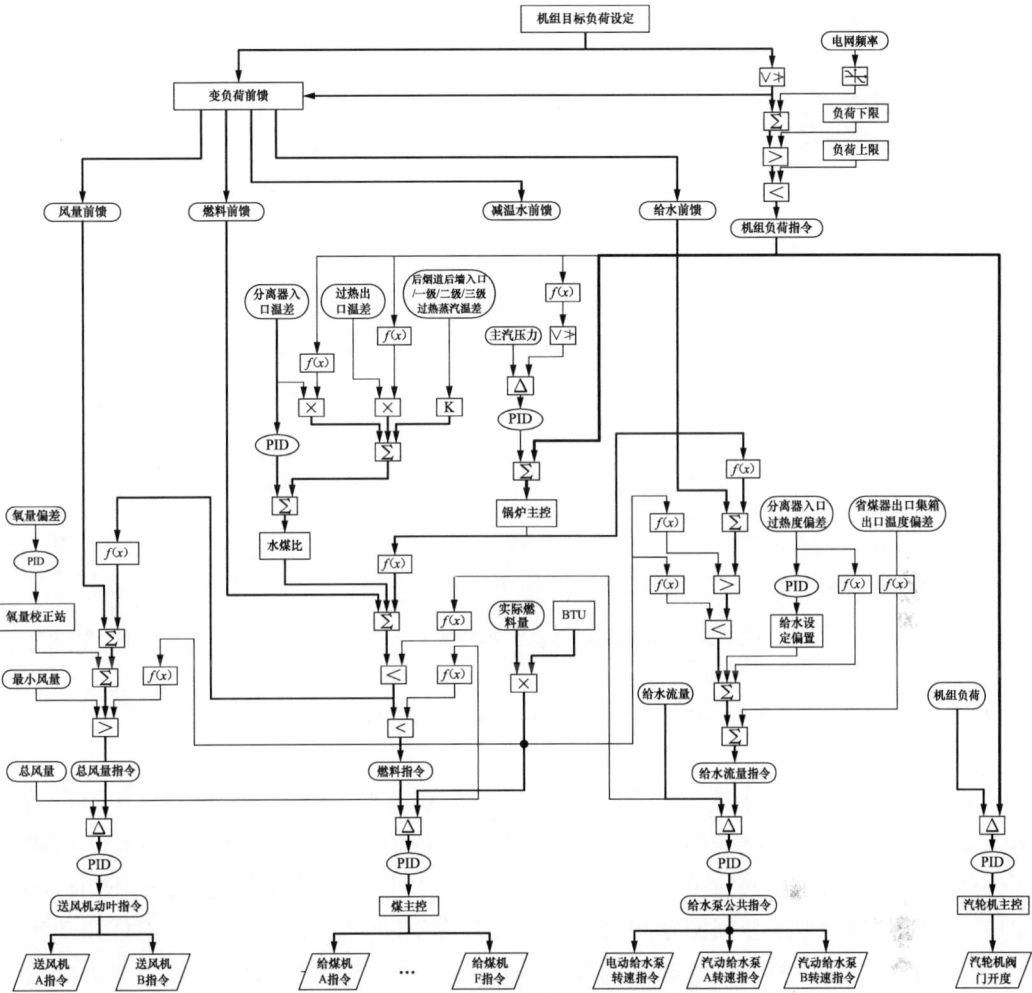

图 2-13 整个超临界机组控制策略简图

炉侧控制的收敛速度。

当选择汽轮机跟随方式时，汽轮机主控将由另一个 PI 压力调节器来控制主蒸汽压力，这个 PI 调节器和汽轮机侧功率 PI 调节器是分开的。

"机组负荷指令"信号通过 RB 切换器后产生"RB 状态下的机组负荷指令"信号，该信号送到锅炉主控，在锅炉主控指令回路中该信号加上主蒸汽压力修正量后产生锅炉主控指令信号，锅炉主控指令信号分配给燃料量、给水流量、送风量等相关的锅炉子控制回路。

在机炉协调控制方式投入前，机组目标负荷设定值跟踪发电机实际功率；在其投入后，机组负荷指令由运行人员在操作画面的相应接口设定；当协调投入而 AGC 没有投入时，调度负荷指令跟踪发电机实际功率；在 AGC 投入后，负荷指令转为 ADS 电网调度员指令。

机组负荷指令形成逻辑及主蒸汽压力设定回路如图 2-14 所示。

2. CCS 协调控制方式

（1）协调控制逻辑说明。机组投入协调方式（CCS）运行后，汽轮机主控制器和锅炉主控制器均已处于自动状态。在汽轮机主控制回路中，机组负荷指令与实发功率比较，其偏差

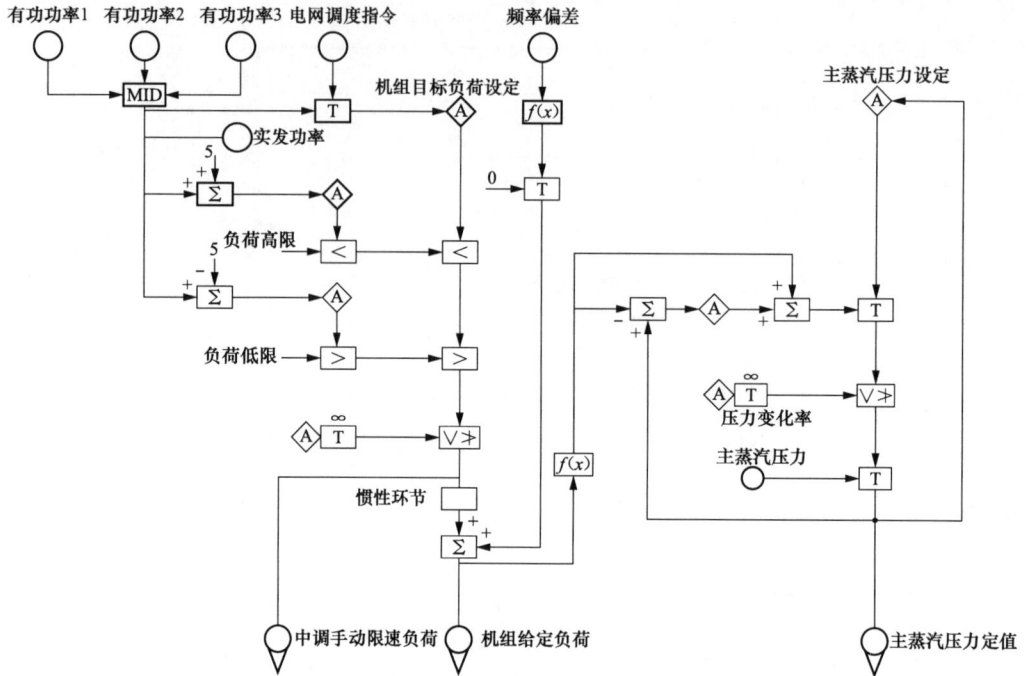

图 2-14　机组负荷指令形成逻辑及主蒸汽压力设定回路

送入 PID 调节器，调节器的输出经 M/A 站作为汽轮机主控输出。为了提高机组对负荷的响应速度，引入了机组负荷指令的前馈信号，增强汽轮机主控指令随负荷设定的变化速度。在功率调整过程中，为了不使主蒸汽压力波动太大，引入主蒸汽压力偏差的校正作用以补偿锅炉能量，即压差对功率的拉回回路。在主蒸汽压力偏差较大时，拉回回路虽然能避免炉侧的过量调节，但对功率的控制品质带来负面的影响。在锅炉控制回路中，主蒸汽压力的偏差通过 PID 调节器、模拟量输出模块产生锅炉主控指令以保持主蒸汽压力为给定值。为了较快响应主蒸汽压力的变化，克服锅炉制粉系统、燃烧系统的惯性，采用负荷指令的函数及负荷指令变化率的微分作为负荷变化过程的动态前馈；在机组投入滑压运行时，也可引入压力设定值的微分作为锅炉主控的前馈，在负荷变化的过程中补偿汽轮机调门过调产生的能量失衡，起到一个加速的作用。同时，在锅炉主控控制回路中引入功率偏差信号作为对压差的修正，加强机、炉间的相互作用。在变负荷时快速增/减燃料、给水、总风量，调整好水煤比、风煤比，尽可能在保证安全的前提下提高锅炉的燃烧率，提高锅炉对主蒸汽压力的响应速度。超临界直流炉的协调控制框如图 2-15 所示，其中共有 4 个 PID 调节器，从左至右依次为 BF 方式下的锅炉主控、CCS 方式下的锅炉主控、TF 方式下的汽轮机主控、CCS 方式下的汽轮机主控。

逻辑图的中间部分为锅炉主控的前馈信号，包括设定负荷对锅炉主控的线性前馈，通常选择负荷指令的 100%；主蒸汽压力设定点的微分变化前馈；设定负荷的微分变化前馈（BIR 指令）。图 2-15 中的函数 1 是指压力偏差对负荷的拉回回路；函数 2 是指负荷偏差对压力回路的修正。在超临界机组的控制策略中，通常将函数 1 设置为带有一定的死区；对函数 2 的输出设置为负荷偏差对应炉侧能量失衡。当然，按照不同电网要求的 AGC 速率以及

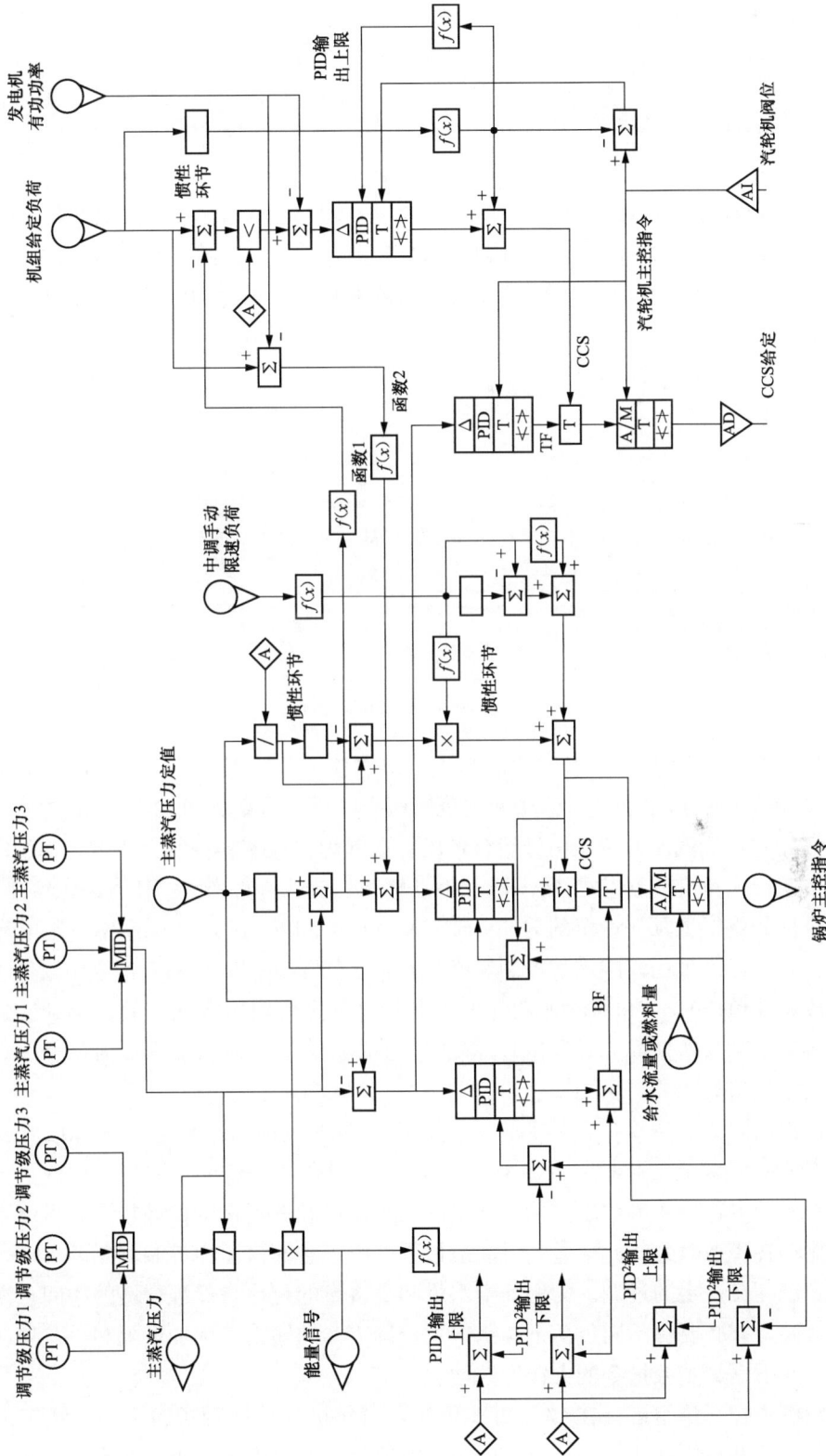

图2-15　超临界机组的协调控制框图

不同的负荷控制偏差，可选择不同的函数设置。炉侧可按照功差和压差的百分比加权之和，机侧可按照功差和压差的加权之差来倾向于控制功率还是压力，由此构造成锅炉跟随汽轮机的协调（CCSBF）还是汽轮机跟随锅炉的协调（CCSTF）。从满足电网考核要求的角度讲多选择锅炉跟随汽轮机的协调方式，以满足电网对负荷的要求。但汽轮机跟随锅炉的协调对机组运行本身更为有利，主蒸汽压力的波动小，燃烧相对稳定。

通过实际的负荷变动可在控制上对压力偏差-功差的 $f(x)$ 修正函数及功率偏差-压差的 $f(x)$ 修正函数在作用上进行偏置、增加死区等设置，实现控制上对维持功率平衡或压力平衡的倾斜以及提高实发功率的响应速度。函数的设置可参考图 2-16 压差对功差的拉回回路。

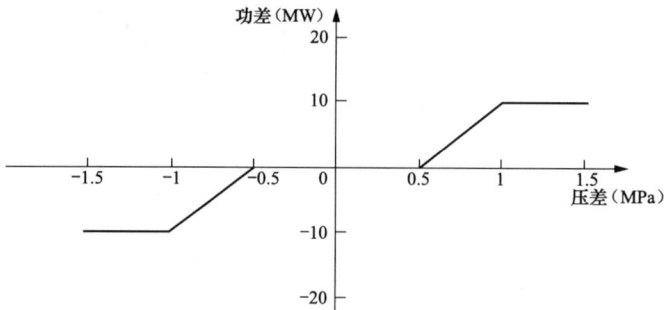

图 2-16　压差对功差的拉回回路

（2）锅炉主控。在超临界机组的控制当中，锅炉输入指令信号（BID）代表锅炉的负荷，在 CCS 方式下由机组给定负荷信号和主蒸汽压力校正信号组合形成，在 BF 方式下由机组实际负荷信号和主蒸汽压力校正信号组合形成。在锅炉主控手动控制方式下，锅炉输入指令信号可以由运行人员在锅炉主控操作器上手动输入。当发生机组在 RUNBACK 工况时，锅炉输入指令信号将根据预先设定的 RUN BACK 目标值和 RUN BACK 速率强制下降。

干态运行时，如果采用煤跟水的控制策略，在给水切手动，锅炉输入指令跟踪给水流量信号（转换成兆瓦单位）；如果采用水跟煤的控制策略，在燃料主控切手动，锅炉输入指令跟踪实际燃料量信号（转换成兆瓦单位）。湿态运行时锅炉主控跟踪实际负荷信号。煤跟水方式下锅炉主控逻辑如图 2-17 所示。

锅炉主控输出限值的选择：在协调方式投入后，锅炉主控的输出通常选择以兆瓦为单位，即 BID 指令；在煤质变化较大的情况下，BTU 控制存在一定的偏差时，BID 指令与机组负荷指令相差较大，导致锅炉主控输出设定的给水流量和燃料量的偏差较大。虽然水煤比的控制输出能够在稳态时弥补此偏差，但动态过程，由于主蒸汽压力控制偏差的存在，锅炉主控的输出必定存在一定的过调。为保证给水量和燃料量的配比，保证合适的中间点温度及额定的主蒸汽温，有必要对不同负荷下，锅炉主控调节器的输出范围加以限制，避免在变负荷及稳定的工况下锅炉主控指令的大幅度波动。

（3）汽轮机主控。机组运行在 CCS 方式下时，汽轮机主控接受机组主控系统来的机组设定负荷信号调节发电机有功功率，所以机组实际负荷和设定负荷相等。如果主蒸汽压力偏差超过控制系统内部预先设定的数值时，主蒸汽压力偏差将会在机组负荷偏差上增加一个修

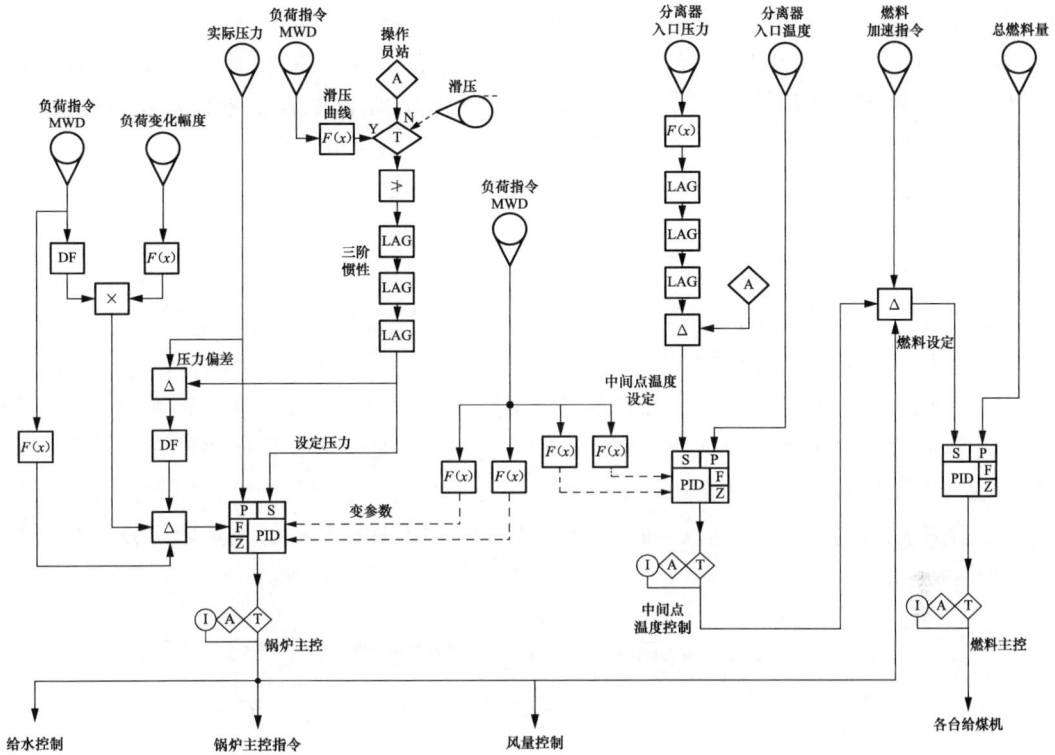

图 2-17　煤跟水方式下锅炉主控逻辑

正量，防止主蒸汽压力偏差继续扩大。

汽轮机主控在 CCS 方式下使用的控制机组功率的 PI 控制器和在汽轮机跟随控制（TF）方式下使用的控制主蒸汽压力的 PI 控制器分别单独设计，以便改善调节品质。有些机组的汽轮机主控包含在 DEH 的控制当中，仅需要协调控制系统输出设定负荷、设定压力信号给 DEH，按照不同的控制方式（远方初压、远方限压）控制汽轮机的负荷。

汽轮机主控输出限值的选择原则：

汽轮机主控输出指令的选择要考虑到 DEH 控制逻辑中的汽轮机阀位指令与负荷范围的对应关系。例如，如果 1000MW 机组 DEH 的流量 0%～100% 对应 0～1200MW，那么汽轮机主控的输出上限最大不应超过 83.33%，以免调节过程出现 83.33%～100% 之间的死区，影响负荷的可控性。此外，汽轮机流量与阀位之间不应设置死区。例如，西门子公司生产汽轮机的 DEH 控制，许多电厂在控制上闭锁补气阀开以避免影响机组效率，使 DEH 的流量指令在 78%～105% 之间处于调节死区，在升负荷过程实际主蒸汽压力偏低时，高调门全开、补气阀不开，汽轮机主控调节器的输出指令一直增加。在压力上升后，汽轮机 DEH 的调节死区会导致实发功率与设定的偏差超过 10MW。因此汽轮机主控输出指令与 DEH 侧的流量指令以及阀位指令必须一一对应。

（4）机、炉主控调节器参数的整定。对于超临界直流机组而言，考虑到锅炉在负荷变化后主蒸汽压力调节上存在一定的滞后，依然需要汽轮机主控调节器输出指令的过调来提高对实发功率的响应速度。因此，锅炉主控的 PID 调节器在参数设置上比例作用尽可能大一些、积分作用必须和微分作用相匹配；汽轮机主控的作用对象为汽轮机调门，为兼顾锅炉的特性，调节参数的作用不应过强。调节器参数整定的难点是锅炉主控，要考虑锅炉主控的输出是兆瓦值、燃料量或者是给水流量，然后构造出随负荷设定值的变参数或稳态/动态过程的变参数控制。对应于输出量纲是兆瓦的控制时，炉主控的调节器参数相应为 K_P 范围 $20\sim25$，T_i 范围 $40\sim60\text{s}$，K_d 范围 $10\sim15$，T_d 范围 $60\sim90\text{s}$；同时存在变负荷及不同负荷设定点的变参数修正。

3. BF 锅炉跟随方式

汽轮机主控处于手动状态，锅炉主控处于自动状态，由锅炉调节主蒸汽压力。汽轮机动作在前，锅炉动作在后。在这种方式中，主蒸汽压力偏差经 PID 调节器、模拟量输出模块形成锅炉主控指令，以控制相应的燃料量来维持主蒸汽压力的稳定。即运行人员对负荷进行调整时，首先改变汽轮机调门开度，改变汽轮机进汽量，从而改变发电机的输出功率。与此同时，随着汽轮机调门的开度变化，主蒸汽压力随之改变，锅炉主控则根据主蒸汽压力偏差的变化去增减燃料量，使输入锅炉的能量与锅炉的输出能量相平衡。锅炉跟随方式原理图如图 2-18 所示。

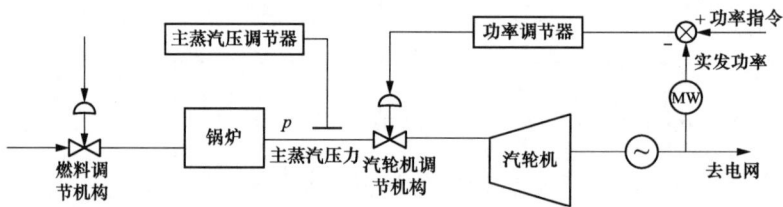

图 2-18　锅炉跟随方式原理图

为了增加锅炉侧对汽轮机侧（手动汽轮机调门）扰动的响应速度，设计了能量平衡信号（汽轮机能量需求）$p_1 \times p_s / p_T$ 作为前馈信号（p_1 为汽轮机速度级压力，p_T 为主蒸汽压力，p_s 为主蒸汽压力设定值），以迅速平衡汽轮机的能量需求。但在控制策略上前馈信号不应太强，以免煤量与热量信号间的相互扰动。

锅炉跟随方式的特点：对较小的功率给定值变化能充分利用锅炉的蓄热量，使机组实发功率能迅速适应变化，对电网系统的频率调整有利，但对较大的给定功率变化适应性差，主蒸汽压力和温度变化大，不利于机组的稳定运行。

4. TF 汽轮机跟随方式

汽轮机主控处于自动状态，锅炉主控处于手动状态。由汽轮机调节主蒸汽压力。锅炉动作在前，汽轮机动作在后。在这种方式中，主蒸汽压力偏差经汽轮机主控 PID 调节器，形成汽轮机主控指令，直接通过改变汽轮机调门开度来控制主蒸汽压力为给定值。这种方式下，机组运行稳定，只需运行人员手动调节好负荷与煤量的对应关系。即当机组负荷指令改变时，从能量平衡的观点出发，首先改变进入锅炉的燃料量，从而改变锅炉的蒸发量来改变主蒸汽压力的变化。根据主蒸汽压力的变化，汽轮机调节器的输出去改变汽轮机调门的开度，使进入汽轮机的蒸汽量变化，改变发电机的功率。汽轮机跟随方式原理图如图 2-19 所示。

汽轮机跟随方式的特点：通过控制汽轮机调门来维持主蒸汽压力，主蒸汽压力变化很小，对机组的稳定运行有利。但是，没有利用锅炉的蓄热，反而要先补充或释放蓄热，对外

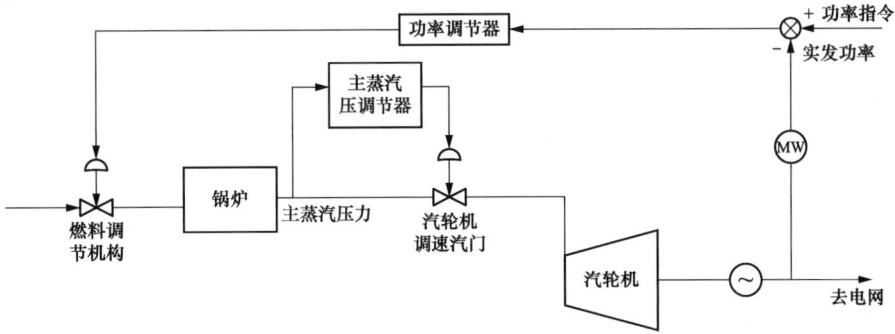

图 2-19 汽轮机跟随方式原理图

界负荷的适应较慢，因为当功率给定值改变后，功率调节器先使锅炉燃料调节机构动作，由于锅炉燃烧与热传导均有惯性，等待主蒸汽压力慢慢变化后，才能逐步改变汽轮机调门，使输出功率逐步改变，这对电网系统的频率调整不利。

5. 基本控制方式（手动方式）

在基本控制方式下，汽轮机主控和锅炉主控都处于手动状态。运行人员通过锅炉主控和汽轮机主控 M/A 站手动给出锅炉主控指令（燃料主控投入自动）和汽轮机主控指令，如果燃料主控处于手动状态，直接改变给煤机的指令来改变煤量。

以上四种方式由运行人员选择。当汽轮机主控自动、锅炉主控手动时，则为汽轮机跟随方式；当汽轮机主控手动、锅炉主控自动时，则为锅炉跟随方式；当汽轮机主控和锅炉主控都为自动时，即为协调控制方式；当它们都为手动时，则为基本控制方式。控制方式的切换逻辑如图 2-20 所示。

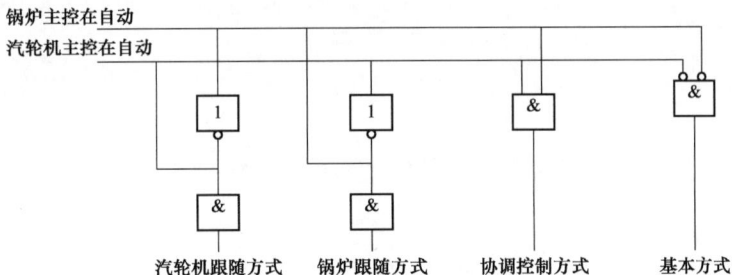

图 2-20 控制方式的切换逻辑

6. 协调控制投入事项

（1）投入前必须具备的条件。在协调控制策略中，首先要根据机炉运行的实际确定合理的滑压曲线，并按照变负荷速率的要求设置好相应的滑压速率。

在炉侧滑压曲线设定的延时时间选择应当是负荷变化率的函数，并随升/降负荷的不同而存在差异。

负荷设定的上、下限设置正确，特别是对于西门子公司生产汽轮机 DEH 的负荷画面的相关设置要正确，包括负荷限值、变负荷速率限值、控制方式的选择等。

在协调控制投入前，相关子系统的自动必须投入并经过相应的扰动试验，调节品质合格，机组的相关保护及交叉限制函数设置正确；运行人员对控制策略及手动干预的量值非常熟悉，能够手动维持机组的正常运行。

（2）协调投入后的相关工作。主要是交叉限制函数的检查，负荷增/减闭锁逻辑的检查，主要子控制系统的检查，进行各控制系统调节器参数的优化调整。

7. 机组协调控制系统的操作画面

机组协调控制系统的操作画面如图 2-21 所示。为了便于控制，一般要设计机组各种控制方式的选择按钮以及负荷设定、滑压投入、AGC、RB、一次调频等功能投入/切除按钮，锅炉主控操作器、汽轮机主控操作器、汽轮机遥控显示、负荷增减闭锁指示、主要辅机运行状态及主要运行参数显示等，同时能够快速切换至制粉系统控制、风烟系统控制、给水系统、主蒸汽温度系统、水煤比控制等重要操作监视画面。

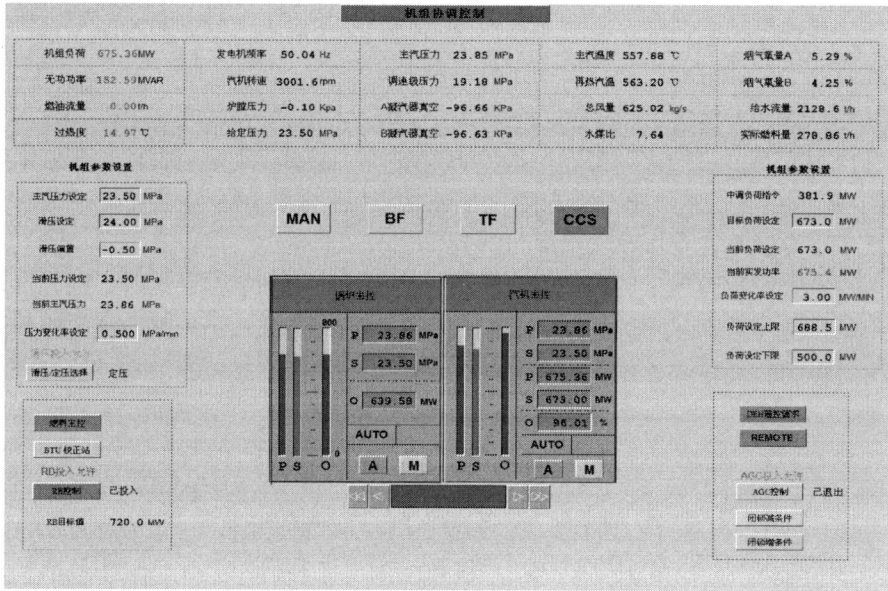

图 2-21　机组协调控制系统的操作画面

（三）变负荷前馈控制

在超临界机组的协调控制中，按照变负荷速率的不同，将变负荷速率的微分乘以相应的增益作为相关系统的变负荷前馈量值，此前馈部分成为机组变负荷过程至关重要的组成部分。在不同负荷下，锅炉输入的静态平衡是由相应的子控制回路的指令信号维持的，如给水、燃料和总风量指令信号。但是在负荷变动时，仅有这些是不够的。考虑到锅炉的动态平衡，锅炉输入变化率指令根据相应子控制回路单独产生，并作为前馈信号加到相应的控制指令信号上。通常的变负荷前馈指令包括：

（1）燃料量指令前馈。

（2）给水量指令前馈。

（3）总风量指令前馈。

（4）过热、再热减温水调门开度指令前馈。

（5）烟气挡板开度指令前馈。

（6）SOFA 风门开度指令前馈。

这些前馈量都以设定负荷的微分为基础，各变量根据变负荷过程的配比情况分别乘以相关的增益，通常的煤水前馈量的比值在 1/4～1/2 之间，煤量和风量的比例约为 1/3。机组变负荷前馈逻辑如图 2-22 所示。

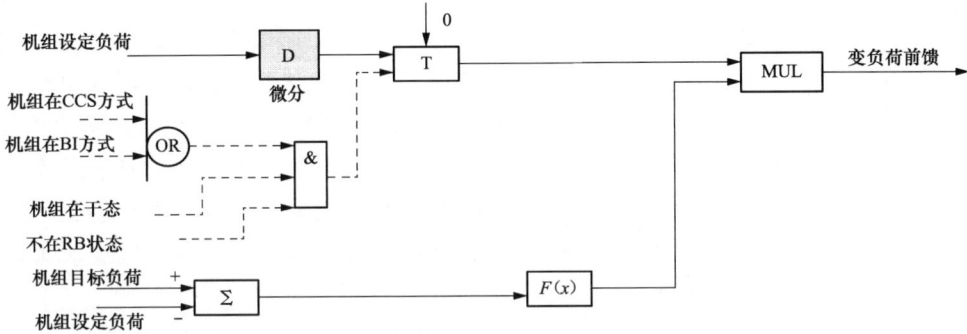

图 2-22 机组变负荷前馈逻辑

说明：图 2-22 中，机组不在 CCS 或 BI 方式、不在干态运行或 RB 发生时，变负荷前馈的输出切为"0"。在变负荷前馈起作用的前提下，必须确定好微分环节的时间，T_d 通常在 30～60s 之间，如果需要更快速的前馈变化量，可将微分时间进一步缩短，增益函数以目标负荷和设定负荷的偏差经函数发生器来进行构造，目的是在变负荷接近结束时提前减小变负荷增益，来减小变负荷结束时的惯性。增益函数也可采用变负荷的速率来构造，以（目标负荷－设定负荷)/负荷变化率作为函数发生器的输入，有的变负荷前馈微分增益还考虑变负荷前及过程中的主蒸汽压力偏差进行一定的修正，使其构造更为复杂。

在变负荷过程前馈量的设定原则：

（1）所有前馈量值以负荷变化率的微分为核心，通常情况微分时间 30～60s，前馈量值的输出在 30～40t/h 之间（对 1000MW 机组，负荷变化率 2％而言），前馈信号应根据机组负荷上升和下降单独设置。

（2）总体而言，将燃料量的前馈增益设置为"1"，其他的前馈量按照实际的过程设置自己的增益。即与燃料量构成一定的比例。

（3）为克服锅炉的热惯性，保证合理的水煤比，给水量前馈的量值要兼顾动态过程的过热度以及主蒸汽压力的响应速度，既要满足主蒸汽压力响应快，又要保证过热度的控制偏差小。因此，变负荷前馈给水量设定有独立的延时时间，与锅炉主控指令来的给水经过延时后的设定相加作为总给水的设定。在变负荷过程，给水流量与燃料量的比值与稳态不同，升负荷偏低，降负荷偏高。

（4）在锅炉运行的任何时刻必须保证富氧燃烧，因此，总风量前馈信号总是增加的方向，但在升/降负荷过程的量值大小不同，升负荷过程的风量增加略大一些。具体的量值应根据变负荷过程氧量的变化来确定，通常的氧量不低于 2.5％。

（5）SOFA 风门开度指令前馈的设置，主要是注意低负荷段的减负荷过程，SOFA 风门联关的幅度要大一些，尽量提高火焰的高度来维持过热汽温。

（6）过热、再热减温水调门及烟气挡板开度指令前馈根据运行的实际过程设置开度的大小，升负荷过程开大，降负荷过程关小。

（7）在前馈量值的设定上还应当引入设定负荷的函数作为修正，特别是在机组升负荷过程的高段和降负荷过程的低段，前馈量值应当适当的减小，有利于机组运行的安全。

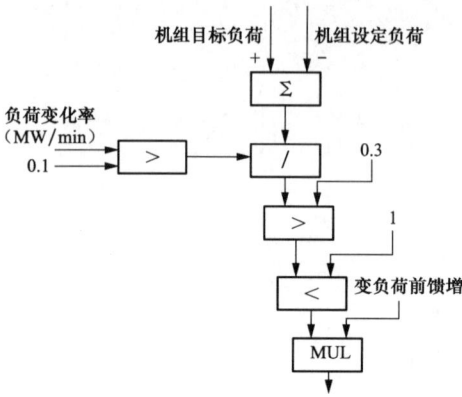

图 2-23 变负荷过程"刹车"逻辑

（8）变负荷过程前馈量"刹车"功能的使用，所谓"刹车"是指在变负荷过程接近目标负荷时，自动减少前馈量的幅度，这一幅度值在"刹车"作用的开始位置同样受到变负荷速率的影响。特别是 AGC 方式下，随负荷变化范围的不同，前馈量的大小自动适应变化，能够减小不必要的煤量变化幅度，取得更为满意的控制效果。变负荷过程"刹车"逻辑如图 2-23 所示。

（四）主蒸汽压力的全程控制

在超临界机组的模拟量控制当中，主蒸汽压力的控制贯穿机组启动、正常运行、停运等每个过程，是机组控制的主要参数之一。超临界机组的滑压设定曲线是机组所有主要自动控制投入和优化的前提，其设置是否合理直接影响着机组的经济性及安全性。由于直流炉的汽水没有固定的分界面，滑压曲线在运行中对水煤比控制存在很大影响；此外，机炉能量的平衡点确定了汽轮机调门的开度以及变负荷过程调门的调节裕量，在整个机组的控制上至关重要并需要首先确立。主蒸汽压力的自动控制过程如下：

（1）在机组启动过程（旁路关闭前），主蒸汽压力的控制由旁路控制系统来完成，高压旁路减压阀在机组点火后开度在 10％进行暖管；当主蒸汽压力达到 1MPa 后，高压旁路调阀维持 1MPa 压力开至 30％～40％；高压旁路调阀保持开度不变，待主蒸汽压力升至 6～8MPa 后，转至定压运行直至机组冲转、并网、带初始负荷并随着负荷的上升，高压路旁调阀开度逐渐关小直至全关。这时，旁路系统处于备用状态，机组的启动阶段完成。

（2）在旁路退出到机组转入干态运行前，对于煤跟水的控制策略，其主蒸汽压力由水煤比调节器来控制；在湿态时，水煤比调节器投自动后的控制输出用于调节主蒸汽压力的设定；在干态时，水煤比投自动地控制输出用于调节中间点的温度。如果水煤比在手动控制，可将机组投入 TF 方式运行，由汽轮机主控按照滑压曲线调节主蒸汽压力。

（3）对于水跟煤的控制策略，启动过程结束到投入协调控制前，主蒸汽压力的控制可在 TF 方式下，由汽轮机主控来控制。

（4）4 机组带到较大的负荷，如：40％～50％后，此时可投入协调方式运行，由锅炉主控调节主蒸汽压力。

（五）BID 与 MWD 指令的平衡

一台机组的协调控制品质及主要子系统的控制品质如何，可通过稳态时的锅炉负荷指令（BID）与机组负荷指令（MWD）的比较加以判断；在两者近似相等时，给水流量与燃料量的配比达到最佳，水煤比输出的修正量值接近"0"，如果此时的水煤比输出较大，无论是煤跟水还是水跟煤的控制策略都必须对给水流量的设定或测量进行检查和修正。只有在稳态时

BID 和 MWD 指令平衡，才能保证动态时水煤比的调节幅度较小，确保中间点温度及主蒸汽温度的可控性。

在机组处于稳定的工况下，无论 WFR（水煤比）调节器的输出是多少，BID 指令与 MWD 指令都应当是近似相等，这说明给水的设定和测量是正确的。否则，应对照锅炉的热力计算来确定给水流量设定曲线是否正确，然后检查给水测量的计算回路，特别是温度对流量计算的修正函数是否正确。在保证稳态 BID 指令与 MWD 指令近似相等的前提下，检查 WFR 调节器的输出是否为"0"，这主要依靠 BTU 的修正作用。

由于锅炉的入炉煤质的不确定性，在煤质发生变化的情况下，WFR 的输出必然会改变，由此 BID 和 MWD 之间必定出现一定的偏差，这时可通过净热量校正（BTU）回路的调节输出来加以修正。净热量校正回路是用积分无差调节特性来保持燃料信号与锅炉蒸发量之间的对应关系，它和总燃料量信号之差经调节器运算后送到乘法模块对燃料信号进行修正。

需要说明的是：水跟煤的控制策略中，通过修正 BTU 的输出使 BID 和 MWD 近似相等，然后观察 WFR 的输出。如果量值偏离"0"较大，需要对给水设定或测量进行检查和修正；煤跟水的控制策略中，先进行给水设定或给水测量的检查和修正，使 BID 和 MWD 近似相等，然后观察水煤比的输出，通过 BTU 的调整使 WFR 的输出近似为"0"。

BTU 控制相关说明：

(1) BTU 用于修正煤质的变化，操作块输出函数对应的修正系数为 0~0.8、50~1、100~1.2；调节器的积分时间很慢，通常在 3600s 以上，同时在变负荷、RB、主蒸汽压力偏差大、启停磨煤机等过程调节器输出保持。在机组 AGC 运行方式下，AGC 的电网调度指令变化频繁，使 BTU 的调节更为缓慢，根本无法满足机组运行对煤质校正的要求，因此，在煤质大幅变化的情况下，必须手动进行干预。

(2) 手动修正 BTU 时，尽量在稳态情况下进行修正且每次变化在 3% 幅度以内（整个输出为 0~100%），间隔时间 5min 以上。

(3) 修正的目的是使机组负荷指令（MWD）与炉主控指令（BID）近似相等，使动态过程的给水流量和煤量配比合理，WFR 的输出变化较小。如果炉主控指令大于机组负荷指令时，说明入炉煤质变差，需要把 BTU 向增加煤量方向修正。反之，需要把 BTU 向相反方向修正。

BTU 的控制策略如图 2-24 所示。

二、燃料控制

超临界单元机组的制粉系统通常配置 6 台磨煤机及 6 台给煤机，正常运行时 5 台磨煤机运行 1 台备用能够满足额定负荷的要求。控制上通过调节运行状态的给煤机转速，满足锅炉运行所需的燃料量。超临界机组按照机组控制策略的不同，在水煤比控制上采用煤跟水与水跟煤控制的燃料主控在设定值上存在差异，但燃料主控的反馈完全相同，都是进入炉膛的燃料量。

1. 燃料量设定值

燃料量设定值形成回路的主要部分由锅炉主控输出指令（BID）经函数发生器后形成（见表 2-2），其他的量值为变负荷 BIR 指令前馈和水煤比的修正量（煤跟水方式下）。煤跟

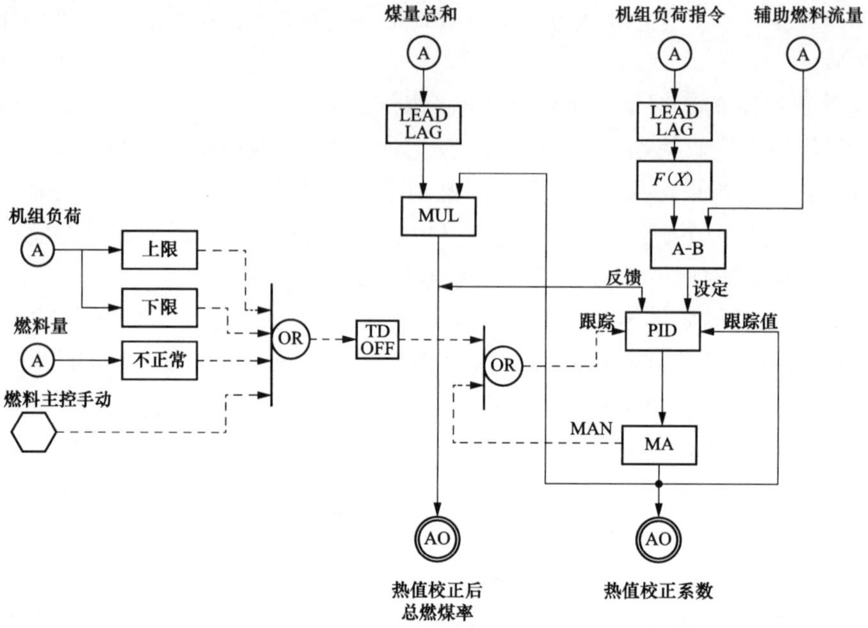

图 2-24 BTU 的控制策略

水方式下的燃料量设定值逻辑图如图 2-25 所示。此设定值要经过风煤交叉和水煤交叉的限制，取最小值作为燃料指令的设定。在控制上，燃料量设定中最难整定的部分在于变负荷 BIR 指令前馈，既要考虑到大幅度变负荷过程，又要考虑小范围及负荷变化的拐点，通常燃料前馈量的大小随负荷变化幅度及变化速率自动改变（自动刹车功能）。确定燃料前馈量值是否合适的标准在于负荷变动试验过程中，设定主蒸汽压力与实际主蒸汽压力的变化相互平行。反映在变负荷过程的燃料量曲线上，随负荷的改变燃料量变化近似均匀。当然，整定好燃料量控制的标准是实际燃料量的随动特性，然后才进行锅炉主控调节参数的整定。

表 2-2   某 1000MW 机组锅炉主控—燃料量函数

锅炉主控（MW）	0	271.4	333.5	400	500	750	1000	1040	1200
燃料量（t/h）	0	108.8	130.6	154.3	188.1	272.4	357.5	375.6	433.1

（1）煤跟水控制方式下的燃料量设定值由以下部分组成。

1）锅炉主控经函数发生器形成的燃料量。

2）负荷变动过程中燃料 BIR 前馈量。

3）煤水比控制输出量。

（2）水跟煤控制方式下的燃料量设定值由以下部分组成。

1）锅炉主控经函数发生器形成的燃料量。

2）负荷变动过程中燃料 BIR 前馈量。

（3）燃料量控制回路的结构。燃料量控制回路采用单回路多输出的控制结构。燃料量设定值与 BTU 校正后的总燃料量的偏差经 PID 计算后产生各台给煤机的煤量综合指令，用于保证校正后的燃料量满足燃料量设定值的需求。燃料量控制回路采用比例＋积分控制，并根据给煤机投入自动的数量采用变增益控制，以便获得更好的调节效果。单台给煤机的煤量指

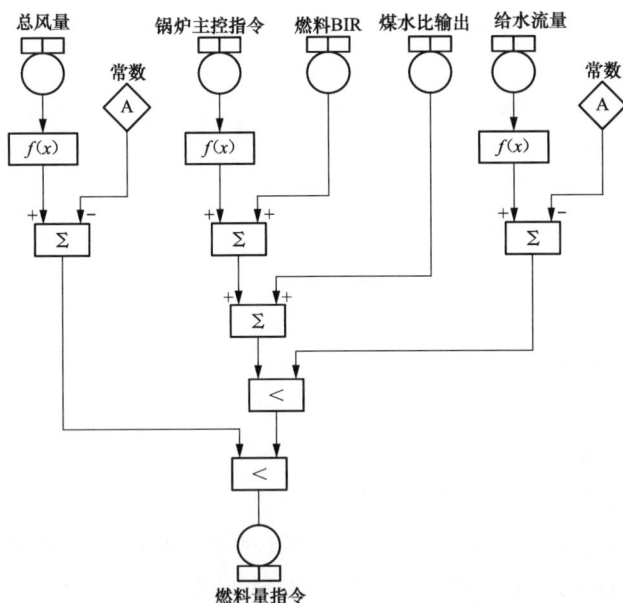

图 2-25　煤跟水方式下的燃料量设定值逻辑图

令送至给煤机后，用于和实际给煤量比较后控制给煤机的转速，保证单台给煤机给煤量满足指令需求。此回路地控制在给煤机控制箱内实现，DCS 中的燃料控制系统仅发送每台给煤机的煤量指令至就地控制箱。

　　每台给煤机在 DCS 上均设计有控制指令偏置接口，自动情况下可通过偏置功能改变每台给煤机的给煤量；手动情况下可通过单台给煤机的给煤量指令改变每台给煤机的给煤量。

　　2. 需要注意的问题

　　由于机组运行过程，入炉煤种的煤质普遍偏离设定值。在入炉煤质较差的情况下，运行给煤机达到最大出力的情况下，仍不能满足机组负荷的要求，主蒸汽压力仍低于设定值。此时的锅炉主控仍会增加指令输出要求增加燃料量和给水流量，但由于给煤机的出力已经达到上限，此时仅会增加给水流量而导致，过热度和主蒸汽温度偏低。这需要在控制回路上增加燃料主控的输出指令达上限后对锅炉主控增闭锁。

　　三、给水控制

　　超临界直流锅炉的给水控制是整个机组安全运行的关键所在，给水流量的变化在任何时刻都必须确保汽水分离界面的波动要小。这样使锅炉的主蒸汽温度控制、水冷壁的温度控制波动小且实际温度能够在设定值附近。在锅炉运行的风量、水量、燃料量等参数中，给水流量的控制最为复杂，必须保证在燃料量的上下限值函数之间，当煤质变化幅度较大时，容易使设定的给水流量为限制值，造成水煤配比的失调，无法保证机组的主蒸汽温度控制，同时使受热面金属的热疲劳严重，容易产生裂纹影响机组的长周期运行；其次，给水的控制要经过湿态和干态转换，整个给水的控制结构较为复杂，控制回路较多，需要整定的调节器参数较多；此外，给水的设定值在控制上需要经过过热度偏差的修正、减温水/给水比值的修正以及不同工况下的延时函数，使整个给水控制策略的构成较为复杂。

（一）锅炉启动过程（湿态）的给水自动控制

直流锅炉与汽包锅炉不同，直流锅炉没有汽包。在正常运行时，给水在给水泵压头作用下，依次通过省煤器、蒸发受热面、对流过渡区、上辐射区、对流过热区，一次将给水全部变为过热蒸汽。直流锅炉的工作原理与汽包炉不同，在结构和运行方面也有其本身的特点。直流锅炉制造，安装方便，节省金属，启动、停炉迅速，但正常运行及启停过程的控制比较复杂。通常采用汽水分离器，但其只有在启动和低于30%负荷时具有汽水分离作用，也就是所谓的湿态运行。在直流炉转干态运行后，进入汽水分离器的工质已是微过热蒸汽，这时的汽水分离器相当于一个混合器。目前，随着机组容量及制造工艺水平的提高，大容量、高参数的超临界直流锅炉在电厂中已得到了广泛的应用。但在机组启动及低负荷运行期间，为了使水冷壁得到充分冷却，必须具有相对于汽包炉复杂得多的启动系统。

直流炉启动分离器的功能与自然循环锅炉的汽包一样，起到汽水分离的作用，但是它只是在锅炉启动过程中水冷壁出口工质还没有全部变为蒸汽之前起作用，当水冷壁出口工质全部变为蒸汽，它将失去分离作用，仅作为一个蒸汽通道。超临界直流锅炉的启动系统按形式分为内置和外置式启动分离器两种。外置式启动分离器系统只在机组启动和停运过程中投入运行，而在正常运行时解列于系统之外通常在运行上称为"切分"。内置式启动分离器系统在锅炉启/停及正常运行过程中，汽水分离器均投入运行，所不同的是在锅炉启停及低负荷运行期间，汽水分离器湿态运行，起汽水分离作用，而在锅炉正常运行期间，汽水分离器只作为蒸汽通道。就目前启动调试过程超临界机组的启动系统几乎全部采用内置式启动分离器系统，对其进行分类，主要有下述三种类型。

1. 不带启动（炉水）循环泵的系统

在机组启动过程，锅炉最小流量的建立通过给水旁路阀来调节，通过控制分离器下部储水箱的2～3个疏水调阀（WDC）开度，来调节启动分离器储水箱水位，确保直流锅炉清洗、锅炉由湿态向干态自然转化，保证直流锅炉运行的最小流量，防止局部水冷壁超温爆管。锅炉清洗主要是清洗沉积在受热面上的杂质、盐分和因腐蚀生成的氧化铁等。锅炉清洗分冷态清洗和热态清洗，冷态清洗分为开式清洗（清洗水排向锅炉扩容器，不再回收）和循环清洗（清洗水排向凝汽器，进行再循环）方式。

在控制上，分离器储水箱的液位通过函数换算后作为两个疏水调阀的开度，两个调阀按照液位的不同依次开启。控制系统为闭环系统，由WDC阀开度来调节汽水分离器水位。例如，当储水箱水位大于12m，强开WDC阀；当水位小于8m，强关WDC阀；当分离器压力大于12MPa时，强关WDC阀（机组已转入干态运行）。

2. 带启动循环泵的串联系统

锅炉的给水流量，完全由炉水循环泵（BPC）来的再循环流量来建立，给水旁路阀来的给水与炉水循环泵出口的给水在管路上通过止回阀来隔离，通过给水旁路阀的补水全部进入汽水分离器。锅炉给水旁路调节阀根据实际运行的需要用于维持一个较低分离器储水箱液位的自动控制，如果分离器储水箱液位较高，汽水分离器储水箱的液位经函数转化后做分离器疏水调节阀开度的设定，分离器疏水调节阀将依次开启，通过放水来对锅炉进行清洗或液位较高时的水位控制。锅炉给水流量通过炉水循环泵出口流量调节来控制，运行人员通过流量设定的偏置接口来对流量的设定进行修正，但最小流量设定值不能低于锅炉安全运行的最小流量。带启动循环泵的串联系统图如图 2-26 所示。

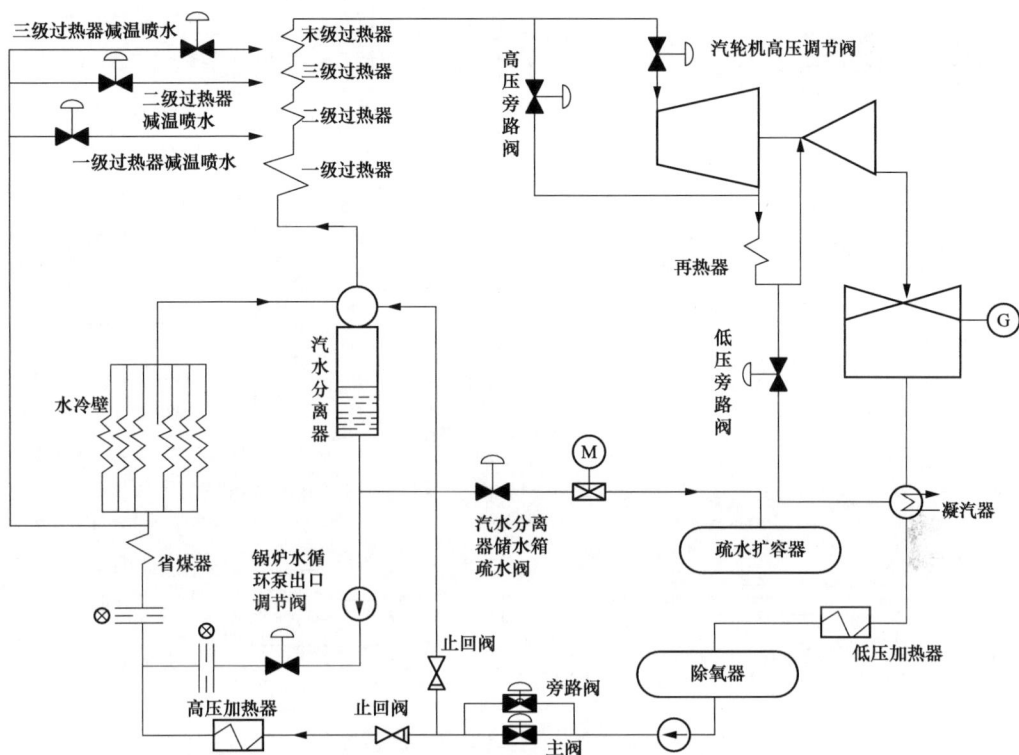

图 2-26　带启动循环泵的串联系统图

在机组转为干态运行后，炉水循环泵退出运行，给水旁路阀前面的止回阀打开，由给水旁路阀控制给水流量，满足直流炉的安全运行。

3. 带启动循环泵的并联系统

带启动循环泵的并联系统在超临界直流炉的启动系统中应用最为普遍，分离器储水箱液位经函数转换为炉水循环泵（BPC）出口流量调节阀的流量设定，给水流量设定减去炉水循环泵出口流量后作为给水旁路调节阀的流量设定。在液位较高的情况下，分离器储水箱液位作为分离器疏水调节阀的开度设定。此时的给水泵控制给水操作台的前后差压。

在机组转为干态，炉水循环泵退出运行，给水旁路阀切换至主路，给水流量转至给水泵控制给水流量为设定值，满足直流炉的安全运行。带启动循环泵的并联系统如图 2-27 所示。

上述 3 种启动控制方式比较而言，带启动循环泵的系统操作更为灵活，启动过程的汽水及热量损失较小，在锅炉冲洗合格后，可将分离器疏水调节阀关闭，通过给水旁路调节阀和炉水循环泵出口调节阀的控制满足锅炉启动最小流量的要求，从而降低汽水和热量的损失；对于不带循环泵的系统，在机组转为干态运行之前，分离器疏水调节阀一直处于分离器液位调节，在锅炉水质合格的状态下，通过疏水至凝汽器来回收工质。

对于带启动循环泵的并联系统和串联系统相比，在控制上由于串联系统在炉水循环泵运行的情况下，给水旁路阀出口止回阀的存在，使给水泵来的给水只能进入分离器储水箱，完全依靠炉水循环泵出口流量调节阀来满足锅炉的给水需求，系统相对复杂，对于启动流量较

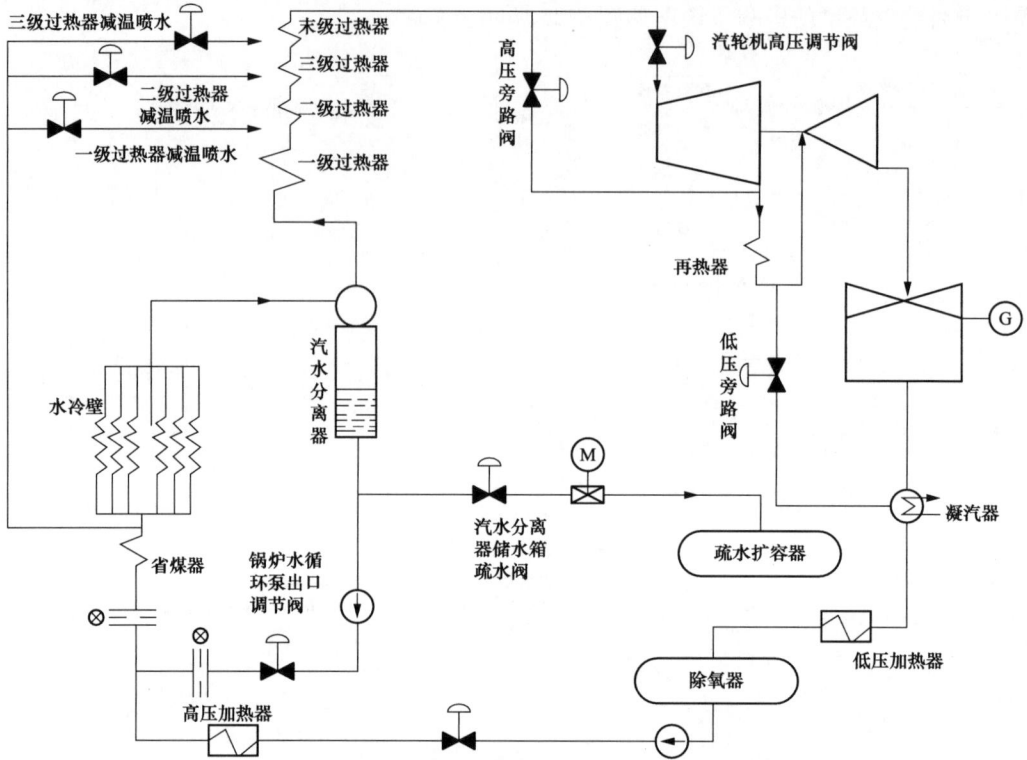

图 2-27　带启动循环泵的并联系统

大的直流炉使用该种结构的系统。

　　4. 启动系统自动控制的内容

　　（1）汽水分离器储水箱液位控制。汽水分离器（WS）液位控制的目的是通过锅炉再循环流量调节阀（BR）、储水箱液位调节阀（WDC）和炉水循环泵热备用疏水排放阀来维持分离器储水箱的液位在设定。分离器的疏水原则上仅在锅炉清洗和湿态方式运行期间进行。

　　对于不配置锅炉水循环泵的直流锅炉，湿态运行时由 2～3 个疏水阀门来控制分离器储水箱的水位。由于该水位和汽包锅炉的汽包水位信号重要性相当，所以对这几个疏水阀门的可靠性要求相当高，应尽最大可能将这几个阀门投入到自动控制方式，仅靠运行人员手动控制很难维持水位在正常值。控制系统设计中，对于这种控制对象，常规的 PID 控制器无法达到满意的控制效果，而采用随分离器储水箱水位经函数发生器直接给出疏水阀门开度的控制方式效果更佳。这几个疏水阀门一般都是根据水位高低串联工作。

　　对于配置了锅炉水循环泵的直流锅炉，为了控制分离器储水箱的水位，在湿态运行时除了上述疏水阀门必须保留外，还需要增加炉水循环泵出口流量的控制。如果分离器储水箱水位高，就增大锅炉水循环泵的出口流量，反之亦然。当锅炉刚点火时，锅炉的蒸发量很小，而省煤器入口的给水流量要维持在锅炉最小给水流量上，这时仅仅依靠锅炉水循环泵往往不足以控制汽水分离器储水箱的水位，实际上此时由炉水循环泵出口流量和疏水阀门来共同控制汽水分离器储水箱的水位。随着锅炉负荷的增大，锅炉产生的蒸汽量和最小给水流量之间的差距逐渐缩小，疏水阀门的作用逐渐减弱，直至仅靠炉水循环泵出口流量即可单独控制汽水分离器储水箱的水位。为了保证炉水循环泵的安全运行，在该泵工作时还需要将一路过冷水喷射到锅炉水循环泵的入口。当锅炉进入干态运行方式时，炉水循环泵停止运行。

（2）炉水循环泵出口流量控制。锅炉再循环水流量控制的目的是通过将锅炉在湿态运行期间所产生的疏水再循环，达到回收热量和提高锅炉效率的效果。锅炉再循环水流量的设定值根据分离器储水箱液位经函数发生器给出。在炉水循环泵（BCP）投入运行的情况下，根据储水箱液位的高低，炉水循环泵出口流量的设定值发生变化，通过控制 BR 流量的 PI 调节器，调节炉水循环泵出口再循环流量来保证汽水分离器储水箱的液位。在 BR 阀将关闭时，BCP 将停止。即在干态方式时锅炉再循环量将为零。同样，当锅炉再循环泵停止时，BR 阀被强制关闭。

（3）分离器储水箱液位调节阀。储水箱液位调节阀称为 361 阀或 WDC 阀，此阀是根据汽水分离器储水箱液位的函数来控制的。为每一个液位调节阀单独配备控制回路，可投入自动控制也可有运行人员给定一个阀位。自动时，储水箱液位经函数发生器转化的阀位设定控制分离器疏水调节阀依次开启，即 A 打开才能开启分离器疏水调节阀 B 和 C（有的直流炉只有两个疏水阀）。

在控制上，当分离器疏水调节阀出口的隔离阀关闭时，将强制关闭疏水调节阀。

（4）BCP 热备用疏水排放阀。有些超临界直流炉还设计了 BCP 热备用疏水排放阀，锅炉炉水循环泵热备用疏水排放调节阀也是根据汽水分离器储水箱液位的函数来控制的。该阀门只在锅炉干态方式运行时开启，通过 BCP 热备用疏水到三级过热器侧管路的排放来防止汽水分离器液位的形成，此部分流量的作用类似于二级减温水。在锅炉湿态方式运行期间，该阀始终关闭。

（5）过冷水流量调节阀。为了防止炉水循环泵入口水因饱和而汽化，威胁炉水循环泵的安全，系统设计了一路从省煤器入口过来的过冷水到炉水循环泵入口，以增加炉水循环泵入口水的过冷度。控制上是一个过冷水流量的自动控制，由运行人员对过冷水流量进行设定。

（6）炉水循环泵最小流量调节阀。有的直流炉还设置有炉水循环泵最小流量调节阀，这是为了保证泵有足够的流量（不低于最小值），对泵进行保护。当炉水循环泵出口流量低于最小流量时，将自动开启维持泵的流量大于最小流量。

（二）干态运行时的给水流量自动控制

机组在湿态运行过程，随着机组负荷的不断增加，锅炉的蒸发量逐渐增大，炉水循环泵出口的再循环流量已无法满足省煤器入口的给水最小流量的需求，这是需要不断增加给水泵来的补水流量。这个阶段最终的给水流量控制由给水旁路调节阀完成，给水泵通常控制给水操作台的前后差压。在机组转为干态运行、给水旁路调节阀切至给水主阀后，锅炉的给水流量由给水泵来控制。

1. 给水系统的构成及运行

机组的给水系统包括给水泵（通常包括一台 30% 的电动给水泵、两台 50% 的汽动给水泵；有的机组仅配置两台 50% 的汽动给水泵），每台给水泵本身的最小流量调节阀，给水母管的给水流量主阀以及给水流量旁路调节阀来构成。

机组启动过程，首先启动电动给水泵来完成锅炉的上水和冷热态冲洗，在湿态运行期间，电动给水泵勺管控制给水操作台前后差压，给水旁路调节阀来控制给水流量；负荷升至

20%额定负荷时开始启动一台汽动给水泵，在负荷升至30%额定负荷，锅炉完成干湿态转换后投运此台汽动给水泵，并退出电动给水泵；机组负荷升至45%～50%额定负荷期间启动并投入第二台汽动给水泵运行，此后两台汽动给水泵并列运行直至机组带额定负荷。对仅配有两台50%汽动给水泵的机组，机组启动开始，投运第一台汽动给水泵，在机组的湿态运行期间，汽动给水泵控制与电动给水泵相同，或对汽动给水泵选择一定负荷下的定转速控制。机组转干态后，汽动给水泵用于控制锅炉的给水流量；同样，在45%～50%额定负荷期间启动并投入第二台汽动给水泵运行，两台汽动给水泵并列运行直至机组带额定负荷。

2. 给水流量的自动控制

（1）给水旁路调节阀与给水主阀控制的切换。给水旁路阀的流量调节范围通常为30%，在给水旁路调节阀开度大于90%的情况下，给水泵转换为流量控制的情况下，联锁开启给水流量主阀，关闭给水流量旁路调节阀。此后的给水流量由给水泵来控制。

（2）干态方式下的给水控制。给水控制的目的是控制总给水流量，以满足当前锅炉负荷的要求。总给水流量设定以锅炉主控输出值转换的给水设定为主（见表2-3），同时加入的其他修正量为机组变负荷前馈部分的给水量设定；减温水量对给水的修正量；水跟煤方式下，分离器入口温度调节器的输出，或煤跟水方式下，分离器入口温度偏差超过一定的限值后调节器的输出及函数的修正。但给水控制的反馈信号为省煤器入口处的测量流量，通常此值包含过热器的减温水流量。超临界机组给水控制策略简图如图2-28所示。

表 2-3　　　　　　　　　某 1000MW 机组锅炉 BID 指令-给水设定值函数

BID 指令（MW）	0	273	309	412	515	772.5	1030	1105
给水流量设定（t/h）	778	820	910	1175	1370	2100	2931	3150

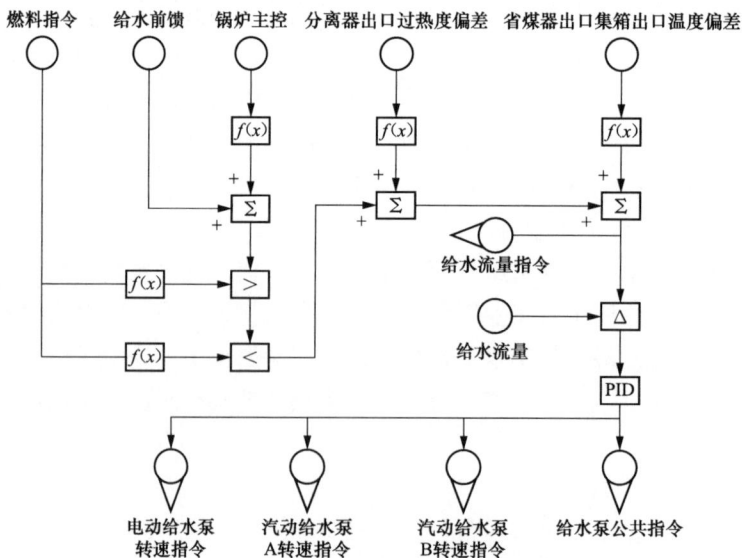

图 2-28　超临界机组给水控制策略简图

在直流炉的给水控制当中，锅炉主控输出经过函数发生器形成的给水流量指令受总燃料量的交叉限制，以保证调节过程产生的不平衡量始终不超出规定限值，如图2-13中所示。

即，给水流量的设定在中间，并始终保证给水流量的设定不低于锅炉最小给水流量，对锅炉受热面进行保护。给水设定取中间值的目的，保证任何时刻的给水流量与燃料量的配比在一定的范围内。在机组的整个干态运行过程，给水流量和燃料量的比率在低负荷条件下偏低，分离器入口蒸汽的过热度低一些；在高负荷阶段，分离器入口蒸汽的过热度相对高一些；这些与机组负荷对应的主蒸汽压力密切相关，但过热度随负荷由低到高通常在 $10\sim40℃$ 之间。

锅炉最小流量由过热器总的喷水流量经函数发生器给出，这是因为过热器喷水管道是从锅炉省煤器出口分出来的一路。在机组的运行过程必须保证减温水/给水比例在一定的范围内，当减温水量值较小时，可相应减少一定的给水流量，以便维持合理的过热度和主蒸汽温度；相反应当增加一定的给水流量来遏制水冷壁的超温。另外，在机组的启动期间，为了避免省煤器汽化现象的发生，在给水流量指令上还叠加一个防省煤器沸腾控制的输出，其设定为分离器储水罐压力对应的饱和温度减去5℃偏置，反馈信号为省煤器出口水温，当省煤器出口水温达到距离饱和温度5℃以内时，增加给水流量来降低省煤器出口水温。

由于给水流量的变化对中间点温度的响应速度明显快于燃料量的变化，在煤跟水的中间点温度控制策略中经常引入过热度偏差超限经调节器来修正给水的设定。此外，当过热度偏差进一步扩大后，直接经前馈函数来改变给水的设定。维持水煤比在合理的范围，此种控制策略对极端工况能起到很好的调节效果。如图 2-29 所示机组给水设定逻辑（带过热度偏差大对给水修正）；此种控制中，给水偏置调节器的输出在±100t/h 之间，为防止在合理的过热度内调节器的输出不为 0，影响正常的给水设定，在没有给水泵自动或过热度偏差在±3℃之内时，经一个速率限制，调节器的输出强制跟踪"0"。也就是机组运行的锅炉负荷指令 BID 与给水的设定流量必须严格对应，这样才能确保锅炉负荷指令 BID 与机组负荷指令 MWD 之间的平衡，确保水煤比的修正量为"0"。

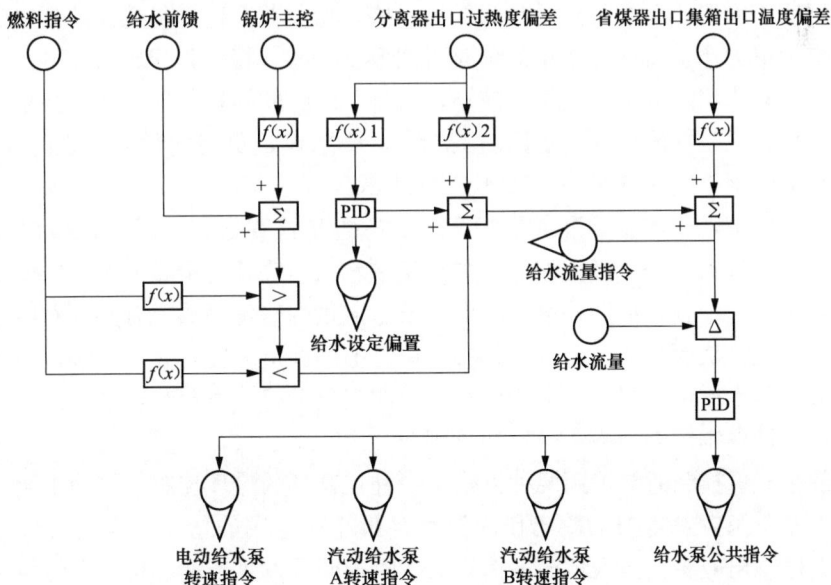

图 2-29 机组给水设定逻辑（带过热度偏差大对给水修正）

图 2-29 中的函数 $f(x)$ 1 及 $f(x)$ 2 分别对应不同的过热度偏差对给水的调节修正和直

49

接修正，函数的设置见表 2-4 和表 2-5。

表 2-4　　　　　　　　　　　$f(x)$ 1 过热度偏差大对给水的调节修正函数

偏差输入（℃）	−100	−7	7	100
偏差输出（℃）	−100	0	0	100

表 2-5　　　　　　　　　　　$f(x)$ 2 过热度偏差大对给水的直接修正函数

偏差输入（℃）	−100	−15	−10	10	15	100
修正给水流量（t/h）	−100	−100	0	0	100	100

　　锅炉给水控制采用串级或单回路控制。串级回路的主调节器对给水流量偏差进行比例加积分调节，其输出作为每台给水泵流量调节器（副调节器）的设定，副调节器的输出作为小汽轮机 MEH 的转速设定（遥控指令）。串级回路中，单台给水泵出口都有流量测量装置。对单台给水泵出口没有流量测量的给水控制回路必须选择单回路控制，给水流量调节器的输出直接作为每台小汽轮机 MEH 的转速设定。在每台给水泵的控制上都设有转速的偏置接口，可以单独改变每台给水泵的出力。此外，两台并列运行的给水泵之间通常不设置平衡功能，给水泵在 RB 状态下，运行给水泵通过调节来增加给水流量。这与送风机、引风机控制的中的 BALANCE 功能不同。在图 2-29 中，给水流量的设定接受分离器入口过热度偏差调节器的修正。此控制器通常含有微分环节，因此过热度的设定通常带有一定的速率限制来防止给水瞬间的扰动太大。调节器的偏差输入经过函数的转化，即：在过热度的偏差超过 ±7℃后，通过修正给水来加强对过热度的控制。

　　在给水的控制策略中需要注意的是：给水设定值延时时间的选择，分为稳态过程、动态过程、非给水泵 RB 过程以及给水泵 RB 过程。充分考虑不同工况下，锅炉给水和燃料量值之间的动态配比。稳态比动态的延时时间要长一些，低负荷段比高负荷段的延时时间也要长一些，负荷变化率大比负荷变化率小的延时时间要长一些。特别是 RB 工况下，为保证燃料量的快速稳定及防止给水流量的大幅度波动，可将 RB 目标负荷指令分成两路来分别设定燃料量和给水流量，只是在给水的设定回路上增加一个随设定负荷变化而改变的变化率函数，构成漩涡控制。给水设定的延时逻辑如图 2-30 所示。

　　机组运行过程中，给水流量设定是否合理的标志是检查稳态情况下，锅炉负荷 BID 指令与机组负荷 MWD 指令是否近似相等。如果偏差较大，需要对滑压曲线、中间点温度曲线以及给水的测量进行检查，特别是给水温度对给水流量的修正函数。有必要对给水的设定函数进行一定的校正，从而在变负荷过程减小修正量值的调节幅度，如，水煤比、BTU 等。

　　（3）给水泵最小流量控制。为了确保给水泵的安全运行，每台给水泵的入口流量必须不低于最小给水流量设定，否则最小流量调节阀会开启。

　　给水泵最小流量控制通常采用两种方式，一种是开环的滞环控制，将给水泵的入口流量送到函数发生器，函数发生器的输出作为给水泵最小流量阀的指令。当入口流量信号增加时，函数发生器输出减少；当入口流量信号减少时，函数发生器输出增加。经修正后的函数发生器输出信号用来调节最小流量调节阀。在最小流量控制回路中，有两个函数发生器，经小选和大选后形成最小流量阀开度指令如图 2-31 所示。

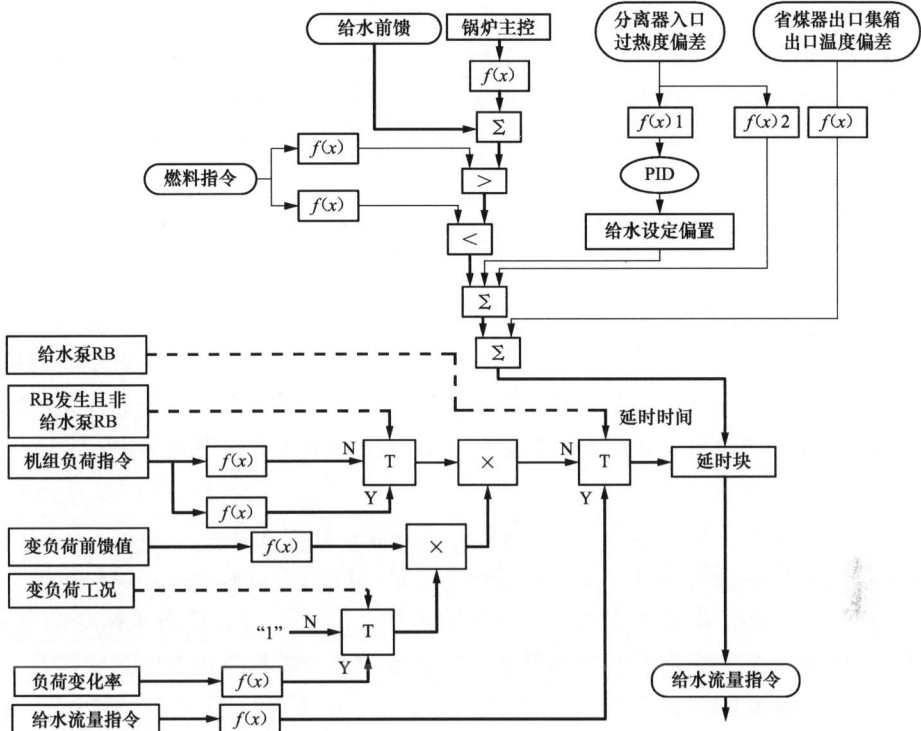

图 2-30　给水设定的延时逻辑

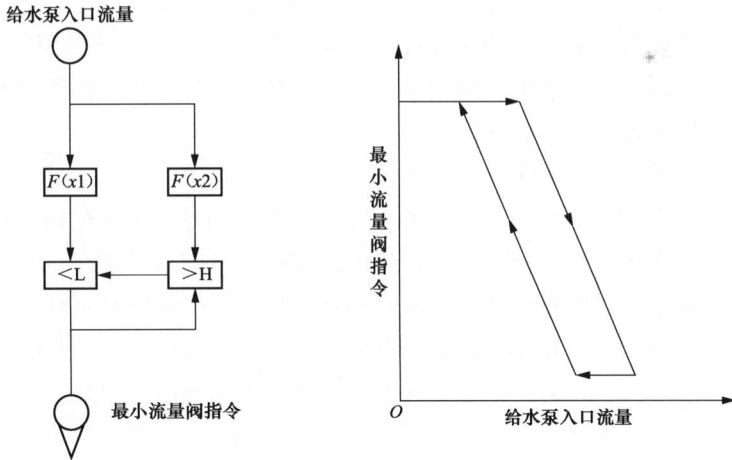

图 2-31　最小流量阀开度指令

　　另一种是闭环控制，采用一个单回路调节器来控制给水泵入口的流量，其设定值可由运行人员来设置，与最小流量取大选后来作为给水泵最小流量的设定。

四、水煤比控制

　　分离器入口温度的控制也就是水煤比控制（WFR），作为整个直流炉控制的核心，其目的是通过控制分离器入口温度（中间点温度或过热度）的偏差修正机组的给水流量和燃料量的配比为最佳状态，直流炉运行最佳状态的标志是锅炉输出指令 BID 与机组当前的负荷指令 MWD 近似相等，WFR 的输出指令为"0"。必须首先明确超临界机组相对于亚临界汽包炉机组而言，有两点最重要的差别：一是参数提高，由亚临界提高至超临界，热控系统的一次仪表、变送器要承受更高压力。在复合变压运行过程，主蒸汽压力从亚临界的十几兆帕到超临界的二十几兆帕（甚至更高），压力变化范围明显扩大；二是工艺流程的改变，由汽包炉变为超临界直流炉，其运行方式中给水流量直接转换为蒸汽，没有经过汽包的循环分离，给水系统和燃烧系统不能单独控制，增加了系统间的相互耦合，整个机组的控制难度显著增加。

（一）水煤比控制相关说明

从对分离器入口温度（或焓值）的调整来修正水煤比的角度分析，在过热度或焓值出现偏差时，修正水煤比的方法不外乎只修正给水量，或只修正燃料量，或先后修正给水量和燃料量。因此，水煤比在燃料量和给水控制系统的设定上形成了几种基本方案。

1. 煤跟水的控制策略

锅炉主控输出的负荷指令（BID）送到给水调节器，燃料量跟踪给水量，保持一定的水煤比；采用煤跟水的控制策略时，给水流量指令直接响应锅炉负荷指令，燃料量指令的设定值由两部分组成：一部分根据锅炉负荷所设计的水煤比形成，这是燃料量指令的主要部分；另外一部分由中间点温度或焓值的稳态校正信号形成，这是燃料量指令的次要部分。这种控制方案也叫以水为基础的控制方案。

2. 水跟煤的控制策略

燃料主控接受锅炉主控输出的负荷指令（BID），给水量跟踪燃料量，保持一定水煤比；采用水跟煤的控制策略时，锅炉负荷指令（BID）直接设定燃料量指令，给水流量的设定值由两部分组成：一部分根据锅炉负荷所设计的水煤比形成，这是给水流量指令的主要部分；另外一部分由中间点温度或焓值的调节信号形成，这是给水流量指令的次要部分。这种控制方案也叫以煤为基础的控制方案。

3. 同时修正给水和燃料的控制策略

在上述两种控制策略的基础上，采用水跟煤的控制策略时，由于燃料量对水煤比的调节速度较慢，为保证水煤比在一定的范围内，当过热度或焓值的偏差超出一定的范围时，将对给水的设定进行调节，此时燃料量和给水同时调整，只是对给水的修正调节带有一定的死区（5～10℃之间）。此方案也可归入水跟煤的控制策略，只是更为复杂、更难于各量值间的整定以及控制回路的跟踪切换、不同状态下的调节器量值跟踪输出，但对中间温度的控制更为稳定，偏差能够控制在±10℃之内。

在总体的运行工艺上，考虑到锅炉制粉系统的迟延特点，在不同的运行工况（稳态、升负荷、降负荷、RB 工况），有意对给水流量指令按照工况的不同增加一个迟延环节以便改善中间点温度的控制效果（如图 2-30 所示给水设定的延时逻辑）。但是这个迟延环节却减弱了机组的负荷适应性，所以需要权衡利弊，在中间点温度的控制和机组负荷适应性之间做出某种平衡。但中间点温度在控制上处于一个中间环节，既要保证过热温度的可控性和稳定性，又要保证水冷壁不超温且温度波动较小。

此外，为获得较好的再热蒸汽温度调节品质，燃料量的稳定性至关重要，特别是双进双出钢球磨煤机作为制粉系统的超临界机组，最好采用水跟煤的控制作用，否则，燃料量的变化很难保证再热汽温的稳定。

（二）主蒸汽压力控制与中间点温度控制的关系

在机组的运行过程，影响中间点温度的因素非常多，如，燃料量的扰动、给水流量的扰动、高压加热器的运行状态、锅炉的吹灰、煤质的变化、主蒸汽压力的变化（蒸汽流量）、燃烧器配风、烟气的流向等。其中，随机组负荷变化过程，主蒸汽压力的控制品质对中间点温度的波动影响最大。某一负荷下主蒸汽压力偏差大，这时的汽水分界面偏离正常位置便会较大，严重影响给水变为蒸汽时的汽化潜热的吸收和释放。在负荷不变的情况下，实际主蒸汽压力偏低时，中间点温度偏低；主蒸汽压力偏高时，中间点温度偏高。因此，中间点温度整定的前提必须是在锅炉主控对主蒸汽压力的整定处在较好的水平之后。否则，单纯修改中间点温度的控制参数，又会对主蒸汽压力的控制产生影响，不会得到很好的控制品质。而主蒸汽压力的控制品质（压力偏差）与机组滑压曲线的选择、滑压速率的设置以及主蒸汽压力设定的延时时间存在密切的关系，通常按锅炉的设计说明及汽轮机的热平衡图，首先确定机组的滑压曲线，然后按照电网要求的机组负荷变化率设置机组的滑压变化率，以满足负荷设定对压力设定的一致性为原则，即：变负荷过程，负荷设定值达到负荷目标值时，压力设定也达到目标负荷对应的压力；而滑压设定的延时时间应当是机组负荷变化率的函数，而非一个固定的时间常数，这个函数还应当随不同的负荷段以及负荷的上升、下降过程而有所差别。

在主蒸汽压力控制品质达到理想状态后，进行中间点温度控制回路的优化，首先确定中间点温度的设定函数，通常按照分离器的入口压力来设定，此外，也可采用负荷设定值来设定中间点温度，但必须注意与机组的滑压曲线相匹配。负荷变化过程，中间点温度的设定也随之发生改变，设定值变化过程的延时时间与变负荷过程主蒸汽压力的响应过程相匹配。

（三）煤跟水与水跟煤的控制策略

所谓煤跟水的控制策略是指中间点温度调节器的输出用于修正燃料量的设定，此时燃料主控的设定包括锅炉主控输出指令（BID）经函数转换的燃料设定，此信号为主要部分；变负荷过程前馈来的燃料量，稳态时此信号为"0"；水煤比控制来的燃料量指令。而给水流量的设定直接由锅炉主控指令（BID）经函数发生器后给出的设定值以及变负荷过程前馈来的给水流量设定所构成，只是给水流量指令按照工况的不同增加一个迟延环节以便改善中间点温度的控制效果。

煤跟水的控制策略如图2-32所示，此控制中，过热度修正的燃料量占所有修正量的主要部分，各级过热蒸汽温度的偏差只占所有修正量的次要部分，考虑到过热蒸汽温度的偏差有可能受到减温水调节品质的影响，通常将此部分弱化甚至取消。因此，燃料量的设定仅考虑锅炉负荷设定及水煤比输出两部分。

所谓水跟煤的控制策略是中间点温度控制器的输出用于修正给水流量的设定。此时燃料主控的设定由锅炉主控输出指令（BID）经函数转换的燃料设定以及变负荷过程前馈来的燃料量设定所构成；而给水流量的设定包括由锅炉主控指令（BID）经函数发生器后给出的设定值，此信号为主要部分；变负荷过程前馈来的给水流量设定；水煤比控制来的给水流量指令。与煤跟水的控制策略相同之处在于，对给水流量指令按照工况的不同增加一个迟延环节以便改善中间点温度的控制效果。水跟煤的控制策略如图2-33所示。

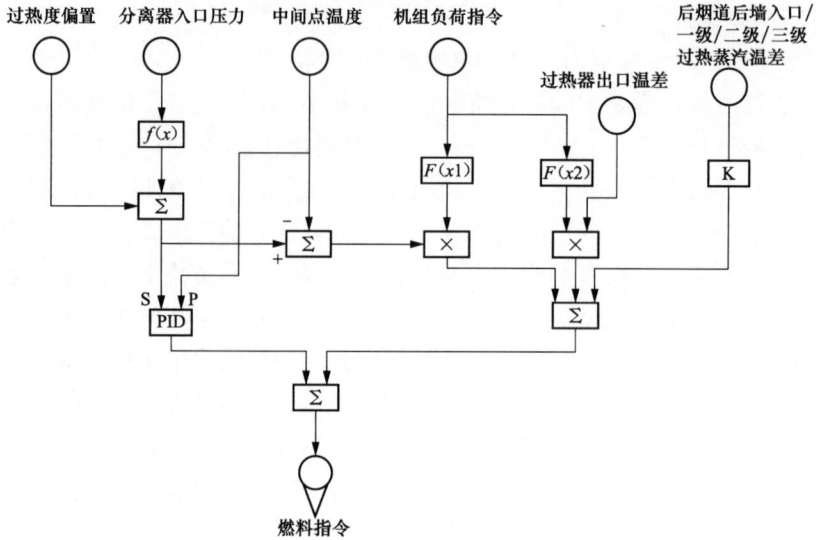

图 2-32 煤跟水的控制策略

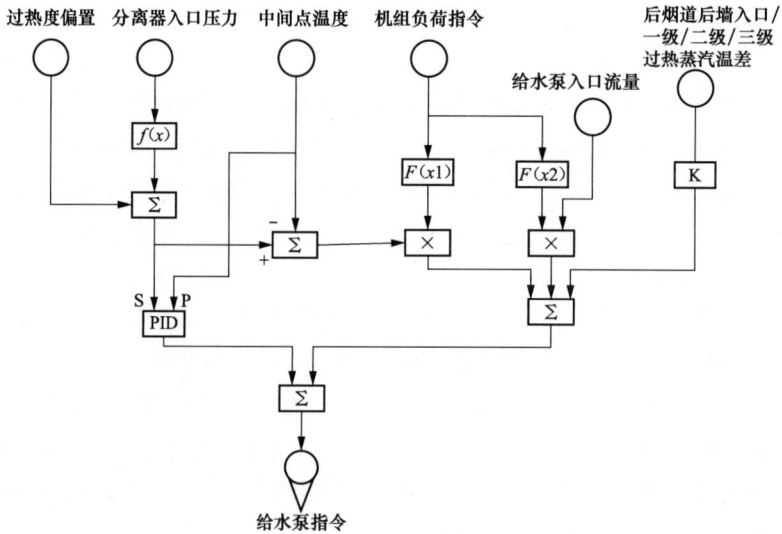

图 2-33 水跟煤的控制策略

给水设定值延时时间的选择，与负荷的变化速率密切相关，可采用负荷变化速率的函数来设置。如图 2-30 所示给水设定的延时逻辑，变负荷前馈量指令代表了机组的正常运行过程，包括稳态和变负荷。此外，对 RB 工况做了相应的切换，特别是给水泵 RB 工况的给水设定延时时间采用给水流量设定的函数，取得比较好的控制效果。某 660MW 机组的给水泵 RB 延时时间函数见表 2-6。

表 2-6　　　　　　　　　某 660MW 机组的给水泵 RB 延时时间函数

给水流量（t/h）	660	770	880	953	1100	2200
延时时间（s）	180	110	40	15	10	5

（四）水煤比控制回路

1. 控制策略说明

在机组的启动初期，锅炉处于湿态运行方式时，主蒸汽压力由燃料量控制（这与汽包锅炉相同）。因此，在这种情况下，是通过调整水煤比的输出指令来控制主蒸汽压力。

在干态运行时，主燃料实际发热值发生改变，锅炉吸热条件取决于燃料的种类和燃烧器所在层的高度。水煤比输出指令的改变，能够补偿煤质变化带来的燃料量波动，通过中间点温度的调节来确定最终燃料量的大小，实现最佳的水煤配比，以快速响应温度扰动。此外，为了保护锅炉，必须把过热度控制在适当的设定点上。同时考虑到协助主蒸汽温度的控制，还把每一部分的过热蒸汽温度偏差加起来作为水煤比控制的输出前馈以及对调节器输入过热度偏差的修正。即：当一级过热器出口蒸汽温度超过基于分离器压力的设定值时，将减少燃料指令；当分离器入口过热度变得比由分离器压力形成的设定值低（高）时，将会通过调节作用增加（减少）给水/燃料比率指令。但水煤比调节器的输出必须在一定的限值之内，此限值随负荷的变化而不同。如果水煤比的输出值较大，将对机组的变负荷过程产生一定的影响，特别是负荷变化率和负荷变化幅度较大时，水煤比的输出达到限值，将对主蒸汽温度的控制影响很大，造成过热蒸汽温度超温或低温。煤跟水方式的水煤比控制策略如图2-34所示，此控制中的调节器输出占主导地位，用于平衡不同负荷下，燃料量与给水量的偏差；右侧的函数必须通过实际的变负荷试验及不同负荷段调整来确定，在整定上随参数测量的准确性、煤质变化、燃烧配风等各环节的影响很大，难于整定。

2. 控制参数的整定

在水煤比调节器参数的整定上，最好使用变参数控制。因为变负荷过程的主蒸汽压力偏差相对于稳态时要大一些，且变负荷过

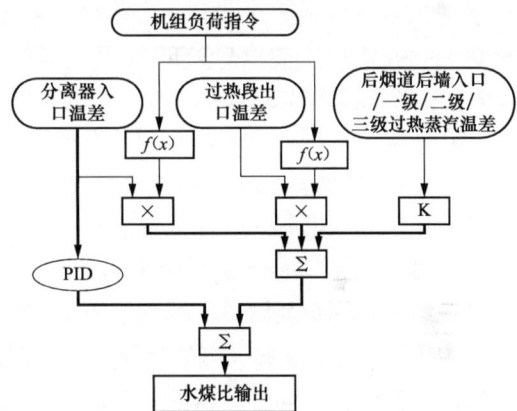

图2-34　煤跟水方式的水煤比控制策略

程影响中间点的扰动比较多，因此，动态时调节器的参数相对于稳态要弱一些。需要注意的是稳态和动态间的参数切换要有一个速率，否则调节器如使用微分环节时将会出现一个输出量值的跳变。在稳态时，调节器的参数设置不易较弱，应当通过调整水煤比的改变干扰到主蒸汽压力的变化，通过锅炉主控的调节作用更大幅度的改变给水和煤量的设定。也就是说，水煤比的控制只是一个干扰作用，锅炉主控的输出占主要地位。此外，单纯从煤跟水与水跟煤控制对中间点温度的响应来说，给水流量对中间点温度的影响要快一些，但主蒸汽压力波动较大。相反，采用煤跟水的控制，不利于主蒸汽温度的控制。

（五）BTU修正作用对中间点温度控制的影响

无论采用煤跟水的控制策略还是水跟煤的控制策略，水煤比控制器的输出能够表明给水流量与燃料量之间的偏差。这种情况的产生，除了部分是给水测量的原因外，绝大多数是由于进入炉膛的煤质与锅炉的设计煤种偏离较大。在我国的煤炭供应日益紧张的今天，各发电机组燃用的煤质普遍较差，各煤种相互掺杂配煤燃烧，使进入炉膛的煤质变化较大。有时投

运不同的磨煤机、变负荷都会带来单位煤发热量的变化，这些直接导致给水流量与燃料量配比的偏差，使水煤比（WFR）的输出较大，因此必须对入炉煤的发热量进行校正。即，使用BTU的修正作用。其目的是使机组在稳态的情况下，锅炉输出指令（BID）与机组的负荷指令（MWD）近似相等，水煤比控制的输出接近"0"。由此确保动态过程，增加或减少的给水流量与燃料量的变化幅度直接平衡，大大减小水煤比控制调节幅度的变化。

（六）如何获得较好的中间点温度控制

1. 变负荷前馈部分给水流量与燃料量的配比

机组在变负荷过程中通常采用变负荷前馈来对总的给水流量及总燃料量的比值进行修正，在快速提高锅炉主蒸汽压力响应的同时，尽最大可能确保分离器入口温度的控制偏差较小（偏差小于10℃）。通过运行观察，负荷变化率在2%时，升负荷过程的总燃料量与给水流量的比例约为1：7；降负荷过程的比例约为1：8；稳态运行时的比例约为1：7.5。因此，通过匹配协调控制中变负荷前馈输出的燃料量与给水量的比值来达到上述的总给水流量与燃料量的比例，将前馈燃料量与给水流量的比例控制在1：4～1：2之间。此外，控制上对前馈给水设定量的延时时间与总给水流量的延时时间相互分离，即：两者经各自的延时时间后相加作为给水流量的设定，这样既能够在动态过程中很好的消除中间点温度的偏差。又能够快速响应机组主蒸汽压力的需求（水调功的控制策略，50t/h的给水量变化能够变化1MPa左右的主蒸汽压力）。

注意：采用双进双出钢球磨制粉系统的超临界直流炉，动态前馈的水煤比例不是在上述的1：4～1：2之间，可能会超过1：7；同时为防止变负荷过程的超温/低温，需要对燃料量的前馈增加相应的延时，此处控制与中速磨和风扇磨的前馈控制差别较大。

2. 减温水流量与给水流量的配比

在机组的不同负荷阶段，减温水流量与给水流量的比例是变化的，但减温水占总给水的比例约为7%。在水煤比失调的情况下，减温水量将严重偏大或偏小，使减温水对过热汽温的控制无法有效控制高温或低温。因此，在减温水量与给水流量的比例出现很大变化时，通过一个函数来改变给水流量的设定，使给水与减温水的控制构成联调，能够保证主蒸汽温度的控制。

此外，在省煤器入口给水流量的测量上通常包括减温水流量，当减温水流量增加时，流经水冷壁的给水流量将减少，容易产生水冷壁的超温。因此，有必要通过减温水量修正给水流量测量值，当减温水流量增加，同时增加流过水冷壁的流量；反之亦然。这种控制策略对控制水冷壁的超温能够起到很好的作用。

五、过热/再热蒸汽温度控制

（一）过热蒸汽温度的控制

1. 系统的结构及功能

在超临界直流炉干态工况后，机组的循环备率为"1"，进入锅炉的给水全部转化为蒸汽，汽水系统没有固定的分界面。因此，水煤比通常作为主蒸汽温度控制的粗调手段，能否获得较好主蒸汽温度控制品质的关键。但过热段的喷水减温作为主蒸汽温度的细调手段必不可少，过热蒸汽温度的控制采用二级或三级喷水减温来控制，其中的一级减温水调节起主要作用，可看作是整个过热段蒸汽温度控制的粗调；再热蒸汽温度控制通常采用烟气挡板与喷水减温相结合的控制方式，正常运行时，通过调整烟气挡板的开度来分配过热和再热的烟气流量从而调节再热蒸汽的温度。在炉内燃烧扰动较大，超温情况发生时快速投入减温水，因此，再热减温水也称作事故喷水，在超临界机组上基本采用一级再热减温。

说明：虽然有水煤比作为主蒸汽温度控制的核心和基础，但是过热器喷水也是必须的，在瞬间工况时，其响应速度远大于水燃比控制。以采用二级喷水减温的控制系统为例，讲述过热蒸汽温度的控制。

过热器设置二级减温喷水装置，其过热蒸汽温度的控制是通过并行调节一、二级过热器减温水流量来实现的。每级过热蒸汽温度的控制均采用典型的导前温度串级控制，第一级减温器位于低温过热器出口集箱与屏式过热器进口集箱的连接管上，第二级减温器位于屏式过热器出口集箱与高温过热器进口集箱的连接管上。一级减温器是过热汽温的主要调节手段，同时也可调节低温过热器左、右侧的蒸汽温度偏差。二级减温器用来调节高温过热器温度及其左、右侧汽温的偏差，使过热蒸汽出口温度维持在额定值。主蒸汽温度串级控制策略如图 2-35 所示。

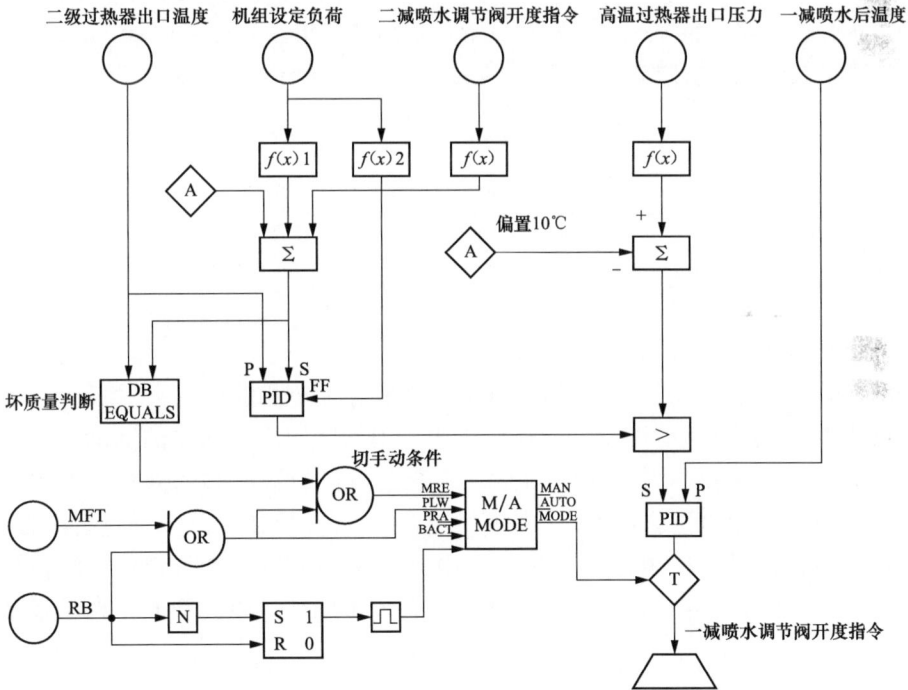

图 2-35　主蒸汽温度串级控制策略

（1）一级减温喷水控制回路。过热器一级减温喷水采用典型的导前温度串级控制。屏过出口蒸汽温度与设定值偏差经主调节器的 PID 计算产生过热器一减后蒸汽温度设定值（导前温度），该回路为主回路。屏过出口温度设定值根据机组负荷指令产生，不同负荷的设定值不同。过热器一减后蒸汽温度与设定值偏差经 PID 计算后产生一减喷水调节阀开度指令，用于调整一减喷水流量，该回路为副回路。

为满足手动/自动切换过程的无扰切换，对过热蒸汽的设定值增加偏置接口，在手动时，偏置跟踪实际温度与设定温度的偏差；自动状态下，运行人员通过修改偏置值来对过热蒸汽温度的设定进行修正。为了防止过量喷水，在一减副回路的导前温度设定上采用抗蒸汽饱和回路，使用分离器入口压力的饱和蒸汽温度加上一定的过热度（通常选择10~15℃）作为喷水后温度的下限，防止水塞的发生。某厂1036MW机组屏过出口温度设定函数见表2-7。

表2-7 　　　　　　　　某厂1036MW机组屏过出口温度设定函数

机组负荷指令（MW）	0	271	333	400	500	750	1000	1040	1094
屏过出口温度设定（℃）	593	593	569	561	553	547	556	557	558

（2）二级减温喷水控制回路。过热器二级减温喷水同样采用典型的导前温度串级控制。高温过热器出口温度与设定值偏差经 PID 计算产生高温过热器进口温度设定值，该回路为主回路。高温过热器出口温度设定值根据机组负荷指令产生，不同负荷设定值不同。高温过热器进口温度与设定值偏差经 PID 计算产生过热器二减喷水调节阀开度指令，用于调整二减喷水流量，该回路为副回路。为满足手动/自动切换过程的无扰切换，对机组的设定值增加偏置接口，在手动时，偏置跟踪实际温度与设定温度的偏差；自动状态下，运行人员通过修改偏置值来对过热蒸汽温度的设定进行修正。某厂1036MW机组高过出口温度设定函数见表2-8。

表2-8 　　　　　　　　某厂1036MW机组高过出口温度设定函数

机组负荷指令（MW）	0	250	300	500	750	1000	1040	1094
高过出口温度设定（℃）	605	605	605	605	605	605	605	605

2. 调节器参数的整定

对于串级温度控制而言，主回路的输出作为副回路调节器的设定。在控制上，主回路的调整以稳定性为主，副回路的调整已快速性为主，副回路构成主回路的随动。在参数整定的顺序上，先整定副回路，后整定主回路。无论主回路的输出如何变化，要求副回路的反馈值（导前温度）能够快速达到，通常采用比例＋积分控制；然后通过调节曲线观察，选择主回路的参数，通常采用比例＋积分＋微分控制。最后要紧行定值扰动试验，扰动量通常为5℃，主要观察导前温度的变化情况是否非常明显，否则要对主调节器的参数进行优化。

3. 抗积分饱和功能

由于过热蒸汽温度调节对象的惯性和延迟大，在机组变负荷范围较大、水煤比控制出现偏差、运行的负荷较低、锅炉烧偏等情况发生时，往往使过热蒸汽温度的调节特性较差，调节裕度较小，导致主调节器容易发生积分饱和现象，从而使系统动作迟缓，易发生振荡。为此，必须增加机组的抗积分饱和功能。由于不同电厂采用的 DCS 不同，所以抗积分饱和功能的实现也有差别。

（二）再热蒸汽温度的控制

在超临界机组再热蒸汽温度控制中，调整手段较多，如，烟气挡板、摆动燃烧（切圆燃烧方式）、喷水减温等。在控制上，摆角通常处于手动运行方式，由运行人员来手动控制；自动调节上采用烟气挡板＋喷水减温的控制策略，为满足机组运行的经济性，将减温水只用于事故喷水。单独依靠烟气挡板对再热蒸汽温度的控制，很难保证温度偏差较小，特别是在机组的负荷变动较大的情况下。因此，控制上可采用开环的线性控制及闭环调节两种方式。

1. 烟气挡板的开环控制

在协调投入的情况下，可投入烟气挡板的自动，挡板开度指令的设定值为负荷指令经函数发生器的输出。为防止烟气挡板的频繁动作而损坏，只有在CCS投入后方可投入烟气挡板的自动；同时，增加偏置接口用于手/自动状态下的无扰切换。整个控制上，过热和再热烟气挡板的开度之和为140％，即：低负荷段再热烟气挡板开度指令100％，过热烟气挡板开度指令40％；高负荷段再热烟气挡板开度指令40％，过热烟气挡板开度指令100％。

烟气挡板开环控制逻辑如图2-36所示。

图2-36中，烟气挡板处于开环控制，在CCS方式下可投入自动，原因在于：协调投入后机组的负荷指令能够相对稳定，这样烟气挡板不会发生频繁摆动而造成损坏。在MFT发生时，可将烟气挡板再热侧全开，过热侧关至最小40％；有的控制中将过热和再热同时开至50％。负荷指令对应的挡板开度总指令函数见表2-9；开度总指令对应的挡板开度指令函数见表2-10。

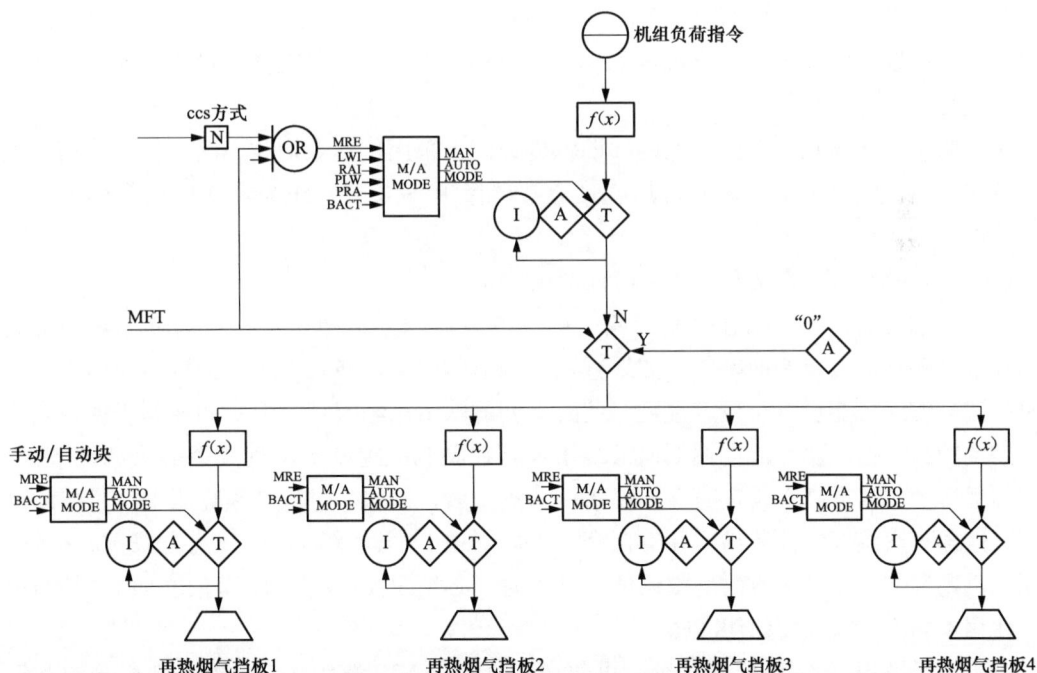

图2-36　烟气挡板开环控制逻辑

表2-9　　　　　　　　　　　　　负荷指令对应的挡板开度总指令函数

机组负荷（％）	0	100	100
开度总指令（％）	0	100	100

表 2-10		开度总指令对应的挡板开度指令函数（1～4 相同）	
开度总指令（%）	0	50	100
挡板 1～4 指令（%）	100	100	40

2. 烟气挡板的闭环控制

烟气挡板的闭环控制就是采用一个单回路调节来控制再热蒸汽温度，在调节器上通常包含一个总风量的前馈，随总风量的增加，开过热侧的烟气挡板，关再热侧的烟气挡板。从多台机组的调试及优化发现，烟气挡板的开度与流量的对应关系不够线性，在 30%～70% 开度的范围内，烟气挡板对再热蒸汽温度的可控性很差。因此，调节器的参数整定上，微分作用相对较强，挡板开关比较频繁。此外，为适应变负荷时的再热烟气温度控制，还引入变负荷前馈以及不同负荷下烟气温度偏差对烟气挡板指令的修正逻辑。

3. 事故喷水控制

再热蒸汽温度控制采用典型的导前温度串级控制。高温再热器出口蒸汽温度与设定值偏差经主调节器的 PID 计算产生低再入口的蒸汽温度设定值（导前温度），该回路为主回路。高温再热器出口蒸汽温度在正常运行的负荷段内为一固定值。主控制器的输出作为导前温度的设定，其偏差经 PID 计算后产生减温水调节阀开度指令，该回路为副回路。

为满足手动/自动切换过程的无扰切换，对再热蒸汽温度的设定值增加偏置接口，在手动时，偏置跟踪实际温度与设定温度的偏差；自动状态下，运行人员通过修改偏置值来对过热蒸汽温度的设定进行修正。

为了防止过量喷水，对副回路的导前温度设定上采用抗蒸汽饱和回路，使用分离器入口压力的饱和蒸汽温度加上一定的过热度（通常选择 10～15℃）作为喷水后温度的下限，防止水塞的发生。

（三）不同的 DCS 中抗积分饱和功能的使用

需要注意的是：串级减温控制回路中的主调节器积分饱和现象。以减温水调阀全关为例，在串级喷水减温控制回路中，如果减温水调节阀全关，使减温水失去调节作用时，控制回路的实际温度可能仍低于设定温度，此时副调的输出已经闭锁，但主调控制仍处在调节状态，副调的指令由于实际温度偏低而继续增加，在副调的控制上出现逐渐放大的调节偏差。当实际运行中的温度高于设定时需要喷水调节阀开大，但这一过程必须克服上一过程的调节死区。这样蒸汽温度的控制出现往复振荡。一般对调节器均采用积分分离方式抗积分饱和，因此，当副调节器在某一方向的限制值上饱和时，必须闭锁主调节器的输出。但在控制组态上，使用不同的 DCS 而有所区别。

（1）对于 ABB 公司的控制系统，可将 APID 块的 S19 置为 1，选择常规积分饱和恢复方式。

（2）对于西屋公司的 OVASION 系统，当减温水调节阀全关或全开时，可使数据传输处于跟踪状态，实现抗积分饱和功能。但实际温度的波动容易使调门在全开或全关位置振荡。

（3）对于 FOXBORO 公司的控制系统须构造逻辑来实现。可采用两种结构：

1）以减温水调节阀开度指令经函数发生器转换成温度偏差与副调的反馈温度（导前温度）相加作为主调节器输出值的上限，同样可采用减温水调节阀开度指令构造调节器输出的下限；当调节阀全关时，上限的设定为导前温度（函数的输出为"0"），当调节阀全开时，下限的设定为导前温度（函数的输出为"0"）。可实现抗积分饱和功能。抗积分饱和回路如图 2-37 所示。一级减温器调阀开度指令对应的主调节器上限函数见表 2-11；一级减温器调节阀开度指令对应的主调节器下限函数见表 2-12。

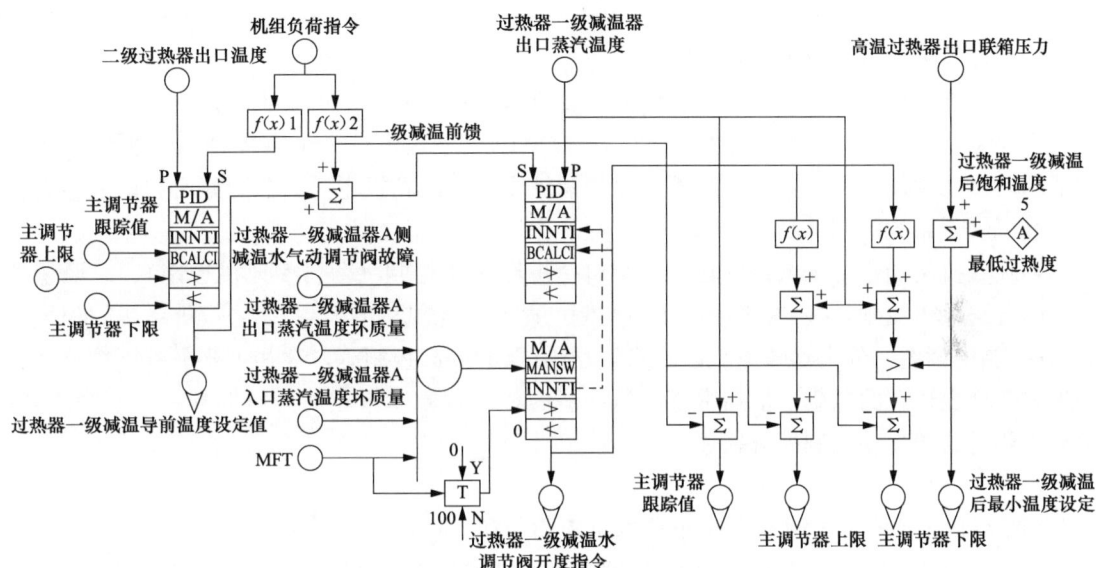

图 2-37　抗积分饱和回路

表 2-11　一级减温器调节阀开度指令对应的主调节器上限函数

开度指令（%）	0	90	100
温度（℃）	50	5	0

表 2-12　一级减温器调节阀开度指令对应的主调节器下限函数

开度指令（%）	0	10	100
（℃）	0	−5	−50

2）通过判断开度指令和温度偏差来实现抗积分饱和功能。例如，减温水调节阀开度指令小于 0.5% 且主调节器的实际温度小于设定值时，主调节器的输出跟踪导前温度；当减温水调节阀开度指令大于 99.5% 且主调节器的实际温度大于设定值时，主调节器的输出同样跟踪导前温度。

（四）主蒸汽温度控制的优化

超临界直流炉的主蒸汽温度控制，应当将汽水系统作为一个整体来考虑。在水煤比控制的论述中已经明确了水煤比控制应当采用的控制策略来获得较好的中间点温度，在此基础上如何获得较好的主蒸汽温度呢？对于只有两级过热减温的系统，可将两侧二级喷水调节阀的开度指令平均值经函数发生器后作为一减温度设定的修正；将两侧一减喷水调节阀的开度指令平均值经函数发生器后作为中间点温度设定的修正。其目的在于，保证任何工况下减温水的调节阀都处于可控的范围，确保主蒸汽温度为额定值。通常使用的一级减温器调节阀指令修正函数见表2-13。

表2-13 通常使用的一级减温器调节阀指令修正函数

开度指令平均值（%）	0	30	70	100
温度设定的修正值（℃）	5	0	0	−5

六、其他主要子系统的模拟量控制

整个超临界机组的自动控制，从投入汽轮机侧和锅炉侧每个小系统的自动控制开始到投入协调控制，整个模拟量控制系统（MCS）在整体上呈现出一个金字塔结构。协调控制的调节品质（功率偏差和压力偏差）不仅仅与锅炉主控、汽轮机主控的控制策略和调节参数有关，其下层子系统的调节品质也起着决定性的作用。

超临界机组的主要子系统的自动控制包括炉膛负压控制（两台引风机控制）、总风量控制（两台送风机控制）、一次风母管压力控制（两台一次风机的控制）、磨煤机系统的相关控制（冷/热风调阀、分离器转速）以及除氧器的调阀/变频控制等，这些主要子系统的自动是机组安全稳定运行的基础，虽与常规汽包锅炉的相关控制基本相同。但仍有一些不同之处，仍有必要对这些自动控制进行叙述。

（一）炉膛负压控制

超临界机组通常配置两台50%负荷的轴流引风机，通过调节引风机入口静叶的开度，维持炉膛压力为设定值。在控制上采用单回路一拖二结构，即，一个调节器的输出控制两台引风机静叶。在两台引风机静叶均自动的情况下，通过改变偏置接口的量值来匹配两台引风机的出力，防止风机喘振的发生。在一台风机运行中发生跳闸时，其静叶的控制指令切为"0"，在平衡功能的作用下，运行引风机的静叶指令为原控制指令叠加上跳闸引风机的开度指令，快速增加运行引风机的出力，此时应对开度指令的上限加以限制，防止电动机过电流。

在自动状态下，静叶开度根据锅炉炉膛负压的设定值与炉膛实际压力的偏差经调节输出后加上前馈量来控制，前馈的设置之一是送风机动叶开度指令（送风机出力）的函数，此函数应根据不同负荷点稳定状态下的送/引风机动叶开度比乘以一个系数来确定，系数通常选择在1/3~2/3之间。引风机控制逻辑如图2-38所示，图2-38中的前馈量中还包括（PV-SP）控制偏差大小对应的前馈量，在一些特殊的工况，如磨煤机启/停，一次风机RB等发生时起到快速调节的作用。

调节器参数的整定原则是比例适当、积分相对较弱，定制扰动下，不出现炉膛压力大幅度的过调。此外，投自动前应检查静叶的调节死区应在1.5%左右，才能保证调节迅速、控制偏差较小。当锅炉炉膛压力过低时闭锁引风机增加，当锅炉炉膛压力过高时闭锁引风机减少。当前，很多机组的引风机都进行了变频改造，采用了变频控制，在控制策略上应当对两台引风机的平衡功能进行相应的修改。特别是在RB状态下，运行引风机的快开指令应当增加一个速率限制，以便与运行送风机的出力变化相一致。

在炉膛压力的控制策略当中，为减少在磨煤机启/停、一次风机RB等异常工况下的炉膛负压波动，迅速平衡风烟系统的出力，在炉膛负压的控制中增加一个前馈函数，如图2-38

中方框内的部分。炉膛负压偏差大超驰前馈函数见表 2-14。经机组一次风机 RB 工况的检验，能够控制炉膛负压的值在 -1000Pa 之内，取得很好的控制效果。

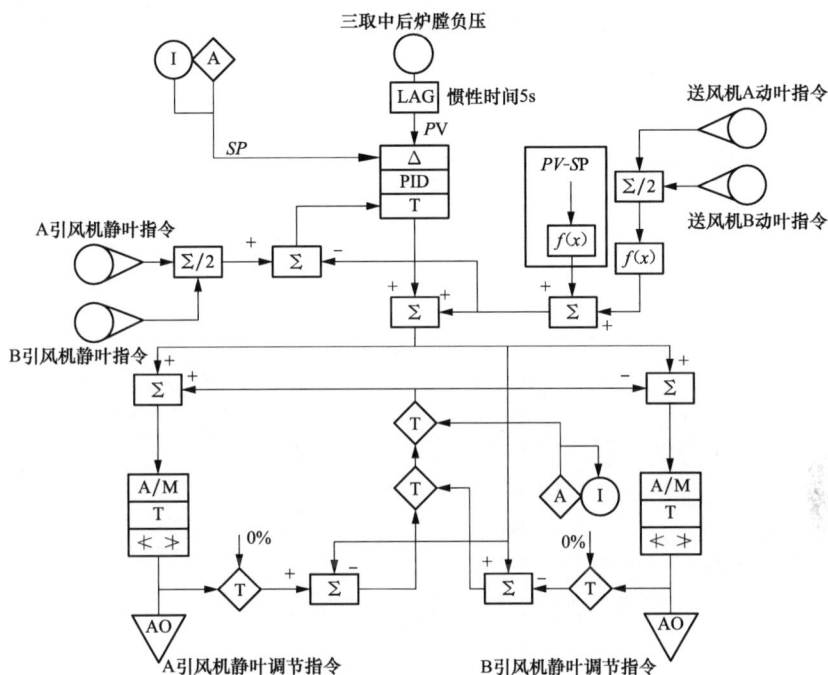

图 2-38　引风机控制逻辑

表 2-14　　　　　　　　　　　炉膛负压偏差大超驰前馈函数

炉膛差压（Pa）	-3000	-1000	-200	200	1000	3000
前馈量（％）	-10	-5	0	0	5	10

（二）总风量控制

在超临界机组中，通常配置两台 50％容量、定速、动叶可调轴流式送风机，通过调节两台送风机动叶开度，以满足锅炉运行所需总风量，并达到最佳燃烧工况的氧量。

在控制上，送风控制系统设计为风/煤配比加氧量校正的串级控制结构，主回路为氧量控制，维持不同负荷状态下的氧量设定，其输出量用于修正总风量的设定，在控制逻辑上氧量调节器的输出可以是系数（乘法关系），或采用风量值（加法关系）。两者没有本质的区别，都是用于保证合理的过量空气系数，只是在调节上加法关系更加直接一些，特别是在氧量调节手动的情况下更容易操作改变风量的多少。氧量控制逻辑如图 2-39 所示；某超临界机组负荷指令对应氧量设定函数见表 2-15。

总风量调节器用于维持整个锅炉总风量的平衡。送入炉膛的总风量信号由进入磨煤机的一次风量，通过与二次风箱进入炉膛的二次风量相加得出。氧量信号设定值由锅炉指令经函数发生器给出，运行人员根据锅炉运行情况，可在自动给出的氧量设定值基础上增加设定偏置。氧量校正 PI 调节器输出对总风量设定值进行校正，校正系数范围为 0.8～1.2。由从

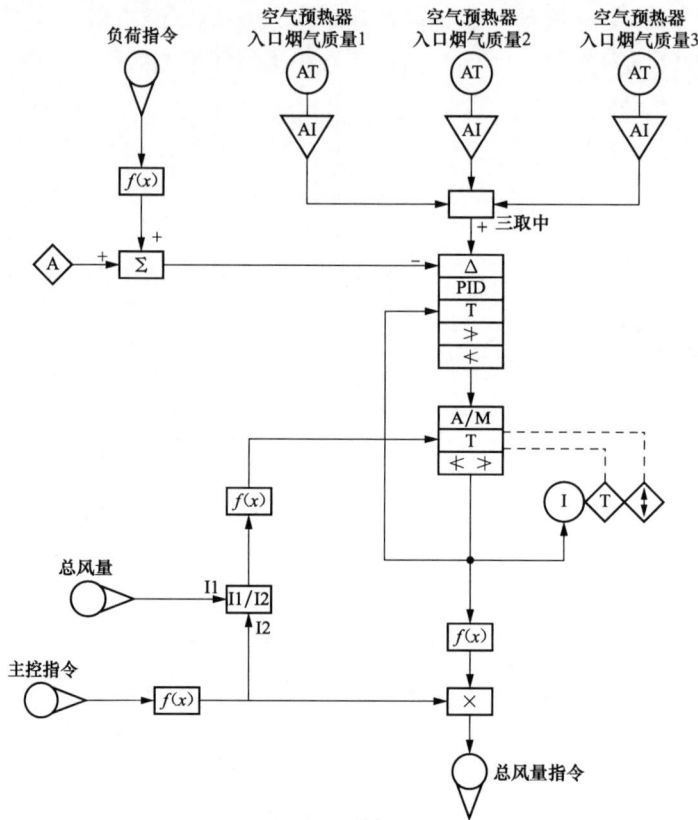

图 2-39　氧量控制逻辑

表 2-15	某超临界机组负荷指令对应氧量设定函数				
机组负荷指令（%）	0	30	50	100	120
氧量设定值（%）	10	4.5	4	3	3

机、炉协调控制系统来的锅炉主指令和从总燃料量控制系统来的总燃料信号经大值选择后，通过函数发生器给出总风量设定值，但在动态过程，超临界直流炉的变容量风量前馈也叠加在此设定值上，以保证任何工况下风量始终大于煤量，即，风、煤交叉限制。总风量信号与经氧量校正后的设定值经调节器后并列控制两台送风机动叶的开度。某超临界机组燃料指令形成的总风量设定函数见表 2-16。

表 2-16		某超临界机组燃料指令形成的总风量设定函数							
燃料指令（t/h）	0	75	130.6	154.3	188.1	272.4	357.5	366.7	375.6	400
总风量（t/h）	0	986.2	1422.3	1568.6	1825.6	2502.8	3205.7	3285.3	3367.7	3586.5

　　注意：变负荷过程的前馈风量要根据升/降负荷过程氧量的实际变化整定量值的大小，但原则上，升负荷及降负荷过程前馈部分风量都是增加，只是升负荷过程的量值比降负荷过程大一些，并且随变负荷速率的增大而增大。某超临界机变负荷前馈过程风量前馈函数见表 2-17。

表 2-17 　　　　　　　　　某超临界机变负荷前馈过程风量前馈函数

变负荷前馈量（t/h）	−100	0	100
总风量设定前馈量（t/h）	150	0	200

在控制结构上，两台送风机的调节除前馈量采用燃料量来设定外，其他的控制与引风机基本相同。总风量设定及送风控制逻辑如图 2-40 所示。

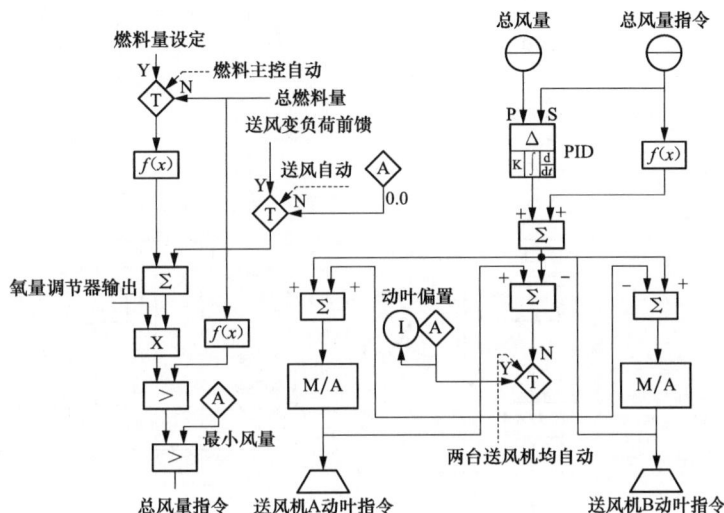

图 2-40　总风量设定及送风控制逻辑

（三）一次风母管压力控制

在超临界机组中，通常配置两台 50％容量、定速、双动叶可调轴流式风机。一次风母管压力控制采用单回路调节，通过调节风机入口动叶的开度，维持一次风箱压力在设定值上，以满足制粉系统对一次风压的要求。一次风压设定值由燃料主控指令经函数发生器给出，运行人员可在自动给出的设定值基础上手动给予偏置。一次风机控制逻辑如图 2-41 所示。

机组负荷变化的响应速率与磨煤机的风粉比响应有着密切的关系，特别是在负荷变化过程的拐点，一次风压的变化显的更为重要。在一次风压的设定上通常选择燃料主控指令或运行给煤机的最大煤量作为一次风母管压力函数的设定，特别是在运行磨煤机台数较多的情况下，如大于 4 台磨煤机运行。一方面能够提高变负荷过程的风粉比响应，减少热一次风门的调节幅度；另一方面能够保证磨煤机出力较大的情况下，防止堵煤的发生。在煤质较差、煤量较大的情况下更有意义。一次风母管压力的设定通常采用变结构的方式，大于 4 台磨煤机运行采用运行磨煤机最大煤量的函数设定一次风压，否则采用燃料主控指令的函数来设定。某超临界机组燃料主控指令对应一次风母管压力设定函数见表 2-18，某超临界机组运行磨最大煤量对应一次风母管压力设定函数表 2-19。

（四）单台磨煤机组的自动控制

超临界锅炉的制粉系统通常采用直吹式，高速磨煤机（风扇磨煤机）、中速磨煤机（HP磨煤机、MPS 磨煤机）、低速磨煤机（双进双出钢球磨煤机）都有应用的实例，但综合来看使用中速 HP 磨煤机的机组所占的比重大一些。此种磨煤机的自动控制包括磨煤机入口一次

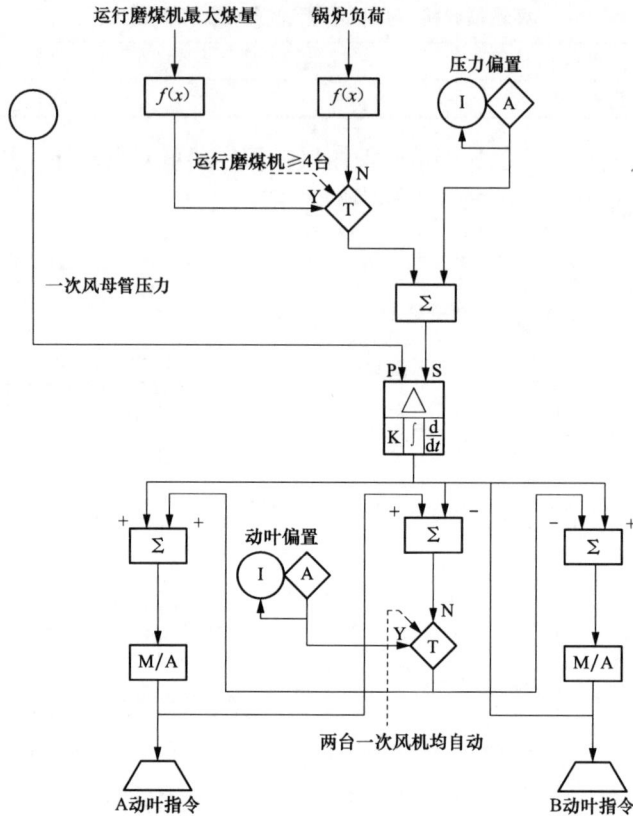

图 2-41　一次风机控制逻辑

表 2-18　　　　　　　某超临界机组燃料主控指令对应一次风母管压力设定函数

燃料主控指令（t/h）	0	40	80	90	300	450
一次风压力（kPa）	8	8	11.8	12	11.25	11.25

表 2-19　　　　　　　某超临界机组运行磨最大煤量对应一次风母管压力设定函数

磨煤机煤量（t/h）	0	30	80	100
一次风压力（kPa）	8	8	11.5	12

风量、磨煤机出口温度和分离器转速。通过调整磨煤机热风、冷风调节挡板来保证磨煤机一次风量、磨煤机出口温度为设定值，以满足磨煤机运行要求。对磨煤机安全运行而言，一般控制磨煤机出口温度为 85℃，而磨煤机入口一次风量满足磨煤机运行出力要求。磨煤机的给煤量和一次风量可根据一次风与煤粉出力变化曲线设置（磨煤机风粉比）。

　　磨煤机分离器分为动态和静态两种。动态分离器通过调节转速改变煤粉细度，提高燃料热效率，改善锅炉燃烧状况；静态分离器不能有效地将细的煤粉从粗煤粉中分离出来，会导致细煤粉在磨煤机里再次循环。含有细煤粉的研磨区域会降低研磨效率和磨机研磨能力（磨煤机出力）。而动态分离器有效地减少了细煤粉在磨煤机内部的循环次数，大大提高了研磨效率和磨煤机能力。动态分离器利用空气动力学和离心力将细煤粉从粗煤粒中分离出来。

　　1. 磨煤机入口一次风量控制

　　磨煤机入口一次风量采用单回路进行控制。一次风量的设定值由给煤机指令（煤量）确定，保证磨煤机运行过程中的风量与煤量的比例关系，通过连接在画面的偏置接口实现无扰切换及在运行中对风量设定进行调整；磨煤机的风粉比是一个重要的函数，它确保磨煤机进出物料的平衡，对防止堵磨至关重要。磨煤机入口一次风量控制采用比例＋积分调节，给煤机煤量的函数以及冷风调门的开度指令作为调节器的前馈。煤量增加，热风门开大，冷风门开大热风门指令按一定比例减小。在变负荷过程，为提高锅炉的燃烧率，必须尽快改变磨煤机的风粉比例，因此磨煤机入口一次风量控制的设定上增加一个设定风量的微分，使变负荷过程的风粉比存在一定的超前，其幅度可通过手动状态下调整一次风量值来确定。但必须注意磨煤机的低风量保护。某超临界机组磨煤机入口一次风量设定函数见表2-20。

表 2-20　　　　　　　　　某超临界机组磨煤机入口一次风量设定函数

给煤机指令（t/h）	10	20	30	40	50	60	80	95
一次风量（t/h）	100	100	110	120	130	140	155	160

2. 磨煤机出口温度控制

磨煤机出口温度的控制，是以间接测量的方法确保磨煤机出口煤粉的干燥程度，其出口温度必须控制在一定的范围内，温度高容易引起爆燃，温度低容易堵磨煤机，通常的温度保持在60～90℃之间。磨煤机出口温度采用一个单回路控制，由运行人员来输入设定值。控制上采用比例＋积分＋微分调节，给煤机煤量的函数以及热风调门的开度指令作为调节器的前馈。进入磨煤机的煤量增加，冷风门指令减小；热风开度指令增加，冷风开度指令按一定比例增加。磨煤机出口温度设定值通常为80℃，可由运行人员进行调整。上述控制策略如图2-42所示。某超临界机组磨煤机煤量对应冷风挡板开度前馈函数见表2-21。

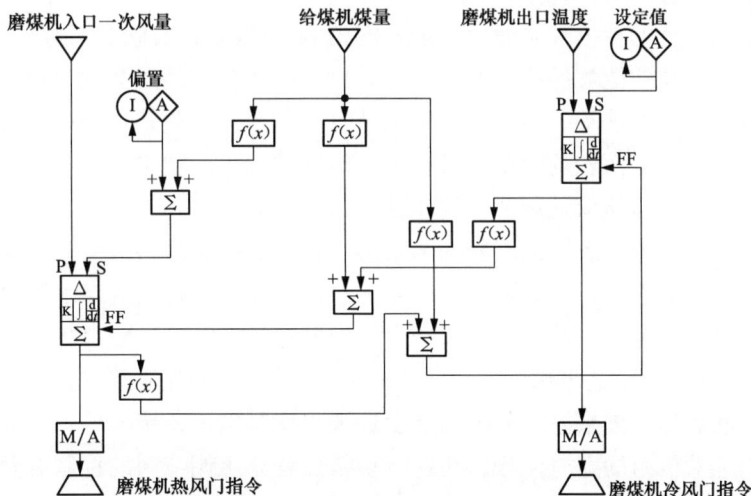

图 2-42　磨煤机冷热风挡板控制

表 2-21　　　　　　　　某超临界机组磨煤机煤量对应冷风挡板开度前馈函数

磨煤机煤量（t/h）	0	80	100
磨煤机冷风开度指令（%）	50	0	0

3. 分离器转速控制

动态过程的分离器转速通过可调整变频器和可编程控制器，由一个交流变频电动机来驱动。动态分离器的转速取决于给煤量的大小，当给煤机煤量增加时，分离器转速也加快。该系统为一个开环控制系统，根据需要可由运行人员设置偏置，来修正分离器转速的设定。

（五）除氧器水位

超临界机组的除氧器水位控制策略与常规煤粉炉相同，低负荷采用单冲量单回路控制，当负荷大于30%时，凝结水流量旁路调阀切换至主阀，除氧器水位由单回路切换至三冲量串级控制，此时主回路控制除氧器水位，副回路维持给水流量与凝结水流量的平衡。对于除氧器这类密闭容器液位的控制主要是凝结水和给水流量的平衡，其副回路处于主要的调节地位，液位控制的输出只是用于补偿流量失衡时所产生的液位波动。因此，在不同负荷点的前馈流量设定的准确性至关重要。对于除氧器而言流入的水流量为经过调阀的凝结水流量和高压加热器的疏水流量；流出的水流量为给水流量。由于高压加热器的回水流量无法测量，必须在稳定状态下，按照给水流量乘以一个系数使其与凝结水流量相等，由此按照负荷的不同构造一个修正系数的函数。通常这个修正系数为80%，其最终目的是使主调节器对水位的调节输出波动较小。

对于三冲量串级控制而言，三个变量为给水流量、凝结水流量、除氧器水位。在调节器参数的整定上，可对给水流量与凝结水流量的偏差进行一定的缩放，其变换系数越小，主调节器输出所占的比重越大，水位的调节作用越强，有利于稳态的控制；相反的设置有利于变负荷过程的水位稳定。串级调节的整定要求，副回路构成随动调节要快，设定和反馈量值之间尽可能没有偏差，主回路调节要考虑流量的改变对应除氧器液位的变化速度，控制要稳，比例作用较强，积分作用较弱。

除氧器水位自动控制逻辑如图2-43所示。

说明：对密闭容器的液位控制而言，进入容器的工质流量与流出容器的工质流量能够保持平衡，容器内的液位便能够保持不变。因此，副回路的控制品质必须尽量做到无差，这样才能减少主调节器输出的波动。主调节器的调节过程是液位变化转化为一定时间的流量设定变化，同时要考虑容器截面积的大小来进行积分时间的确定。在定值扰动状态下，实际液位必须存在一定的过调，才能保证调节的快速性。

当前的除氧器水位控制上，由于凝结水泵多采用变频控制且为只有一个变频器。通常变频控制的凝结水泵为工作泵，工频泵处于备用状态。当变频运行的凝结水泵跳闸后，备用凝结水泵必须联启后工频运行，此时的除氧器水位控制存在变结构、变参数的切换。控制的难点在于凝结水泵变频运行时，凝结水流量主调节阀几乎处于全开的状态，当变频凝结水泵跳闸工频凝结水泵联启后，如果主调节阀的开度较大将使凝结水系统的压力较低，对除氧器的补水产生影响，危及机组的安全运行。在这一切换过程，主调节阀的控制有两种形式。

1. 开环控制

在工频运行的方式下，整理出不同负荷时的主调节阀开度指令曲线，当变频运行切至工频时，主调节阀由当前开度自动关至当前负荷对应的阀位指令，同时投入主调节阀的自动控制，在延时一段时间后（30s），主调节阀的输出指令由跟踪值转入自动调节，此时的控制由三冲量变频控制转为三冲量调阀控制。某超临界机组负荷对应的主调阀开度指令见表2-22。

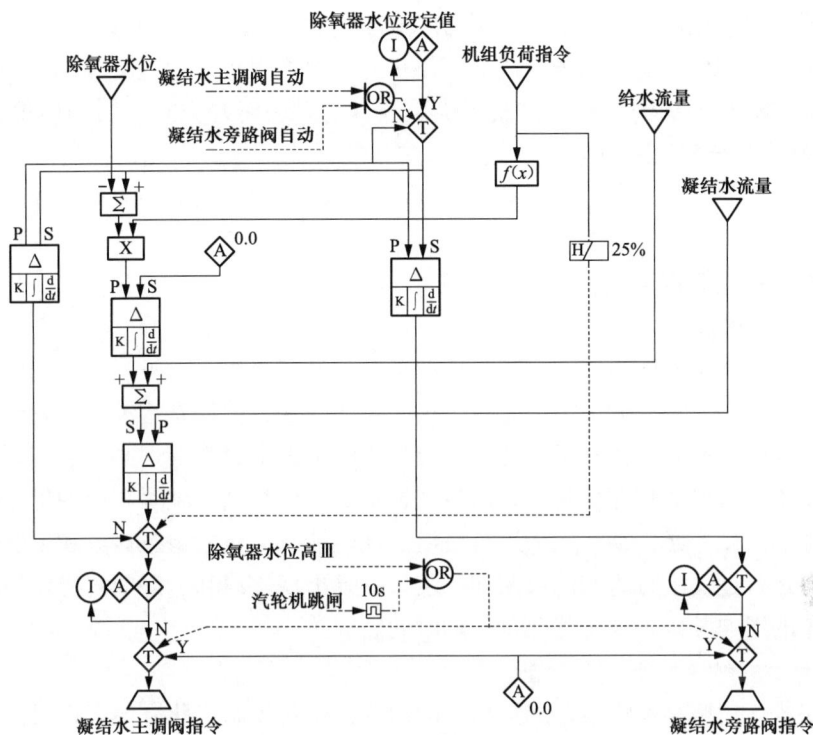

图 2-43　除氧器水位自动控制逻辑

表 2-22　　　　　　　　　　　　某超临界机组负荷对应的主调节阀开度指令

机组负荷（MW）	300	500	700	930	1030	1200
主调节阀开度指令（%）	20	30	45	63	75	75

2. 闭环控制

单独设计一个单回路的凝结水流量控制，在变频控制切至工频控制后，这个单回路由跟随转入自动调节状态，其设定为变频跳闸时的记忆凝结水流量，反馈为当前的凝结水流量，通过调节自动关小主调节阀。当凝结水流量在一定偏差之内且稳定一段时间（如：15s），主调节阀的控制由流量的单回路切至三冲量控制。此种控制结构较为复杂，存在 3 个控制回路的相互跟踪和切换，但控制效果较好。

第三节　超（超）临界机组模拟量控制优化的总体思路

对超临界机组而言，在机组投产转入商业运行后，为提高机组运行的稳定性、安全性和经济性，都需要对相应的就地设备、联锁保护逻辑及机组的模拟量控制进行相应的改造和优化。而机组模拟量控制的优化需要与机组性能试验的相关数据相结合，主要是相关子系统的设定函数修改、调节参数的优化。此外，机组运行方式的改变、燃用煤质的变化也需要对相关的控制策略进行调整。而投入商业运行一段时间后的机组，在进行主要辅机的改造，如，引增合一、主要辅机变频改造、辅机增容、增加供热系统、增加脱硫脱硝系统、低 NO_x 燃烧器改造等之后，通常都要进行相关模拟量控制系统及协调控制系统的优化。

在超临界机组的控制优化过程中，控制策略选择上的主要区别体现在锅炉的启动系统（是否带有炉水循环泵）、制粉系统（高速磨煤机—风扇磨煤机、中速磨煤机—HP/MPS、低速磨煤机—双进双出钢球磨煤机）以及燃烧系统（前后墙对冲方式、切圆燃烧方式、"W"火焰）、引风机采用电动还是汽动（包括背压式和凝汽式）等。因此，在机组的模拟量控制上必然存在一定的差异，优化控制策略上应给予相应的区别，但控制策略的核心内容基本相同。

一、超临界机组模拟量控制优化的过程

1. 优化方案的编制

通过对机组控制策略的检查、运行方式的了解，发现机组运行过程出现问题的原因，包括分析控制策略是否完善、调节参数是否合理、主要的函数曲线是否准确、就地设备的调节精度和死区、阀门的流量特性及可控性、主要参数测量的准确性等，必要时需要进行特定的扰动试验来观察运行参数的变化过程，然后依据检查、分析结果编写相应的优化控制方案。

这个过程的工作务必仔细，因为运行机组的优化涉及大量的组态修改和下装工作，很多电厂都禁止在运行过程进行组态的修改和下装，一旦出现错误和遗漏的内容，势必对机组的运行产生一定的影响并延长整个优化工作的时间。

2. 控制策略的修改、下装和检查

在编写完成优化控制策略后，召集相关的运行人员对控制优化方案进行讨论，尤其是控制曲线、切换参数、辅机的出力闭锁条件等必须得到相关专业人员的认可，然后进行相关控制策略的修改和下装。在完成上述工作后，需要对修改的控制策略进行检查。特别是在条件允许的条件下进行相关的静态仿真，检查整个数据流程、控制策略切换的正确性。

3. 优化控制策略的投入及调整

通常的优化都保留原控制策略，在机组启动过程，随机组运行工况的改变，经检查确认后，将原控制策略切换至优化后的控制策略，进行稳态的动态情况下的参数整定。原则是先稳态后动态，必要时进行相应幅度的扰动试验。在这个过程中，需要详细的工作记录，并将每天的工作情况存档至运行人员，便于不在当值的运行人学习和掌握。

在相关控制策略投入后，需要针对优化目标进行相应的动态过程检查，通常是申请若干天的负荷变动试验，检查动态过程各系统间的配合情况，进行动态参数的整定。这一过程是按照机组动态过程的负荷变化范围划分为几个段，按照变化幅度由小到大、变化速率由慢变快的过程进行。在每个过程结束后，对运行过程的参数曲线进行检查，对存在的问题及时调整，然后进行下一段的工作。

在完成机组的负荷变动试验后，需要对机组的运行情况进行一段时间的观察，并综合机组的运行指标，对优化结果进行一个初步的评估。

4. 优化工作的总结

这个过程主要包括两件工作，一个是出具与整个优化相关的优化报告；另一个是向运行人员进行优化工作的交底，包括控制函数的修改、自动投入的过程、操作窗口的使用，特别是紧急条件下的手动干预等。

二、优化过程的主要内容

当前超临界机组普遍存在的问题是在国内燃煤供应多变背景下，绝大多数电厂都掺烧劣质煤、褐煤等来降低发电成本，导致部分辅机的出力受限、燃烧滞后、主蒸汽压力及主蒸汽/再热蒸汽温度波动大，这是造成机组控制品质下降的主要原因；此外，部分电厂进行脱硝改造、燃烧器改造等来减少氮氧化物的排放，也对机组的控制品质产生一定的影响（煤粉细度的变化、制粉系统的延迟等），此外，机组增加供热改造，使一些控制函数、水煤比产生一定的偏离，也对控制品质产生一定的影响。因此，需要相应的控制优化来解决上述问题。优化工作的相关内容如下：

（一）两条控制曲线的优化

超临界机组的控制优化必须是在调整好主蒸汽压力控制品质的同时，保证水煤比（中间点温度）在合理的范围内，以便获得良好的主蒸汽、再热蒸汽温度；为此控制优化必须先解决两个最基本的设定曲线。

1. 滑压曲线的优化

合理的滑压曲线是指，机组在变负荷过程及一次调频的变化量上具有足够的裕度，调门的开方向足够，关方向上不影响汽轮机的流量分配（不引起振动、轴位移的增大），同时保证汽轮机调阀的截流损失尽可能小。汽轮机工作效率较高的情况是节流损失尽可能小，蒸汽参数尽可能较高，这就要求结合机组的实际运行过程按照不同的负荷点对滑压设定值进行相关的修正。此过程要注意性能试验过程给出的最佳运行曲线，结合变负荷过程汽轮机的运行状况（调门开度变化对负荷的影响），形成合理的滑压曲线。上述工作以某厂 1036MW 机组为例进行汽轮机调阀开启顺序及最优开度指令的优化。

根据某厂 1036MW 机组汽轮机 DEH 综合阀位指令及顺序阀开启顺序，如图 2-44、图 2-45 所示。可知，为了使 GV2-3 全开及 GV1 开度较小模式下经济运行，需要综合阀位指令在 83.8％～92.9％之间。考虑到变负荷、一次调频动作需要以及避免 GV1 因一次调频的频繁动作损坏阀门伺服控制系统，推荐综合阀位指令在 87％～91％之间。

根据机组使用滑压曲线 MWD（机组负荷指令）～MSP（设定主蒸汽压力）

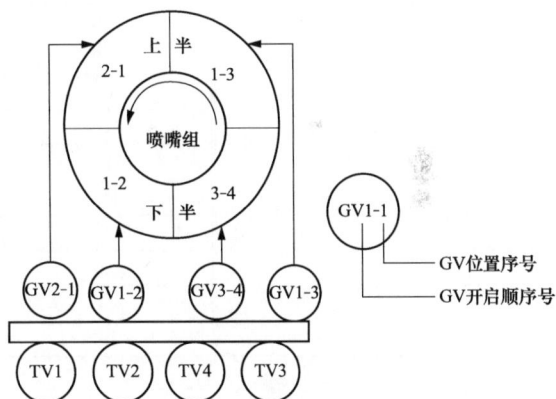

图 2-44　机组 DEH 调阀顺序阀开启顺序示意图

可知，其对应阀位综合指令在 94.5％左右，GV2-3 在全开位、GV1 在 50％左右、GV4 在 7％左右。由性能试验推荐主蒸汽压力需要提高主蒸汽压力，减小汽轮机调阀节流损失。因此需要提高主蒸汽压力设定值使综合阀位指令回落到 87％～92％之间。大致需要提高 1.4MPa 左右压力，滑压段缩短、定压段加长。具体操作：在典型负荷段通过不断提高主蒸汽压力设定值方式，使综合阀位指令回落在 87％～91％之间，同时检查过热度及各受热面蒸汽温度在合理值。具体操作可通过机组切为汽轮机跟踪模式或在协调模式下修改主蒸汽压力设定来完成（可根据电厂实际情况执行）。

根据机组性能试验拟合机组的最佳滑压曲线以及实际运行情况，对机组滑压曲线进行优化。详见表 2-23 及图 2-46 机组负荷指令与主蒸汽压力曲线图。

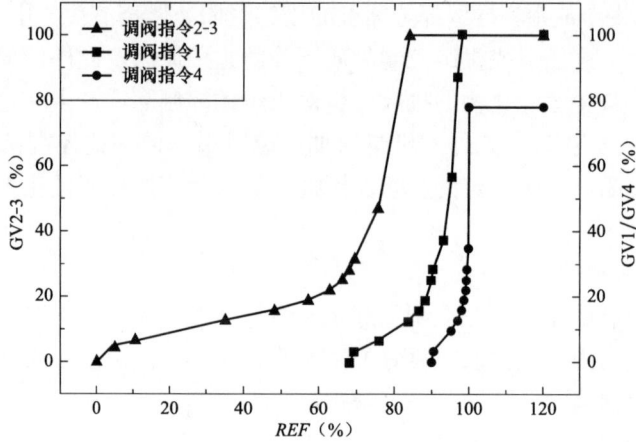

图 2-45 机组 DEH 综合阀位指令与顺序阀开度指令对应关系

表 2-23　　机组负荷指令与主蒸汽压力设定、性能试验推荐压力及优化压力表

负荷指令 MWD1	主蒸汽压力设定 MSP1	负荷指令 MWD2	性能试验压力 MSP2	负荷指令 MWD3	优化压力 MSP3
MW	MPa	MW	MPa	MW	MPa
0	9.7	0	9.7	0	9.7
300	9.7	300	9.7	300	10.6
500	14.8	500	16.038	486	14.4
950	25.2	550	16.954	650	19.2
1200	25.2	600	17.87	700	20.7
		750	21.594	750	22.4
		770	22.091	810	24.2
		800	22.618	930	25.2
		850	23.496	1000	25.2
		900	24.373	1200	25.2
		930	24.9		
		1200	24.9		

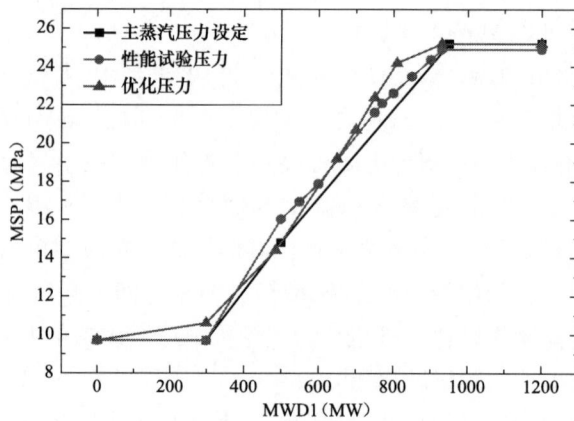

图 2-46 机组负荷指令 MWD1 与原主蒸汽压力 MSP1 设定、性能试验压力及优化后压力曲线

通过分析 AGC 指令负荷变化速率及其调节深度可知：机组负荷变化率小于 10MW/min（1％额定负荷）的时间占据大多数。负荷速率变化要求慢、高负荷阶段稳定时间长。因此可通过适当牺牲负荷的快速响应能力来满足负荷经济性的要求，主要通过提高高负荷阶段压力设定值来达到汽轮机两阀运行的节能效果，但是压力提高受限于额定压力 25.2MPa 以及汽动给水泵出力对应的低压调阀经济开度 85％以下的限制。在降负荷及夜间运行时由于真空变化显著，需要权衡汽轮机综合阀位不可低于 85％的合理阀位。同时需要考虑升负荷时汽动给水泵前馈增加给水而对其出力的限制（汽动给水泵切换阀开启限制），以及给水控制上需要满足机组一定的变负荷裕量。

2. 过热度函数曲线的优化

机组的过热度函数通常以分离器入口或出口温度来标定；它是分离器压力的函数（不能以设定负荷来设定），标定时以机组稳定负荷下的水冷壁温度及减温水的（特别是一级减温器调节阀）可控性为依据，具体表现在：水冷壁不超温、减温水的可控性较好（减温水调节阀开度在 30％～60％之间）。通常是在确定好滑压曲线后进行过热度函数的标定。国内的超临界机组中，哈尔滨锅炉厂有限公司三菱机组的过热度略高，其他的机组基本在 8～25℃之间，这与锅炉的水冷壁结构有关。并注意不同运行工况下，过热度设定的延时时间。

需要注意的是：超临界机组试运行在复合变压方式下，存在亚临界和超临界两个阶段。在超临界参数后，饱和温度已经失去明确的物理概念需要进行相关的人为拟合，这样机组运行的过热度指示（实际温度减去饱和温度）便存在一定的不确定性，而分离器入口温度是一个很明确且与分离器压力对应的参数，所以，控制上宜采用分离器压力对应的分离器温度来修正水煤比，过热度只作为一个参考。此外，必须明确：只有在选择合理的滑压曲线后，才能够确定分离器入口温度或焓值的设定曲线，才能保证正确的水煤比控制、炉侧负荷对给水量和风量等函数的设定。此外，变负荷过程设定压力的延时时间有必要按照负荷变化率及不同负荷段来设置并随升、降负荷等过程来单独设计。

（二）机组优化的控制策略（五个比例关系的掌握）

任何结构与形式的超临界机组或者说直流炉机组，其控制上必须解决的问题基本上是一致的，只不过在具体系统配置上的差异导致控制策路存在一定的差异。在此仅表述控制上的共性问题，相关不同的控制特点，在之后的章节加以讲述。

1. 水煤比控制

水煤比控制是直流炉控制的核心，直接关系着机组运行的安全性；水煤比控制必须保证给水和燃料量的配比在一个合理的范围内，通常稳态下的比值近似为 7.5：1。而在机组升负荷、降负荷、不同的负荷段、不同的负荷变化率、RB 等工况下，这一比值将发生一定的变化（主要是锅炉的蓄热、汽水特性变化等因素的影响）。无论在控制上采用水跟煤、煤跟水或水煤同时变化（同时采用给水和燃料）来控制中间点温度，都必须保证给水和燃料的比例在一个范围以内。合理的水煤配比体现在中间点温度的控制偏差上，同时需要保证水冷壁不超温、主蒸汽温度的可控性良好。

当然，机组的水煤配比存在动态和稳态两个控制回路，而变负荷前馈控制策略是解决动态过程水煤比的有效手段，将变负荷的前馈煤量所配的给水进行相应的改变，使升负荷的水煤比近似 7：1，降负荷的水煤比近似 8：1，满足动态过程锅炉蓄热、制粉系统滞后所带来的影响，其前馈量上的幅度及延时时间按照锅炉的惯性进行设置，通常前馈部分给水与燃料量的比例在 2.5∶1～4∶1 之间，给水延时时间 30～60s，具体需要依照变负荷过程的过热度控制偏差来进行修正。

2. 风煤比控制

机组的风煤比控制关系机组运行的经济性，通常以变负荷过程的氧量变化进行参照；在变负荷控制中，前馈的煤量所配的风量与炉主控设定的燃料量所配的风量有所差别。因为变负荷前馈的燃料量作为总燃料量设定的一个分支，在包含在总风量的设定上。而变负荷前馈的风量仅是按照变负荷过程氧量的变化以及富氧燃烧的原则来进行风量设定的补充，具体为加负荷过程加风、减负荷过程也加风。只是两个过程的比例上存在差异，减负荷过程前馈增加风量较少。

3. 磨煤机风粉比控制

磨煤机风粉比是锅炉出力变化的标志，直接决定动态过程燃料量进入炉膛的速度，决定整个机组负荷变化速率的快慢。特别是对燃烧劣质煤、褐煤、印尼煤的机组，磨煤机的响应速度快慢直接决定机组的 AGC 指标的考核。磨煤机风粉比控制的决定因素在于一次风机的出力是否足够以及一次风机出力的变化速度；控制上合理的一次风压设定，磨煤机入口一次风量函数曲线决定着风粉比的变化过程；同时应参考变负荷过程过热度、主蒸汽温度、再热蒸汽温度的变化幅度来予以修正，这是一个非常复杂的控制。在机组变负荷过程，给煤机煤量的变化并不代表进入炉膛燃料量的快速变化，这与磨煤机的制粉速度、磨煤机内的蓄粉、磨煤机一次风量的快速变化直接相关。

为提高锅炉的响应速度，改善锅炉的燃烧率，希望给煤机煤量的变化迅速反映在进入炉膛的燃料上，因此，需要通过磨煤机一次风量的改变迅速改变所携带的煤粉量。这在控制上需要增加一个变负荷前馈来改变一次风量和一次风压的变化来实现磨煤机风粉比的控制，其变化幅度需要经实际的变负荷过程加以检验，同时需要关注磨煤机出口风粉混合物的速度变化，尽可能维持在 25m/s 附近变化。此外，在不同的变负荷幅度上，风粉比的瞬时变化会带来不同程度的影响，简单来说：负荷变化范围越大，风煤比的瞬时变化尽可能小。

4. 减温水与给水的比例控制

减温水量的变化幅度从另一个方面表征了水煤比例的变化，减温水占给水的比例通常为 7%，如果减温水偏多，标志着给水量偏少，而负荷在恒定的情况下，调节级压力对应的主蒸汽流量将是恒定，这样就造成减温水越多，流经水冷壁的给水将减少，导致过热上升进一步增加减温水量，最终使整个汽水系统存在超温的危险；反之将造成低温。因此，必须在逻辑上加以限制这一状况的发生，减温水量偏大时，直接增加给水来避免水冷壁超温；反之减少给水流量。但机组运行过程，多数机组的减温水测量都不够准确，可采用一减的开度对给水流量设定及过热度的设定进行相应的修正来避免上述工况的发生。即：一减开度偏大，适当增加一定的给水设定；反之减少。

5. 一次风与二次风流量及刚度比

在机组的整个变负荷过程，一次风与二次风的流量比例近似为 1∶4，一次风的主要作用是干燥并携带煤粉，提供锅炉带负荷所需要的燃料量；二次风量主要是助燃，保证合理的氧量，保证锅炉运行的安全性；两者的刚度主要指磨煤机入口一次风压与炉膛差压，二次风箱压力与炉膛差压，如果一次风刚度偏高，将使燃烧滞后，并可能导致过热段超温；而两者皆可控制炉膛内火焰的位置，在高低负荷段可用于主蒸汽温度、再热蒸汽温度的辅助调节。

综上所述，五个比例关系控制的是否合理直接关系机组运行过程的安全性、稳定性和经济性，直接关系超临界机组优化过程的最终结果，是整个工作过程的核心。

三、如何提高主蒸汽压力的响应速率

在当前的超临界机组必须投入 AGC 方式运行的背景下，满足电网调度的负荷要求已成为协调控制的最主要目标。因此，协调控制几乎都采用锅炉跟随为基础的协调方式，这样不可避免地造成主蒸汽压力的偏差较大，锅炉的燃料量、给水流量波动幅度大，主蒸汽温度、再热蒸汽温度随负荷变化波动。所以如何提高锅炉对主蒸汽压力的响应速率关系到 AGC 方式下的负荷变化率及机组的安全稳定运行。考虑到锅炉的燃烧系统是一个大迟延环节，变负荷过程锅炉燃烧率的改变就是克服燃烧系统的惯性，在适当利用蓄热的同时，迅速提高燃烧速率。通常采用的方法介绍如下。

1. 变负荷前馈功能的使用

机组变负荷指令的前馈信号，在变负荷过程迅速改变燃料量、总风量和给水流量，而给水流量的变化和燃料量的变化都能对锅炉的主蒸汽压力产生影响，其中给水流量的作用要比燃料快一些。因此，可将前馈的给水流量经过一个较短的延时时间进入锅炉，能够尽快响应主蒸汽压力的要求，但给水的变化会对中间点温度产生一定的影响，待进入炉膛的燃料量改变后，最终保证过热度及主蒸汽压力的变化。这要注意前馈量中给水量与燃料量的配比，此外，变负荷前馈给水流量的延时时间独立于总给水流量的延时之外单独设置，其延时时间应当是负荷变化率的函数。

2. 增加磨煤机一次风量的前馈

利用锅炉主控指令的前馈信号改变燃料量的同时改变磨煤机一次风量的设定，充分利用磨煤机内的蓄粉来快速响应负荷需要。也就是快速改变磨煤机的风粉比例。也可在磨煤机入口一次风量的设定上增加一个微分环节，在变负荷时，进一步改变风粉比。

3. 一次风母管压力的设定

在变负荷过程，一次风母管压力随进入磨煤机的燃料量的变化幅度也非常重要，不仅能够防止堵磨的发生，更能够保证磨煤机内的煤粉能够及时的进入炉膛。一次风压的设定常采用每台磨煤机的最大煤量作为一次风压的设定，在磨煤机运行台数不同的情况下，设置相应的一次风压曲线来保证一次风压设定变化的斜率。例如，增加一条一次风压曲线用于 4 台磨煤机以上运行时，切换一次风压设定函数，同时在两条一次风压曲线切换块的输出增加 30s 一阶惯性环节，防止磨煤机启停过程，一次风压的阶跃扰动。4 台磨运行时，单台磨最大煤量对应的一次风压曲线见表 2-24。

表 2-24　　　　　4 台磨运行时，单台磨最大煤量对应的一次风压曲线

单台磨最大煤量（t/h）	0	20	50	80
一次风压（kPa）	7	7	9	9

机组经过优化后，应当进行负荷变动试验以及长时间的 AGC 方式下的运行考核，特别

是变负荷过程主蒸汽压力偏差能否保持在一个数值而不在变负荷过程中放大或缩小，能够表明前馈量与炉主控调节参数的控制是否合理，才能够进行相关各子系统参数的整定。

4. 机组变负荷曲线

某 1000MW 机组升负荷变化过程，700～900MW，负荷变化率 15MW/min，如图 2-47 所示。

某 1000MW 机组降负荷变化过程，850MW→700MW，变化速率 20MW/min，如图 2-48 所示。

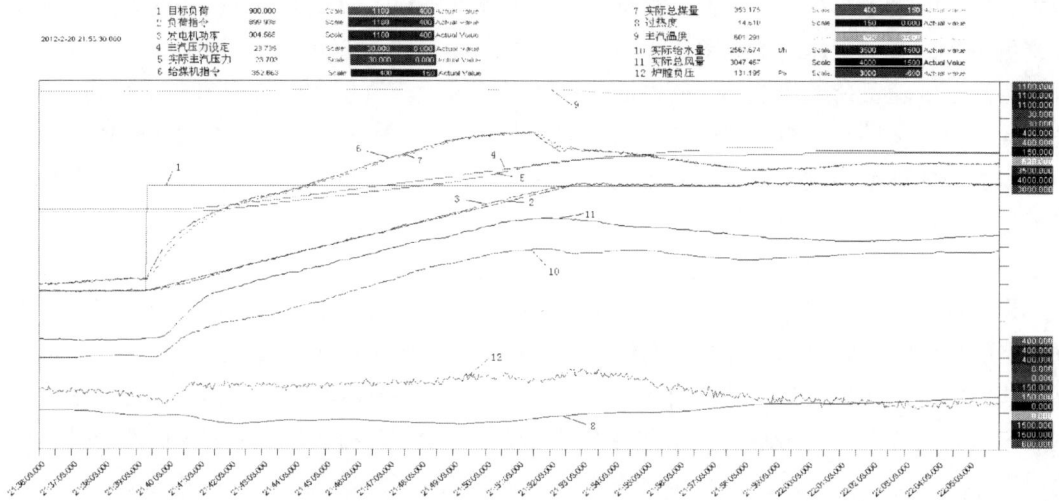

图 2-47　某 1000MW 机组升负荷变化过程

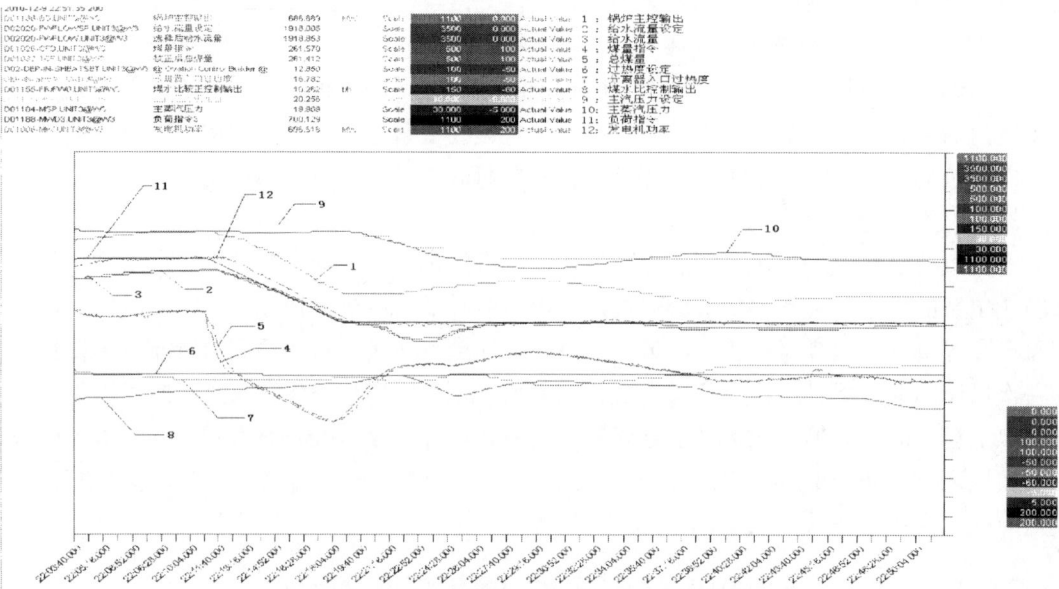

图 2-48　某 1000MW 机组降负荷变化过程

某 1000MW 机组连续负荷变化过程，500MW→750MW→500MW，变化速率 20MW/ min，如图 2-49 所示。

某 350MW 机组 AGC 考核过程试验曲线，从 250～350MW 之间，负荷变化率 7MW/min，如图 2-50 所示。

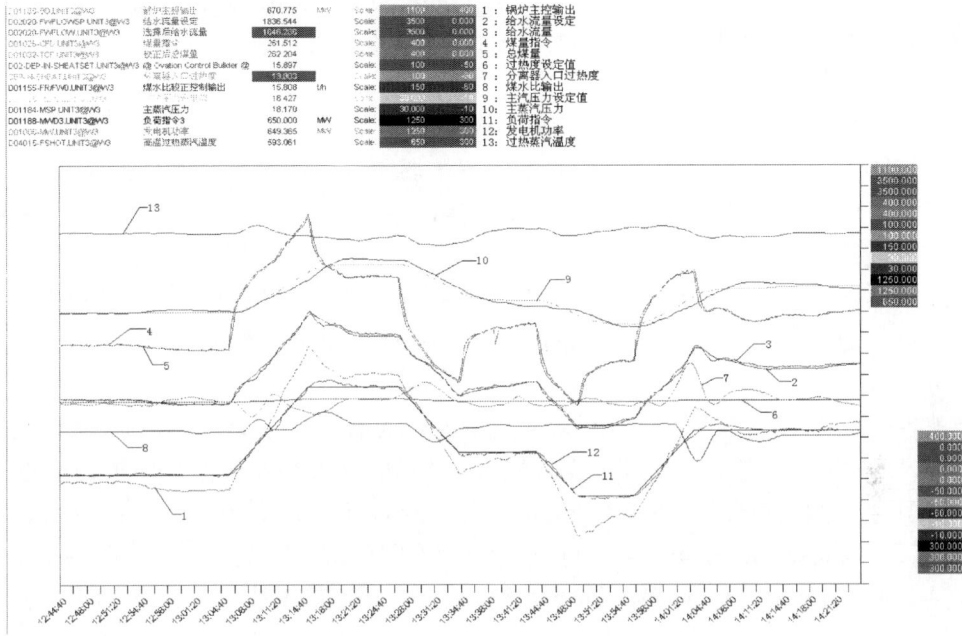

图 2-49　某 1000MW 机组连续负荷变化过程

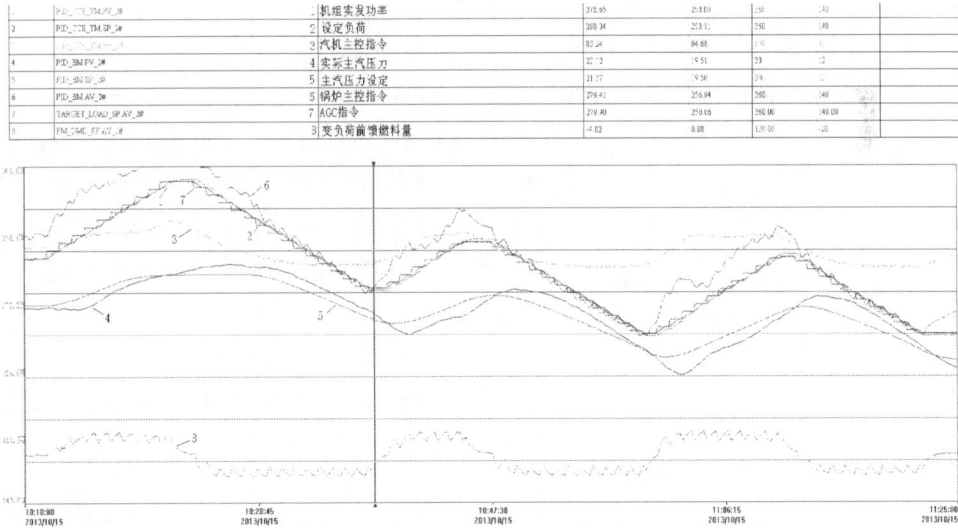

图 2-50　某 350MW 机组 AGC 考核过程试验曲线

第四节　主要 DCS 系统模拟量控制的相关要点

以计算机为核心的分散式控制系统将现代科技的最新成就有效的结合成一个整体，即，计算机技术、通信技术、显示技术和自动化技术集为一体，使自动化仪表装置向系统化、分散化、多样化和高性能化的方向产生了一个质的飞跃。在此基础上，现代控制理论的实用化成为可能，大大促进了自动控制技术的发展。随着电力行业的发展，燃煤机组在装机容量、运行参数及标准上都有了很大的提高。作为机组的灵魂——分散式控制系统（DCS）实现了过程控制、过程管理的现代化。在 DCS 中，负责模拟量连续控制的模拟量控制系统（MCS），则是整个 DCS 控制的核心。

模拟量控制系统（MCS）是将汽轮发电机组的锅炉、汽轮机当作一个整体进行控制的系统，炉侧 MCS 主要指锅炉主控制系统、锅炉燃料量控制系统、送风控制系统、引风控制系统、启动分离器储水箱水位控制系统及蒸汽温度控制系统；机侧 MCS 主要指汽轮机主控、除氧器压力及水位调节系统、凝汽器水位调节系统；闭式水箱水位调节系统；高、低压加热器水位调节系统及辅汽压力调节系统等。MCS 担负着生产过程中水、汽、煤、油、风、烟等系统的主要过程变量的闭环自动调节及整个单元汽轮发电机组的负荷控制任务。

当前各火力发电厂使用的 DCS 系统多达数种，既有国外主力厂商，如艾默生公司的 OVATION、ABB 公司的 SYMPHONY、英维思公司的 FOXBORO 及西门子公司的 T3000 等，也有国内自主研发产品，如新华公司的 XDPS 及 OCE6000 和利时公司的 MACS、浙江中控的 ECS、国电智深的 EDPF、上海自动化仪表有限公司（简称上自仪）的 SUPERMAX 及西安热工研究院有限公司（简称西安热工院）的 FCS165 等系统，各系统之间特点、结构均有不同，通过信号处理、控制调节、数学计算及人机接口输出等功能块形成控制流程图或程序，从而实现被控对象的自动控制功能。因此，了解各 DCS 系统中模拟量闭环功能块的特点及作用，是进行模拟量控制系统投入及优化的首要任务。

一、PID 功能块

常规闭环控制均基于 PID 型调节器，其输出 $Y(t)$ 与输入 $X(t)$ 的关系是比例（P）-积分（I）-微分（D）关系。即：根据输入偏差 $X(t)$ 通过调节器的比例-积分-微分作用改变输出 $Y(t)$，从而达到闭环调节的目的。各主要 DCS 控制系统 PID 调节器控制功能及参数设置有所不同，现对此进行阐述。

1. OVATION 系统

艾默生控制工程公司的 OVATION 系统，其 PID 功能块图形如图 2-51 所示，传递函数如下：

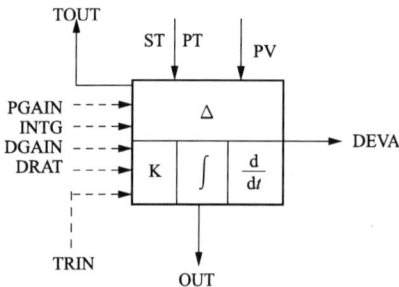

图 2-51 OVATION 系统 PID 功能块图

$$W(s) = \frac{Y(s)}{E(s)} = K_p + \frac{1}{T_i s} + \frac{K_d s}{T_d s + 1}$$

式中 K_p——比例增益（PGAIN），若此值设为 0，表示比例不起作用；

     T_i——积分时间（INTG），若此值设为 0，表示积分不起作用，s；

     K_d——微分增益（DGAIN），若此值设为 0，表示微分不起作用；

     T_d——微分时间（DRAT），s。

以上调节器参数均可外置，以实现变参数调节功能。其闭环控制原理图如图 2-52 所示。

针对此功能块，自动投入过程需注意的要点：

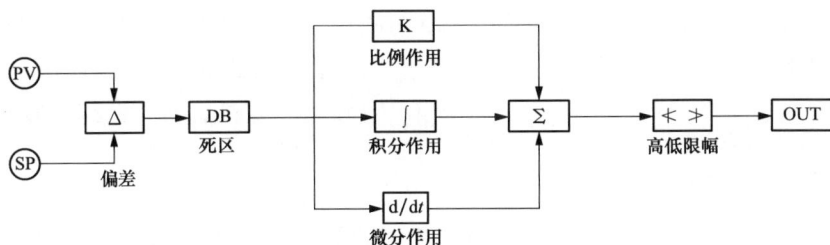

图 2-52 OVATION 系统 PID 控制原理图

（1）使用 PVGAIN/PVBIAS 和 STPTGAIN/STPTBAIS 将输入变量 PV 及设定值 STPT 转换为 0～100％的百分比值，否则当输入偏差绝对值大于 100 时，输入偏差的增大不再对调节器产生影响。即：

$$PV 百分比=(PV×PVGAIN)+PVBIAS$$
$$STPT 百分比=(STPT×STPTGAIN)+STPTBIAS$$

（2）调节器方向：通过参数 ACTN 设置调节器方向，用于改变调节器的正反作用。即：

当 $ACTN$ 为 0 时，调节器为反向，输入偏差 $E=STPT$ 百分比－PV 百分比；

当 $ACTN$ 为 1 时，调节器为正向，输入偏差 $E=STPT$ 百分比－PV 百分比。

（3）微分作用类型。通过设置参数 DACT，改变调节器微分作用类型。即：

当 $DACT=0$ 时，微分作用为 NORMAL，当输入偏差改变时，微分作用有效；

当 $DACT=1$ 时，微分作用为 SET POINT，当输入设定值改变时，微分作用有效；

当 $DACT=2$ 时，微分作用为 PROCESS，当输入过程变量改变时，微分作用有效。

（4）积分饱和恢复方式。通过设置硬禁止参数 INHB，可改变调节器退出积分饱和的方式。

如果将硬禁止参数（INHB）设置为"ENABLED"，若 PID 从下行接收禁止信号，则 PID 算法停止更新 PID 输出并保持在收到禁止信号之前的最后计算值。只要禁止条件仍存在，就只有在 PID 输入偏差改变方向之后，才恢复正常控制作用。

如果将硬禁止参数（INHB）设置为"DISABLED"，当 PID 算法从下游接收禁止信号，则 PID 继续计算每个回路时间的新输出值。PID 将新值与前一输出值进行比较，如果用新值更新输出点会违反禁止条件，则保留前一输出值。如果新值不会违反禁止条件，则用新输出值更新输出点。

例如，当 PID 通过跟踪输入从下行算法接收闭锁减信号（LWI）时，此时输入偏差为负值，如果 INHB 设置为"ENABLED"，则 PID 算法输出不能减少。输出值会保持不变，直到消除 LWI 信号或输入偏差变为正值为止。采用此种方式，容易对大惯性长延迟对象产生较大的超调。

当 PID 通过跟踪输入从下行算法接收闭锁减信号（LWI）时，如果 INHB 设置为"DISABLED"，则 PID 算法继续计算每个回路时间的 PID 输出。计算值存储在算法中，并与在前一回路时间计算的输出进行比较，两者选大后输出。采用此种方式，能够避免调节回路从限值区域退出时造成的超调量。

（5）闭锁增减功能。由于 OVATION 系统跟踪采取跟踪线方式，即通过打包点将下游功能块工作方式沿功能块间连接线传递至上游功能块，因此该 PID 功能块不带闭锁增减外部针脚，通过下游功能块受限后反送状态及设置 PID 输出高低限，实现 PID 闭锁增减功能。

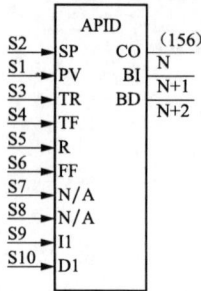

图 2-53 ABB 公司的 SYMPHONY
系统 PID 功能块图

（6）输出限幅。调节器输出高低限值仅闭锁其输出上下限，对调节器输出不产生影响。

2. ABB 公司的 SYMPHONY 系统

ABB 公司的 SYMPHONY 系统，其 PID 功能块图如图 2-53 所示。

（1）调节器类型。通过改变参数 S18，其调节器类型可以设置为不同类型。即：

S18＝0，PID 调节器为经典型，PID 的输出依传统的有互相影响的控制器未计算：对比例增益、积分常数或微分常数的调整将影响到其他项的有效值。其传递函数为

$$W(s) = \frac{Y(s)}{E(s)} = K \times K_p \left(1 + \frac{K_i}{60s}\right) \left(\frac{K_d s + 1}{\frac{60K_d}{K_a}s + 1}\right)$$

式中　K——增益放大倍数 S11，用于将输入偏差修正至 0～100 范围内；

K_p——比例增益 S12；

K_i——积分常数 S13，1/min；

K_d——微分常数 S14，min；

K_a——微分滞后常数 S15。

其闭环控制原理图如图 2-54 所示。

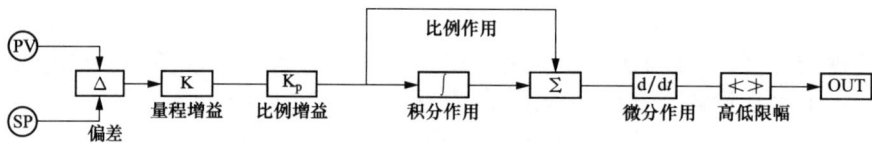

图 2-54　ABB 公司的 SYMPHONY 系统经典型 PID 工作原理图

S18＝1，PID 调节器为无互相影响型，其闭环控制原理图如图 2-55 所示。PID 输出依无互相影响的控制算法计算，比例增益、积分常数和微分常数的调整对其他项不产生影响。其传递函数为

$$W(s) = \frac{Y(s)}{E(s)} = K \left[K_p + \frac{K_i}{60s} + \frac{K_d s}{\frac{60K_d}{K_a}s + 1}\right]$$

式中　K——增益放大倍数 S11，用于将输入偏差修正至 0～100 范围内；

K_p——比例增益 S12；

K_i——积分常数 S13，1/min；

K_d——微分常数 S14，min；

K_a——微分滞后常数 S15。

对于火力发电厂闭环控制系统控制对象，一般将该参数 S18 设为 1，PID 调节器设为无

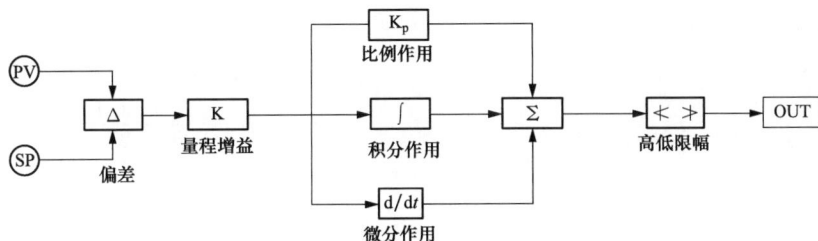

图 2-55 ABB 公司的 SYMPHONY 系统无相互影响型 PID 工作原理图

互相影响型，便于参数调整。需要注意的是，积分参数的单位是分钟，且处于传递函数分子上，当加大积分参数时，积分作用增强，与常规 DCS 控制系统特性相反。

（2）调节器方向。通过参数 S21 设置调节器方向，用于改变调节器的正反作用。即：

当 S21 为 0 时，调节器为反向，输入偏差 $E=SP-PV$；

当 S21 为 1 时，调节器为正向，输入偏差 $E=PV-SP$。

（3）积分限制类型（抗积分饱和方式）。通过设置参数 S19，改变调节器退出积分饱和的方式。即：

S19＝0 时，调节器为快速积分饱和恢复模式。积分限制＝（规定的限制-前馈信号-比例部分）。在此种模式下，当控制输出达到饱和时，这种限制类型可防止积分作用进一步加深前馈信号和比例作用部分引起的饱和。当过程变量和设定值之间的偏差减小时，控制输出立即离开饱和值，减小了系统超调的可能性。

S19＝1 时，调节器为常规积分饱和恢复模式。积分限制＝（规定的限制-前馈信号）。在此种模式下，只有当过程变量和设定值的偏差改变了方向，控制器的输出才离开饱和值。这有可能引起过程变量对其设定值的较大的超调。

因此，对于常规单回路系统，需将调节器设为快速积分饱和恢复模式，从而加快系统反应速度，防止超调。

（4）设定值调整。当 S20 为 0 时，设定值的改变将引起比例与积分共同作用；当 S20 为 1 时，设定值的改变仅引起积分作用。

本 PID 调节器的微分项仅作用于过程变量的改变。如想在设定值变化时也引入微分作用，可在此 PID 控制器外部先求出设定值和过程变量的偏差，将偏差信号引到控制器的过程变量接口地址，再将设定值信号设置到零。

（5）闭增闭减功能。将外部闭增（BI）闭减（BD）信号引入 S9、S10 针脚，从而实现调节器闭锁增减功能。

3. FOXBORO 系统

FOXBORO 系统采用命令行形式功能块，其 PIDA 功能块厂用参数及注意事项如下：

（1）调节器类型。通过参数 MODOPT，可改变调节器不同作用方式。

MODOPT＝1（P）——纯比例方式；

MODOPT＝2（I）——纯积分方式；

MODOPT＝3（PD）——比例微分方式；

MODOPT＝4（PI）——比例积分方式；

MODOPT＝5（PID）——比例积分微分方式。

其传递函数为

$$W(s) = \frac{Y(s)}{E(s)} = K \times \frac{100}{PBAND}\left(1 + \frac{1}{60INTs}\right)\left[\frac{KDs+1}{\frac{60DERIV}{KD}s+1}\right]$$

$$K = (HSCI1 - HSCI2)/(HSCO1 - HSCO2)$$

式中　　$PBAND$——比例带；

INT——积分时间，min；

KD——微分增益；

$DERIV$——微分时间，min；

$HSCI1/HSCI2$——过程变量高低量程；

$HSCO1/HSCO2$——调节器输出高低量程。

由传递函数可以看出，改变比例带，积分及微分作用同时改变，三者之间相互影响；增大（减小）比例带，调节器输出作用减弱（增强）。其闭环控制原理图如图 2-56 所示。

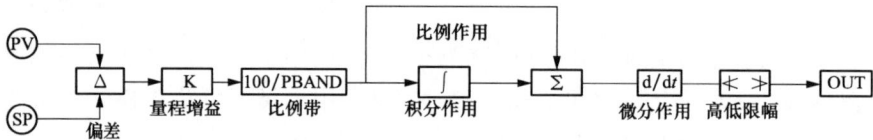

图 2-56　FOXBORO 系统 PID 工作原理图

（2）输入、输出高低量程及调节精度。通过 $HSCI1/HSCI2$ 设置输入过程变量的高低限，通过 DELTI1 设置输入过程变量的识别精度；通过 $HSCO1/HSCO2$ 设置输入过程变量的高低限，通过 DELTO1 设置输入过程变量的识别精度。

通过调节器传递函数可以看出，高低量程作用是对过程变量进行缩放，保证其处于 0～100 区间内，对调节器输出不产生限制作用；改变输入、输出高低量程能够直接改变调节器输出值，因此在调节器自动状态下不应改变量程设定，避免调节器输出扰动，若需要改变时，先将调节器切至手动方式；通过改变输入输出识别精度，能够调整调节死区和输出死区，从而兼顾调节的灵敏和系统的稳定。

（3）输出高低限。通过修改参数 $HOLIM/LOLIM$，改变调节器输出限值，同时不影响调节器输出。

（4）调节器作用方向。$INCOPT＝0$ 时，调节器为反作用，偏差＝$SP-PV$；$INCOPT＝1$ 时，调节器为反作用，偏差＝$PV-SP$。

（5）跟踪与调节切换。通过参数 INITI、BCALCI 进行跟踪和调节之间的切换：INITI 连接下游手操站或者调节器的 INITO 针脚，BCALCI 连接下游手操站或调节器的 BCALCO 针脚，当下游功能块手动时，下游 INITO 输出 1，上游调节器通过 BCALCI 针脚跟踪下游输出指令；当下游功能块自动时，下游 INITO 输出 0，上游调节器开始工作。

（6）设定值跟踪方式。当设定值处于本地方式时，将参数 STRKOP 设置为 1，调节器手动状态下，设定值跟踪过程变量。

（7）设定值远方模式。将参数 LR 设置为 0，此时设定值处于本地方式，由运行人员手动设定，此模式一般配合设定值跟踪参数 STRKOP 共同使用，保证单回路控制下手自动方式无扰切换；LR 设置为 1，设定值处于远方方式，可由其他功能块输出作为本调节器设定值。

(8) 闭增闭减功能。该 PID 调节器无闭增闭减引脚，需通过逻辑构造改变调节器输出上下限逻辑实现闭增闭减功能。

4. 西门子公司 T3000 系统

T3000 系统 PID 功能块图如图 2-57 所示。

(1) 传递函数。T3000 系统 PID 功能块传递函数为

$$W(s) = \frac{Y(s)}{E(s)} = GAIN\left(1 + \frac{1}{TNs} + \frac{TDs}{T_1s+1}\right)$$

式中　GAIN——增益系数，改变增益系数，会同时改变比例、积分及微分作用，设置上可以通过将参数 P_OFF＝1，取消比例作用；

　　　　TN——积分时间，可以通过将参数 I_OFF＝1，取消积分作用；

　　　　TD——微分增益；

　　　　T_1——微分时间，可以通过将参数 D_OFF＝1，取消微分作用。

其闭环控制原理如图 2-58 所示。

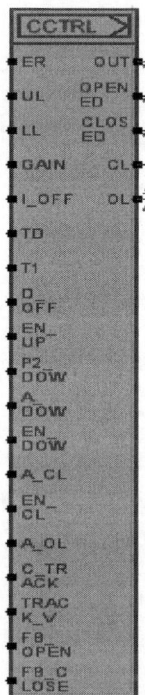

图 2-57　T3000 系统 PID 功能块图

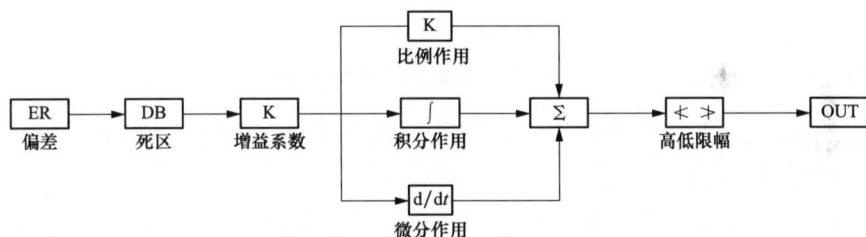

图 2-58　T3000 系统 PID 工作原理图

(2) 死区设置。通过参数 DB 设置死区大小，通过设置 DB_OFF＝1，取消死区功能。

(3) 抗积分饱和方式。通过参数 ANTI_W，改变高低限区域抗积分饱和方式：

当 ANTI_W＝0 时，其抗积分饱和类似于 ABB SYMPHONY 系统 PID 块中的常规积分饱和恢复方式，即调节器输出达到高限（低限）时，其调节器禁止积分；当输入偏差反向时，调节器退出积分饱和功能，恢复正常调节。当调节对象惯性较大时，采用此种方式会产生较大的超调量；

当 ANTI_W＝1 时，其抗积分饱和类似于 ABB SYMPHONY 系统 PID 块中的快速积分饱和恢复方式，此种方式允许调节器在高低限值区域灵活跟踪输入偏差的变化，从而达到快速响应的目的。对于一般单回路控制回路，宜将此参数设为 1。

(4) 调节器作用方向。此调节器输入为偏差值（ER），需通过外部逻辑构造，改变偏差正负号，从而改变调节器方向。

（5）闭增闭减功能。正常情况下，需将使能增 EN_UP 和使能减 EN_LOW 设为 1，保证调节器输出增减正常。当需要实现闭锁增减功能时，将相应地使能引脚置为 0 即可。

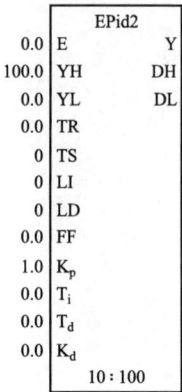

5. 新华公司 XDPS 及 OCE6000 系统

XDPS 及 OCE6000 系统 PID 功能块类型一致，常采用增量闭锁型 PID，带有闭曾闭减功能，其功能块如图 2-59 所示。

（1）传递函数。其传递函数如下：

$$W(s) = \frac{Y(s)}{E(s)} = K_p + \frac{1}{T_i s} + \frac{K_d T_d s}{T_d s + 1}$$

式中　K_p——比例增益，若此值设为 0，表示比例不起作用；

　　　T_i——积分时间，单位为秒，若设置为 0，表示积分不起作用；

　　　K_d——微分增益；

　　　T_d——微分时间，单位为秒，若此值设为 0，表示微分不起作用。

其闭环控制原理图如图 2-60 所示。

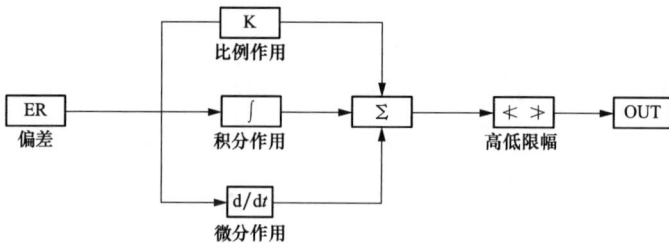

```
       EPid2
0.0   │E        Y│
100.0 │YH      DH│
0.0   │YL      DL│
0.0   │TR        │
0     │TS        │
0     │LI        │
0     │LD        │
0.0   │FF        │
1.0   │Kp        │
0.0   │Ti        │
0.0   │Td        │
0.0   │Kd        │
         10:100
```

图 2-59　新华系统
PID 功能块图

图 2-60　新华系统 PID 工作原理图

（2）调节器方向。此调节器输入为偏差值（ER），需通过外部逻辑构造，改变偏差正负号，从而改变调节器方向。

（3）死区。该 PID 调节器无死区设置，若需要死区功能时，需在 ER 偏差输入侧，增加函数发生器实现。

（4）闭增闭减功能。通过外部引脚 LI、LD 实现闭锁增减功能。

6. 和利时公司 MACS 系统

和利时公司 MACS 系统 PID 功能块图如图 2-61 所示。

（1）传递函数。其传递函数如下：

$$W(s) = \frac{Y(s)}{E(s)} = K \times \frac{100}{PT} \left[1 + \frac{1}{T_i s} + \frac{TDs}{\frac{TD}{KD}s + 1} \right]$$

式中　K——（量程增益）用于将输入过程变量与设定值整定至 0～100 范围内，$MU \backslash MD$ 为输出量程，$PU \backslash PD$ 为输入过程变量 PV 的量程；

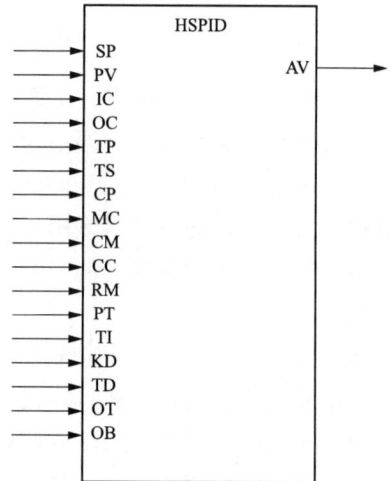

```
          HSPID
    →│SP        AV│→
    →│PV          │
    →│IC          │
    →│OC          │
    →│TP          │
    →│TS          │
    →│CP          │
    →│MC          │
    →│CM          │
    →│CC          │
    →│RM          │
    →│PT          │
    →│TI          │
    →│KD          │
    →│TD          │
    →│OT          │
    →│OB          │
```

图 2-61　和利时 MACS
系统 PID 功能块图

PT——比例带；

T_i——积分时间，需 $T_i>0$，s。

其闭环控制原理图如图 2-62 所示。

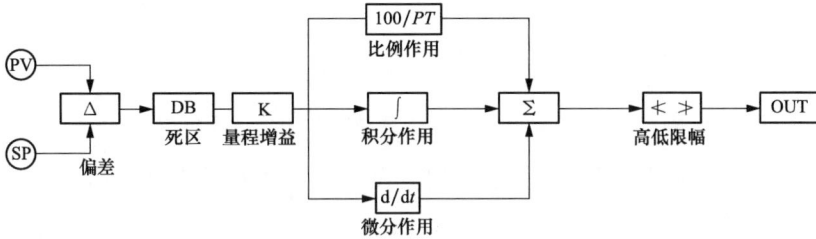

图 2-62 和利时 MACS 系统 PID 工作原理图

如图 2-62 所示，增加（减小）比例带，调节器输出作用减弱（增强）；改变输入量程或输出量程，不会对调节器输出进行限幅，但会直接影响调节器输出，自动情况下禁止改变此值。

（2）闭锁增减功能。本 PID 调节器无闭增闭减引脚，若要实现闭锁增减功能，可通过逻辑构造改变调节器输出上下限（OT/OB）实现此功能。

（3）调节器类型。参数 $OM=0$ 时，调节器为位置型，$OM=1$ 时，调节器为增量型。对于电厂控制系统，均采用位置型调节器。

（4）调节器方向。参数 $AD=0$ 时，调节器为正作用，输入偏差 $=PV-SP$；参数 $AD=1$ 时，调节器为反作用，输入偏差 $=SP-PV$。

（5）变化率限制。通过参数 FA，改变设定值变化率，其数值 1，代表输入量程 100%/计算周期；通过参数 OU，改变输出变化率，其数值 100，代表输出量程 100%/计算周期。

（6）计算周期。针对 MACS4. X 版本系统，其计算周期 CP 为 0.25s 时，此时的实际的 T_i 等于调节器的 T_i，实际微分增益等于调节器微分增益（TD），实际微分时间等于调节器微分时间（TD/KD）；若 $CP=0.5s$，此时的实际的 T_i 等于调节器的 $T_i/2$，实际微分增益等于调节器微分增益（TD）的一半，实际微分时间等于调节器微分时间（TD/KD）的一半；针对 MACS5.0 及以上版本，修改 CP，对调节器无影响。

7. 浙江中控 ECS 系统

浙江中控的 ECS 系统采用的闭锁型偏差 PID 模块，其模块图如图 2-63 所示。

（1）传递函数。其传递函数如下：

$$W(s)=\frac{Y(s)}{E(s)}=K_p+\frac{1}{T_i s}+\frac{K_d T_d s}{T_d s+1}$$

式中　K_p——比例增益，若此值设为 0，表示比例不起作用；

　　　T_i——积分时间，若设置为 0，表示积分不起作用，s；

　　　K_d——微分增益；

　　　T_d——微分时间，若此值设为 0，表示微分不起作用，s。

其闭环控制原理图如图 2-64 所示。

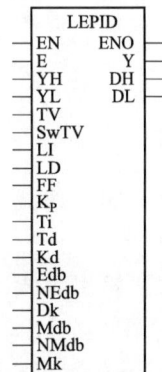

图 2-63 浙江中控 ECS 系统 PID 功能块图

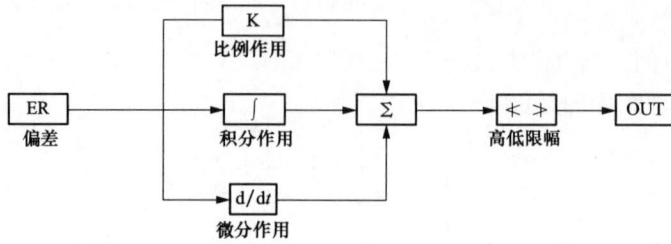

图 2-64 浙江中控 ECS 系统 PID 工作原理图

（2）调节器方向。此调节器输入为偏差值（ER），需通过外部逻辑构造，改变偏差正负号，从而改变调节器方向。

（3）死区。该 PID 调节器无死区设置，若需要死区功能时，需在 ER 偏差输入侧，增加函数发生器实现。

（4）闭增闭减功能。通过外部引脚 LI、LD 实现闭锁增减功能。

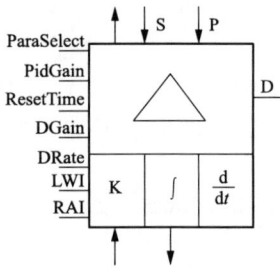

图 2-65 国电智深 EDPF
系统 PID 功能块图

8. 国电智深 EDPF 系统

国电智深的 DEPF 系统，其 PID 功能块图如图 2-65 所示。

（1）传递函数。其传递函数如下：

$$W(s) = \frac{Y(s)}{E(s)} = K_p + \frac{1}{T_i s} + \frac{K_d s}{T_d s + 1}$$

式中 K_p——比例增益（PidGain），若此值设为 0，表示比例不起作用；

T_i——积分时间（ResetTime），若设置为 0，表示积分不起作用，s；

K_d——微分增益（DGain），若此值设为 0，表示微分不起作用；

T_d——微分时间（DRate），s。

国电智深 DEPF 系统 PID 控制原理图如图 2-66 所示。

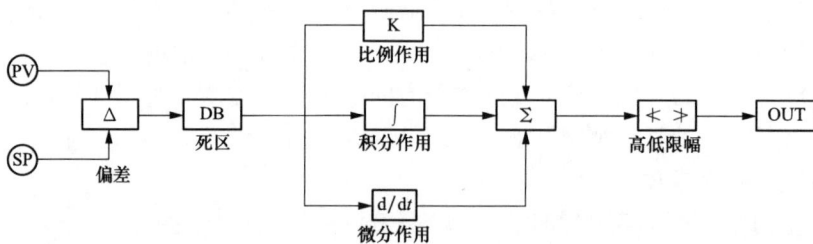

图 2-66 国电智深 DEPF 系统 PID 控制原理图

（2）闭锁增减功能。通过外部引脚 RAI、LWI 实现闭锁增减功能。

（3）输出限幅。调节器输出高低限值仅闭锁其输出上下限，对调节器输出不产生影响。

9. 上自仪 SUPERMAX 系统

上海自动化仪表有限公司的 SUPERMAX 系统，其 PID 功能块图如图 2-67 所示。

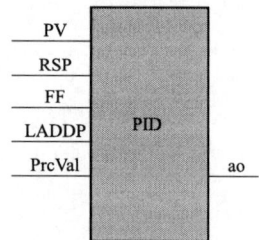

图 2-67 上自仪 SUPERMAX
系统 PID 功能块图

（1）调节器类型及传递函数。通过修改参数 PIDType，选择调节器类型及方向。

PIDType＝0，调节器为常规类型，正作用方向，输入偏差＝$PV-SP$；

PIDType＝1，调节器为常规类型，反作用方向，输入偏差＝$SP-PV$；

其传递函数为

$$W(s)=\frac{Y(s)}{E(s)}=\frac{100}{P}\left(1+\frac{1}{60Is}\right)\left(\frac{1+Ds}{\frac{D}{8}s+1}\right)$$

式中　P——比例带；

　　　I——积分时间，单位为 $60/T$；

　　　D——微分时间，单位为 $1/T$；

　　　T——扫描周期。

其闭环控制原理图如图 2-68 所示。

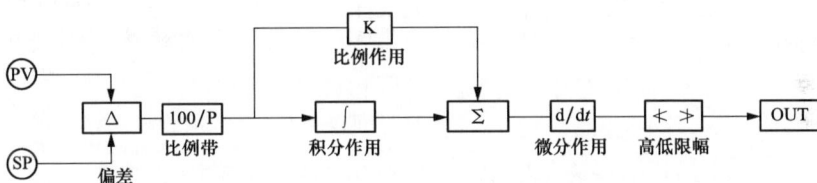

图 2-68　上自仪 SUPERMAX 系统正常型 PID 功能块控制原理图

PIDType＝2，调节器为微分先行类型，正作用方向，输入偏差＝$PV-SP$；

PIDType＝3，调节器为微分先行类型，反作用方向，输入偏差＝$SP-PV$；

其传递函数为

$$W(s)=\frac{Y(s)}{E(s)}=\frac{100}{P}\left(1+\frac{1}{60Is}\right)\left(SP-PV\frac{1+Ds}{\frac{D}{8}s+1}\right)$$

式中　P——比例带；

　　　I——积分时间，单位为 $60/T$；

　　　D——微分时间，单位为 $1/T$；

　　　T——扫描周期。

其闭环控制原理图如图 2-69 所示。

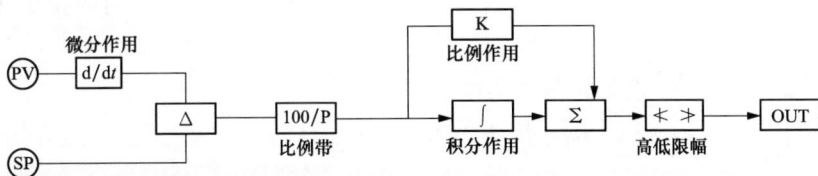

图 2-69　上自仪 SUPERMAX 系统微分先行型 PID 功能块控制原理图

（2）闭增闭减功能。该系统可通过逻辑将闭增闭减信号做成打包点，送入 PID 块 LAD-DP 引脚，实现闭锁增减功能。

10. 西安热工院 FCS165 系统

西安热工院研发的 FCS165 系统，其采用的高级 PID 功能块，如图 2-70 所示。

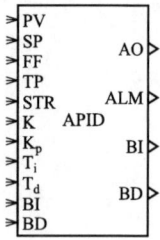

图 2-70 西安热工院
FCS165 系统 PID 功能块图

（1）传递函数。其传递函数如下：

$$W(s) = \frac{Y(s)}{E(s)} = K\left(K_p + \frac{1}{T_i s} + \frac{K_d T_d s}{T_d s + 1}\right)$$

式中 K——总增益；

　　K_p——比例增益；

　　T_i——积分时间，s；

　　K_d——微分增益；

　　T_d——微分时间，s。

其闭环控制原理图见图 2-71。

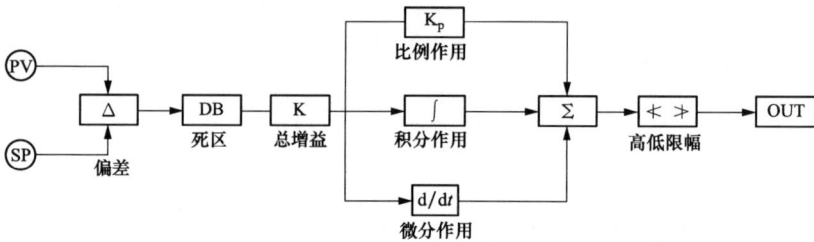

图 2-71 西安热工院 FCS165 系统 PID 功能块闭环控制原理图

（2）须使用 PVGAIN/PVBIAS 和 STPTGAIN/STPTBAIS 将输入变量 PV 及设定值 STPT 转换为 0~100 的百分比值，否则当输入偏差绝对值大于 100 时，输入偏差的增大不再对调节器产生影响。即：

PV 百分比 $=(PV \times PVGain) + PvBias$；

SP 百分比 $=(SP \times SPGain) + SpBias$。

（3）输出限速及限幅。通过参数 AoHigh 和 AoLow 对调节器输出进行高低限幅；通过参数 OutRate 对调节器输出进行限速，速度单位为工程量/秒。

（4）闭锁增减功能。通过外部引脚 BI、BD 实现闭锁增减功能。

（5）调节器方向。方向参数为 Direct 时，调节器为正作用，输入偏差 $=PV-SP$；方向参数为 InDirect 时，调节器为反作用，输入偏差 $=SP-PV$。

11. 国电南自美卓 MAXDNA 系统

南京国电南自美卓控制系统公司研发的 MAXDNA 系统，其采用的 PID 功能块，如图 2-72 所示。

通过参数 $PIDType$，选择调节器类型：

（1）$PIDType=0$，串行 PID，传递函数为

$$W(s) = \frac{Y(s)}{E(s)} = PropGain\left(1 + \frac{Reset}{60s}\right)\left(\frac{60RateTime \times s}{1 + 60RateTime \times \dfrac{s}{RateGain}} + 1\right)$$

（2）$PIDType=1$，理想 PID，传递函数为

$$W(s) = \frac{Y(s)}{E(s)} = PropGain\left(1 + \frac{Reset}{60s} + \frac{60RateTime \times s}{1 + 60RateTime \times \dfrac{s}{RateGain}}\right)$$

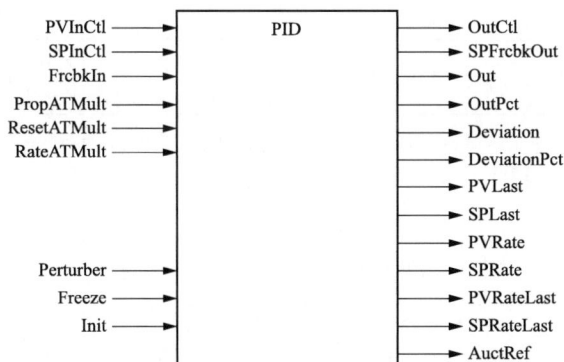

图 2-72 国电南自美卓 MAXDNA 系统 PID 功能块图

（3）$PIDType=2$，并行 PID，传递函数。其传递函数如下：

$$W(s) = \frac{Y(s)}{E(s)} = PropGain + \frac{Reset}{60s} + \frac{60RateTime \times s}{1 + 60RateTime \times s/RateGain}$$

式中 $PropGain$——比例增益；

$\qquad Reset$——积分增益，1/min；

$\qquad RateTime$——微分时间，min；

$\qquad RateGain$——微分增益。

对于电厂自动控制系统，常采用并行 PID 型调节器，如图 2-73 所示。

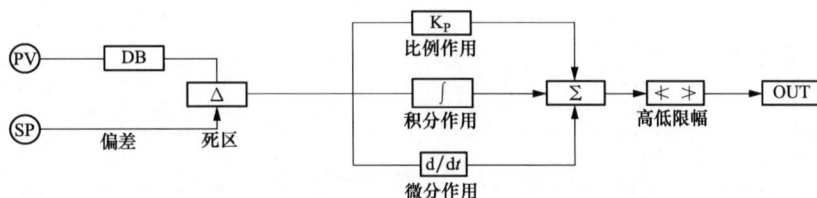

图 2-73 国电南自美卓 MAXDNA 系统 PID 功能块闭环控制原理图

由上述说明可知，各个 DCS 系统具有一定差异，进行逻辑设计及参数整定前，需对其特性进行了解掌握。各个 DCS 系统主要特点及差异见表 2-25。

表 2-25 各 DCS 系统参照表

DCS 系统	传递函数	调节死区功能	闭锁增减功能	抗积分饱和方式	调节器方向
艾默生 OVATION	$W(s) = K_p + \dfrac{1}{T_i s} + \dfrac{K_d s}{T_d s + 1}$	有	有	常规方式快速恢复方式	可改变
ABB SYMPHONY	（1）经典型 PID：$W(s) = K \times K_P \left(1 + \dfrac{K_i}{60s}\right)\left(\dfrac{K_d s + 1}{\frac{60K_d}{K_a}s + 1}\right)$ （2）无互相影响型 PID：$W(s) = K\left(K_p + \dfrac{K_i}{60s} + \dfrac{K_d s}{\frac{60K_d}{K_a}s + 1}\right)$	无	有	常规方式快速恢复方式	可改变

续表

DCS系统	传递函数	调节死区功能	闭锁增减功能	抗积分饱和方式	调节器方向
FOXBORO IA	$W(s)=K\times\dfrac{100}{PBAND}\left(1+\dfrac{1}{60INTs}\right)\left(\dfrac{KDs+1}{\frac{60DERIV}{KD}s+1}\right)$	有	无	常规方式	可改变
西门子 T3000	$W(s)=GAIN\left(1+\dfrac{1}{TNs}+\dfrac{TDs}{T1s+1}\right)$	有	有	常规方式快速恢复方式	不可改变
新华 XDPS及 OCE6000	$W(s)=K_{\mathrm{p}}+\dfrac{1}{T_{\mathrm{i}}s}+\dfrac{K_{\mathrm{d}}T_{\mathrm{d}}s}{T_{\mathrm{d}}s+1}$	无	有	常规方式	不可改变
和利时 MACS	$W(s)=K\times\dfrac{100}{PT}\times\left(1+\dfrac{1}{T_{\mathrm{i}}s}+\dfrac{TDs}{\frac{TD}{KD}s+1}\right)$	有	无	常规方式	可改变
浙江中控 ECS	$W(s)=K_{\mathrm{p}}+\dfrac{1}{T_{\mathrm{i}}s}+\dfrac{K_{\mathrm{d}}T_{\mathrm{d}}s}{T_{\mathrm{d}}s+1}$	无	有	常规方式	不可改变
国电智深 DEPF	$W(s)=K_{\mathrm{p}}+\dfrac{1}{T_{\mathrm{i}}s}+\dfrac{K_{\mathrm{d}}s}{T_{\mathrm{d}}s+1}$	有	有	常规方式	可改变
上自仪 SUPERMAX	(1) 常规型PID：$W(s)=\dfrac{100}{P}\left(1+\dfrac{1}{60Is}\right)\left(\dfrac{1+Ds}{\frac{D}{8}s+1}\right)$ (2) 微分先行PID：$W(s)=\dfrac{100}{P}\left(1+\dfrac{1}{60Is}\right)\times\left(SP-PV\dfrac{1+Ds}{\frac{D}{8}s+1}\right)$	无	有	常规方式	可改变
西安热工院 FCS165	$W(s)=K\left(K_{\mathrm{p}}+\dfrac{1}{T_{\mathrm{i}}s}+\dfrac{K_{\mathrm{d}}T_{\mathrm{d}}s}{T_{\mathrm{d}}s+1}\right)$	有	有	常规方式	可改变
南自美卓 MAXDNA 系统	$W(s)=\dfrac{Y(s)}{E(s)}=PropGain\left(1+\dfrac{Reset}{60s}+\dfrac{60RateTime\times s}{1+60RateTime\times\frac{s}{RateGain}}\right)$	有	有	常规方式	可改变

二、各控制系统PID调节器仿真曲线

OVATION PID调节器仿真曲线（阶跃量为1）如图2-74所示。

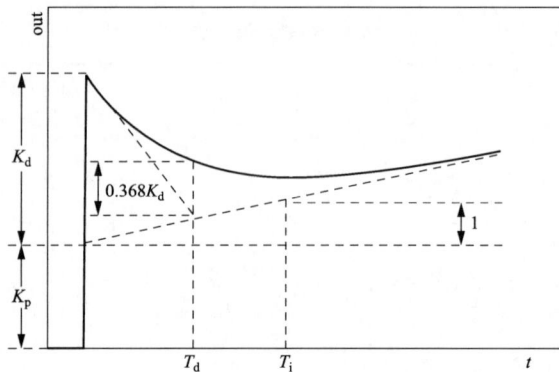

图2-74　OVATION　PID调节器仿真曲线（阶跃量为1）

ABB 经典型 PID 调节器仿真曲线（阶跃量为 1）如图 2-75 所示。

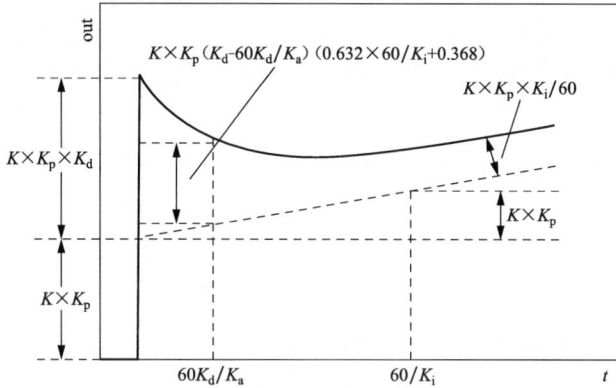

图 2-75 ABB 经典型 PID 调节器仿真曲线（阶跃量为 1）

ABB 无互相影响型 PID 调节器仿真曲线（阶跃量为 1）如图 2-76 所示。

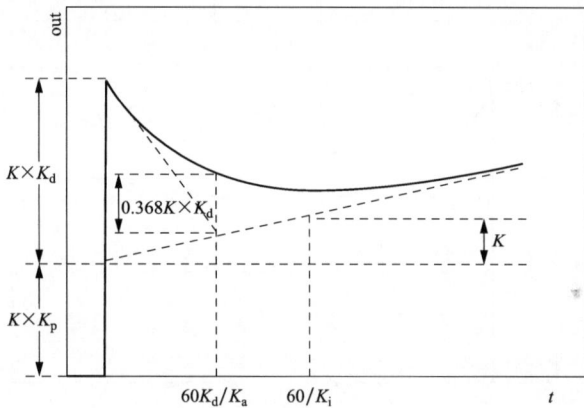

图 2-76 ABB 无互相影响型 PID 调节器仿真曲线（阶跃量为 1）

FOXBORO PID 调节器仿真曲线（阶跃量为 1）如图 2-77 所示。

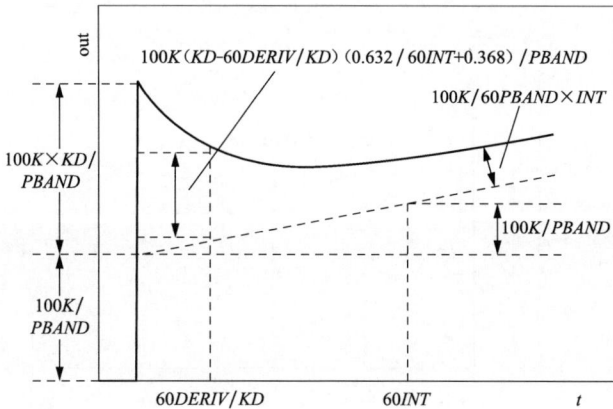

图 2-77 FOXBORO PID 调节器仿真曲线（阶跃量为 1）

西门子 T3000　PID 调节器仿真曲线（阶跃量为 1）如图 2-78 所示。

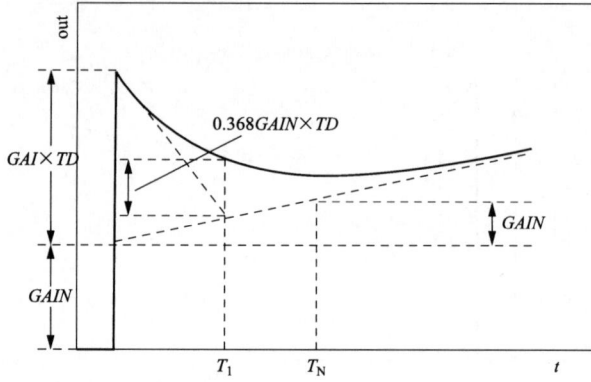

图 2-78　西门子 T3000　PID 调节器仿真曲线（阶跃量为 1）

新华　PID 调节器仿真曲线（阶跃量为 1）如图 2-79 所示。

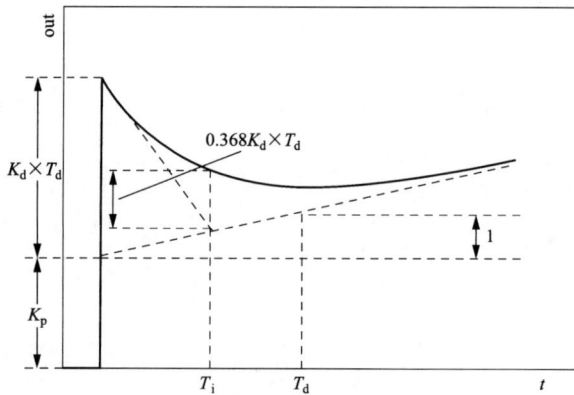

图 2-79　新华　PID 调节器仿真曲线（阶跃量为 1）

和利时 PID 调节器仿真曲线（阶跃量为 1）如图 2-80 所示。

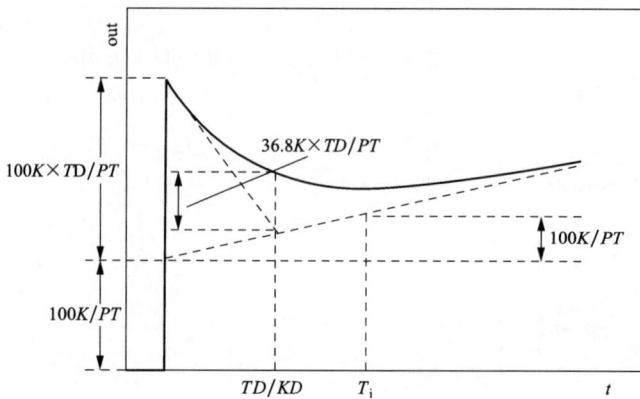

图 2-80　和利时　PID 调节器仿真曲线（阶跃量为 1）

浙江中控　PID 调节器仿真曲线（阶跃量为 1）如图 2-81 所示。

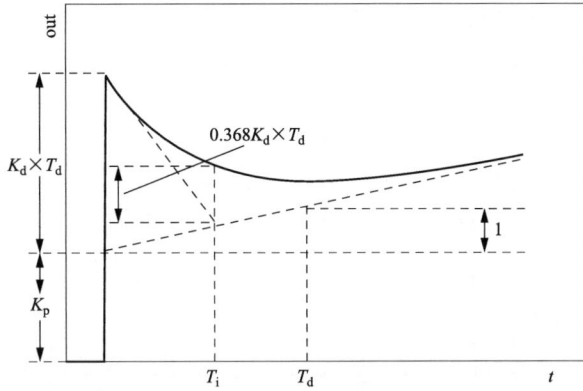

图 2-81　浙江中控　PID 调节器仿真曲线（阶跃量为 1）

国电智深　PID 调节器仿真曲线（阶跃量为 1）如图 2-82 所示。

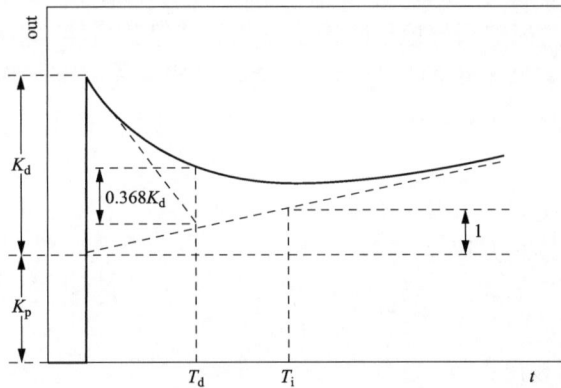

图 2-82　国电智深　PID 调节器仿真曲线（阶跃量为 1）

上自仪 SUPMAX 正常型 PID 调节器仿真曲线（阶跃量为 1）如图 2-83 所示。

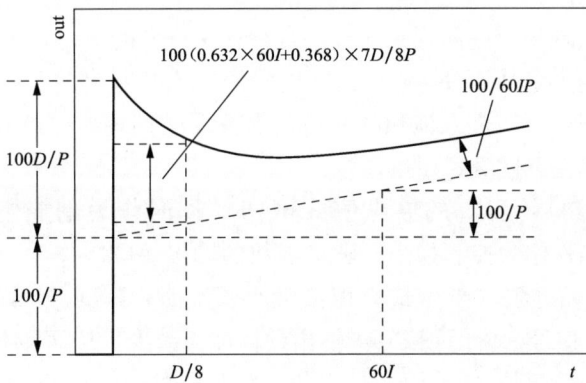

图 2-83　上自仪 SUPMAX 正常型 PID 调节器仿真曲线（阶跃量为 1）

热工院 FCS165　PID 调节器仿真曲线（阶跃量为 1）如图 2-84 所示。

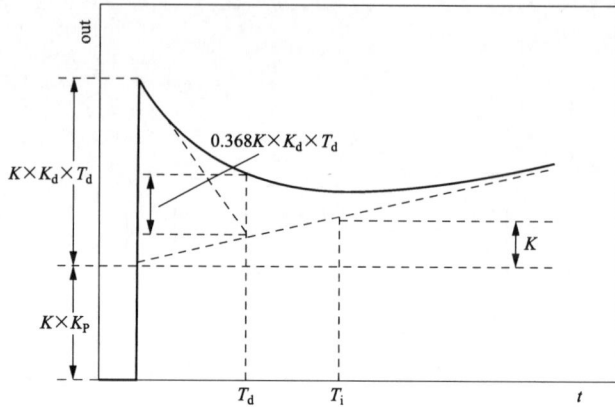

图 2-84　热工院 FCS165　PID 调节器仿真曲线（阶跃量为 1）

三、串级控制抗积分饱和方式

在发电机组分离器过热度、汽包水位、蒸汽温度、除氧器水位和燃料主控等控制中常采取串级控制方式，该方式能够很好地消除控制对象的延迟和惯性，但会出现积分饱和现象。如果不能及时消除串级控制系统的积分饱和，则会导致系统失调，甚至危急机组安全。对此，本节在分析串级控制方式的积分饱和产生原因的基础上，提出克服串级控制方式积分饱和的方法。

1. 串级控制方式积分饱和的仿真分析

常规 PID 调节器的连续方程为

$$u(t) = K_p e(t) + \frac{1}{T_i} \int_0^t e(t) \mathrm{d}t + T_d \frac{\mathrm{d}e(t)}{\mathrm{d}t}$$

式中　$u(t)$ ——控制器输出；

　　　$e(t)$ ——偏差；

　　　K_p ——比例系数；

　　　T_i ——积分时间；

　　　T_d ——微分时间。

当串级控制系统出现积分饱和现象时，系统存在单方向的偏差，PID 控制器的输出由于积分作用不断累加而增大，从而使 $u(t)$ 达到极限值，此时即使 PID 控制器输出继续增大，$u(t)$ 也不会再增大，即 $u(t)$ 进入饱和区，一旦出现反向偏差，$u(t)$ 逐渐退出饱和区。典型的串级控制回路仿真图如图 2-85 所示。

图 2-85 中，主控制器 PID1 的输出值（AO03）同时作为副控制器 PID2 的设定值；PID2 的输出值（AO04）作为控制指令；随机函数的输出 AO01 作为 PID2 的过程变量。当 PID2 输出值达到高限或低限（指令最大值或最小值）时，PID1 接收 PID2 发出的闭锁增（BI）或闭锁减（BD）信号，以闭锁 PID1 输出的增加或减少，从而使 PID1 抗积分饱和。由于当前各种 DCS 系统对控制器均采用达到限值消除积分的方法防止积分饱和，即当控制器输出达到限值时取消积分作用，将 PID 控制器改为 PD 调节。从而，如果 PID2 的被调量产

生抖动变化，则会使 PID2 输出在限值处波动，无法闭锁 PID1 的输出，且 PID1 的闭锁增、减信号随其同步变化，从而造成主控制器输出值爬坡式上升（下降），造成控制系统积分饱和。串级控制回路积分饱和现象仿真曲线如图 2-86 所示。

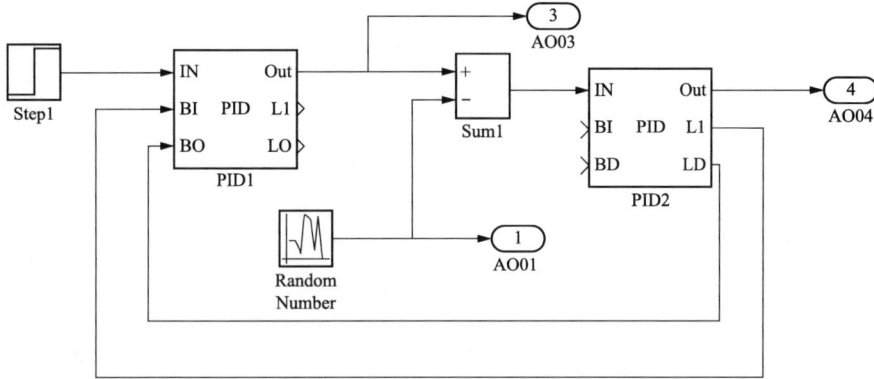

图 2-85　典型串级控制回路仿真逻辑图

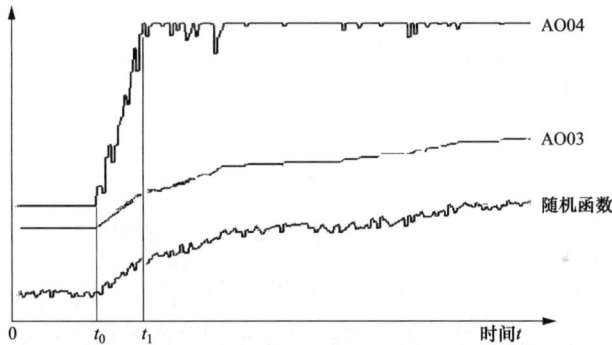

图 2-86　串级回路积分饱和现象仿真曲线

由图 2-86 可见，初始状态系统保持平衡；t_0 时刻，改变 PID1 设定值，则 AO03 和 AO04 增大；t_1 时刻，AO04 增值最高限，并闭锁 PID2 和 PID1 的输出，此时 AO03 应不再增加，但由于 PID2 的被调量波动（随机函数输出），AO04 在 PID2 的作用下在最高限处同步变化，无法闭锁 PID1 的输出，从而引起 AO03 在 PID1 的积分作用下持续上升，产生积分饱和现象。

由上述分析可知，当 PID2 输出达到限值时，在 PID1 控制器抗饱和方式下，PID2 积分作用已经消除，但其 PD 作用仍能对被调量的变化进行响应，使其无法闭锁 PID1 的输出，从而产生串级控制回路的积分饱和现象。

2. 各主要 DCS 系统串级回路抗饱和方式

目前各主要 DCS 系统串级回路抗积分饱和方式有以下几种：

（1）当副调节器到达限值时对上游主调节器发出相应的闭锁增（BI）/闭锁减（BD）信号，新华公司的 XDPS/OCE 系列系统、国电智深 DEPF 系统、浙江中控 ECS 系统、上自仪 SUPERMAX 系统及西安热工研究院有限公司的 FCS165 系统均采用此种方式，具体逻辑图参照图 2-85 所示。

（2）当副调节器达到限值时改变主调节器限值，从而将主调节器输出对应方向单向锁死，从而避免主调节器进入过饱和区间，FOXBORO IA 系统、和利时 MACS 系列系统均采用此种方式，具体逻辑图如图 2-87 所示。

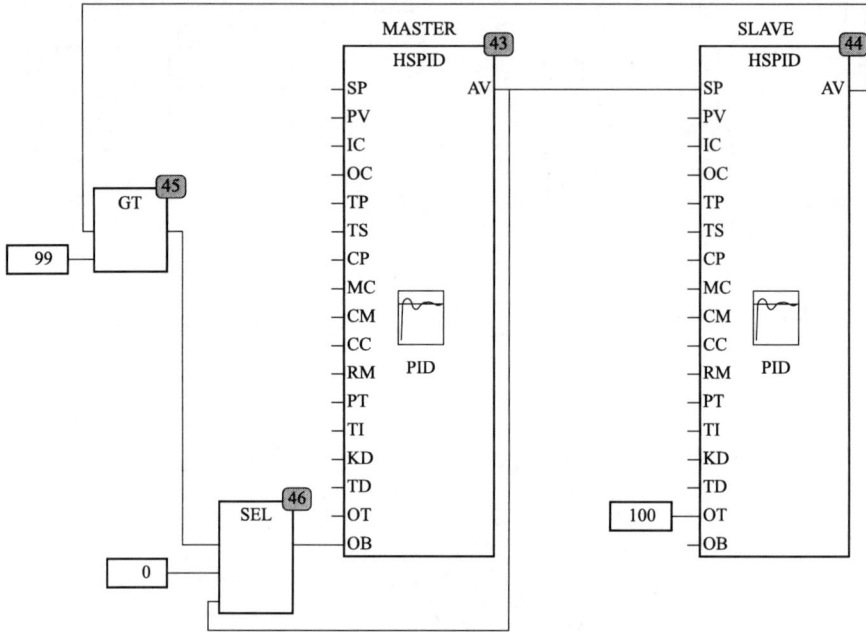

图 2-87　变限值方式串级回路抗积分饱和逻辑图

（3）爱默生公司的 OVATION 系统、ABB SYMPHONY 系统、西门子 T3000 系统采用的方式与新华系统类似，也是下游副调节器对上游主调节器发出闭锁信号，同时针对副调节器受限处震荡情况，可以将副调节器的抗积分饱和类型改为常规饱和恢复限制类型。在这种限制方式下，只有当过程变量和设定值的偏差改变了方向，控制器的输出才离开饱和值，因此不会发生因副调节器限值区域震荡造成的积分饱和现象。但采用此种方式时，有可能引起过程变量对其设定值的较大的超调。

由上述可以看出，大部分 DCS 系统均采用副调节器受限时闭锁主调节器的方式抗积分饱和，未对副调节器限值区域震荡造成的主调节器积分饱和现象采取相应办法，这在实际工程应用中易引起系统失调，因此需要通过外部逻辑构造的方式加以改进。

3. 串级控制方式抗积分饱和方式

针对上文所述串级回路积分饱和现象，可采用以下两种方式进行逻辑完善。

（1）改变 PID2（副调节器）跟踪方式。

当 PID2（副调节器）输出达到限值时，将 PID2 置于跟踪状态，闭锁其输出；当 PID2 输入偏差反向后，取消对 PID2 输出的闭锁。其控制逻辑如图 2-88 所示。

由图 2-88 可见，当 PID2 输出达到高限，且增闭锁 LI 信号为 1 时闭锁 PID1 增输出，同时通过 RS2 触发器将 PID2 置于跟踪状态，跟踪当前输出，如果此时被调量出现抖动变化，PID2 仍处于跟踪状态，其输出为 LI 信号；当 PID2 被调量产生变化导致输入偏差反向时，

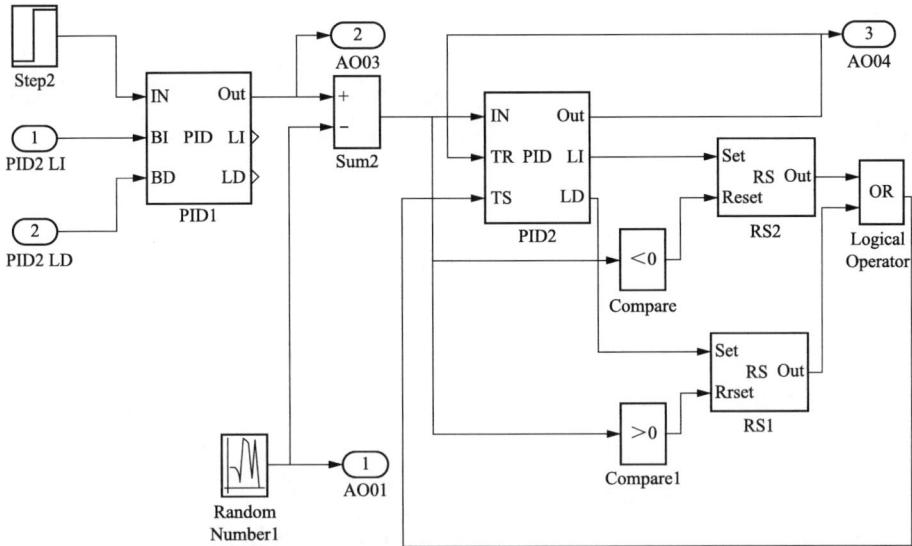

图 2-88　抗积分饱和控制逻辑图 1

复位 RS2 触发器，PID2 回到调节状态，PID1 开始调节。该方式通过闭锁 PID2 的输出抑制 PID1 的积分饱和。但是，当 PID2 输出达到高限，且闭锁 PID1 增输出时，PID2 无法及时响应被调量的变化，因此 PID2 具有一定的迟滞及惯性时，会造成调节迟缓、超调或欠调，不利于系统的稳定。

（2）修改 PID1（主调节器）闭锁条件。

当 PID2 输出达到限值时，置位 RS 触发器，单向闭锁 PID1 输出，以确保当 PID2 输出抖动变化时，始终闭锁 PID1 输出；当 PID2 输入偏差反向时，复位 RS 触发器，取消 PID1 闭锁信号。其控制逻辑如图 2-89 所示。

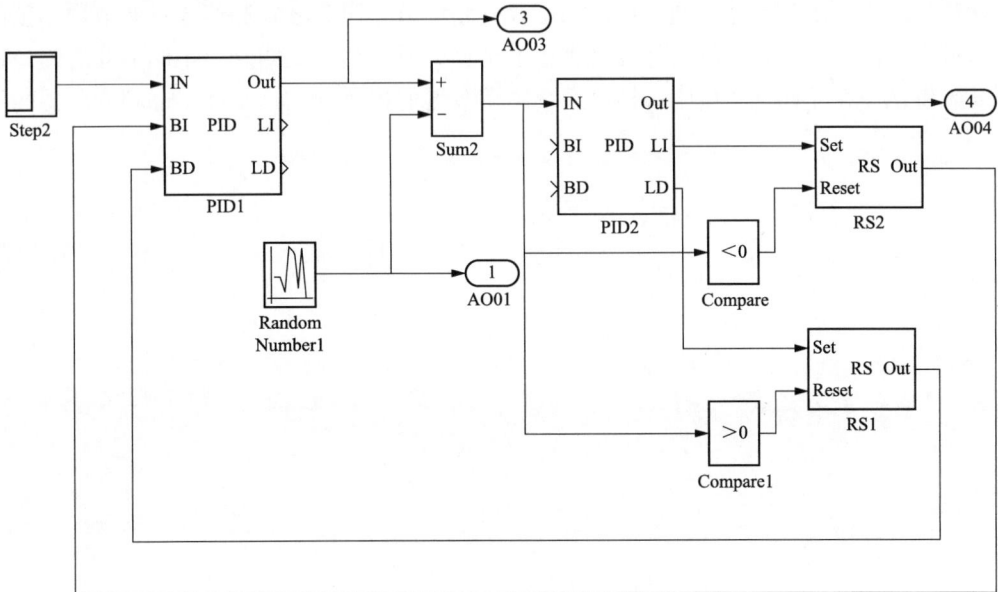

图 2-89　抗积分饱和控制逻辑图 2

PID2 的输出为高限时，LI 信号置位 RS2 触发器，闭锁 PID1 增输出。当 PID2 被调量抖动变化时，由于 PID1 的输出被单向闭锁，则 PID1 的输出不会出现爬升现象；当 PID2 被调量大于 PID1 输出值时，复位 RS2 触发器，PID1 闭锁增信号为 0，PID1 至调节状态，从而防止 PID1 进入积分过饱和区。其仿真试验曲线如图 2-90 所示。

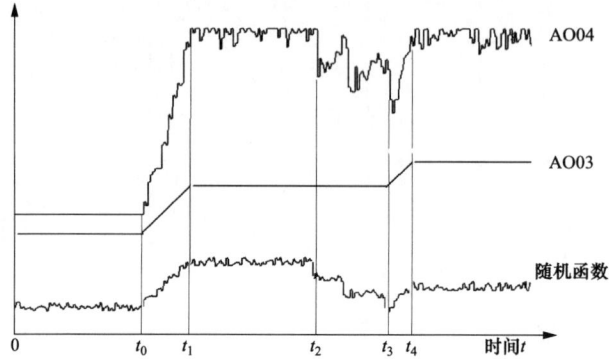

图 2-90　串级回路抗积分饱和控制仿真试验曲线

由图 2-90 可见，初始状态，系统保持平衡；t_0 时刻改变 PID1 的设定值后 AO03 和 AO04 增大；t_1 时刻，AO04 增至最高限，并闭锁 PID2 和 PID1 输出，此时 AO03 不再增加；$t_1 \sim t_2$ 时刻，当 PID2 被调量抖动变化时（随机函数输出波形），PID2 在高限处同步调节，而 PID1 仍处于增闭锁状态，AO03 仍不再增加；$t_2 \sim t_3$ 时刻，当 PID2 被调量的增加使偏差输入减少时，PID2 为调节状态，PID1 仍为增闭锁状态；t_3 时刻，PID2 被调量大于 AO03，PID1 解除增闭锁，开始调节；t_4 时刻，PID2 输出高限，PID1 增闭锁。该控制方式既可有效避免串级控制系统 PID1 的积分饱和，又能保证 PID2 的快速调节。

传统的串级控制系统出现积分饱和时，使得控制无法及时消除积分饱和，从而引起各重要控制参数失调。针对此种问题，可以采用改变副调节器跟踪方式和修改主调节器闭锁条件两种抗积分饱和方式；通过对两种方式进行了仿真分析，结果表明修改主调节器闭锁条件的抗积分饱和方式既可有效避免串级控制系统主调节器的积分饱和，又能保证副调节器的快速调节。

第三章

双进双出钢球磨制粉系统模拟量控制的优化

双进双出钢球磨煤机具有煤种适应性广、运行安全可靠、维修方便的优点。随着超（超）临界机组的大量投产，市场煤炭资源的紧张，各燃煤电厂的入厂煤种混杂、煤质劣化的现象已经成为影响机组安全、可靠、经济运行的一大障碍，在此情况下，双进双出钢球磨煤机以其对磨制煤种可磨性指数及磨损指数没有限制的特点在超（超）临界机组上得以使用，缓解了因煤种变化给机组制粉系统安全、稳定运行所带来的压力。

水煤比控制的合理性是超（超）临界机组控制的核心问题。双进双出钢球磨煤机在运行中磨煤机筒体会储存大量的煤粉，变负荷时制粉系统的惯性小、负荷响应速度快，对机组响应电网的负荷要求是有利的，但锅炉燃烧率的迅速变化快速改变整个炉膛的温度分布，几乎同时影响分离器入口温度以及整个过热段的温度，表现为给水对过热度的影响存在明显的滞后，从而给过热蒸汽温度的控制带来困难。

采用双进双出钢球磨煤机的直吹式制粉系统，入炉煤量无法以各给煤机煤量之和进行准确计量，通常以携带煤粉的容量风风量间接表征进入锅炉的燃料量。受磨煤机的筒体煤位、分离器转速、旁路风门开度、煤质等因素的影响，不同工况下，磨煤机的容量风量经换算得到的燃料量与实际进入炉内的燃料量存在较大差异，因此，如何精准的控制不同工况下的水煤配比是配置双进双出钢球磨煤机超（超）临界机组控制的关键内容。

第一节　双进双出钢球磨直吹式制粉系统简介

一、双进双出钢球磨煤机工作原理

双进双出钢球磨煤机为双侧进煤、进风，双侧出粉的滚筒式钢球磨煤机。由磨煤机筒体、螺旋输送装置、静压主轴承、密封风装置、混料箱、分离器、大小齿轮主传动系统、主轴承润滑系统、大齿轮喷射润滑系统、压差和噪声测料位系统和慢速传动系统等组成，并与给煤机相连接。同时还配备加球装置、煤粉止回阀、隔声罩等辅助装置。

双进双出钢球磨煤机包括两个对称的研磨回路。其风粉系统工作原理如图 3-1 所示。磨煤机两端为中空轴，分别由轴承支撑。中空轴内有一空心风管，风管外绕有弹性固定的螺旋输送装置，它连同空心风管随磨煤机一起转动。原煤通过给煤机送至料斗落下，经过混料箱并在此得到旁路风的预干燥，经过落煤管到达位于中空轴心部的螺旋输送装置。螺旋输送装置随磨煤机筒体做旋转运动，使原煤通过中空轴进入磨煤机筒体内。磨煤机筒体内装有一定量的钢球，在磨煤机筒体旋转过程中，由于钢球对原煤的冲砸和相互摩擦，煤块逐渐被磨制成煤粉。一次热风通过中空轴内的中空管进入磨煤机，使原煤和煤粉进一步得到干燥，干燥的煤粉被风从原煤入口的相反方向带出磨煤机筒体，风粉混合物在磨煤机出口再一次与旁路风混合，并一起通过煤粉管路进入磨煤机分离器。通过调整可调叶片式分离器叶片的位置或者旋转分离式分离器转速，可实现出口煤粉细度的调节和控制。合格的煤粉从分离器上方出口直接送往锅炉燃烧器，而不合格的煤粉则依靠惯性和重力的作用，通过回煤管返回磨煤机再次进行研磨。分离器上方出口配有气动煤粉止回阀。

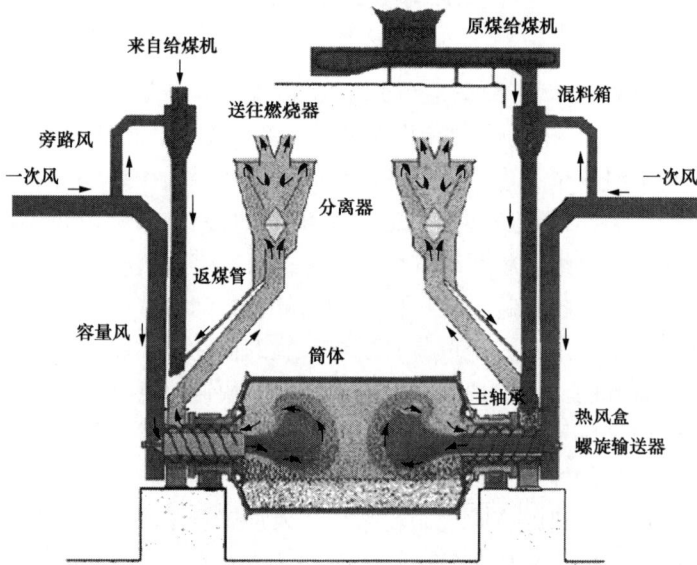

图 3-1　双进双出钢球磨煤机风粉系统工作原理

二、制粉系统简介

超（超）临界机组配置的双进双出钢球磨煤机普遍采用正压直吹式制粉系统，典型的制粉系统如图 3-2 所示。

每套制粉系统配置两台给煤机分别从磨煤机的驱动端及非驱动端向磨煤机筒体内给煤，给煤机进出口分别设有闸板门；热一次风及冷一次风通过调节挡板混合后通过一道闸板门，分别经驱动端及非驱动端供给磨煤机；驱动端和非驱动端均设有容量风调节挡板和旁路风调节挡板，用于分配容量风量和旁路风量；在筒体内研磨完毕的煤粉通过容量风携带进入分离器，合格的煤粉经分离器出口、闸板门及送粉管道供给燃烧器；此外，为保证磨煤机安全及正常运行需求，系统设置有密封风及调节挡板、消防蒸汽管路及电动门、燃烧器冷却风门、大齿轮罩密封风机等辅助系统。在驱动端及非驱动端的容量风及旁路风管路上安装有风量测量装置以测取相应的风量，在磨煤机筒体内安装有煤位测量装置，此外还安装有出口风温、出口风速、入口总一次风量、给煤量，入口风温等用于监测磨煤机运行状况的诸多测量仪表。

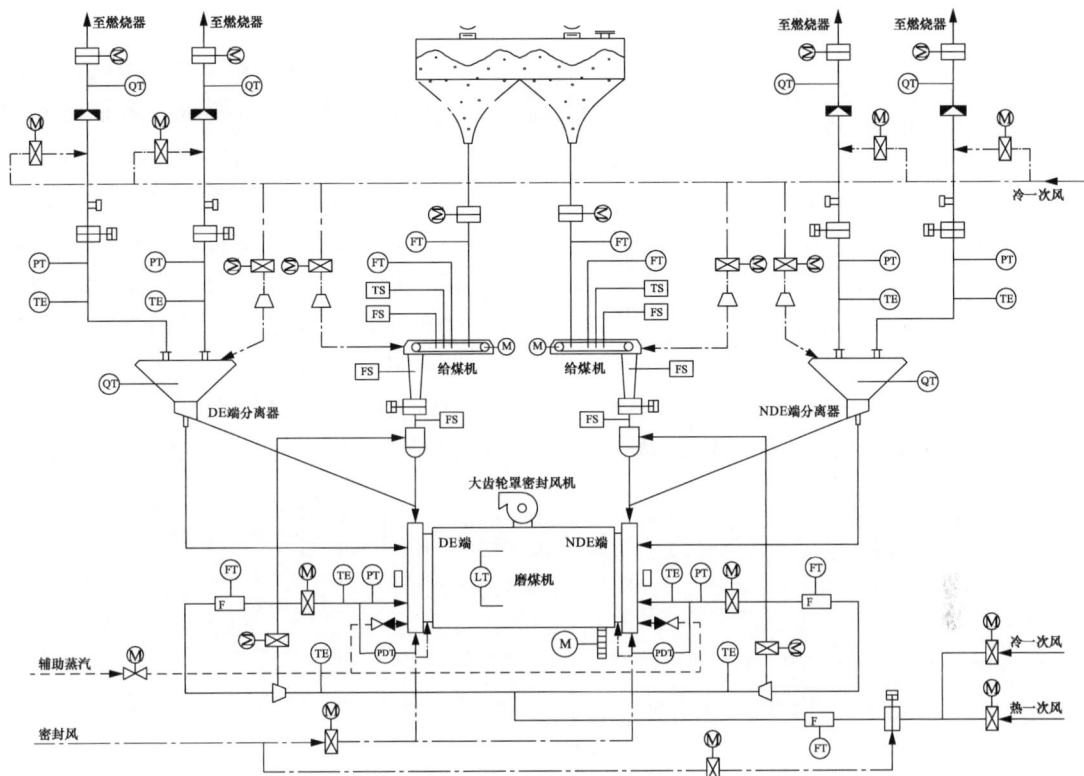

图 3-2　双进双出钢球磨制粉系统

三、制粉系统主要模拟量控制

双进双出钢球磨煤机模拟量控制内容包括磨煤机出力控制、磨煤机料位控制、磨煤机出口风粉混合物温度控制及分离器转速控制。一次风总量的控制与料位的控制互相影响，在控制策略上必须相互协同。

1. 磨煤机出力（容量风量）控制

利用调节磨煤机筒体通风量而不是给煤机转速来改变磨煤机出力是双进双出钢球磨与其他磨煤机的区别所在。要改变磨煤机的出力，只需改变通过磨煤机的容量风量，携带的煤粉量就会同时变化。运行过程中，由于风粉量同步变化，磨煤机出口的风煤比始终稳定。

双进双出钢球磨煤机在驱动端及非驱动端设置有两台容量风调节挡板及两台旁路风调节挡板，分别用于调整容量风量及旁路风量。容量风的主要作用是干燥原煤和携带煤粉，容量风的风量与磨煤机出力成正比例关系；旁路风的主要作用是干燥原煤及保证煤粉管道中拥有足够的输送煤粉的风速，防止煤粉在管道沉积，特别是在低负荷时，通过调整旁路风量来改变总风量，以保证煤粉管内流速不低于要求值。磨煤机一次风总量、容量风量及旁路风量的对应关系如图 3-3 所示。

双进双出钢球磨通过调整容量风调节挡板开度改变磨煤机的出力，以适应锅炉负荷对燃料量的需求，采用双进双出钢球磨煤机的超（超）临界机组燃料量控制策略原理如图 3-4 所示。锅炉需求的燃料量与 BTU 校正后的燃料量送入 PID 进行比较计算后产生燃料主控指令，燃料主控指令分配给投入自动运行的磨煤机容量风挡板，通过调整运行磨煤机的容量风

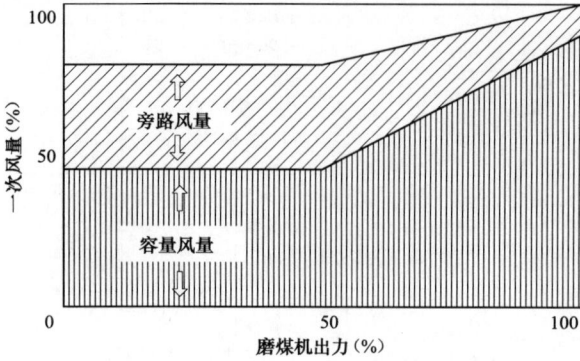

图 3-3 双进双出钢球磨一次风总量、
容量风量及旁路风量对应关系

量改变进入炉膛的煤粉量，保证校正后燃料量与锅炉需求的燃料量相等，从而满足锅炉运行要求。考虑到锅炉运行过程中燃烧调整的需要，每个容量风挡板设置有偏置功能，提供在自动方式下适当调整各台磨煤机之间或同一磨煤机驱动端与非驱动端之间出力的手段。旁路风挡板根据容量风挡板的开度按照一定比例进行控制，以保证磨煤机运行所需求的最小通风量。

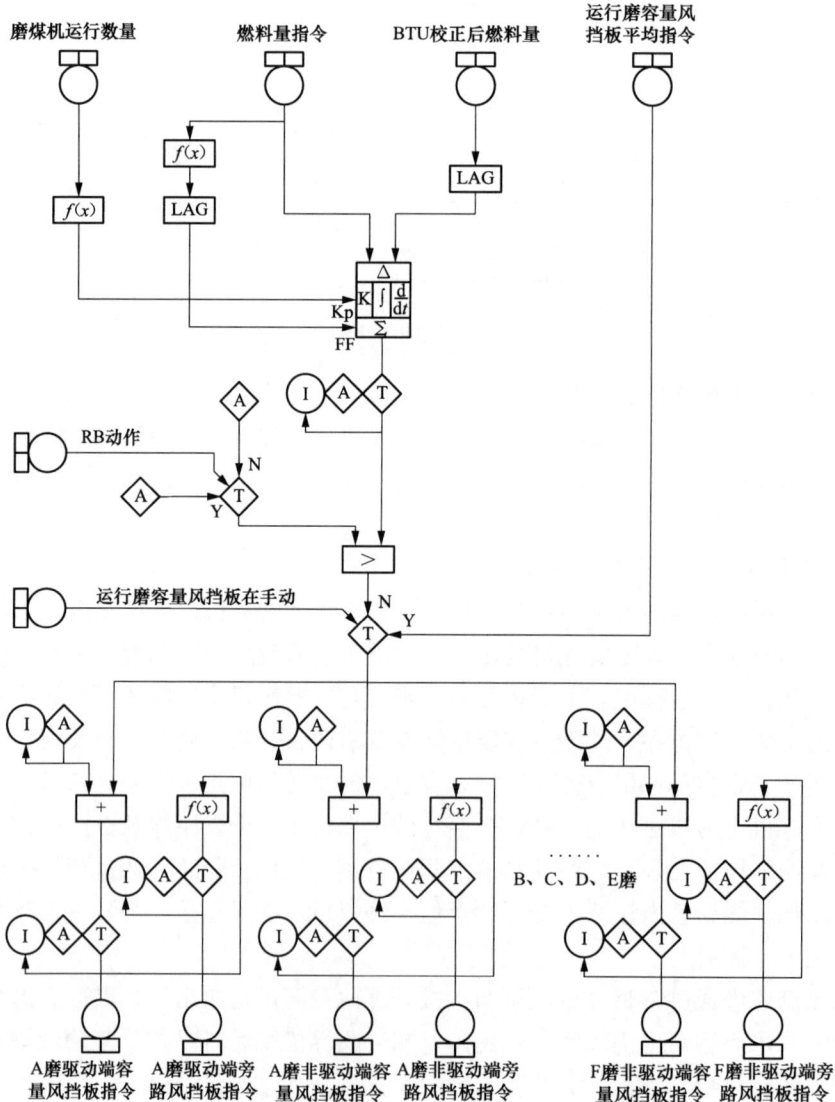

图 3-4 双进双出钢球磨煤机燃料量控制回路

2. 煤位控制

双进双出钢球磨煤机正常运行时，磨煤机的风煤比必须恒定，一次风量与磨煤机的出粉量之间才能保持线性关系，风粉比在很大程度上取决于磨煤机内的装煤量，不管磨煤机出力如何，磨煤机内部的煤量都保持稳定，而料位是反映磨煤机装煤量的最为直观的监测参数，料位能够反映进出磨煤机煤粉的平衡关系，料位改变意味着进出煤粉平衡关系的改变。磨煤机运行过程中，筒体煤位过高时，会使螺旋输送器与中空管之间的所有空间被煤堵满，从而使原煤无法进入磨煤机筒体，直接影响磨煤机安全运行。因此，保证料位稳定在合理的范围内不仅是钢球磨煤机安全、有效运行的要求，也是实现机组燃料自动控制的前提。

双进双出钢球磨煤机一般采用噪声煤位测量（电耳）及压差煤位测量两种方式对筒体煤位进行检测，磨煤机电动机电耗（电动机电流）也可间接的反映磨煤机装煤量的多少。

噪声煤位测量是通过音频传感器测量筒体内的噪声获得筒体料位，噪声的大小取决于磨煤机内煤颗粒的多少。该系统原理简单、维护方便、系统与磨煤机的研磨回路相对独立，但在运行中装置的输出会随磨煤机出力的改变而产生非线性误差，所以只能在磨煤机启动初期建立初始煤位时作为一个粗调信号。

差压测量是应用"旋转容器里气体压力随实体物质增减而变化"的原理，在磨煤机内部上下各布置了深度探针，采集实时的磨煤机内部压力数据，从这些数据中模拟量化出筒体内煤位厚度。磨煤机筒体空心轴处装有两个差压测量装置，驱动端和非驱动端各一个，采用测量和吹扫两个空气回路，测量管中气体连续不断低速吹出，通过测量分层上面和气流下端的差压，即可获得筒体的煤位。差压测量方式是钢球磨正常运行过程中主要采用的煤位测量手段。

煤位控制回路原理如图 3-5 所示，采用单回路 PI 调节＋前馈的控制方式，煤位的偏差经 PI 调节器计算后送出给煤量指令分配给驱动端及非驱动端给煤机。采用容量风挡板的开度作为给煤量的前馈，以及时响应容量风量改变引起的煤量失衡，有效控制筒体煤位在设定值。回路中设置有偏置功能，用于适当调整两台给煤机的出力偏差。由于煤位差压测量装置定时吹扫期间筒体料位测量值无法正确测量，因此，吹扫

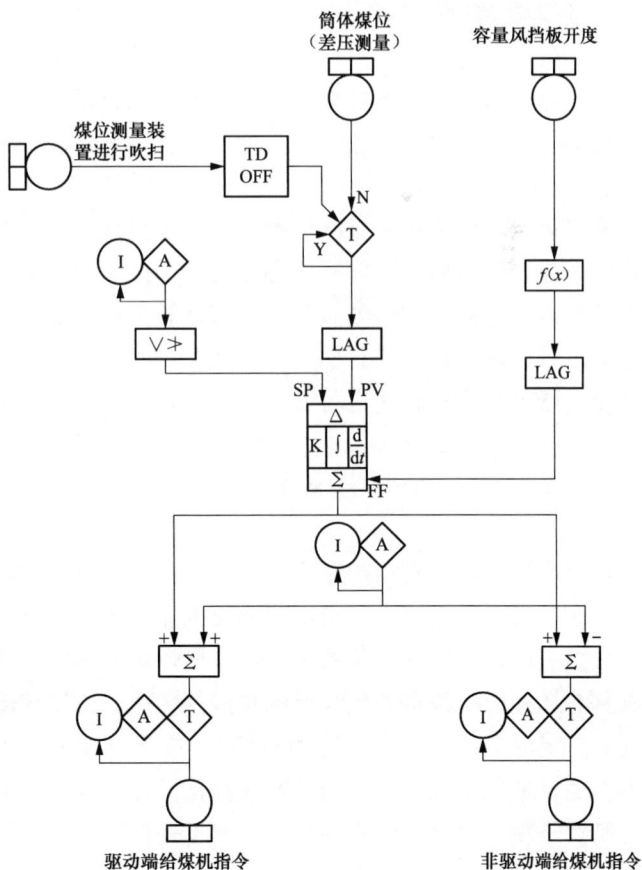

图 3-5 双进双出钢球磨煤机煤位控制回路

期间被调量保持为吹扫前的煤位值，吹扫结束后释放。

双进双出钢球磨煤机煤位控制回路以筒体煤位作为被调量，当磨煤机出力即容量风量改变后，煤位的变化实时反馈给调节回路，通过调整给煤机出力以保证进出磨煤机的煤量平衡，从而保证筒体煤位维持在正常运行范围。

3. 磨煤机出口风粉混合物温度控制

磨煤机运行过程中，保证出口风粉混合物温度处于安全合理的范围是磨煤机安全、稳定、经济运行的要求。出口温度过低时，磨煤机干燥出力下降，容易堵煤，风粉管道黏结煤粉，系统阻力增加，而且对燃烧不利，如果是低负荷或者煤质不好的时候，着火稳定性差。出口温度过高时，容易引起制粉系统爆炸，散热损失也会增大。长时间过高温运行，制粉系统附近的电缆易老化，甚至着火。

双进双出钢球磨煤机一次风入口设置有冷、热一次风两个调节挡板，分别向磨煤机提供冷、热一次风，通过冷、热一次风量的配比变化，可以调整磨煤机出口温度。正常运行过程中，冷、热一次风调节挡板在保证磨煤机运行所需的一次风量的基础上，通过调整冷一次风调节挡板的开度改变冷风量，维持磨煤机出口温度在限定范围内，在冷风调节挡板无法满足温度调整需求时，可以通过热风调节挡板进行调整，但必须保证磨煤机出力所需求的通风量。

4. 分离器转速控制

磨煤机运行过程中，出口煤粉的细度应控制在一个合理的范围即最佳煤粉细度，煤粉越细，燃烧时机械未完全燃烧损失越小，但磨煤机消耗的电能越多。采用旋转分离器的双进双出钢球磨煤机，其出口煤粉细度是通过调整分离器转速来实现，分离器转速越高，煤粉细度越细。

磨煤机在不同通风量工况运行时，获得最佳煤粉细度所需的分离器转速应通过制粉系统及锅炉燃烧调整来确定。实际应用过程中，以磨煤机容量风量或容量风调节挡板开度代表磨煤机的出力，经函数发生器后形成分离器转速设定值传递给旋转分离器，容量风对应分离器转速的关系应通过试验进行确定。在此基础上，对分离器的转速指令设置有转速偏置功能，以方便运行中适当对转速进行修正，以获得更佳的运行效果。

第二节　双进双出钢球磨直吹式制粉系统模拟量控制的特点

在超临界机组的自动控制当中，由于机组的设计煤种采用的是无烟煤、贫煤、劣质烟煤等情况时，通常采用双进双出钢球磨煤机作为制粉系统。另外，由于我国煤炭供应格局的影响，很多电厂存在燃煤采购的多样性，掺烧劣质煤成为一个普遍的现象，而双进双出钢球磨煤机具有煤种适应性宽的优势得到较多的应用。由于该磨煤机的特点，要求其在运行过程必须建立一定的料位（保持一定的蓄粉），这就导致变负荷过程燃料量的变化过程非常迅速，基本上随容量风量或容量风挡板开度变化迅速的改变。而与中速磨煤机不同的是给煤机的煤量控制仅是用于调整磨煤机的料位，而不是代表进入炉膛的燃料量。这一特点决定了总燃料量的计算采用每台磨煤机容量风量或容量风挡板开度换算的燃料量之和，在机组变负荷过程、启/停磨煤机、一次风压波动等情况下都会导致换算煤量不够准确，煤量测量的准确性受到很大的影响。这必将影响给水与燃料量的配比，导致过热度、主蒸汽温度、再热温度的大幅波动，影响机组运行的安全和稳定。此外，磨煤机存储的大量煤粉使机组变负荷过程的主蒸汽压力控制较好但容易导致升负荷时水冷壁、主蒸汽及再热蒸汽的超温，而降负荷时容易导致主蒸汽及再热蒸汽的低温。因此，双进双出钢球磨煤机作为制粉系统的超临界机组的协调控制、燃料主控、给水控制、变负荷前馈等一些模拟量控制系统存在自己的特点，在机组调试及优化过程的自动投入过程中应予以注意。

一、双进双出磨煤机对自动控制的影响

1. 双进双出磨煤机在控制上存在的问题

在进入炉膛的燃料量控制上，总煤量计算采用每台磨煤机的容量风风量经函数转换后的燃料量的累加和，给煤机只用于控制磨煤机筒体煤位。双进双出磨煤机在运行上首先必须保证其筒体的料位在一个相对稳定的范围内，这样通过容量风风量携带进入炉内的燃料量才能够与容量风风量建立一个稳态下的对应关系，此容量风风量对应的煤量值即为给煤机的煤量反馈值，可采用容量风风量或容量风挡板的开度（或指令）来进行煤量的标定。但在动态过程，如：分离器转速变化、一次风母管压力突变、容量风风量变化的过程中，磨煤机的煤量只有变化趋势上的表征而没有明确的量值对应。但在协调控制中，锅炉主控输出指令既作为总燃料量的设定，又作为给水流量的设定，由于煤量换算过程存在的误差导致水煤比例出现偏差，如果机组的动态过程水煤比偏差较大，仅依据分离器入口温度对给水设定进行的修正很难保证中间点温度的控制品质，进而影响整个过热蒸汽温度的控制。

此外，在启/停磨煤机过程存在扰动，空磨煤机启磨过程需要大约10～20min才能建立相应的煤位，停磨过程同样存在一定时间来对磨煤机进行吹空，这两个过程都要投入相应的容量风，而在没有准确煤位的情况下，煤量的换算只能是一个经验数据，随运行人员的操作方式不同而存在不同的偏差，整个启/停磨煤机过程对机组主要参数的扰动更大。

2. 对过热度、主蒸汽温度控制的影响

由于双进双出磨煤机在运行中必须维持一定的筒体料位（存在一定的煤粉），从而在机组负荷变化过程中负荷响应速度快，这是双进双出磨煤机响应负荷特性的一个优点。但是，进入锅炉燃料量的变化会迅速改变整个炉膛的温度分布，几乎同时影响中间点温度及整个过热段的温度，从而使过热蒸汽温度波动较大。特别是升/降负荷过程截然相反，升负荷过程主蒸汽温度偏高，降负荷过程主蒸汽温度偏低。这是由于在动态过程中，进入炉膛的燃料量和给水流量对分离器入口温度及过热蒸汽温度的响应速度存在差异。燃料量发生变化同时影响到分离器入口温度及过热蒸汽温度，而给水量的变化在影响分离器入口温度后，才能影响过热蒸汽的温度。因此，分离器入口温度偏差虽然很小，但有可能主蒸汽温度波动却较大。

二、磨煤机煤量的标定

水煤配比是超（超）临界机组协调控制的基础，在机组稳定运行、变负荷、RB、不同负荷段等不同工况下，精准的控制水煤配比关系是提高机组协调控制效果的手段。燃料量控制作为机组水煤配比控制中的一个环节，其控制效果的优劣直接影响协调控制的效果。

双进双出钢球磨煤机与其他磨煤机的最大区别是磨煤机的出力是通过调整筒体通风量来改变的，而无法使用给煤机给煤量进行直接且准确的表征。在确保磨煤机风煤比的情况下，双进双出钢球磨煤机的容量风量与磨煤机的出力成正比例关系，因此可以采用容量风量作为磨煤机出力的表征量，在容量风量无法准确测量的情况下，也可以利用容量风挡板的开度来表征磨煤机的出力。无论是采用风量还是挡板开度作为控制手段，必须对风量或开度对应的磨煤机出力进行标定，以获得较为准确的对应关系。

采用容量风量或容量风挡板开度表征磨煤机出力的组态逻辑如图 3-6 所示。由于磨煤机出力与容量风量成正比例关系，因此采用容量风量表征磨煤机出力更为合理，但在实际使用过程中，往往因为测量条件等因素影响导致风量无法正确反映磨煤机出力，例如，挡板开启后实际风量增加但测量风量反向变化，因此通常采用容量风挡板开度表征磨煤机出力。

需要注意的是，采用挡板开度表征磨煤机出力的前提是磨煤机运行正常且风煤比保持稳定，在磨煤机启动、磨煤机停运及磨煤机跳闸等工况发生时，挡板开度表征与磨煤机出力与实际出力存在一定的偏差，因此以上工况发生时，需要提供有效的控制手段减少这一偏差对机组控制带来的影响。

容量风挡板开度采用挡板实际开度，当实际开度测量坏质量时自动切换至挡板指令。在钢球磨启动初期，筒体内煤位尚未建立时磨煤机出粉量较小，因此采用给煤机运行且磨煤机运行且容量风挡板开度大于较小开度后认为磨煤机正常出粉，此时按照一定速率将磨煤机出力切换至挡板开度对应的出力值上，相反磨煤机正常运行时发生给煤机停运、磨煤机停运工况时，由于筒体内仍存有较多的积粉，因此按照一定速率将磨煤机出力切换至 0，由此可以减少启/停磨煤机过程中因标定出粉量与实际出粉量偏差较大给机组带来的冲击。如果发生磨煤机跳闸的情况，由于磨煤机进出口挡板均联锁关闭，因此将磨煤机出力快速切换为 0。

磨煤机正常运行过程中，磨煤机入口压力、分离器转速等参数均对风煤比有影响，筒体煤位是反映风煤比稳定的最为直观的参数。进行挡板开度对应的磨煤机出力标定时，磨煤机入口压力、分离器转速及筒体煤位保持稳定的情况下，可以认为磨煤机的出粉量与给煤机的给煤量一致，通过调整容量风挡板为不同的开度以获得不同开度对应的出粉量及磨煤机出力。运行过程中，应尽量保持磨煤机运行在标定时的工况下，这对保证标定结果的准确性是有力的，为保证标定结果尽量接近实际出力，组态逻辑中对挡板开度标定结果按照不同的磨煤机入口压力及分离器转速进行了适当的修正。

对双进双出钢球磨煤机作为制粉系统的超临界机组，入炉燃料量标定的准确性是整个机组控制品质的基础，通常在整个燃料量的标定上考虑多个工况。在容量风量测量较为准确的情况下，以容量风量的变化来构造磨煤机出力的函数；但如果容量风量测量不够准确或线性较差时，采用容量风挡板开度或指令作为构造磨煤机出力的函数，而挡板开度必须是在磨煤机系统差压较为恒定的情况下才能够与风量的变化构成一定的线性关系；此外，分离器转速变化、容量风挡板调节精度、容量风挡板开关速度、磨煤机空载启动还是跳闸后启动等因素都会对入炉燃料量的标定结果长生一定的影响。单台磨煤机煤量标定逻辑如图 3-6 所示。

1. 磨煤机容量风量对燃料量的标定

采用容量风量对燃料量的标定是最好的方式，首先不受磨煤机系统出入差压的影响，与所携带的燃料量线性关系较好；其次与容量风门执行机构的机械死区及调节死区的影响不大，不在容量风门大幅度开关过程（此时磨煤机的系统差压变化较大），入炉燃料量的标定值基本准确。但分离器转速及磨煤机旁路风门的开度会对燃料量的标定产生一定的影响，旁路风门处于一定开度状态时，会使磨煤机总一次风量大于两侧容量风量，可近似认为此部分

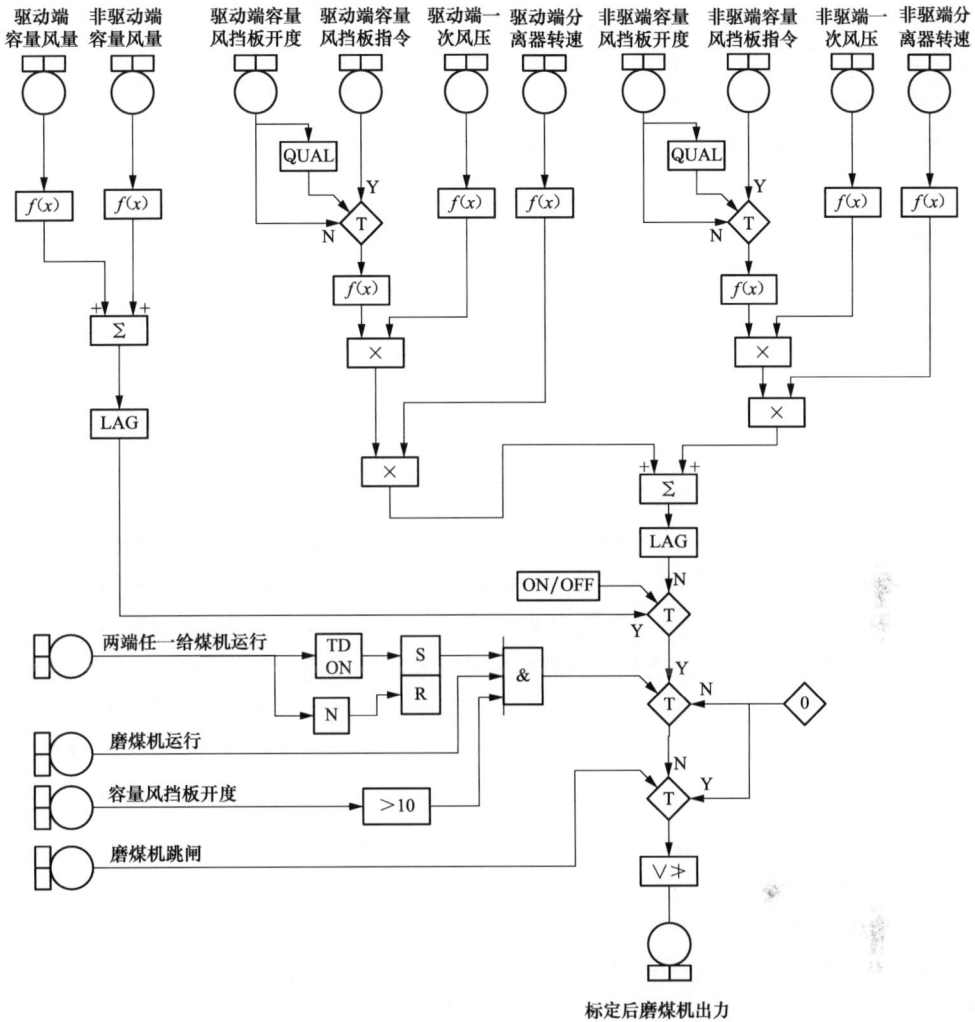

图 3-6 单台磨煤机煤量标定逻辑

一次风量携带的煤粉量是容量风量的 10%。分离器转速变化对容量风量携带煤粉量的影响较大，可在某一固定转速下确定风量与煤量的对应关系，此对应关系的确认是在磨煤机料位稳定的情况下，容量风量保持不变时多次记录给煤机煤量后所取的平均值，然后改变分离器转速，确定转速对标定煤量的修正。下面是某厂 600MW 机组，单台磨煤机分离器转速变化对风量标定燃料量的修正函数，见表 3-1。

表 3-1 分离器转速对风量标定燃料量的修正函数

分离器转速（r/min）	0	65	75	85	105	115
修正系数	1.2	1.1	1.05	1	0.95	0.9

2. 磨煤机容量风挡板开度对燃料量的标定

磨煤机容量风挡板开度对燃料量的标定过程相对复杂，影响因素较多。在稳定一次风母管压力和炉膛负压的条件下（磨煤机系统差压恒定），以容量风挡板的反馈为基础进行标定。

而在容量风挡板的反馈故障的情况下切换为容量风挡板的指令，两者之间存在执行机构调节死区的影响，所以在机务上要求执行机构与挡板间的拉杆机械死区及执行机构的调节死区尽可能小，以提高动作过程的精度。在上述条件具备的情况下，进行燃料量的标定。选择磨煤机料位稳定、一次风压稳定、炉膛负压控制稳定的过程，记录给煤机的煤量，并进行多次测量取平均值作为一个开度下对应的燃料量。然后针对此燃料量进行一次风压变化条件下的函数修正，见表3-2一次风压对燃料量标定的修正函数，此控制要求一次风压的设定保持在10kPa。

表3-2　　　　　　　　　　　　　一次风压对燃料量标定的修正函数

一次风压（kPa）	8	9	9.8	10	10.2	11	12
修正系数	0.95	0.98	1	1	1	1.02	1.05

3. 各工况下煤量测量逻辑的切换

机组在运行过程，磨煤机作为频繁启/停的辅机，在启动过程需要从空载状态建立运行的料位，而停磨煤机过程需要吹空。这个过程需要对运行人员的操作进行一定的规范，在控制上建立相应的切换逻辑，主要是在稳定给煤机煤量和容量风门开度的前提下，设置一个惯性时间来使相应的燃料量标定在建立料位时达到相应的标定值，尽可能减小这些过程带来的扰动。此外，磨煤机在运行过程不可避免地存在跳闸以及其后的带粉启动过程，通过相应控制策略切换以及增加一定的人为判断（按钮）来进行这些过程燃料量的换算。磨煤机保护动作跳闸后，立即切换磨煤机的燃料量为"0"，这与停磨吹空过程相区别；带粉启动过程需要运行人员在操作画面上进行确认，容量风门开度变化立即换算为燃料量。

三、协调及相关控制的特点

1. 协调控制及燃料主控

在燃料的控制上，锅炉主控与燃料主控构成串级控制，燃料主控的输出作为磨煤机容量风挡板的开度指令。调节器参数整定上广泛使用变参数控制，即：变负荷过程，锅炉主控的调节参数强于稳态，燃料主控的调节参数弱于稳态。这是因为，磨煤机容量风调节挡板存在一定的死区与回差，在稳态时，挡板经常是往复动作，而变负荷过成通常是一个方向。此外，根据机组的实际运行情况，升/降负荷的锅炉主控调节器参数也存在不同，并且都随着机组负荷的不同而改变。

需要注意的是：燃料主控的输出必须经过一定的速率来限制其开关容量风门指令的变化速度，主要是容量风挡板快速大幅度的开度变化过程与缓慢变化相同开度相比，系统差压变化不同导致容量风携带煤粉量的差异很大。另外，容量风挡板在开度较大时（大于70%），其携带煤粉的能力已接近饱和，为减少调节上的死区，需要对燃料主控的输出进行相应的限制。但在燃料主控的输出达到上限且主蒸汽压力的偏差仍低于设定值时（通常低于0.3MPa以上），必须对锅炉主控的调节进行闭锁，否则锅炉主控的输出指令虽然增加，但由于燃料达到上限，只会增加相应的给水流量，导致分离器入口温度快速下降，危及机组的安全运行。

2. 变负荷前馈

在机组动态变负荷过程中，为满足主蒸汽温度控制的要求，有效抑制主蒸汽超温，必须对水煤比的控制在变负荷过程增加相应的修正，即增加机组的变负荷前馈逻辑，此逻辑以设定负荷的微分量为基础同时作为燃料量和给水量设定的一个组成部分。但为减弱燃烧带来的快速扰动，对燃料量前馈增加100s的惯性环节，而给水前馈不设置延时时间。两个前馈量值的配比上，给水前馈量为燃料前馈量的7~10倍，变负荷过程给水先行，有效的抑制燃烧对过热度的扰动，从而减少过热蒸汽温度控制上的压力，取得较好的控制品质。与选择中速磨作为制粉系统的超临界机组的变负荷前馈不同的是，中速磨作为制粉系统的超临界机组对燃料的变负荷前馈没有延时，而对前馈部分的给水量增加延时（通常10~30s）；在前馈量值的配比上，给水前馈通常是燃料前馈的3~5倍。通过前馈逻辑对变负荷过程给水和燃料量的设定进行优化配比，减少给水量及减温水量的变化幅度来达到良好的主蒸汽温度的控制效果。变负荷前馈逻辑如图3-7所示。

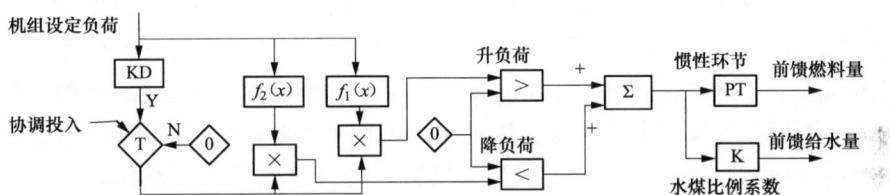

图3-7　变负荷前馈逻辑

3. 主蒸汽温度控制策略

水煤比控制作为整个过热蒸汽温度控制的粗调，控制上采用水跟煤的控制策略，调节器的输出作为给水量设定值的修正。机组的主蒸汽温度控制采用典型的导前串级温度控制策略并具有抗积分饱和功能，在控制策略上将整个过热段从中间点温度、屏式过热器出口温度、主蒸汽温度的控制作为一个整体来考虑：二级减温水调节阀的开度指令经函数转换后，用于修正同侧屏过出口温度设定值；两侧一级减温水调节阀的开度指令经大选后，用于修正中间点温度设定值。此外，将设定负荷的微分作为变负荷控制的前馈，直接修正屏过入口、末过入口蒸汽温度设定值。控制逻辑见图3-8。

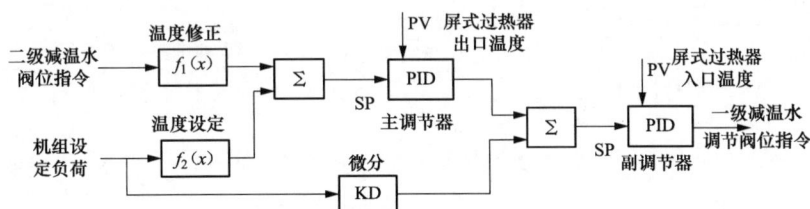

图3-8　优化后的一级减温水过热蒸汽温度控制逻辑

4. RB控制中给水漩涡控制

双进双出钢球磨煤机制粉系统超临界机组的RB试验，整体控制策略上与其他中速磨煤机超临界机组基本相同，同样存在快速切除燃料量的过程。但由于磨煤机跳闸时快速关闭容量风挡板，瞬间燃料量的变化远比中速磨煤机跳闸时的扰动大得多，这样就要求给水快速的下降，维持好RB状态下的水煤配比，以便使主蒸汽/再热蒸汽温的降幅较小。这一过程会出现两个问题：给水快速下降，虽然能够保证主蒸汽温度，但通常两台给水泵出力的下降过程会导致彼此间的出力失去平衡，一台给水泵的出力过小导致再循环开启，这样往往触发给水流量低而导致 MFT 的发生。如果 RB 发生后，为保证不出现上述情况而限制给水的下降速度，这样会导致主蒸汽温度在迅速失去大量燃料量而快速下降。为此，必须在给水控制上增加相应的漩涡控制策略，既要保证主蒸汽温度，又要不触发给水流量低的 MFT。

漩涡控制策略具体是在 RB 发生后（给水泵 RB 除外），给水流量的变化速率由给水流量指令来设定，流量越高，速率越快，这与燃料量的快速切除相适应；在给水流量设定较低时，自动减缓给水流量的变化，来保证启动给水间出力平衡的控制。此外，RB 过程还需要限制容量风挡板的动作速度以及增加相应的给水流量下限。

5. 锅炉制粉系统控制

（1）磨煤机煤量的标定。在磨煤机建立稳定的料位后，容量风门开度保持不变，经过一定的稳定时间（至少 30min），可将给煤机煤量的平均值作为此一次风压条件下的容量风风量或容量风门指令对应的燃料量，并经过多次选择求平均值作为标定值。在确定多个点的换算后，构造出磨煤机的煤量换算函数，此外，还要加入分离器转速及一次风母管压力的函数修正。启磨过程中，在容量风门指令大于 15% 后，由容量风门指令换算的燃料量切换至容量风风量换算的燃料量（主要考虑风量较小时测量不够准确）。

（2）磨煤机运行方式的优化。增加磨煤机吹堵方式选择按钮，在进行堵磨吹扫前按下此按钮，然后停运给煤机，开始进行吹扫，此时的磨煤机煤量换算逻辑与停磨过程不同，煤量换算逻辑保持不变，在吹堵完成启动给煤机后，吹堵按钮自动复位。增加判断空磨/带粉启动按钮，在带粉启动磨煤机时按下此按钮（需要运行人员复位），煤量换算逻辑将由空磨启动切换至带粉启动。空磨启动时需要等待建立煤位过程的过渡时间 720s 后，才切至煤量换算函数；带粉启动 10s 后，切换至煤量换算函数；正常停磨过程，此过渡时间 720s；磨煤机跳闸，煤量换算延时 5s 后归"0"。磨煤机煤量换算逻辑如图 3-9 所示。

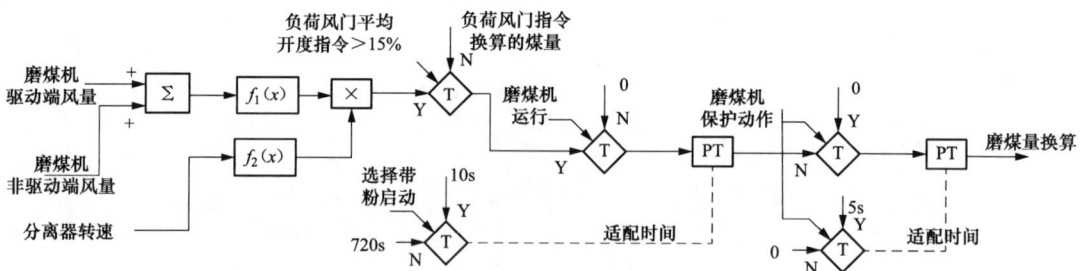

图 3-9　磨煤机煤量换算逻辑

四、机组负荷变动控制曲线

如图 3-10 所示为某厂 600MW 超临界机组负荷变动试验曲线。在上述控制策略投入后，对机组的主要控制参数进行整定。自动控制方式下，动态时的主蒸汽温度为 560～570℃，稳态时主蒸汽温度为 566～571℃；机组负荷偏差在 ±3MW 内；动态时主蒸汽压力偏差为 ±0.5MPa，稳态时在 ±0.3MPa 内。

如图 3-11 所示为某厂 600MW 超临界机组 AGC 考核试验曲线。机组的负荷变化率为

8MW/min，每一次阶跃的负荷变化幅度为 5MW。

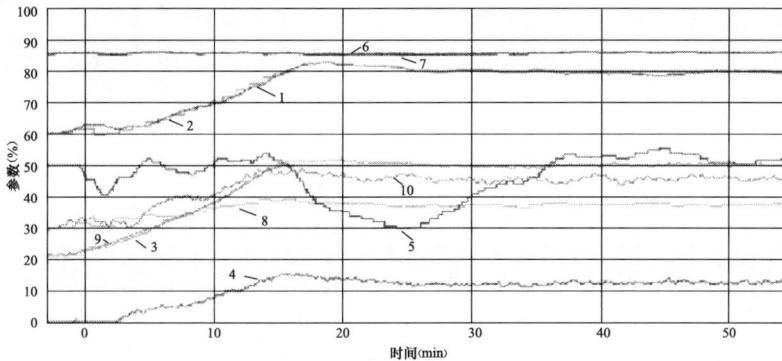

图 3-10　升负荷 50MW，变化速率为 6MW/min 时机组运行的主要参数曲线

1—实际主蒸汽压力（8～18MPa）；2—主蒸汽压力设定值（8～18MPa）；3—机组实发功率（300～500MW）；

4—总燃料量（150～250t/h）；5—中间点实际过热度（−5～50℃）；6—A 侧高温过热器出口温度（200～630℃）；

7—B 侧高温过热器出口温度（200～630℃）；8—锅炉主控输出指令（30%～100%）；9—机组负荷指令（300～500MW）；

10—补偿后给水流量（600～1700t/h）

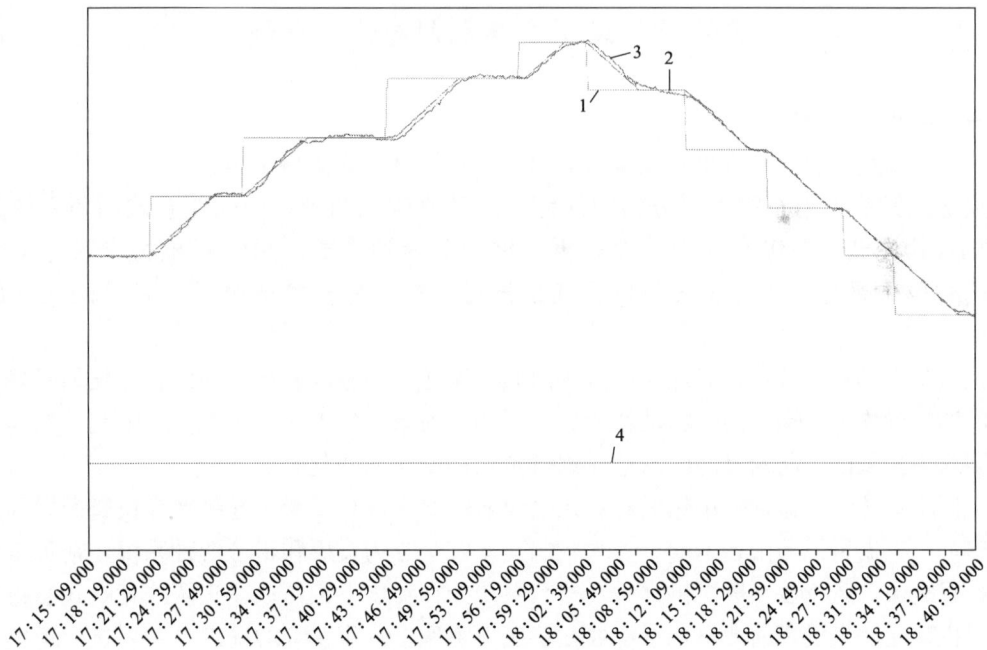

图 3-11　某厂 600MW 超临界机组 AGC 考核试验曲线

1—AGC 指令（200～660MW）；2—设定负荷（200～660MW）；

3—机组实发功率（200～660MW）；4—机组负荷变化率（0～50MW/min）

第四章

风扇磨煤机制粉系统模拟量控制的优化

为了提高锅炉燃烧效率，满足锅炉容量提高和锅炉运行自动化的需要，现代大型锅炉一般采用煤粉燃烧，煤粉锅炉具有煤种适应性强、易着火、锅炉效率高、热惯性小等优点。

风扇磨煤机作为火力发电厂制粉系统中的一种，具有系统布置简单、占地面积较小、出粉速度快等特点，广泛应用于超临界及亚临界汽包炉机组中，本章仅对风扇磨制粉系统的布局、控制策略等要点进行讲述。

第一节　风扇磨煤机制粉系统介绍

一、制粉系统概述

现今大型超（超）临界机组风扇磨煤机均为负压直吹式制粉系统。

火电厂锅炉制粉系统可以分为中间储仓式和直吹式两种。中间储仓式制粉系统是将磨好的煤粉先储存在煤粉仓中，然后再按锅炉负荷的需要，用给粉机将煤粉仓中的煤粉送入炉膛中燃烧；而直吹式制粉系统是把煤经过磨煤机磨成煤粉后直接送入炉膛中燃烧。

在直吹式制粉系统中，磨煤机磨制的煤粉全部送入炉膛内燃烧，因此，在任何时候制粉系统的制粉量均等于锅炉的燃料消耗量。这说明制粉系统的工作情况直接影响锅炉的运行工况，要求制粉系统的制粉量能随时适应锅炉负荷的变化而变化。

在制粉系统中，通常使用热风对进入磨煤机的原煤进行干燥，并将磨煤机磨制好的煤粉输送出去。根据风机的位置不同，直吹式制粉系统又分为负压和正压两种系统。在负压直吹式制粉系统中，风机装在磨煤机之后，整个系统处在负压下工作；在正压式直吹式制粉系统中，风机装在磨煤机之前，整个系统处在正压下工作。负压系统的优点是磨煤机处于负压下工作，不会向外冒粉，工作环境比较干净，但负压系统中风机叶片易磨损，降低了风机效率，增加了通风电耗；也使系统可靠性降低，维修工作量加大。在正压系统中，不存在风机叶片的磨损问题，这就克服了负压系统的缺点。但是，在正压系统中，由于磨煤机和煤粉管道都处在正压下工作，如果密封问题解决不好，系统将会向外冒粉，造成环境污染，因此，必须在系统中加装密封风机。

磨煤机是把煤块磨制成煤粉的机械，它是制粉系统的主要设备。各种磨煤机将煤磨制成煤粉主要借助击碎、压碎和研碎等方法来实现，每一种磨煤机往往同时具有上述两种或三种作用，但以一种作用为主。

根据磨煤机工作转速，现代大型电站磨煤机大致可分为如下三种：

低速磨煤机：转速为 15～25r/min，最常用的如筒式钢球磨煤机。筒式钢球磨煤机又可分为单进单出钢球磨煤机及双进双出钢球磨煤机。

中速磨煤机：转速为 50～300r/min，最常见的如中速平盘磨煤机，中速环球式磨煤机（又叫 E 型磨），碗式磨煤机及 MPS 磨煤机。

高速磨煤机：转速为 750～1500r/min，如风扇磨煤机。

二、风扇磨煤机设备介绍

风扇磨煤机又名风扇式破碎机，是目前火力发电厂应用较为广泛的一种磨煤机，其结构简单、制造方便，占地面积及金属耗量均较少，因而初始投资低。风扇磨还具有制粉系统简单，出粉速度快等优点。此外，风扇磨集干燥、破碎、输送三种功能于一身，相对于钢球磨及中速磨等其他直吹式制粉系统，可以减少一次风机的布置，风烟系统布局简单。

风扇磨煤机源于西德。1946 年西德动力设备公司（即 KSG 公司，后并入 EVT 公司）生产出世界第一台磨煤出力为 5t/h 的风扇磨煤机。经过 60 余年的改进和发展，目前最大风扇磨煤机的出力已达 200t/h。

我国生产的风扇磨煤机主要用于磨制水分较高（$M_{ar} > 30\%$）、灰分较低（$A_{ar} < 15\%$）的褐煤及软质烟煤。根据磨制煤种不同分为两类：烟煤型风扇磨煤机，记为 S 型；褐煤型风扇磨煤机，记为 N 型。

风扇磨煤机的基本出力，决定于设计时选用的典型煤种和假定的运行条件。当磨制煤种不同，运行工况又偏离设计条件时，其实际出力会与基本出力有出入，有时甚至相差很大。

风扇磨煤机的出力（即每小时通过的煤量）还与通风量有关。风扇磨煤机具有自行吸入干燥介质的能力，相当于一个通风机，其通风量取决于磨煤机的通风特性。但随着冲击板和叶轮的不断磨损，通风量会逐渐下降，于是运行中风扇磨煤机的出力也就不断降低。

三、风扇磨煤机工作原理和结构特点

风扇式磨煤机结构简图，如图 4-1 所示，与一般风机很相似，只是叶轮根相对较厚，外壳装有护板。叶轮与护板都是用锰钢等耐磨钢材制成。分离器在叶轮上方与外壳成为一个整体，结构十分紧凑。

风扇式磨煤机本身就是排粉机，能产生 1500～3500Pa 的压头，因此，它既能磨煤粉又能同时克服煤粉系统的阻力，完成其他磨煤机一次风输送煤粉的任务。在所磨煤种的水分很高时，可在磨煤机入口装设干燥竖井。在原煤水分特别高时还可以吸入一部分高温炉烟作干燥剂。这种磨煤机适于磨制水分大、结构上有韧性（类似木柴）的褐煤，也可磨挥发分高、可磨度高的烟煤。

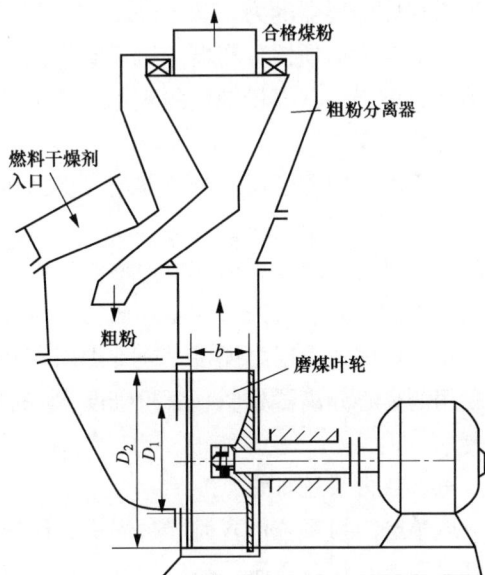

图 4-1 风扇式磨煤机结构简图

风扇磨煤机由叶轮和蜗壳组成。叶轮上装有 8～12 块用锰钢制成的冲击板（打击轮），蜗壳内衬有耐磨护甲。原煤进入磨煤机，被高速转动的冲击板击碎后抛掷到蜗壳护甲上，煤粒与护甲的撞击以及煤粒间的相互撞击，致使煤再次破碎而成为煤粉。煤粉被热空气干燥后带入分离器进行粗粉分离。蜗壳下方设有活门，以便排放石子煤及金属杂物。

煤粉在风扇磨煤机中大多处于悬浮状态，加上风扇磨煤机自身的抽吸力。不仅可用热风，还可抽吸炉烟作为干燥剂，这样就使得干燥过程十分强烈，因而可以磨制高水分煤。但由于风扇磨煤机工作转速高，冲击板和护甲磨损较严重，磨出的煤粉也较粗，所以风扇磨煤机不宜磨制硬煤、强磨损性煤及低挥发分煤。一般适合磨制 $K_{km}>1.3$（$HGI>70$）、$K_{km}<3.5$ 的褐煤和烟煤。

风扇磨煤机工作时能产生一定的抽吸力，因此可省去排粉风机。它本身能同时完成煤的磨制、干燥、干燥剂的吸入及煤粉的输送任务，因而大大简化了系统。风扇磨煤机还具有结构简单、尺寸小、金属耗量少、运行电耗低等优点。其主要缺点是磨煤部件磨损严重，机件磨损后磨煤出力明显下降，煤粉品质恶化，因此维修工作频繁。另外，磨出的煤粉较粗且不够均匀。

四、风扇磨煤机分离器

国内风扇磨煤机磨制褐煤时，广泛采用惯性分离器，它主要有箱型（单流道）惯性分离器和双流道惯性分离器两种类型。

煤粉空气混合物离开风扇磨进入惯性分离器，其内装设有一个或几个可调节的折向挡板。气流流经挡板时发生方向变化，在惯性力作用下，惯性大的粗颗煤粉被分离出，沿分离器筒壁下落，经回粉管返回磨煤机重新磨制。改变折向挡板的转角，即可改变气流转弯的程度，气流和煤粉所受惯性力发生变化，可分离出煤粉的粒径也随之改变，这样便可调节气流带出的煤粉细度。气流转弯越剧烈，分离出的粗煤粉越多，出粉自然变细。

按要求，配有箱型分离器的风扇磨煤机，煤粉细度 R_{90} 的调节范围为 40%～60%；配有双流道惯性分离器的为 20%～45%。

配有双流道惯性分离器的风扇磨煤机，其出粉的颗粒特性较好。但无论是双流道或单流道惯性分离器，其煤粉细度的实际调节范围都不大。运行结果表明，这些分离器对煤质变化的适应性较差。

对于配有单流道惯性分离器的大出力风扇磨，携带回粉的风量可达干燥剂总量的 10%，而对于小规格风扇磨煤机可达 25%。这部分内循环风量一方面降低了磨煤机出口干燥剂的温度，同时由于磨煤机内部阻力增大，也增加了磨煤电耗。由此可知，在一定条件下，减少经回粉管返回磨煤机入口的循环风量，可降低磨煤机的内部阻力和提高系统通风量。

磨制烟煤的风扇磨煤机，通常配用离心式分离器，其结构和工作特性与低速和中速磨煤机配用的离心分离器相似。煤粉细度 R_{90} 的要求调节范围为 10%～30%，以满足烟煤粉燃烧的要求。

五、热力系统布置

风扇磨制粉系统包含风扇磨煤机、给煤机、冷烟风机、干燥剂及相关附属设备，其干燥剂可采用热空气单介质、高温烟气、高温烟气及热空气二介质混合或高温烟气与热空气及冷烟气三介质混合。当前，我国燃用褐煤的大型超（超）临界机组火力发电厂，多采用高温炉烟、热空气及低温炉烟三介质组成干燥剂的风扇磨直吹式制粉系统，其热力系统布置图如图 4-2 所示。

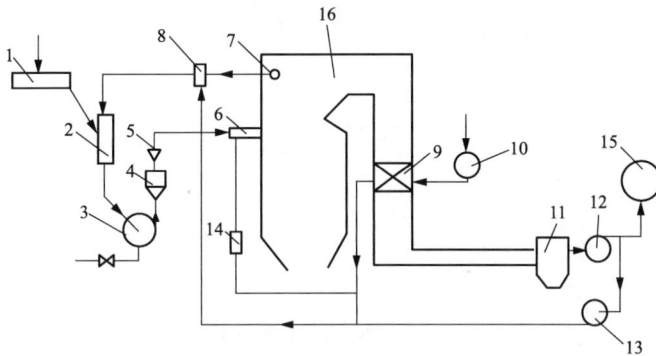

图 4-2 风扇磨三介质干燥直吹式制粉系统

1—给煤机；2—下降干燥管；3—风扇磨煤机；4—粗粉分离器；5—煤粉分配器；6—燃烧器；7—高温炉烟抽烟口；8—混合室；9—空气预热器；10—送风机；11—除尘器；12—引风机；13—冷烟风机；14—二次风箱；15—烟囱；16—锅炉

典型风扇磨煤机系统布置图如图 4-3 所示。炉膛出口高温烟气（约 1000℃）与空气预热器出口热二次风（约 340℃）及冷烟气（约 120℃）混合后，作为干燥剂携带给煤机来煤进入风扇磨煤机，在风扇磨煤机中经过干燥、击碎及风压提升等过程，通过磨煤机出口煤粉分离器进入煤粉管，从而进入炉膛燃烧。其中冷烟气由空预器出口烟气经冷烟风机升压后得出，冷烟机系统布置图如图 4-4 所示。

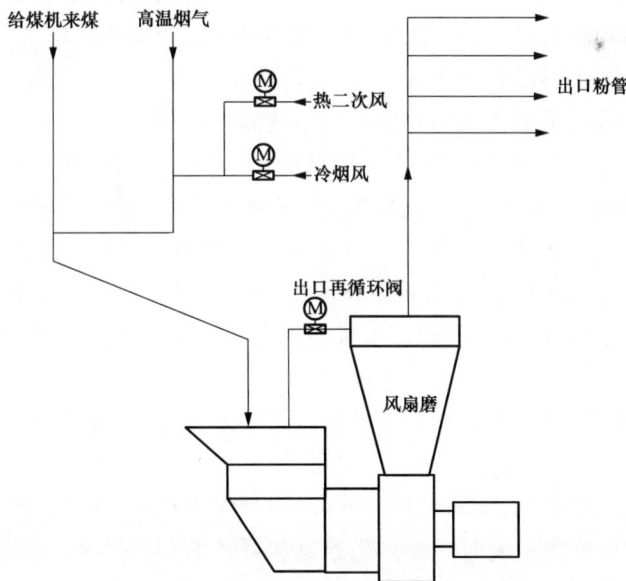

图 4-3 风扇磨煤机系统布置图

六、干燥剂的组成及选择

风扇磨煤机制粉系统干燥剂应能同时满足燃煤的干燥、制粉系统的通风和燃烧所需一次风量的需求。

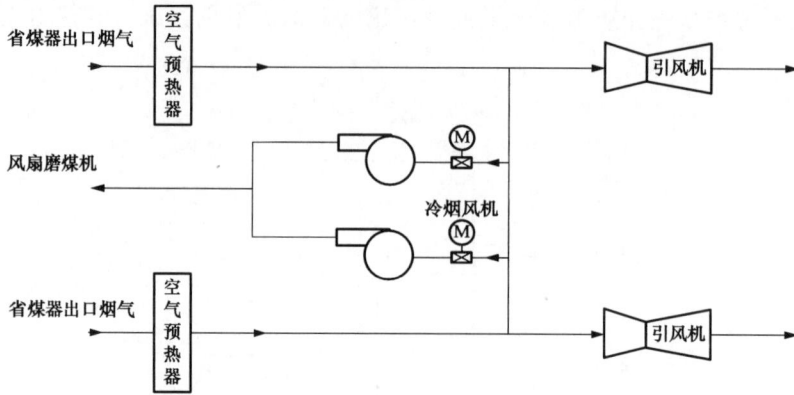

图 4-4　冷烟风机系统布置图

过去我国设计的中小容量机组的风扇磨制粉系统中，多数采用热风作为干燥剂。随着引进国外褐煤燃烧技术及风扇磨煤机制造技术以后，在燃用褐煤的工程设计中，多数采用高温烟气、冷烟气和热风三种介质组成干燥剂。也有少数电厂采用高温烟气和热风两种介质组成干燥剂。

当燃烧烟煤和水分不高的褐煤时，若热风能满足燃料的干燥、负荷调节及一次风百分比等要求，宜采用热风单介质作为干燥剂，这样制粉系统更加简单。

当煤的收到基水分 $M_{ar} > 30\%$ 时，可采用炉烟和热风混合物作为干燥剂。具体是采用高温烟气或高低温烟气都采用，应根据煤质情况和系统的连接方式通过技术经济比较确定。

干燥剂采用高温烟气和热风的系统称为二介质系统；采用高低温烟气和热风的系统称为主介质系统。国外的经验指出，对于高水分褐煤多采用二介质系统，对于中等水分的褐煤多采用三介质系统。我国褐煤水分一般小于 35%，属中等水分，从干燥剂温度的调节以及对燃煤变化的适应性来看，采用三介质系统有如下优越性：

（1）高温烟气在锅炉炉膛上部抽取，烟温低于 1000℃；低温烟气抽自电气除尘器后，约 130℃。采用高低温烟气和热风三种介质作为干燥剂时，一般可保持热风量不变，通过调节冷热烟气量以适应磨煤机不同工况时干燥的需求。掺和冷烟气可保证制粉系统干燥剂内 CO_2 含量大于 4%，免除制粉系统发生爆炸的危险。尤其是在停磨煤机时，向磨煤机通入 130℃的冷烟气，热的磨煤机进行惰走，既可吹出余粉，又可冷却风扇磨煤机。

（2）调节灵活、运行可靠。

（3）能降低燃烧器区域温度水平，减少或避免炉膛内发生结渣，并可减少 NOx 的生成。

但是，由于增加了冷烟气，需要增加冷烟风机和相当长的冷烟气管道，因而初建投资和运行维护费用都要有所增大。同时，这也将给制粉系统的布置带来一定的困难。而且为了使抽取的冷烟气中含有较低的水蒸气和较少的含尘量，以免影响燃烧过程和减轻冷烟风机的磨损，要求采用电气除尘器。另外，冷烟气进入炉膛会使炉内温度水平降低，燃烧过程减缓，有可能导致灰渣可燃物含量增大，锅炉不完全燃烧热损失增加。

采用不同介质干燥剂时，其出口温度控制手段如下：

（1）采用热风单介质干燥时，用冷风作为调温风。

（2）采用热风和高温烟气二介质干燥时，用热风作为调温风。

（3）采用热风和高、低温烟气三介质干燥时，用低温烟气作为调温风。

由以上风扇磨煤机制粉系统介绍可知，采用风扇磨煤机制粉系统，整体上无需布置一次风机，锅炉高温烟气、热二次风及冷烟风共同组成干燥风，在磨煤机内与原煤混合加热，在风扇磨煤机运行过程粉碎原煤的同时，对干燥风进行升压，从而提升了风粉混合物的速度，保证其进入炉膛的刚度，加快了煤粉燃烧的速度，减小了锅炉的惯性，但其入口干燥剂混合相对复杂，热风与冷烟气，入口温度与出口温度之间均存在耦合关系，调节易相互干扰。由此可见，风扇磨煤机制粉系统控制的关键在于入口冷烟风调节门与热二次风调节门的配比，既能保证磨煤机入口不超温、出口温度控制在设定值，又能够尽量减少风量的输入，从而避免磨煤机内部氧量超标，保证制粉系统安全运行。

第二节　风扇磨煤机制粉系统模拟量控制的特点

由风扇磨煤机制粉系统布局可知，其控制目标为在保证入口温度不超温，出口温度在正常设定且磨煤机入口氧量不超标，同时及时有效将入磨煤机原煤粉碎、干燥并输送至炉膛内燃烧，提高锅炉的响应速度。因此，风扇磨煤机模拟量控制需从变负荷前馈—提高快速响应能力、入口风温控制、出口风温控制及入口氧量控制这几方面综合考虑。

一、变负荷前馈

风扇磨煤机制粉系统不配置一次风机，其干燥剂由高温烟气、热二次风及冷烟气混合组成，煤粉输送力由风扇磨煤机旋转升压提供，因此，其变负荷前馈的响应环节与其他直吹式制粉系统有所不同。

风扇磨煤机运行类似于风机，随着进入磨煤量的增加，磨煤机内煤粉的破碎，风粉混合物的压头提高，其出粉速度也随之增加，因此，变负荷前馈直接作用至燃料主控设定中，直接控制给煤机转速；由于风扇磨煤机内存在煤粉干燥、打击破碎的过程，其从给煤增加到煤粉输出存在一定的时间惯性，为进一步提高锅炉响应能力，可将变负荷前馈添加至磨煤机出口再循环阀控制回路：稳定负期间，再循环阀根据给煤机出力线性控制，保证合适的煤粉细度；负荷增加（减少）时，减小（加大）再循环阀开度，使出口煤粉由再循环管路回至磨煤机的量减小（增加），从而瞬间改变入炉粉量，提高锅炉响应能力，其控制逻辑如图 4-5 所示；由于变负荷过程中入炉粉量及煤粉细

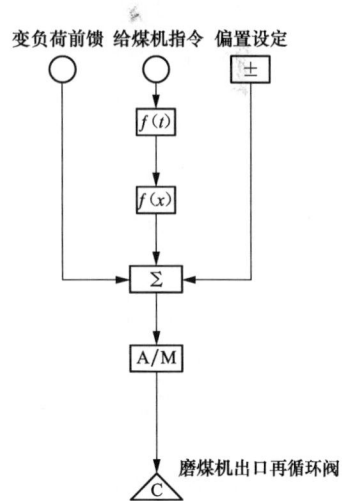

图 4-5　风扇磨煤机再循环调节阀逻辑图

度发生了暂态变化，实际水煤比会产生变化，同时引起锅炉出口氧量及主汽和再热蒸汽温度发生变化，因此，需将此变负荷前馈作用至给水、风量及减温水调节回路。

锅炉变负荷前馈逻辑图如图 4-6 所示。负荷指令通过微分回路得出实际负荷变化率，负荷变化跨度与设定负荷变化率经过计算得出变负荷结束系数用于进行变负荷结束时的提前

"刹车"功能；以上两者相乘得出基本的锅炉变负荷前馈值 BIR（boiler input ratio）；该 BIR 值经过升、降负荷函数修正，分别作用至给煤、给水、送风、减温水及磨煤机再循环调节阀等回路，保证动态过程锅炉的快速性响应及汽、汽压、氧量等重要参数的稳定。此处的负荷修正函数是按照升降负荷、不同的负荷段及不同的变负荷幅度来设置。锅炉变负荷前馈的仿真曲线如图 4-7 所示。图 4-7 中，t0 时刻，机组负荷指令增加，变负荷前馈值根据实际负荷变化速率输出；t1 时刻，"刹车"回路动作，变负荷前馈提前减小，防止变负荷结束后系统压力偏差扩大；t2 时刻，机组负荷指令达到目标值，变负荷前馈按照实际变化速率减至 0。其中"刹车"点 t1，根据变负荷跨度与变负荷速率得出，以满足不同工况下变负荷结束时压力调节的需求。

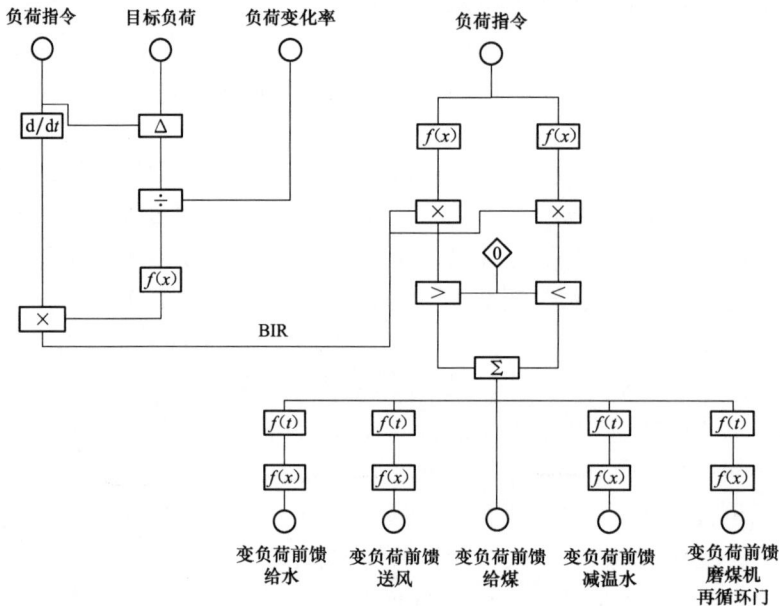

图 4-6　锅炉变负荷前馈逻辑图

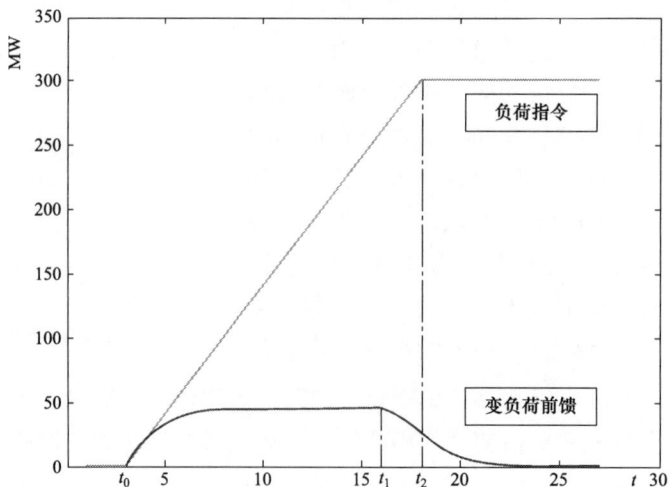

图 4-7　锅炉变负荷前馈仿真曲线

118

二、出口温度控制、进口温度限制及进口氧量限制

风扇磨煤机干燥剂通常采用下列三种方式。

（1）采用热风单介质干燥。此种方式干燥对象为燃烧烟煤和水分不高的褐煤。其出口温度控制方式类似于常规中速磨煤机，通过冷风调节门调节出口温度。

（2）采用热风和高温烟气二介质干燥。此种方式干燥对象为高水分的褐煤。通过热风控制出口温度。

（3）采用热风和高、低温烟气三介质干燥。此种方式干燥对象为中等水分的褐煤。通过入口热风调节门与冷烟气调节门相互配合，控制入口温度、出口温度及磨煤机氧量。

目前，我国大容量超（超）临界机组风扇磨制粉系统均采用高温烟气、热空气、冷烟气三介质干燥剂。通常情况，高温烟气管路无调节门，热空气、冷烟气管道上各有一个调节门，通过这两个调节门调节热空气及冷烟气配比，控制风扇磨入口及出口温度。其典型系统布置如图 4-3 所示。

磨煤机出口温度控制的目的是保证煤粉干燥程度，在保证磨煤机安全的情况下，维持磨煤机出口温度稳定（130～180℃），从而保证煤粉进入炉膛能够及时燃烧。因此，其控制目标要求出口温度尽可能稳定。磨煤机入口温度控制的目的是保证入口温度不超温（≤520℃），保证制粉系统安全，因此，其控制回路为超温限制功能，确保系统安全。此外，由于磨煤机入口干燥剂包含送风，若送风含量过大，会造成磨煤机内部氧量过高，与干燥煤粉混合后，容易引起爆炸；因此入口氧量控制的目的是保证入口氧量不超限（≤12%），保证系统安全。

风扇磨煤机干燥剂由高温烟气、热二次风及冷烟气三者混合而成。高温烟气由炉膛出口而来，提供加热源；机组带较低负荷阶段，热二次风作为主要冷源，与高温烟气混合，保证磨煤机入口温度不超温，并控制出口温度正常，保证干燥出力；当机组负荷增加时，热二次风温度随之增加，为保证冷却效果，需要将较低温度的冷烟气并入干燥剂中，从而有效控制出口温度，并防止磨入口氧量超标。

根据以上磨煤机运行控制原理，磨煤机温度及氧量控制逻辑图如图 4-8 所示。

为避免两个调节挡板间的相互扰动，热二次风调节挡板与冷烟气调节挡板采用同一个PID调节器，正常情况下，根据两个调节挡板分配函数的不同，二者同时对出口温度进行控制；当入口氧量达到报警限值时，闭锁热二次风调节挡板开。此时，如果磨煤机的出口温度很高，由冷烟风调节挡板单独控制温度；当磨煤机入口温度达到报警限值时，闭锁PID调节器关，从而避免磨煤机入口温度进一步升高造成跳磨；此外，为保证煤量变化时磨煤机的出口温度稳定，将给煤机指令与煤量反馈取大后作为温度控制的前馈，确保动态下温度变化的正常。

三、冷烟风机控制

冷烟风机系统布置如图 4-2、图 4-4 所示，从空气预热器出口抽出的低温烟气，经过两台离心式并联冷烟风机加压后，送至各台磨煤机入口落煤管，并与热二次风混合后作为干燥剂的冷工质进入磨煤机。正常情况下，一台冷烟风机运行，其入口调节门控制冷烟风机出口母管风压，保证各个负荷及不同工况下冷烟气流量满足磨煤机冷却要求；另一台冷烟风机备用，其入口调节阀跟踪运行风机入口调节阀指令，保证风机联锁启动时，能够快速增加出力，从而保证系统运行平稳。冷烟风机控制逻辑图如图 4-9 所示。

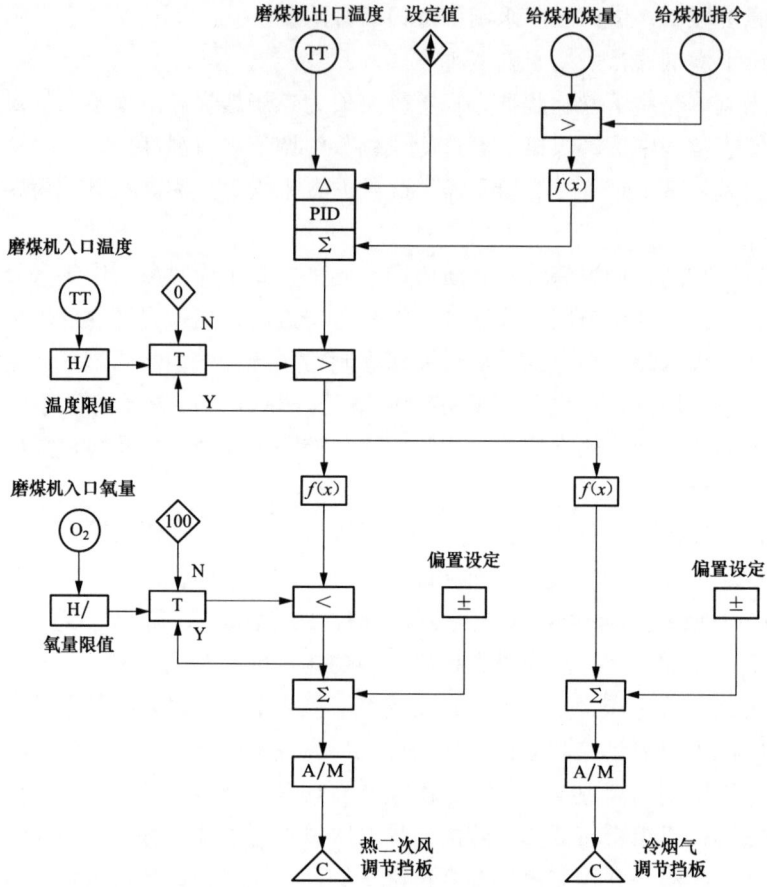

图 4-8 风扇磨煤机温度控制及氧量控制逻辑图

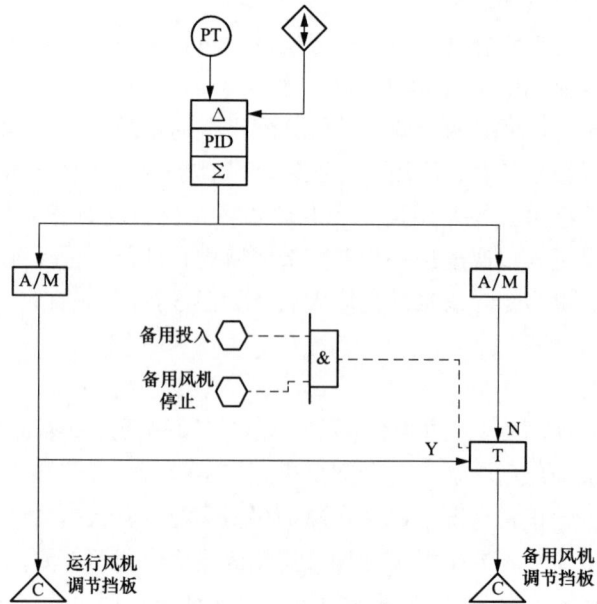

图 4-9 冷烟风机控制逻辑图

　　采用风扇磨制粉系统的超（超）临界火力发电机组，由于其缺少一次风机，系统布置变得简单；磨煤机煤粉输送动力由风扇磨煤机自身提供，结合出口再循环门控制，出粉速度较快，并减少了入口风量控制回路，控制结构相对简单；由于其干燥剂由高温烟气、热二次风及冷烟气组成，三者之间对于出口温度调节存在耦合关系，且受到入口温度及入口氧量限值的制约，采取合理的控制策略能够维持出口温度正常，这是风扇磨煤机控制的关键所在。

第五章

采用汽动引风机机组模拟量控制的优化

随着电力建设的发展，特别是国家对节能减排力度的逐步加大，火电机组的厂用电率指标已成为影响电厂发电经济性的一个重要因素。燃煤电厂将锅炉引风机与脱硫系统的增压风机合并，可以大幅度降低厂用电率，提高电厂运行经济性。但随着机组容量增大，合并后引风机电动机容量进一步增大，带来电动机启动电流过大对厂用电冲击问题，采用可调速的汽动引风机替代定速电动机，能够彻底解决这一问题。通过引风机的转速调节，保持引风机静叶处于经济的开度范围，使风机在不同负荷下能够保持较高的效率。汽动引风机可将蒸汽的热能直接转换为机械能，减少了能量转换环节和能量损失，提高了热能的利用效率。因此，汽动引风机是一种比较优化的能源利用方式。

与采用电动引风机的机组相比，采用汽动引风机的机组在通过静叶调整炉膛负压的基础上增加了通过风机转速调整炉膛负压的能力。控制上不仅存在引风机的静叶调节，而且存在小汽轮机的转速调节，控制上的变结构相对复杂。汽动引风机运行工况具有多变性，包含风机启动、风机停机、单侧运行、并列运行、RB、MFT动作等多种运行工况，为保证各种工况下炉膛负压稳定且风机运行安全，需要对各类工况下的控制策略予以区分以适应不同工况下的控制要求，在此基础上提供合理、可靠的切换功能以保证工况切换时系统运行的稳定。

第一节 汽动引风机系统简介

超（超）临界机组的锅炉烟气系统普遍配置两台引风机，采用汽动引风机的锅炉风烟系统如图5-1所示，在引风机的入口增加入口吸气门连通大气，在出口增加启动用调节门及启动用循环烟道插板门，与另一台引风机的入口相连接。设置这两路烟气通道可以在小汽轮机低速暖机过程中为引风机提供足够的通风量，防止产生鼓风效应而发热，也可防止因引风机启动过程中风量过低导致的喘振。由于增加了两路空气通道，为引风机提供了一种更为安全和灵活的运行方式，启动初期、机组基建过程或大、小修过程烟道未完全建立的情况下，通过打开入口吸气门利用大气进入引风机来对引风机进行启动调试。机组正常启动过程，可同时建立两侧烟道的通风，同时对两台引风机进行启动；也可以在到达一定负荷后启动第二台引风机，然后并列运行。机组正常运行过程，由于小汽轮机或引风机出现问题需要检修，在恢复运行时，先打开引风机出口烟气挡板，入口挡板及静叶处于关闭状态，启动用调节门处于某一位置、启动用循环烟道插板门处于全开状态。驱动引风机的小汽轮机转速达到一定值时，开启引风机入口挡板，关闭启动用调节门及启动用循环烟道插板门。连续提高引风机转速至正常运行引风机的转速后，调节两台引风机的静叶开度，当两台引风机出力一致后，并列运行两台引风机。采用汽动引风机的锅炉风烟系统如图 5-1 所示。

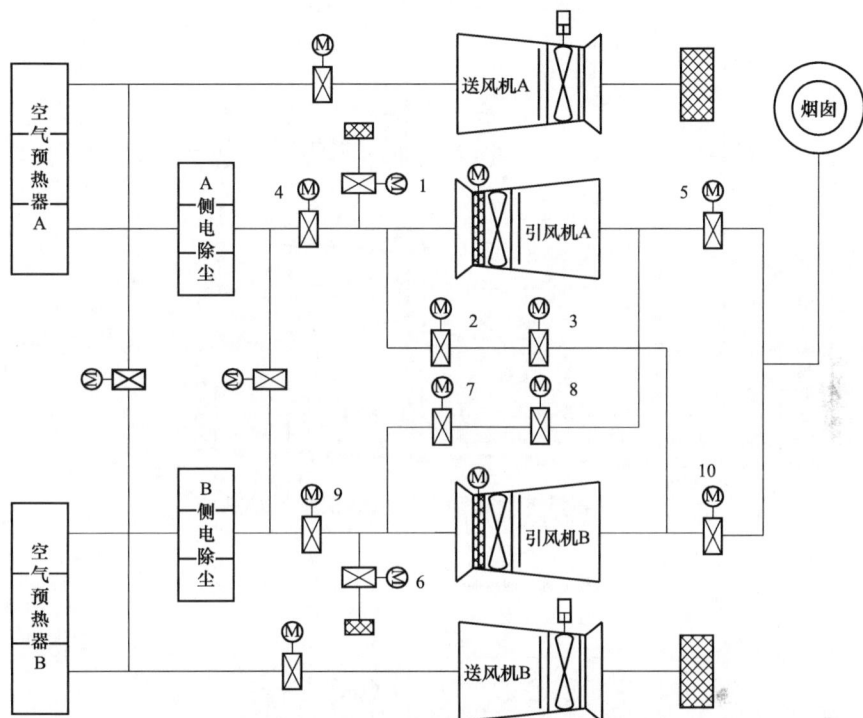

图 5-1　采用汽动引风机的锅炉风烟系统

随着汽动引风机系统的推广使用，根据引风机设备的实际使用结果及运行经验，入口通大气及启动循环烟道的使用频率正在逐步减少，这两个烟气通道的设计也正在逐渐取消。

考虑到机组全冷工况启动，无法提供小汽轮机启动用汽的情况，可在烟气系统配置一台启动用电动引风机，机组启动后，再切换至汽动引风机运行，当汽动引风机运行正常后，电动引风机可作为备用。配置电动启动引风机的锅炉风烟系统如图 5-2 所示。

采用汽动引风机时，根据小汽轮机的形式可将汽动引风机分为凝汽器汽动引风机、背压式汽动引风机以及凝汽背压混合式汽动引风机三类。此处仅对前两种常用的类型加以简介。

一、凝汽式汽动引风机系统

采用凝汽式小汽轮机驱动的引风机，设置有独立的凝结水、轴封、抽真空及凝汽器等系统，系统相对较为独立，受主汽轮机热力系统影响较小，小汽轮机本体的疏水及汽封漏气可直接回收至小汽轮机凝汽器。以某厂采用的凝汽式汽动引风机为例，其小汽轮机供汽及轴封系统如图 5-3 所示，凝结水系统如图 5-4 所示，抽真空系统如图 5-5

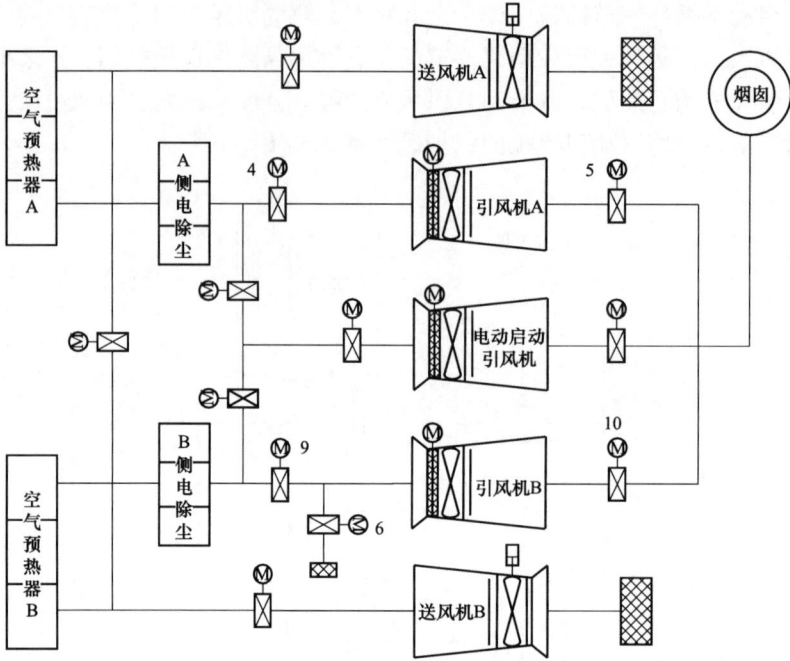

图 5-2　配置电动启动引风机的锅炉风烟系统

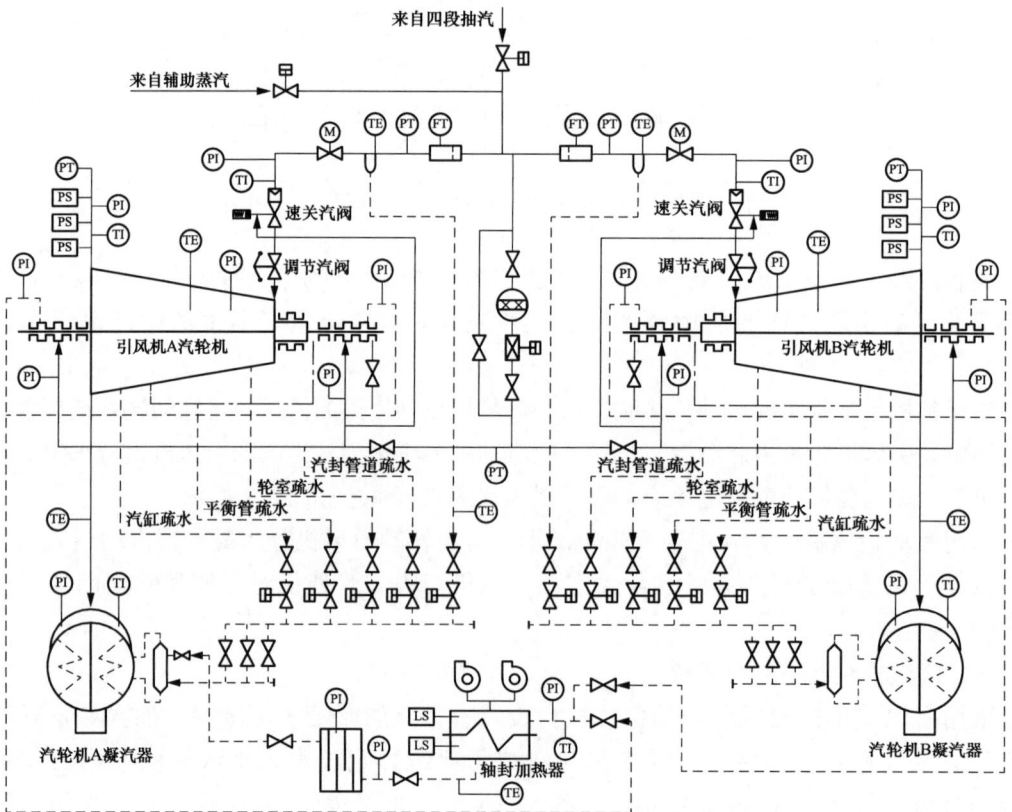

图 5-3　凝汽式汽动引风机小汽轮机供汽及轴封系统

所示，循环水系统如图 5-6 所示。小汽轮机的驱动汽源取自四段抽汽，为保证启动和低负荷时的汽源供应，小汽轮机进汽另一路从辅助蒸汽联箱接出，正常运行时小汽轮机工作汽源来自主汽轮机四段抽汽，启动和低负荷时汽源来自辅助蒸汽，四段抽汽或辅助蒸汽经小汽轮机做功后排汽至小机凝汽器。排汽在凝汽器中被循环水冷却后的凝结水由小机凝结水泵输送至主机凝汽器热井中，循环水一般取自汽轮机的循环冷却水系统。其中，每台小汽轮机凝结水系统配置两台凝结水泵，按照一运一备方式运行；每台小汽轮机真空系统配置三台真空泵，按照两运一备方式运行；循环水取自主机循环冷却水母管。

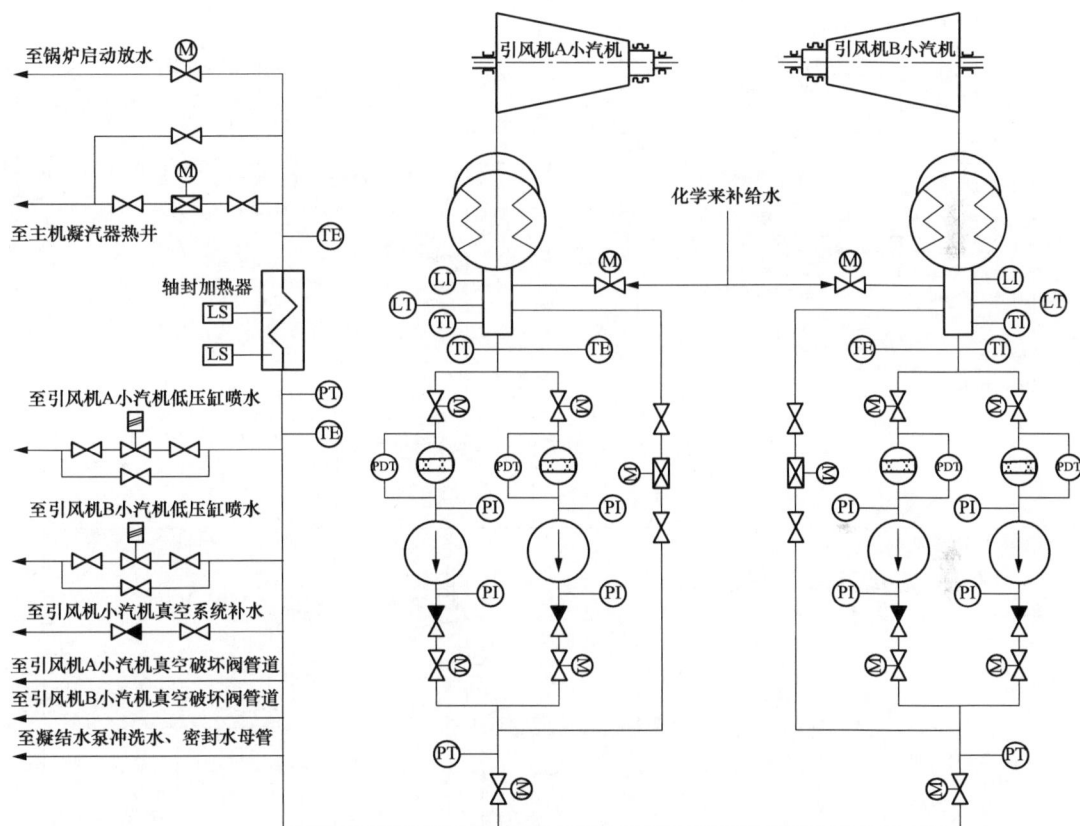

图 5-4　凝汽式汽动引风机小汽轮机凝结水系统

二、回热式（背压式）汽动引风机系统

（一）回热式小汽轮机简介

常规汽轮发电厂中，由于存在循环水冷源热损失，电厂总体热效率不超过 50%。其中主汽轮机的内效率约 90%，发电机效率约 98.9%，而小汽轮机内效率约 80%，故一般辅助设备多用高效的电动机来驱动，仅对功率较高、不便采用电动机的设备采用小汽轮机来驱动。常规汽轮发电厂中，驱动设备的小汽轮机为凝汽式，小汽轮机排汽排入主机凝汽器或单独的凝汽器，用循环水将排汽冷却成凝结水，回收工质，但排汽的热量随循环水排掉，热循环效率不高。

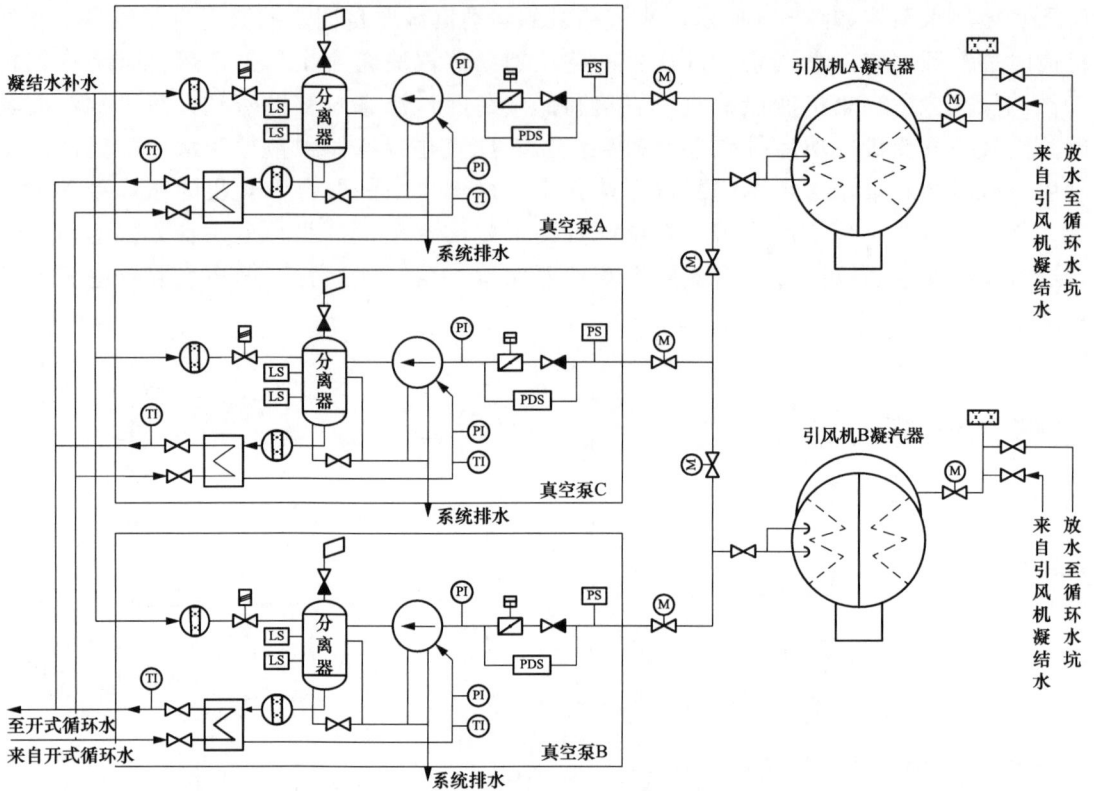

图 5-5　凝汽式汽动引风机小汽轮机抽真空系统

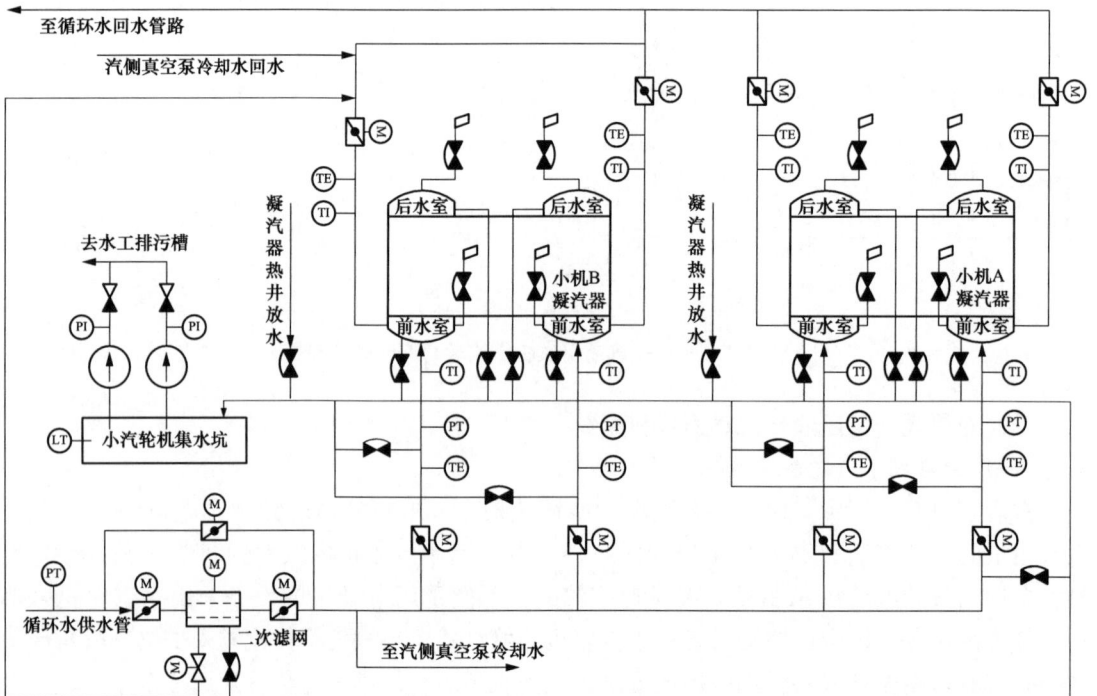

图 5-6　汽动引风机小汽轮机循环水系统

126

回热式小汽轮机驱动设备是基于回热基本原理,将驱动设备的小汽轮机的排汽引到热力循环中的除氧器或加热器中加热给水(或凝结水),降低加热蒸汽的过热度,在回收工质的同时,将排汽的热量回收到热力循环的工质中,减少冷源损失,从而提高热循环效率。

发电厂回热式小汽轮机系统的典型流程图如图 5-7 所示。

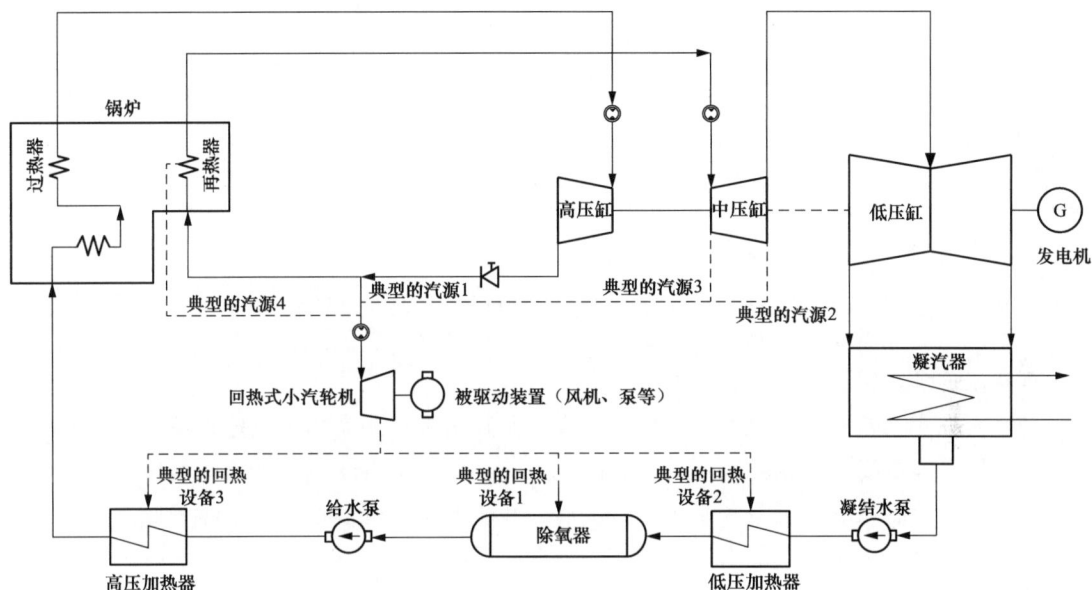

图 5-7 回热式小汽轮机系统的典型流程图

回热式小汽轮机汽源可采用:

(1) 低温再热蒸汽(即主汽轮机的高压缸排汽)。

(2) 锅炉过热器或再热器的中间加热蒸汽。

(3) 主汽轮机的中压缸排汽。

(4) 主汽轮机高、中、低压某级抽汽。

(5) 其他具有一定过热度的蒸汽。

小汽轮机排汽可回热至下列设备中的一个或多个:

(1) 除氧器。

(2) 低压加热器。

(3) 高压加热器。

(4) 其他回热设备。

(二)回热式汽动引风机技术

1. 引风机驱动技术比较

目前,国内发电厂中,引风机驱动基本分为电动、凝汽式小汽轮机驱动和回热式小汽轮机驱动三种方式。采用回热式小汽轮机驱动引风机,除了降低厂用电率、提高对外供电从而提高热力系统循环综合效率外,由于汽动引风机可采用调速方式,也可提高机组部分工况下的风机效率。同时,回热式小汽轮机比凝汽式小汽机减少了小汽机凝汽器、凝结水泵、真空泵、循环水管系等配置,且背压式小汽机结构紧凑、设备造价低,总的投资少。

不过引风机采用回热式小机驱动，机组的汽轮机热耗率比常规电动引风机方案差，其主要是因为主蒸汽流量相对增加了2.60％，高温再热蒸汽流量减少2.16％，需要对汽轮机的通流进行相应优化，并需对锅炉受热面进行调整。三种驱动方式引风机的比较见表5-1。

表5-1　　　　　　　　　　　　　三种驱动方式引风机的比较

驱动方式	初期投资	厂用电率	热力循环效率	汽轮机热耗率
电动式	低	高	低	低
凝汽式小汽轮机	高	较低	较高	高
背压式小汽轮机	较低	低	高	较高

2. 采用小汽轮机驱动引风机技术需要注意的问题

（1）采用回热式汽动风机系统，需要对主汽轮机相应进行通流优化，以提高机组效率，保证夏季出力；并需要相应调整锅炉受热面，使主蒸汽及再热蒸汽运行温度合格，避免受热面出现超温现象，保证正常运行的安全稳定性。

（2）研究小汽轮机与风机设计匹配的工作，尤其是防止两者出现共振现象。

（3）尽可能提高小汽轮机运行的可靠性。为此，要求小汽轮机与风机间的齿轮箱、小汽轮机的转子、控制系统等设备和系统质量优良、性能可靠、调节稳定、故障率低。

（4）由于汽动引风机汽源引自冷端再热蒸汽或者汽轮机抽汽，所以必须考虑汽轮机的带负荷能力。

（5）小汽轮机的选型应满足锅炉启动和引风机RB工况。即：

1）小汽轮机的调速范围应满足引风机启动工况及各种运行工况的要求。

2）在系统具备启动要求、蒸汽参数满足要求、进汽管已完成暖管的前提下，小汽轮机应能满足快速启动、带最大负荷的要求，而无需任何暖机。

3）在机组负荷大幅波动情况下，高压缸排汽压力也将大幅波动，而锅炉燃烧工况、炉膛压力也将大幅波动，此时小汽轮机的调节系统应能在规定时间内快速地调稳炉膛压力，防止炉膛压力超限。

4）小汽轮机的配汽系统应能满足不同参数汽源间的平稳切换。

3. 综述

（1）采用回热式小汽轮机需要回收小机排汽热量，从而提高了机组热力循环效率，并降低厂用电率，提高机组对电网的净出力；同时风机调速运行方式降低了全年不同负荷的综合运行能耗。

（2）采用回热式小汽轮机，比凝汽式小机配置减少了小机凝汽器、凝结水泵、真空泵、循环水管系等配置，且背压式小机结构紧凑、设备造价低。

（3）采用回热式汽动引风机系统，需要对主汽轮机相应进行通流优化，以提高机组效率，保证夏季出力；并需要相应调整锅炉受热面，使主蒸汽及再热蒸汽运行汽温合格，避免受热面出现超温现象，保证正常运行的安全稳定性。

4. 回热式小汽轮机驱动引风机应用实例

国内某燃煤发电厂660MW超超临界机组，锅炉为上海锅炉厂有限公司生产的超超临界参数变压运行直流炉、单炉膛、一次再热、采用四角切圆燃烧方式、平衡通风、露天布置、固态排渣、全钢构架、全悬吊结构Ⅱ形锅炉。锅炉额定工况过热器出口压力26.15MPa（g），锅炉最大连续出力2040t/h。

汽轮机采用上海汽轮机有限公司根据Siemens技术设计制造的纯凝式汽轮机，汽轮机进口主蒸汽参数：压力25.0MPa（a），温度600℃；再热蒸汽进口温度600℃。

每台锅炉配两台50％容量回热式小汽轮机驱动引风机，引风机与脱硫增压风机合并，不设单独脱硫增压风机。

两台回热式汽动引风机小机由杭州汽轮机厂生产，型号为NG40/32，具体参数见表5-2。正常工作汽源使用汽轮机再热冷段抽汽，RB工况下的汽源通过汽源切换阀由再热冷端抽汽和一段抽汽共同供给。引风机小汽轮机的控制系统采用数字电液调节系统（MEH）。

表 5-2　　　　　　　　　　　　　回热式汽动引风机技术规范

项　目	参　数	项　目	参　数
数量（台）	2	型式	单缸、单流、背压式
运行方式	变参数、变功率、变转速	小机与变速箱连接方式	膜片式联轴器连接
功率（MW）	TB工况5.95；THA工况3.5	THA工况排汽压力 MPa（a）	0.25
		TB工况排汽压力 MPa（a）	0.45
额定转速（r/min）	7123	排汽温度（℃）	127
调速范围（r/min）	1000～7670	汽轮机第一临界转速	＞9000
电气跳闸转速（r/min）	7738	转向（从齿轮箱端看风机）	逆时针
最大转速（r/min）	7665	轴系振动值（mm）	正常：＜0.03　报警：0.06 跳闸：0.09
THA进汽量（t/h）	31		
排汽口方向	上排汽形式	脆性转变温度（FATT）（℃）	≤50
惰走时间（min）	约15	冷态启动从空负荷到满负荷所需时间约60min	

经汽轮机做功后的排汽设置了两路回收，一路是用来接受启动和跳机时的排汽，另一路的回热低压加热器用来吸收正常排汽的热量，以提高凝结水的温度，降低汽轮机回热系统的抽汽量。启动时，汽动引风机的汽源来自辅助蒸汽。

回热低压加热器系统的凝结水水源来自7号低压加热器出口，通过新增的低压加热器（风机侧）加热后再与风机侧加热器的疏水充分混合后回到汽轮机房的6号低压加热器入口处，完成循环。为方便控制，本系统设置了一台大气式疏水扩容器（一台机组）。锅炉启动前，炉膛需要通风，此时锅炉水系统尚未建立，因此，该工况下小汽轮机的启动排汽直接进入就地设置的大气式疏水扩容器。机组跳机时，为防止炉膛超压，引风机的排汽也进入该大气式疏水扩容器。

低负荷（锅炉上水至锅炉30％BMCR负荷以下）时，引风机的排汽既可直接进入大气式疏水扩容器，也可进入回热低压加热器系统进行换热。当机组的凝结水系统建立并确认风机侧低压加热器已经通水后，就可将汽动引风机的排汽引至风机侧低压加热器进行热量回收利用。

回热式汽动引风机小汽轮机工艺流程如图5-8所示。

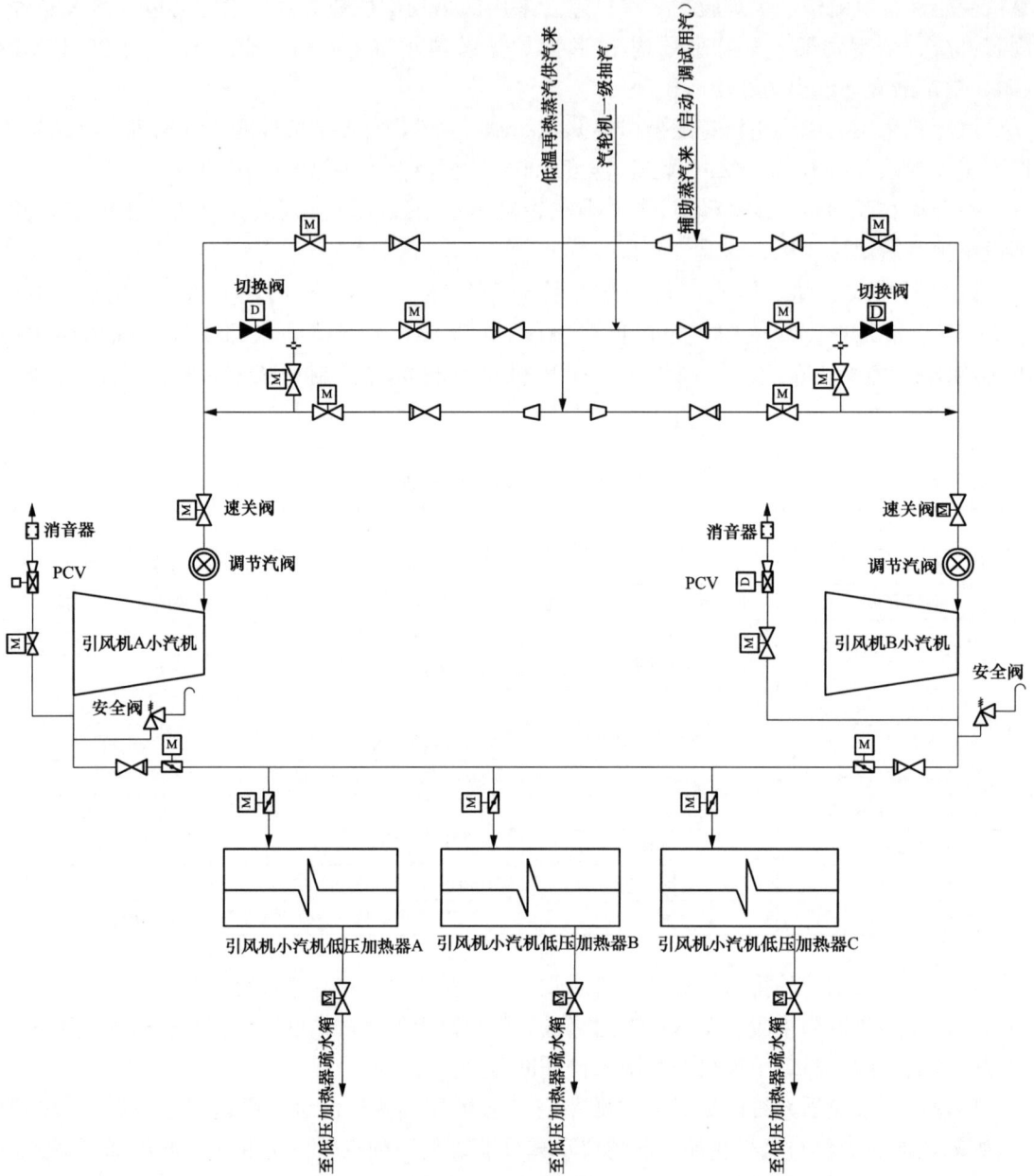

图 5-8　回热式汽动引风机小汽轮机工艺流程

第二节　汽动引风机炉膛负压控制策略

　　炉膛负压的稳定是保证燃煤机组安全、稳定运行的基本要求，对于采用两台汽动引风机的超（超）临界机组，炉膛负压控制策略的关键在于控制上不仅存在引风机的静叶调节，而且存在小汽轮机的转速调节，控制结构是一种相对复杂的变结构的双回路控制，汽动引风机包含启动过程、单侧运行、并列运行多种运行工况，运行工况的多变性，对机组的控制提出相关的要求，机组运行过程中需要根据运行工况自动选择控制方式，以保证炉膛负压在机组启动、运行及停机过程中全程进行自动调整，维持炉膛负压在合理范围。

一、汽动引风机系统运行方式

以某厂使用的汽动引风机系统为例，其小汽轮机工作转速范围为 2750~5300r/min，小汽轮机在 800r/min 暖机，每台引风机入口均设置有对空吸气通道及另一侧引风机出口至本台引风机入口的烟气通道。

第一台引风机启动前，打开引风机出口挡板、关闭引风机的入口挡板，关闭引风机静叶，小机具备冲转条件后开始冲转。当小机转速达到 200r/min 时打开引风机入口挡板，开启引风机静叶 5%。在小机转速达到 800r/min 时，暖机 30min，暖机结束后，继续升速至 2000r/min 开启入口挡板，升速至 2750r/min 工作转速后定速并投入遥控保持转速不变，静叶投入自动维持炉膛负压，第一台引风机的启动过程完成。

第二台引风机启动前，开启引风机出口挡板，关闭引风机入口挡板及静叶，小机具备冲转条件后开始冲转，由于小机启动阶段特别是暖机阶段用时较长，此时开启第二台引风机入口对空吸气通道，或第一台运行引风机出口至第二台引风机入口的烟气通道，为第二台引风机提供运行必需的风量，避免在此阶段风机出现失速及喘振现象。待小机暖机结束并升速至与第一台转速相差 200r/min 以内时开启入口挡板，关闭启动阶段使用的空气通道，将风机切换至正常工作状态，随后通过对转速或静叶的调整与第一台引风机并列运行。

对于不设入口对空吸气通道或另一侧引风机出口至本台引风机入口烟气通道的系统，根据引风机运行需求可以在小汽轮机冲转过程中开启第二台引风机入口挡板，以保证风机安全运行。在此过程中，第一台引风机通过静叶的调整维持炉膛负压。第二台引风机升速至工作转速后，通过转速或静叶的调整与第一台引风机并列运行。

并列运行的引风机出力随机组负荷升高不断增加，当两台引风机静叶开度均达到全开的经济工况后，炉膛负压由静叶控制切换至转速控制，静叶开度保持不变。

机组降负荷过程中，两台并列运行的汽动引风机中任一台转速小于 2750r/min 工作转速后，炉膛负压切至静叶调节，两台引风机维持当前转速不变。

二、汽动引风机炉膛负压控制策略

典型的汽动引风机炉膛负压控制回路如图 5-9 所示。控制回路包含静叶调节及转速调节两个回路。静叶调节回路采用常规的单回路比例＋积分控制，同时引入送风机动叶的开度指令作为引风机静叶指令的前馈，在引风机转速恒定的条件下调节负压。由于引风机在不同转速下的出力不同，为提高炉膛负压调节效果，根据引风机转速的不同采用变参数调节。

转速调节回路采用串级控制，主调节器用于控制炉膛负压的偏差，主调节器的输出指令作为 MEH 中小汽轮机转速副回路的设定。主调节器中引入送风机动叶开度指令的函数作为引风机转速设定的前馈。

静叶调节及转速调节切换条件的选择在控制策略中尤为重要。同一时刻必须保证两侧风机均采用同一控制方式进行负压调整，一旦两侧风机调节方式不同步，将会出现一侧引风机通过静叶调整炉膛负压，而另一侧引风机通过转速调整炉膛负压的情况，极易引起两侧风机出力不平衡及两种控制回路相互扰动导致的炉膛负压摆动，因此，在切换条件中采用以下措施保证两侧引风机调节方式始终同步：

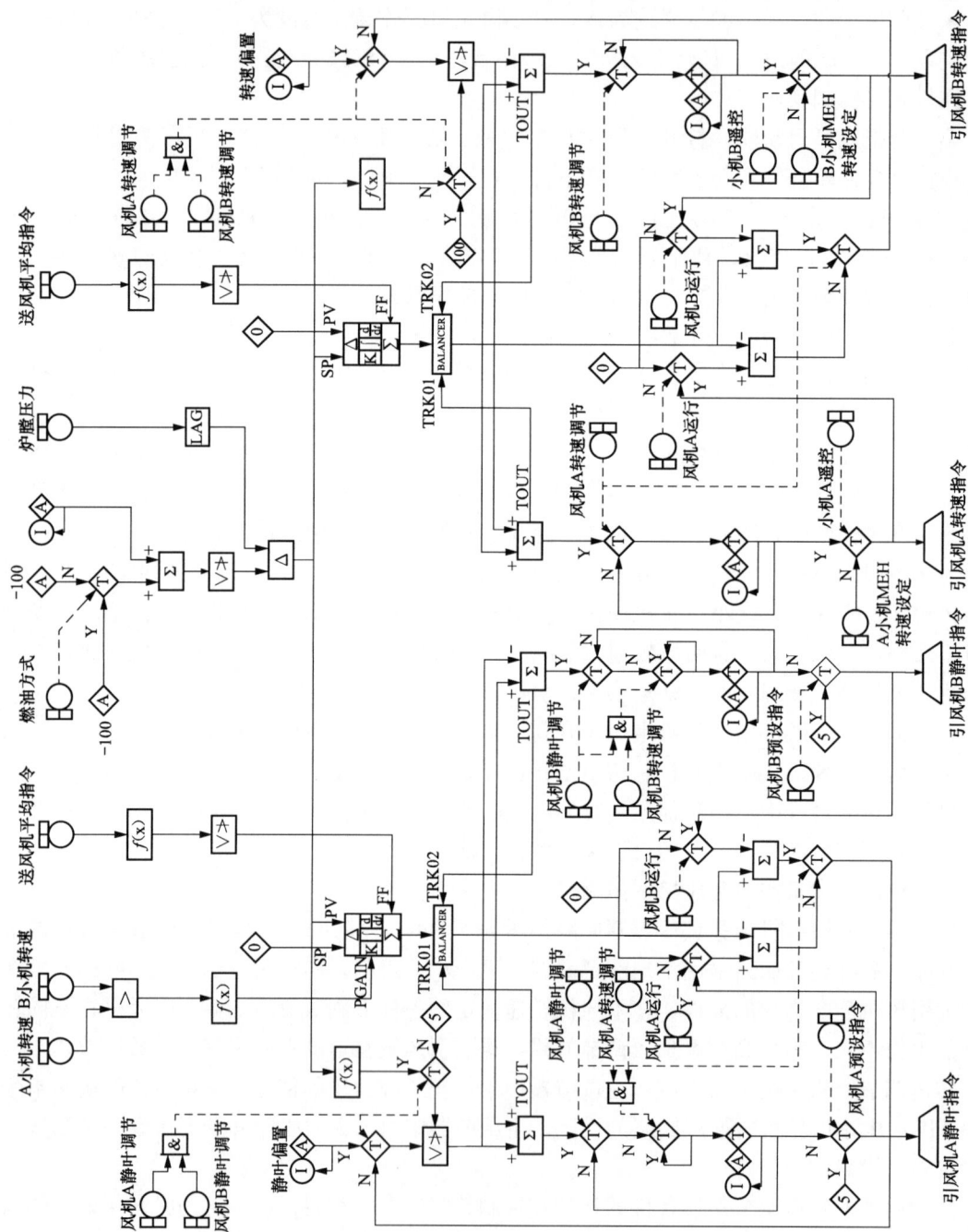

图5-9 典型的汽动引风机引风机炉膛负压控制回路

（1）采用两台引风机静叶指令小选值＞70％作为静叶调节切换至转速调节的判断条件。

（2）采用两台小机转速较小值＜2750r/min作为转速调节切换至静叶调节的判断条件。

（3）两台引风机同时进行调节方式切换。

汽动引风机炉膛负压转速调节切换条件如图5-10所示。

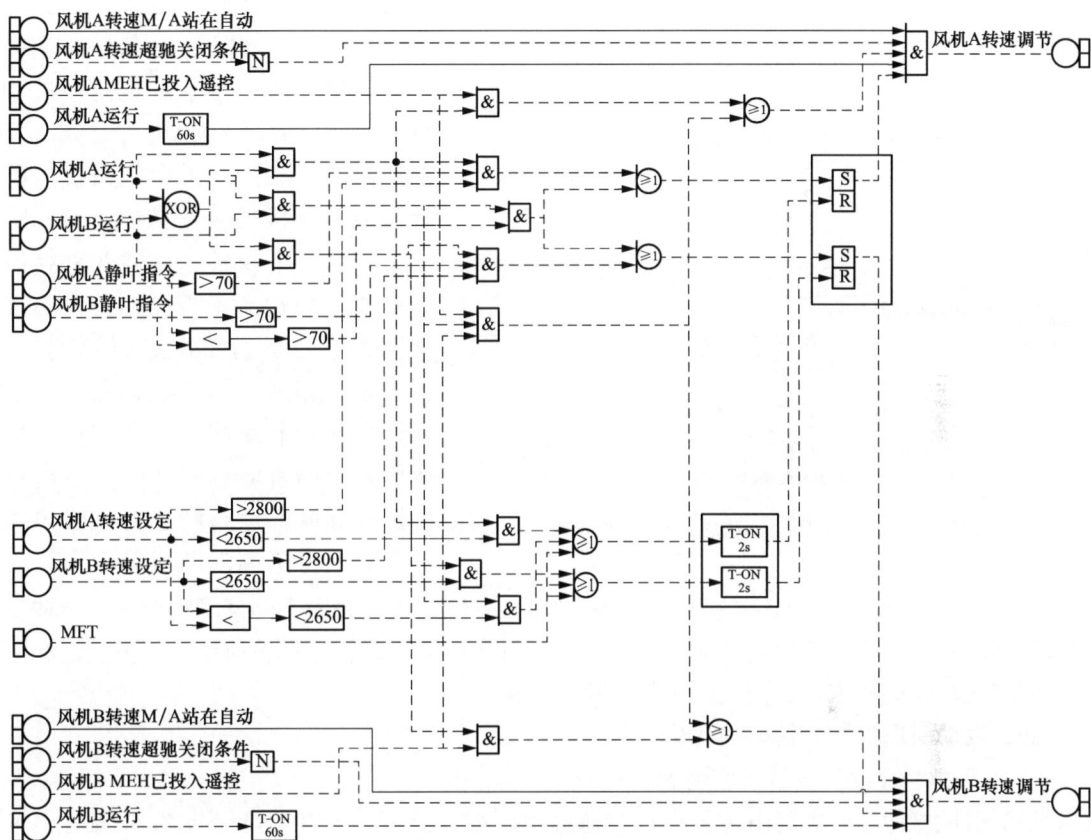

图5-10 汽动引风机炉膛负压转速调节切换条件

汽动引风机在静叶突关、一次风机RB或锅炉MFT时，实际风量的突变引起引风机小汽轮机实际负载的突降，造成小机实际转速的飞升并引起炉膛负压快速下降。如何在小机实际负载突降时快速降低小机设定转速并稳定实际转速在安全水平成为控制逻辑的关键所在。可以通过在引风机小机转速控制回路内增加防超速转速设定快降前馈来克服超速的威胁，该前馈有两部分组成，一部分为在锅炉发生MFT时，首先锁定当前目标负荷值，进而根据预置函数得出快减转速量，然后通过预置设定速率进入小机转速控制回路；另一部分由炉膛压力偏差信号预置一带死区的转速设定输出回路并经过速率限制后进入小机转速控制回路。汽动引风机小汽轮机防超速回路如图5-11所示。与此同时，通过在引风机静叶控制回路内增加闭锁减功能等手段也能够有效克服炉膛负压的快速下降。

三、汽动引风机炉膛负压控制策略的探讨

目前使用的汽动引风机炉膛负压控制策略已取得成功应用，该策略是在借鉴电动引风机静叶控制策略的基础上重新构造转速控制回路后组合形成，同时结合运行过程中出现的各类

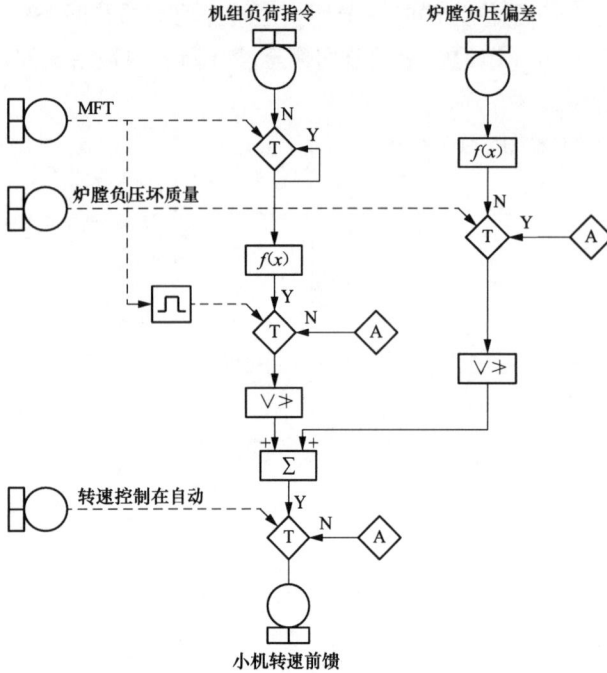

图 5-11　汽动引风机小汽轮机防超速回路

问题，对其控制方式进行了完善和优化，存在控制结构相对复杂、切换条件繁杂等缺陷。

相比电动引风机系统，汽动引风机系统在两侧静叶调节的基础上增加了两侧风机转速对负压的调整手段，形成四种设备调整同一被调量的状况，系统结构更为复杂。目前使用的控制策略将两侧风机的静叶及两侧风机的转速横向组合，形成了静叶调节及转速调节两种控制方式并分别构造了控制回路，通过切换逻辑对运行工况进行判断后，自动选择相对应的控制回路。为进一步简化控制结构，可考虑将单侧风机转速与静叶纵向组合，通过试验探索静叶开度与转速对风机出力的影响，将单侧汽动引风机作为一

个整体调节手段考虑，从而使控制结构简化为通过两侧引风机出力控制调整炉膛负压，使控制策略与原电动引风机类似，从而弱化引风机小机在启动、暖机、带负荷运行等不同工况下对控制方式切换的需求，进而进一步简化控制结构。

四、汽动引风机控制策略的优化

1. 引风机静叶控制与转速控制切换逻辑

根据引风机静叶开度与引风机小机转速最优匹配试验表明，在静叶开度为 80％时引风机效率最高，同时考虑到锅炉整体风烟系统，需要机组在大负荷时增加引风机小机出力来保证炉膛负压的稳定，进而需要增加引风机小机转速的实际需要。因此，优化逻辑为，在引风机小机转速大于 5300r/min 时，强制使原静叶锁定的 80％开度缓慢增加开度到 85％；在引风机小机转速小于 5100r/min 时且引风机静叶开度大于 81％时，静叶开度再缓慢回关到80％开度并锁定；开度切换时间为 1％/min。为了防止引风机长期超速运行，根据转速比修改引风机小机超速转速由 5874r/min 提高为 5940r/min。

考虑到在 RB 工况下小机转速调节的阶跃性，为了确保引风机小机转速调节保持在遥控模式而不切为就地控制模式，增加在 RB 触发后屏蔽小机转速指令与反馈偏差大于 500r/min时小机控制切就地模式。

2. 防汽动引风机小机转速超速逻辑

在引风机小机静叶突降、发生一次风机 RB 或锅炉 MFT 时，由于实际风量的突变进而引起引风机小机实际负载的突降，均会造成小机实际转速的飞升并严重威胁设备的安全运行。一般情况下，引风机小机的运行转速在 3000～5500r/min，而引风机小机的电超速转速在 5897r/min。因此，如何在小机实际负载突降下快减小机设定转速并稳定实际转速在安全

水平成为控制逻辑的关键所在。

为防超速，在引风机小汽轮机转速控制逻辑回路内增加转速快降前馈。引风机小汽轮机转速快降前馈回路如图 5-12 所示，该前馈由两个部分组成，一部分为在锅炉发生 MFT 时，首先锁定当前目标负荷值，进而根据预置函数得出快减转速量，然后通过预置设定速率进入小汽轮机转速控制回路；另一部分由炉膛压力偏差信号预置 1 个带死区的转速设定输出回路并经过速率限制后进入小汽轮机转速控制回路。

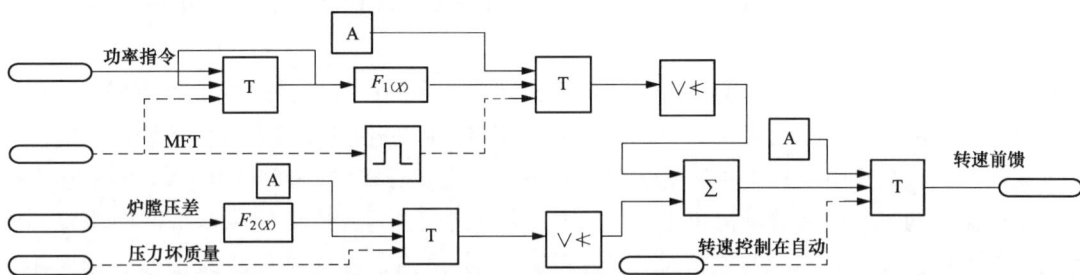

图 5-12　引风机小汽轮机转速快降前馈回路

为避免引风机小机在高转速时因静叶快关造成小机意外超速，在引风机静叶控制回路内增加闭锁减功能。即：引风机小机转速在手动模式、静叶开度大于 85％且小机转速大于 5300r/min 时，闭锁该风机静叶减功能。

3. 针对送风机控制回路优化

根据送、引风机容量匹配及调节速度差异较大的实际情况，有针对性地对送风控制指令回路进行改造以适应调节速度差异较大的特性。在机组负荷大于 600MW 且两侧送、引风机全运行，若一侧送风机或引风机跳闸，则在逻辑内增加跳闸同侧引风机或送风机联锁信号，维持风烟系统单侧运行进而匹配送、引风机出力问题。

在机组发生 RB 时由于燃料突降以及氧量调节回路对送风指令的修正，造成送风指令快速回落到机组 RB 目标负荷对应的送风量上。由于引风机小机调节速度远慢于送风机，易造成炉膛负压过大，并严重影响炉膛燃烧及造成引风机小机超速事故。为此，在原送风指令回路内增加随机组负荷变速率限制回路，使送风指令下降速度受限于机组负荷的衰减速度。即先慢后快并平滑过渡进而和引风机小机转速调节速度相匹配。增加变速率限制后送风控制指令回路如图 5-13 所示。

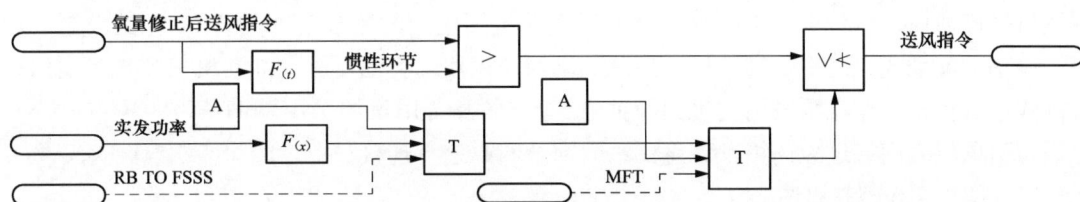

图 5-13　增加变速率限制后送风控制指令回路

由图 5-13 可知，经过氧量修正后送风指令先经过与其自身惯性环节取大后形成的指令，然后根据 MFT、RB 和正常运行模式的切换速率对其限速后作为新的送风指令去执行控制回路。

在机组发生 RB 时，考虑到氧量调节对送风指令影响，特在控制逻辑内增加氧量调节跟踪功能。同时为避免送风指令下降过慢造成运行送风机过出力问题，增加送风机动叶调节最大开度限制逻辑。

4. 针对机组变负荷汽动引风机控制优化

在机组变负荷过程中，为了加快引风机小机调节速度同时避免变负荷结束后炉膛压力反弹现象，特增加变负荷转速前馈回路并引入小机转速调节 PID 控制前馈内。变负荷前馈经过函数转换为转速前馈后经过变负荷"刹车"回路所限定的速率后，进入小机转速 PID 前馈回路。

炉膛负压调节增加变负荷前馈对引风机小机转速指令的前馈，并对变负荷结束时的前馈量进行切换，增加变负荷结束时，快速跟踪切换逻辑。即在变负荷结束后由于变负荷前馈预置转速快速回收造成引风机小机转速快速变化造成炉膛负压控制调节扰动较大，特增加在引风机变负荷"刹车"回路的量值小于 1.55 时（接近结束），强制 2s 使主调节回路跟踪同时变负荷预置转速快速归零，偏差汇总在 PID 调节积分之内，这样避免转速快速返回。在引风机变负荷"刹车"回路的量值大于 1.6 时，强制复位该功能。解决变负荷结束后炉膛压力翘尾现象。

第三节　凝汽式汽动引风机的 RB 试验

目前，汽动引风机在新建 1000MW 级机组中已逐步得到应用，但相关的辅机故障减负荷（RB）试验尚无成熟的控制策略和丰富的工程实际经验。对某台采用凝汽式汽动引风机的汽轮发电机组在调试、RB 试验过程中出现的问题进行分析和总结，提炼出 RB 过程送、引风机控制逻辑的优化策略。

一、设备概况

某电厂超超临界 1000MW 机组，锅炉为东方电气集团东方锅炉股份有限公司制造的超超临界本生滑压运行直流锅炉，型号：DG3110/26.15-II2 型，单炉膛，一次中间再热，平衡通风，尾部双烟道结构；汽轮机为哈尔滨汽轮机厂制造的超超临界凝汽式汽轮机，型号：CCLN1000-25/600/600，一次中间再热、单轴、四缸四排汽；控制系统采用艾默生控制系统（上海）有限公司的 OVATION 系统。

烟风系统设计采用两台动叶可调轴流送风机和两台由凝汽式小机驱动入口静叶可调轴流引风机平衡通风。每台引风机配置一台杭州汽轮机厂生产的型号为 NK63/56/0 的单缸、单流、单轴、反动式、纯冷凝汽轮机。控制驱动回路采用二次油压驱动油动机来实现。引风机凝汽式小机正常工作汽源采用主机四段抽汽，启/停及备用汽源采用辅助蒸汽。凝汽式小汽轮机与引风机之间通过减速箱（转速比：5574/722）进行连接。

二、机组 RB 控制概述

RB 控制策略主要由模拟量控制系统（MCS）和燃烧器管理系统（FSSS）共同实现。FSSS 任务主要是按照一定顺序及时间切除运行磨煤机直至到保留磨煤机台数，同时投入预置油枪稳燃。MCS 中一般包含几个特有的 RB 控制回路：运行辅机最大出力计算、负荷指令变化率设定、控制模式自动切换、主蒸汽压力滑压设定值生成回路及其压力变化率设定等。

在发生 RB 时，机组控制方式自动由协调模式（CCS）切为汽轮机跟踪模式（TF）、锅炉主控处于目标负荷自动预设模式、汽轮机主控根据机组滑压设定值维持机前压力按一定速率下滑、FSSS 系统自动按预设跳磨顺序切除燃料并保留 3 台磨煤机运行同时，燃料主控自动维持目标负荷对应的燃料量，机组负荷降低到辅机许可的出力范围内。

采用凝汽式汽动引风机的机组，在炉膛负压控制上还保留有静叶调节和小汽轮机转速调节手段，需要重新构造静叶调节如何在向转速调节过渡、两台引风机小机并列运行、引风机运行判断、RB 工况引风机控制方式切换以及防小汽轮机超速和炉膛负压波动过大，造成锅炉 MFT 保护动作等一系列控制逻辑的优化问题。在机组 RB 动作时，由于送风指令的快降（燃料量突降、氧量调节的叠加）造成引风机负载快速减小，而引风机小机调节存在一定的迟滞（小机转速经变速箱变比后作用于引风机）导致炉膛负压过大，进而影响炉膛燃烧甚至于造成小机超速的严重后果。因此在 RB 工况下，需要送风指令充分照顾到引风机调节特性并在送风指令的下降速度、幅度及时间上与之匹配进而达到两者同步平稳下降。

三、机组 RB 试验

对送、引风机控制策略进行如本章第二节的相关优化后，重点针对一次风机、送风机和引风机进行 RB 试验考验。

1. 一次风机 RB 试验

RB 试验前机组的负荷为 900MW，处于协调方式、滑压运行，A、B、C、E、F 五台磨煤机运行，机组处于稳定运行状态。

运行人员手动停止 A 一次风机，触发一次风机 RB 动作。过程如下：

（1）一次风机 RB 发生后，机组由 CCS 控制切为 TF 控制方式，滑压运行。

（2）一次风机 RB 发生后锅炉主控指令自动切至 550MW。

（3）一次风机 RB 发生后，按顺序跳闸 F、B 磨煤机，保留 A、C、E 三台磨煤机运行（前后墙对冲燃烧方式）。

（4）A 层磨煤机少油点火自动投入，D 油层自动间隔 15s 投入。

（5）燃料设定自动进入 RB 发生后所预置目标值，燃料主控闭锁 30s 后转入自动调节。

（6）RB 发生后在给水、燃料、机组负荷和主蒸汽压力等稳定后可由运行人员手动复位 RB 信号。

一次风机 RB 相关过程曲线如图 5-14 所示。通过图 5-14 的炉膛负压曲线 9 可知，在热一次风母管压力（曲线 11）从 11.3kPa 突降到 4.2kPa 的过程中，炉膛负压从 -139Pa 突降到 -2000Pa 后快速反弹并稳定在 -120Pa 左右，为炉膛的稳定燃烧创造了良好的条件。

2. 送/引风机 RB 试验

RB 试验前机组的负荷为 900MW，处于协调方式、滑压运行，A、B、C、E、F 五台磨煤机运行，机组处于稳定运行状态。由于送引风机 RB 控制回路均为跳闸同侧送引风机保留单侧运行模式，且 RB 发生后控制模式切换与一次风机 RB 相同，故不再赘述。

送风机 RB 动作相关过程曲线如图 5-15 所示。通过图 5-15 的炉膛负压曲线 9 可知，在运行引风机小机转速设定（曲线 13）从 4953r/min 升到 5600r/min 的过程中，小机的实际转速（曲线 14）仅从 4954r/min 升到 5023r/min，运行送风机开度（曲线 11）由 50% 开大到 64%，炉膛负压从 -82Pa 升到 1100Pa 后缓慢回落到 110Pa 左右。

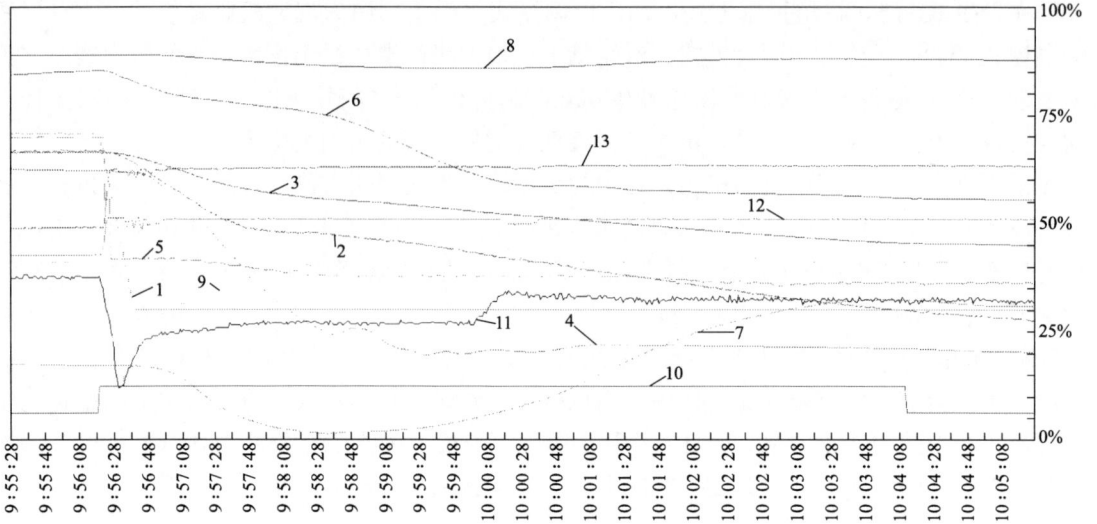

图 5-14 一次风机 RB 相关过程曲线

1—锅炉主控指令，量程（300～1200MW）；2—发电机功率，量程（300～1200MW）；3—主蒸汽压力，量程（0～36MPa）；
4—实际给水量，量程（1000～3600t/h）；5—总煤量，量程（0～500t/h）；6—实际总风量，量程（0～3600t/h）；
7—过热度，量程（0～150℃）；8—主蒸汽温度，量程（-200～700℃）；9—炉膛负压，量程（-3000～4000Pa）；
10—RB信号，量程（-1～15）；11—热一次风母管压力，量程（0～30kPa）；
12—B—次风机动叶反馈，量程（0%～150%）；13—B—次风机电流，量程（0～600A）

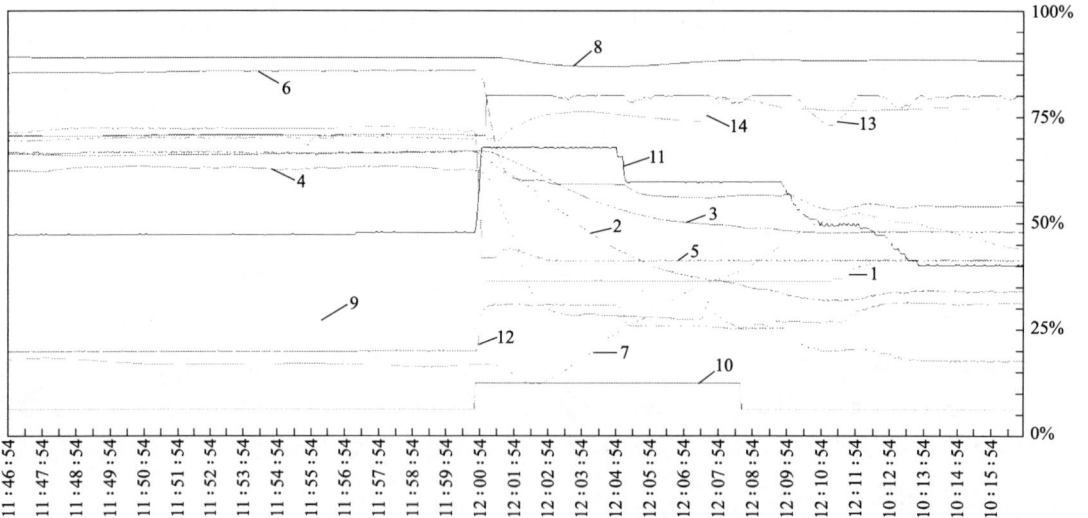

图 5-15 送风机 RB 动作相关过程曲线

1—锅炉主控指令，量程（300～1200MW）；2—发电机功率，量程（300～1200MW）；3—主蒸汽压力，量程（0～36MPa）；
4—实际给水量，量程（1000～3600t/h）；5—总煤量，量程（0～500t/h）；6—实际总风量，量程（0～3600t/h）；
7—过热度，量程（0～150℃）；8—主蒸汽温度，量程（-200～700℃）；9—炉膛负压，量程（-2000～5000Pa）；
10—RB信号，量程（-1～15）；11—B送风机动叶反馈，量程（0%～100%）；12—B送风机电流，量程（0～600A）；
13—B引风机小机转速设定，量程（0～7000r/min）；14—B引风机小机实际转速，量程（0～7000r/min）

引风机 RB 动作相关过程曲线如图 5-16 所示。通过图 5-16 的炉膛负压曲线 9 可知，在运行引风机小机转速设定（曲线 13）从 4785r/min 升到 5600r/min 的过程中，小机的实际转速（曲线 14）仅从 4781r/min 升到 5124r/min，运行送风机开度（曲线 11）由 46％开大到 67％，炉膛负压从 −47Pa 升到 1388Pa 后缓慢回落到 360Pa 左右。

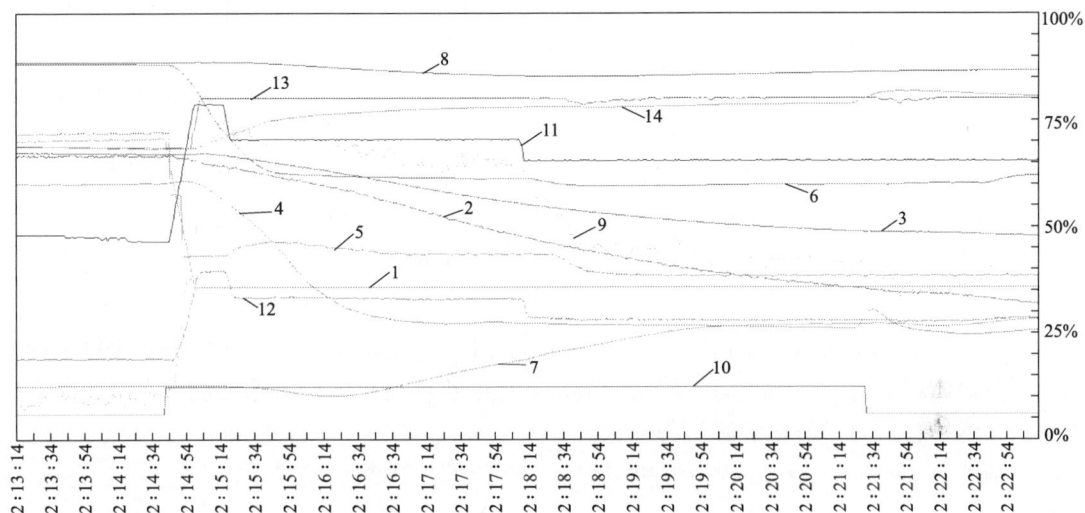

图 5-16　引风机 RB 动作相关过程曲线

1—锅炉主控指令，量程（300～1200MW）；2—发电机功率，量程（300～1200MW）；3—主蒸汽压力，量程（0～36MPa）；

4—实际给水量，量程（1000～3600t/h）；5—总煤量，量程（0～500t/h）；6—实际总风量，量程（0～3600t/h）；

7—过热度，量程（0～150℃）；8—主蒸汽温度，量程（−200～700℃）；9—炉膛负压，量程（−300～2000Pa）；

10—RB 信号，量程（−1～15）；11—A 送风机动叶反馈，量程（0％～100％）；12—A 送风机电流，量程（0～600A）；

13—A 引风机小机转速设定，量程（0～7000r/min）；14—A 引风机小机实际转速，量程（0～7000r/min）

在送引风机 RB 相关过程曲线中，根据运行小机实际稳定转速（曲线 14）曲线可知其基本稳定在 5500r/min 左右，而小机电超速为 5897r/min。因此在 RB 结束后需要运行人员避免对送风机进行过快的调整以免造成运行小机超速的严重后果。

四、结论

（1）引风机小机炉膛压力控制采用静叶闭锁进而转速调节在实践中是可行的。

（2）重新构造的送风指令回路与引风机小机转速调节速度是基本匹配的。

（3）新增静叶开度与引风机小机转速切换逻辑，优化引风机效率并保证最大出力。

（4）防引风机小机超速回路在机组 RB 工况下起到关键的拉回作用。

（5）炉膛负压快速拉回回路对稳定锅炉燃烧起到关键性作用。

（6）经受一次风机和送、引风机 RB 恶劣工况考验，提高了机组运行的安全性和稳定性。

第四节　回热式（背压式）汽动引风机 RB 控制策略

回热式汽动引风机 RB 试验的目的和功能与常规机组完全相同，此处仅对引风机的运行方式不同而导致其 RB 试验具有的特点进行相关讲述。

一、回热式（背压式）汽动引风机 RB 功能（简称回热式）

回热式汽动引风机的控制方式有其自身的特点，其 RB 功能也与常规凝汽式汽动引风机有所不同。

回热式汽动引风机 RB 功能主要注意的问题如下：

（1）在机组降负荷过程中，需要设置合理完善的引风机小汽轮机汽源切换控制策略，避免由于小汽轮机汽源压力不足，造成小汽轮机转速失控下降。

（2）需要解决由于汽轮机出力等原因造成机组低负荷阶段单台汽动引风机带负荷能力不足问题。

（3）通过对引风机前馈和送风控制进行优化调整，确保汽动引风机出力能跟随锅炉总风量快速下降，以维持炉膛压力的平稳，又不造成小汽轮机甩负荷超速现象。

（4）解决在 RB 过程中由于小汽轮机转速自平衡回路作用引起的引风机调节指令饱和问题。

（5）在机组负荷大幅波动情况下，高压缸排汽压力（引风机小汽轮机汽源）也将大幅波动，而锅炉燃烧工况、炉膛压力也将大幅波动，此时小汽轮机的调节系统应能在规定时间内快速地调稳炉膛压力，防止炉膛压力超限。

以国产某 660MW 超超临界直流机组为例，介绍背压式汽动引风机 RB 控制策略及试验过程。

1. 回热式汽动引风机 RB 过程中的汽源切换控制策略

机组正常运行时汽动引风机设计有两路供汽汽源，第一路来自再热冷端供汽，汽源压力 5.4MPa（THA 工况），为正常工作用汽；第二路来自汽轮机一段抽汽，汽源压力 7.6MPa（THA 工况），为备用用汽，一段抽汽的供汽管路设计有液动切换阀，进行备用汽源的切换调节。回热式汽动引风机汽源的工艺流程如图 5-17 所示。

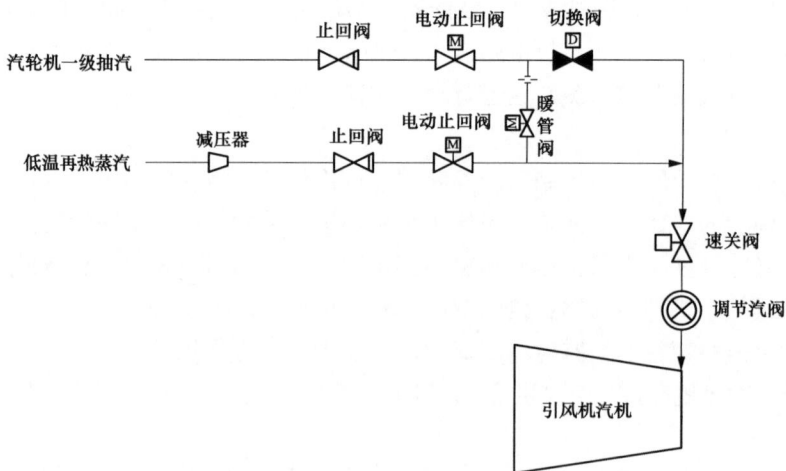

图 5-17　回热式汽动引风机汽源的工艺流程

由图 5-17 可见，引风机小机正常运行时由低温再热蒸汽供汽，当机组发生 RB 后，机组负荷快速下降，随着汽轮机做功能力的降低，高压缸排汽压力随之快速下降，造成运行引风机小机供汽不足，小机转速难以维持。所以当出现引风机小机正常供汽汽源不足时，必须对引风机小机汽源进行补充，即通过调节切换阀，小汽轮机汽源由正常工作汽源切换为正常汽源（低温再热蒸汽）和备用汽源（一段抽汽）共同供汽。需要设置合适的汽源切换策略完成上述控制目的，该工程汽源切换阀控制采用分程控制策略，将汽动引风机小机转速调节指令分成两个区间：当引风机小机转速指令在较低负荷区间时，切换阀关闭，由低温再热蒸汽供汽，通过控制小机调节汽阀开度来控制小机转速，调节引风机出力；机组处于异常工况，需要引风机小机快速增加出力，当引风机小机转速指令达到 60％～200％ 区间时，切换阀逐渐开启，此时由低温再热蒸汽和一段抽汽共同供汽给小汽轮机，小机转速由低调阀和切换阀共同控制，小机转速指令越高，切换阀开度越大。

小机转速分程控制逻辑图如图 5-18 所示。

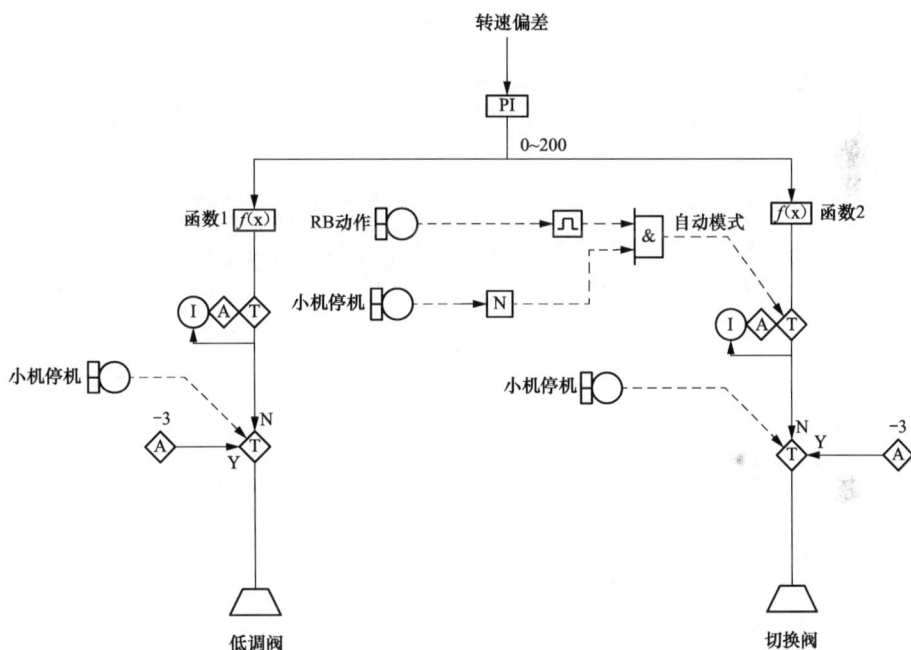

图 5-18　小机转速分程控制逻辑图

如图 5-18 可见，转速调节输出 0～200 量程阀位指令分别经函数 1、2 引入小机低调阀和切换阀，逻辑中设置了 RB 发生时切换阀投入自动功能，以确保切换阀能快速供汽。其中，函数 1、2 参数如图 5-19 所示。

如图 5-19 可见，低调阀指令区间为 0～100，切换阀指令区间为 60～200。低调阀和切换阀开度设置了部分重叠度（阴影部分），是为了在 RB 过程中汽源压力下降后，切换阀能超前开启，以加强小汽轮机的转速调节性能，防止炉膛压力过分下降。

切换阀可以全程投入自动控制，通过合理的设置阀门重叠区，可实现当机组正常运行阶段，由低温再热汽供汽，保证机组的运行效率；当发生 RB 等异常工况时，由低温再热汽和一段抽汽共同供汽，以提高小汽轮机带负荷能力，稳定炉膛压力。

2. 机组低负荷阶段单台汽动引风机带负荷能力不足问题

在机组正常运行时，两台汽动引风机分别能够带 50％ 的出力，但当机组发生引风机 RB

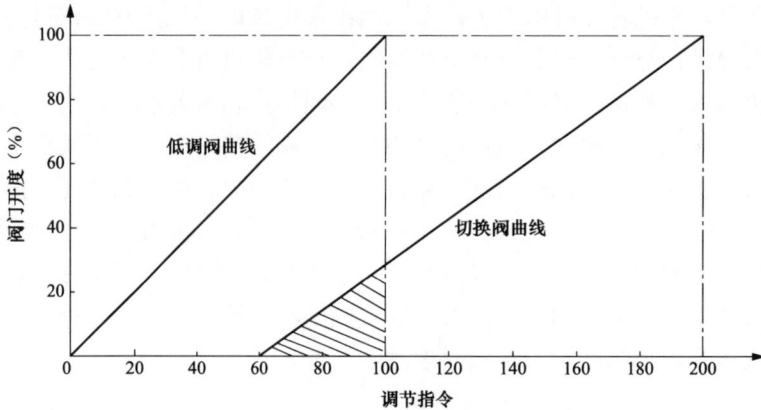

图 5-19　小机低压调阀和切换阀指令-开度函数

工况时，由于汽源压力下降等问题，单台引风机出力不足（能满足 40％负荷需求），在小机转速达调节上限，而炉膛压力仍持续偏高情况。影响机组的安全、稳定运行，需要从以下几个方面解决此问题。

（1）当机组发生引风机 RB 工况时，释放引风机动叶控制，随着小机转速的提高，使引风机动叶在原有开度上再增加一定的偏置开度，即小机转速超过一定值后，该引风机动叶挡板也逐渐的开大，以减小风道阻力，提高风机带负荷能力。引风机动叶控制逻辑如图 5-20 所示。

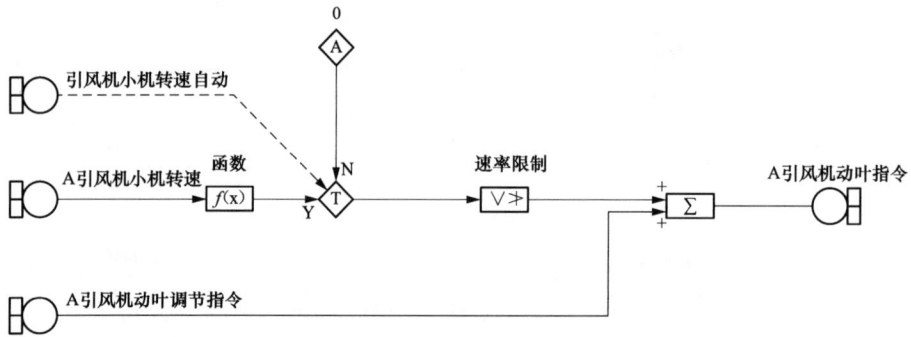

图 5-20　引风机动叶控制逻辑

由图 5-20 可以看出，通过小机实际转速的大小来判断小机的出力水平，并通过函数生成对应的动叶偏置值见表 5-3。

表 5-3　　　　　　　　　　　　　　引风机动叶偏置函数

小机转速（r/min）	2550	4200	6880
动叶偏置（％）	0	0	10

需要注意的是，图 5-20 中速率限制功能其上升和下降速率需分别设置，确保当引风机小机出力不足时动叶能快速开启，而恢复过程尽量保持平缓避免对转速调节带来扰动。

（2）引风机 RB 目标负荷值。由于单台引风机运行时的最大出力达不到通常的 50％，因此，引风机 RB 发生时，适当地降低引风机 RB 的负荷目标值，以便和单台汽动引风机低负荷阶段的实际出力相匹配，进一步稳定 RB 工况时的炉膛压力。

将引风机 RB 目标值定为 270MW，由于引风机 RB 负荷目标值降低，使锅炉总的出力降低，给水量也随之降低，给水量将会降至 800～900t/h，则单台给水泵流量为 400～450t/h，此流量已在给水泵安全工作曲线之下，给水泵再循环阀将会打开，由于再循环的分流作用，造成给水压力快速下降，使锅炉省煤器入口给水流量迅速降低，致使锅炉煤水比失调，严重时甚至引发锅炉最小给水流量保护动作，触发 MFT。因此，当发生送/引风机 RB（设计有送/引风机跳闸联锁跳闸同侧引/送风机保护）时，自动切除一台给水泵，保留一台给水泵运行供应给水，使原为两台给水泵供给的给水量由一台给水泵承担，使给水泵能够始终维持在安全工作曲线之上运行，避免了由于再循环阀开启而引起的给水流量过低，保证机组的安全运行。引风机 RB 触发给水泵跳闸逻辑如图 5-21 所示。

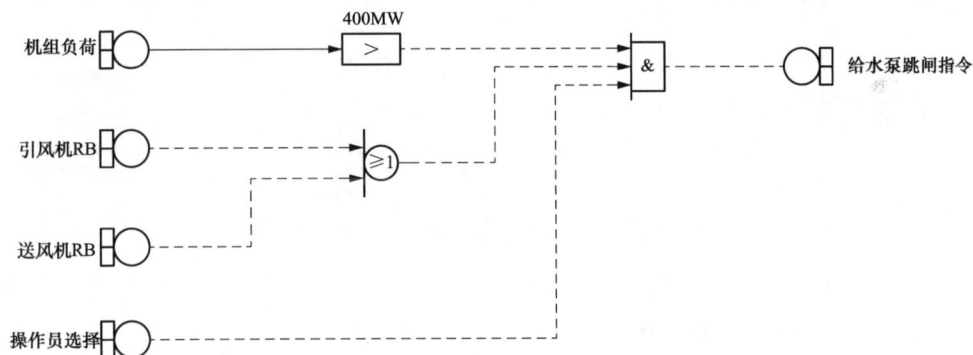

图 5-21 引风机 RB 触发给水泵跳闸逻辑

由图 5-21，当机组负荷超过 RB 动作值后，送风机或引风机 RB 发生，被操作员选择的给水泵自动跳闸。

3. 汽动引风机防转速飞升控制策略

为确保汽动引风机出力能跟随锅炉总风量的快速下降，又不造成小汽轮机因负载减少而发生甩负荷过程的超速现象。需要对引风机前馈控制和送风控制进行优化调整：

为了确保当发生 RB 工况送、引风机的出力能快速平衡，尽量减小炉膛负压的波动幅度，需要设置合适的送、引风机间的联锁关系。

（1）单台送风机与两台引风机运行方式的控制。在机组负荷较低，未达到触发 RB 的负荷时，如果单台送风机出现跳闸，同侧的引风机不会发生保护跳闸，此时一台送风机、两台引风机运行；此种工况发生后，运行送风机将通过自平衡功能叠加跳闸送风机的出力，引风机因失去 50％负载，导致转速的快速上升，但考虑发生瞬间的负荷较低，导致引风机小机超速的可能性不大，但为保证炉膛负压的稳定，相应的控制策略如下。

（a）判断逻辑：负荷小于 330MW，两台送风机运行过程一台跳闸，两台引风机运行。

（b）在控制上将当前负荷闭锁，输出前馈信号直接至 MEH 减小小机进汽阀一定的开度，使引风机出力能快速降低；在上述过程恢复后，此前馈以一定的速率缓慢回"0"，避免对负压控制带来过大的扰动。

（2）单台送风机与单台引风机运行方式的控制。在机组负荷较高，达到 RB 动作负荷值后，如果出现一台送风机跳闸，将触发对侧引风机跳闸，此时单台送风机、单台引风机运行。由于送、引风机同时跳闸，剩余送、引风机出力基本平衡，需要对负压控制中的送风量前馈指令进行闭锁，防止引风机过调，在上述过程恢复后，此前馈以一定的速率缓慢回"0"。送风指令对引风机前馈控制逻辑如图 5-22 所示。

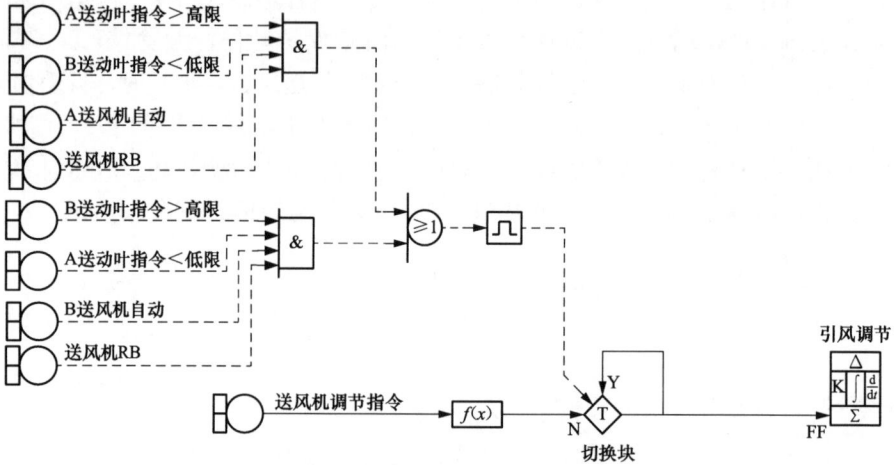

图 5-22　送风指令对引风机前馈控制逻辑

由图 5-22 可见，送风调节指令经过函数转换和引风机出力匹配后，作为引风调节的前馈指令。当发生送风机 RB 时，送风机前馈指令闭锁为当前值，其中要注意的是，图 5-22 中切换块需要设置切换速率，确保 RB 发生时前馈能快速闭锁，而触发脉冲消失后，切换块输出要缓慢恢复，避免对负压调节带来过大扰动。图 5-22 中的触发信号包括送风机动叶达到限值判断条件，是因为当送、引风机 RB 发生时，为了防止调节指令饱和，设置了调节指令自动跟踪风机实际出力功能，送风调节指令会产生阶跃变化，但上述控制策略避免了此阶跃变化对引风调节的干扰。

RB 过程中，由于送风前馈、燃料量的变化，导致引风机的负载快速减少，炉膛负压出现较大的波动，因此在引风机的控制上增加变负荷前馈，用于快速改变小机转速的设定值；在变负荷结束时缓慢减少其前馈，匹配好送、引风机间的出力。RB 过程机组负荷对引风前馈逻辑如图 5-23 所示。

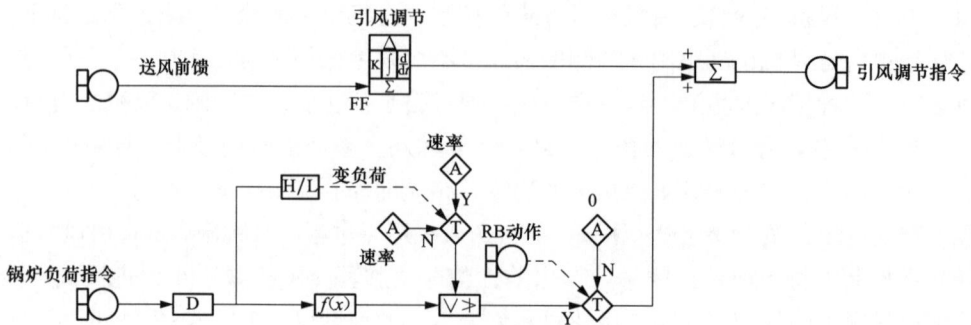

图 5-23　RB 过程机组负荷对引风前馈逻辑

图 5-23 中，根据负荷是否变化对变负荷前馈信号进行不同的速率设置，实现 RB 初期负荷剧烈变化时引风控制能超前动作，稳定炉膛负压；在 RB 结束段负荷趋于平稳时，负荷前馈量缓慢恢复，即所谓的"甩尾控制"。

在发生一次风机/给水泵 RB 或 MFT 工况时，为防止引风机负载的快速失去而导致小机超速，必须控制送风量的下降速率来缓冲引风机小机的转速调节过程，送风牵制引风的控制策略如图 5-24 所示。

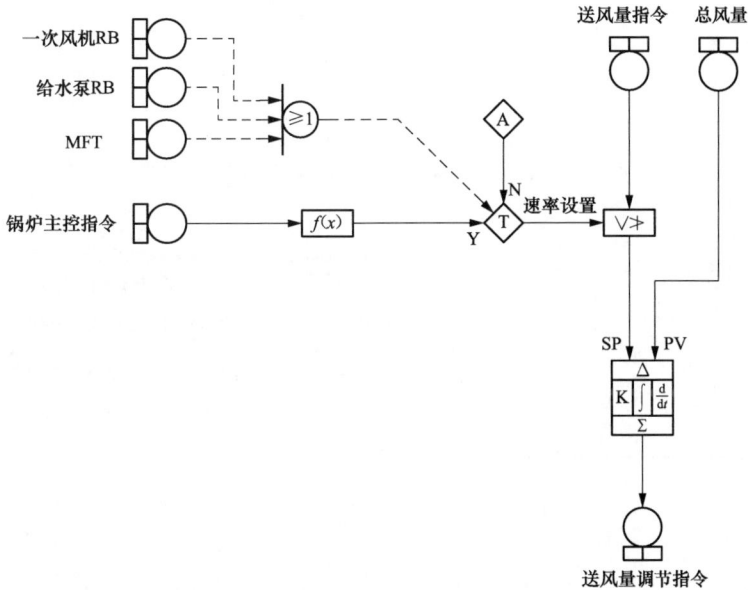

图 5-24 送风牵制引风的控制策略

图 5-24 中，机组正常运行时送风量指令速率保持一个较大值，当发生一次风机 RB、给水泵 RB 或 MFT 时，此时速率值切换为锅炉主控指令的函数，根据触发时锅炉负荷的大小产生不同的速率，对送风量指令的下降过程进行限制，以协助引风机小机的调节过程稳定炉膛负压。同时，当发生 RB 时保持相对较大的烟气流量，对抑制主/再热蒸汽温度的降低也产生一定的促进作用。

4. 在 RB 过程中的引风机转速调节防饱和控制

与常规汽动引风机控制不同的是，背压式汽动引风机的炉膛压力控制系统中，取消了引风机动叶的自平衡功能，只保留转速调节的自平衡功能，以避免动叶和转速控制间的相互干扰。

在引风机 RB 过程中，由于转速回路自平衡功能的作用，引风机跳闸的瞬间，运行引风机需要叠加跳闸引风机的出力，其实际转速指令变为负压调节指令的两倍，以保证运行引风机转速快速上升，而此时的控制指令往往超出了其控制信号上限，造成当炉膛压力反向时，调节过程恢复缓慢，使调节作用一定时间内失控，这便是调节作用的饱和造成的。

解决问题的方法就是当发生 RB 时，让负压调节指令瞬间跟踪一下引风机转速指令的平均值，就是让此时的调节指令和引风机实际出力相匹配，以消除调节指令和实际引风机指令间的偏差。

引风机控制防饱和逻辑如图 5-25 所示。

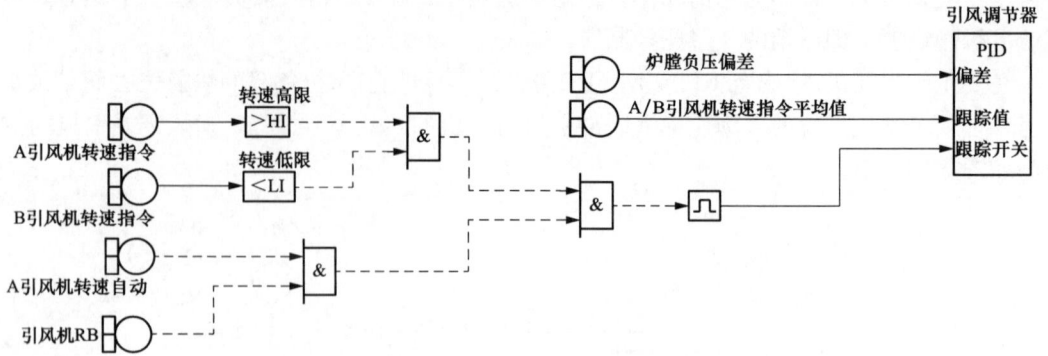

图 5-25　引风机控制防饱和逻辑

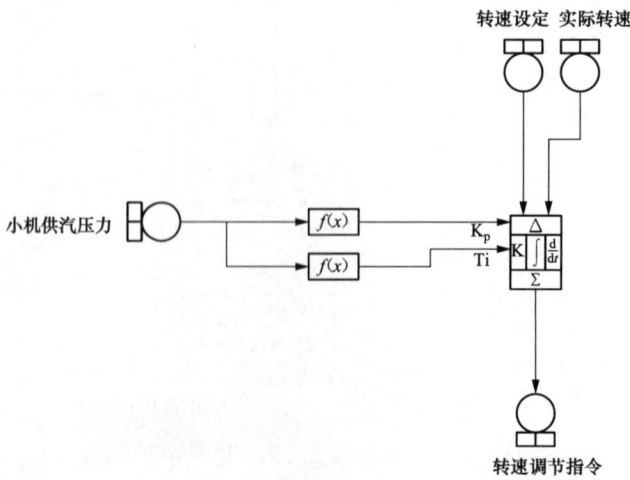

图 5-26　引风机小机转速的变参数控制

5. 引风机小机的变参数控制

在机组负荷大幅波动情况下，汽轮机高压缸排汽压力也将大幅波动，而锅炉燃烧工况、炉膛压力也将大幅波动，此时小汽轮机的调节系统应能在规定时间内快速地调稳炉膛压力。为此，在引风机小机转速回路中增加变参数调节功能，当汽源压力下降时，增强调节作用，补偿因汽源压力下降对调节特性的影响。引风机小机转速的变参数控制如图 5-26 所示。

由图 5-26 可见，通过合理设置调节器的增益函数，确保当小机供汽压力变化时，调节对象整体增益保持稳定。

二、回热式汽动引风机 RB 试验过程

1. 基本内容

（1）汽动引风机 RB 负荷目标值：270MW。

（2）汽动引风机 RB 变负荷率：200%/min。

（3）汽动引风机 RB 变压力速率：2MPa/min。

（4）RB 发生过程的切除磨组顺序：由上至下，F→E→D。

（5）汽动引风机切除磨组间隔时间：3s。

2. 试验过程

（1）检查两台引风机的工作状况，温度、振动均正常，小机油系统工作正常，两台风机间的出力平衡。

（2）检查机组运行状态，机组负荷、主蒸汽压力、主蒸汽温度、过热度均稳定在设定值附近运行。

（3）机组在协调方式运行，实时功率660MW，炉膛负压稳定在−100Pa左右。

（4）操作员画面手动停引风机小机A，触发引风机RB动作。

（5）引风机RB发生后的机组自动控制过程。引风机RB发生后，联锁跳闸送风机A。磨煤机E跳闸，延时3s后，磨煤机D跳闸，自动投入AB层油枪。由于送/引风机平衡回路的作用，引风机B小机转速快速上升，同时送风机B动叶挡板也快速上升。炉膛负压瞬间上升到580Pa后，快速恢复，至−100Pa后稳定运行。机组由协调运行方式（CCS）切为汽轮机跟踪方式（TF）运行，锅炉主控切为手动方式，燃料量由280t/h快速下将至110t/h。由于单台给水泵的快速切除，给水流量也由1900t/h快速下降至1000t/h，最后稳定在900t/h左右。8min后，机组负荷下降至280MW，主蒸汽压力也由27MPa下降至17MPa，机组已进入稳定运行状态，操作员手动复位RB。

3. 引风机RB试验结果分析

分析整个RB试验过程，炉膛负压有一个短暂的超压过程，然后快速恢复至设定值附近运行至RB过程结束，其转速回路工作正常；过程中主蒸汽温度最大偏差控制在15℃之内，过热度也控制平稳；机组负荷、主蒸汽压力控制平稳，过渡过程稳定。引风机RB试验成功，主要调节参数优良。引风机RB试验曲线如图5-27所示。

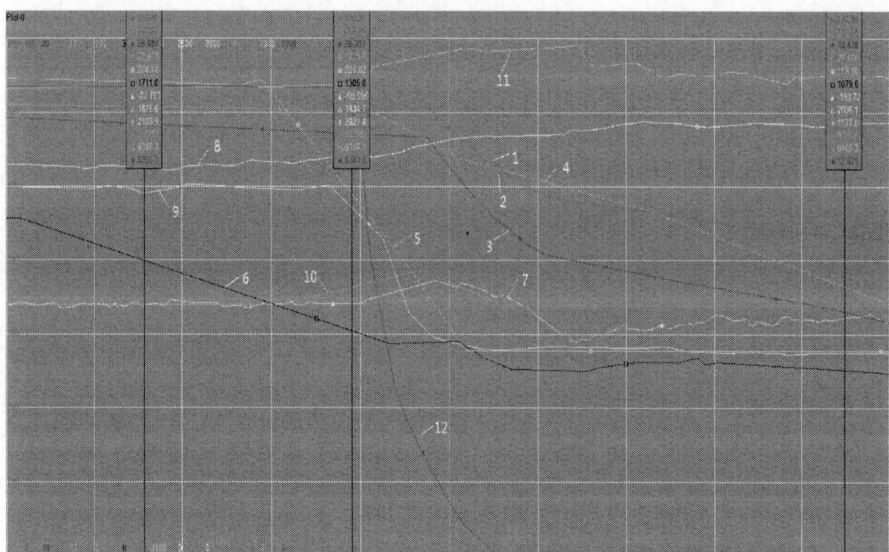

图 5-27　引风机 RB 试验曲线

1—机组负荷指令，（0～700MW）；2—实发功率，（0～700MW）；3—主蒸汽压力设定，（0～30MPa）；

4—实际主蒸汽压力，（0～30MPa）；5—总煤量，（0～300t/h）；6—主给水流量，（0～2500t/h）；

7—炉膛压力，（−1000～1000Pa）；8—除氧器水位，（0～3000mm）；9—锅炉总风量，（0～3000t/h）；

10—热一次风压力，（0～20kPa）；11—引风机A转速，（0～7000RAM/min）

第六章

一次调频控制的优化

第一节 一次调频控制的构成及运行方式

一次调频（primary frequency compensation，PFC）是指汽轮机调速系统根据电网频率的变化自动调节汽门开度，改变汽轮机功率以适应负荷变化。由锅炉蓄能支持一次调频的能量，以适应快速、小幅度的负荷变化。一次调频达到稳定时，电网频率存在静差。

一、电网调频的分类

电网调频包含：自然调频、一次调频和二次调频，自然调频和一次调频构成了电网调频特性，决定着电网频率的稳定性。

1. 自然调频

自然调频是电网的动态调频特性，其特点是利用并网机组旋转惯量的蓄能，最先响应电网负荷供需偏差。自然调频过程是被动自然完成的，不需要任何调整手段，其响应时间大致在零点几秒。

自然调频虽然具有稳频作用，但是电网频率偏差随时间逐渐增大，因此，不能取代一次调频，由一次调频决定的电网静态调频特性才是电网频率稳定的基础。

2. 一次调频

一次调频是电网的静态调频特性，其特点是通过并网机组调速系统的静态特性，利用机组的蓄能承担电网负荷变化，最终使电网频率形成一个稳定的频率偏差。

一次调频是依靠原动机调速系统自动完成的，其响应时间小于3s。在并网机组调速系统均参与一次调频时，电网负荷扰动量自动按各机组所设转速不等率分配到各机组之上，按照预设的转速不等率承担不同调频负荷。并网机组通常按照机组额定负荷的相对比例来承担一次调频负荷量，因此，各机组的转速不等率具有大致相同的数值，对于火电机组一般为4%～5%。

3. 二次调频

电网频率的准确性主要靠电网二次调频来保证，二次调频通常由指定的部分机组来完成，如：燃气轮机组、抽水蓄能机组等，这些机组称为电网调频机组。二次调频是电网调度通过手动或自动方式对电网频率的干预过程，将电网负荷变化转移到由预先指定的调频机组来承担，消除一次调频过程中的频率静态偏差，使电网频率回到额定值。随着频率偏差回零，一次调频承担的负荷变化量将会自动恢复到扰动前数值。二次调频的响应时间一般为几十秒到一分钟。随着机组自动化水平的提高，并网机组基本均具备了 AGC 功能，在频率偏差超过一分钟后，AGC 系统会自动改变并网机组负荷来消除频率偏差。

随着电网容量的增大，电网中供需侧负荷变化对电网频率变化的影响相对减小、变化速度也相对变慢，电网频率相对也就稳定，就有充分时间进行二次调频，使电网频率更加精准。

二、相关术语及定义

1. 数字式电液控制系统（digital electro-Hydraulic control system，DEH）

由电气原理设计的敏感元件和数字电路，按电气、液压原理设计的放大元件和伺服机构，实现控制逻辑的汽轮机调节、保安系统，简称数字电调。

2. 协调控制系统（coordinated control system，CCS）

实施锅炉与汽轮机之间负荷自动平衡控制的系统，提高机组负荷适应性、调峰和调频能力。

3. 阀位控制（valve control，VC）

汽轮机调节汽阀开度为被调量，手动控制调节汽阀开度，简称阀控方式。

4. 阀门管理（valve management，VM）

修正阀门的非线性，设置阀门开启顺序，实现汽轮机全周进汽节流调节（单阀方式）或部分进汽喷嘴调节（顺序阀方式）及在线切换，主汽门或中压缸启动方式下的阀切换，高中压缸联合启动方式下高、中压调节汽门的协调等控制方式的总称。

5. 额定功率（rated power，P_0）

汽轮机在规定的热力系统和补水率、额定参数（含转速、主蒸汽和再热蒸汽的压力、温度）及规定的对应于夏季高循环水温度的排汽压力等终端参数条件下，保证在寿命期内任何时间，在额定功率因数、额定气压下，发电机出线端能安全、连续地输出的功率，也称额定出力或额定负荷。

6. 额定转速（rated speed，n_0）

汽轮机在电网标准频率下的工作转速。

7. 转速不等率（speed governing droop，δ）

给定值不变，在额定参数下，机组由零功率至额定功率对应的转速变化，以额定转速的百分率来表示。

8. 局部转速不等率（incremental speed droop，δ_i）

在某一给定功率点处，小范围内的转速不等率。在调节系统静态特性转速-负荷曲线上，为给定功率处的斜率，以额定转速的百分率来表示。

9. 一次调频死区（dead band of primary frequency compensation，DB）

特指一次调频调节系统在额定转速附近对转速或网频的不灵敏区。为了在电网频率变化较小的情况下提高机组运行的稳定性，一般在一次调频调节系统设置一次调频死区。

10. 一次调频响应时间（response time of primary frequency compensation，RT）

一次调频响应时间是指转差或频差超出一次调频死区开始到机组负荷可靠地向调频方向开始变化的时间。

11. 一次调频稳定时间（stabilization time of primary frequency compensation，ST）

一次调频稳定时间是指转差或频差超出一次调频死区开始到机组负荷最后一次进入偏离

稳态值偏差为 ±5% 范围之内，且以后不再超出此范围所需要的时间。

三、一次调频的构成及运行方式

一次调频控制回路由 DEH 侧控制回路、CCS 侧控制回路和辅助及远传考核系统构成。并网运行火电机组参与电网运行的调频控制回路，需要满足一次调频功能的完好性、性能指标的合格性，同时还要确保并网机组的调节安全性。

1. DEH 调速侧设计要求

采取将转速差信号经转速不等率设计函数直接叠加在汽轮机（燃气轮机）调速汽门指令处的设计方法，同时 DEH 功率回路的功率指令亦根据转速不等率设计指标进行调频功率补偿，且补偿的调频功率定值部分不经过速率限制。需要分别在阀位模式和 DEH 功率回路模式下设计一次调频控制回路。

如图 6-1（a）所示为一次调频功能实现 DEH 侧典型原理图，机组转速偏差经过阀位函数后直接叠加到综合阀门指令。

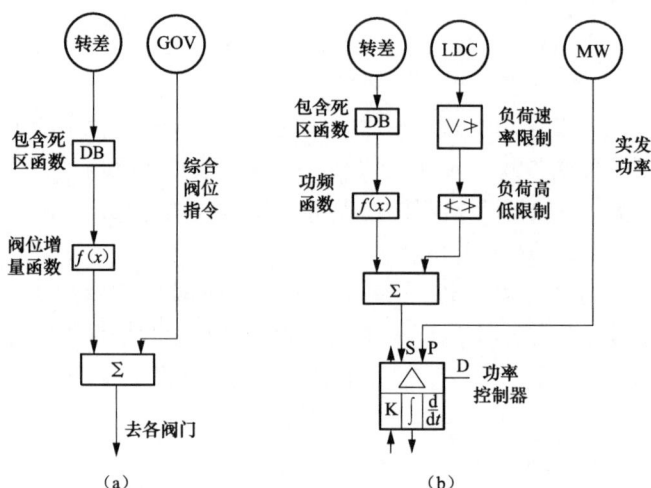

图 6-1　一次调频功能实现典型原理图
(a) DEH 侧典型原理图；(b) CCS 侧（或功率回路）典型原理图

2. CCS 侧设计要求

具有 CCS 和 AGC 功能的火电机组，由 DEH、CCS 共同完成一次调频功能；即 DEH 侧采取将转速差信号经转速不等率设计函数直接叠加在汽轮机（燃机）调速汽门指令处的设计方法，而在 CCS 中设计频率校正回路，且 CCS 中的校正指令不经过速率限制。

如图 6-1（b）所示为一次调频功能实现 CCS 侧（或功率回路）典型原理图，机组转速偏差或电网频率偏差经过功频函数转换为调频功率指令后不经过负荷速率和负荷高低限制直接叠加到功率控制器回路。一次调频修正后功率指令与实发功率偏差经过功率控制器回路形成输出到 DEH 侧的综合阀位指令信号，进而直接作用到各阀门指令之上。

3. 一次调频设计功能完备性检查

一次调频功能是机组的必备功能之一，应保证 DEH 侧一次调频功能始终处于投入状态。DEH 侧需要设置相应的调频负荷变化幅度上限以满足机组运行的安全性，CCS 侧需要设置一次调频动作对反向 AGC 指令的闭锁功能。PMU 装置与电网信号传递需要细化量程提高精度，同时需要同步与电网考核侧时间基准及频率基准。

第二节 一次调频控制策略的优化

一次调频控制策略优化目的是在保证机组安全运行的前提下，通过优化机组不同负荷段滑压曲线、完善 DEH 及 CCS 侧一次调频控制逻辑和校验及修正电网对一次调频考核基准参数等方面实现一次调频贡献负荷是否在合适的汽轮机综合阀位范围之内实现的，最终达到满足电网公司相关《并网发电厂辅助服务管理实施细则》和《发电厂并网运行管理实施细则》的要求。

一、一次调频控制主要技术指标

1. 转速不等率

火电机组转速不等率应为 4%～5%，该技术指标不计算调频死区影响部分。

2. 调频死区

火电机组参与一次调频死区应不大于 ±0.033Hz 或 ±2r/min。

3. 动态指标

（1）机组参与一次调频的响应时间（RT）应小于 3s。

（2）机组参与一次调频的稳定时间（ST）应小于 1min。

（3）机组一次调频的负荷响应速度应满足：燃煤机组达到 75% 目标负荷的时间应不大于 15s，达到 90% 目标负荷的时间应不大于 30s；燃气机组达到 90% 目标负荷的时间应不大于 15s。

4. 机组参与一次调频的负荷变化幅度

（1）机组参与一次调频的调频负荷变化幅度不应设置下限。

（2）机组参与一次调频的调频负荷变化幅度上限可以加以限制，但限制幅度不应过小，规定如下：

1）$P_0 < 250MW$ 的火电机组，限制幅度 $\geq 10\% P_0$；

2）$250MW \leq P_0 < 350MW$ 的火电机组，限制幅度 $\geq 8\% P_0$；

3）$350MW \leq P_0 \leq 500MW$ 的火电机组，限制幅度 $\geq 7\% P_0$；

4）$P_0 > 500MW$ 的火电机组，限制幅度 $\geq 6\% P_0$。

（3）额定负荷运行的机组，应参与一次调频，增负荷方向最大调频负荷增量幅度 $\geq 5\% P_0$。

二、一次调频试验要求及方法

测试机组参与电网一次调频时响应电网频率变化能力，量化机组调速系统的静态特性和相关指标，定量分析调速系统相关环节技术参数，检测网频偏差情况下的快速补偿能力。验证机组 DEH 和 CCS 一次调频逻辑和参数设置，实测机组实际速度变动率、迟缓率、局部速度变动率、考核机组参与电网一次调频的能力。

（1）并网机组应进行一次调频试验，且必须合格；新建机组可只进行单阀工况下的一次调频试验。

（2）机组大修或机组控制系统发生重大改变后，应重新进行一次调频试验，以保障一次调频性能和机组安全（重大改变包括 DCS 改造、DEH 改造、控制方案及一次调频回路主要设计参数改变等）。

（3）运行工况的选择。存在单阀、顺序阀运行方式的机组，应分别进行一次调频试验，其中新建机组根据汽轮机本体运行要求适时开展单阀、顺序阀方式下的一次调频试验；无单阀、顺序阀运行工况的机组，其一次调频试验应能表征该机组运行工况下的实际性能。

（4）负荷工况点的选择。一次调频试验选择的工况点不应少于 3 个（一般推荐 60％P_0、75％P_0、90％P_0、100％P_0，选择的工况点应能较准确反映机组滑压运行的一次调频特性）。

（5）扰动量的选择。每个试验工况点，应至少分别进行 ±0.067Hz 及 ±0.1Hz 频差阶跃扰动试验；应至少选择一个工况点进行机组最大调频负荷试验，检验机组的安全性能。

（6）一次调频的试验结论应包括各种试验工况下，各个扰动试验的动态转速不等率、响应时间、稳定时间等性能指标分析，并给出同网频扰动下，不同工况的动态转速变动率、响应时间、上升（下降）时间的比较和同工况下，不同网频扰动的动态转速变动率、响应时间、上升（下降）时间的比较。

（7）试验频差可采用机组控制系统生成，亦可采用外接信号发生设备生成。外接设备生成时，必须做好安全措施。

（8）试验数据宜采用专用信号录波仪采集。如使用系统本身的数据采集功能，必须保证数据采集周期不大于 1s，且试验数据能如实反映在相应的趋势图中。可参照表 6-1 所列内容进行数据记录和分析。

表 6-1　　　　　一次调频数据记录仪采集主要信号一览表（采样精度 10ms）

序号	名　称	单位	量程	备　注
1	转速偏差 RPM	r/min	$-20\sim20$	实际转速与额定转速之差
2	阀位参考 REF	％	$0\sim100$	包含一次调频阀位综合指令
3	实发功率 SELMW	MW	$250\sim650$	机组实发功率
4	调节级压力 IMP	MPa	$0\sim20$	机组调节级压力
5	主蒸汽压力 MSP	MPa	$0\sim30$	主蒸汽门前压力
6	DEH 等效阀位 REF-K	％	$0\sim100$	100×调节级压力/主蒸汽压力

（9）PMU 装置遥测遥信数据采集和上传要求：

1）开关量采集和上送均带时标，分辨率$\leqslant$1ms。

2）实时遥测量均以 $4\sim20$mA 信号输入 PMU 装置（采样精度 0.2 级，变送器时延小于 20ms）。

3）遥测量包括机组转速、机组实发功率、调节级压力、一次调频修正前负荷指令、一次调频修正后负荷指令等。

4）遥信量包括一次调频投入/退出信号、一次调频动作/复归信号等。

三、一次调频电网考核细则

不同区域电网公司对一次调频考核细节上略有差异，针对于华中区域电网来说侧重于一次调频的贡献率考核；对于华北区域电网来说更侧重机组综合调频能力。

1. 电网公司对并网发电机组一次调频的考核内容

电网公司对并网发电机组一次调频的考核内容包括一次调频投运率；机组一次调频人工死区；机组调速系统的速度变动率；调速系统的迟缓率；机组一次调频负荷调节幅度；机组

一次调频响应行为。

一次调频响应行为考核主要指标——一次调频贡献率 K。

一次调频贡献率 K＝（一次调频实际积分电量/一次调频理论积分电量）×100％

$$K = \frac{H_i}{H_e} \times 100\%$$

$$H_e = \int_{t_0}^{t_t} \Delta P(\Delta f, t) \mathrm{d}t$$

$$\Delta P(\Delta f, t) = \frac{\Delta f(t) \times P_0}{f_0 \times \delta}$$

$$H_i = \int_{t_0}^{t_t} (P_t - P_0') \mathrm{d}t$$

式中 H_e——一次调频理论积分电量；

$\Delta f(t)$——对应电网频率变化超过死区的频率差；

H_i——一次调频实际积分电量。

当系统频率偏差超死区后，统计程序自动启动，以机组一次调频死区点的实际功率 P_0' 为基点，向后积分发电变化量，直至系统频率恢复到机组动作死区之内。

积分时间 $\Delta t = t_t - t_0$ 选取规则：积分时长最长为 60s，若 60s 之内，频率返回到死区之内，则积分时间到返回死区时刻为止；若频率在 15s 之内返回到死区之内，则本次频率波动不予统计。

(1) 并网运行机组一次调频月投运率应达到 100％（经调度同意退出期间，不纳入考核）。每低于 1 个百分点（含不足一个百分点）每台次记考核电量 5 万 kWh。

机组一次调频月投运率（％）＝一次调频月投运时间（h）×100％/机组月并网运行时间（h）

(2) 机组一次调频的人工死区：电液型汽轮机调节控制系统的火电机组一次调频的人工死区控制在 ±0.033Hz（±2r/min）内。

(3) 机组调速系统的速度变动率：火电机组速度变动率为 4％～5％。

(4) 一次调频的最大调整负荷限幅。

1) 额定负荷 500MW 及以上的火电机组，一次调频的负荷调整限幅为机组额定负荷的 ±6％。

2) 额定负荷 210～490MW 的火电机组，一次调频的负荷调整限幅为机组额定负荷的 ±8％。

3) 额定负荷 100～200MW 的火电机组，一次调频的负荷调整限幅为机组额定负荷的 ±10％。

(5) 调速系统的迟缓率：电液调节控制系统的火电机组，其调速系统的迟缓率小于 0.06％。

(6) 响应行为。机组一次调频响应行为包括一次调频的负荷响应滞后时间、一次调频的最大负荷调整幅度。若一次调频贡献率 $K < 0.50$（取 2 位有效数字），则计为 1 次不合格。

扣罚电量＝不合格次数×2 万 kWh/次

1) 所有火电机组、额定水头在 50m 及以上的水电机组，其一次调频的负荷响应滞后时间，应小于4s；额定水头在50m以下的水电机组，其一次调频的负荷响应滞后时间，应小于10s。

2）所有机组一次调频的负荷调整幅度应在15s内（直流锅炉、循环流化床锅炉要求25s内达到）达到理论计算的一次调频的最大负荷调整幅度的90%。

3）在电网频率变化超过机组一次调频死区时开始的45s内，机组实际出力与响应目标偏差的平均值应在理论计算的调整幅度的±5%内。

以上（2）～（6）项中任一项不满足要求，每项次记考核电量2万kWh。

2. 一次调频有效扰动事件

火电机组参与一次调频有效动作事件具体定义为（以下任一满足即可）：

（1）频率超过一次调频死区（0.033Hz），至少15s以上，最多不超过60s。

（2）爬坡时间15s，频率变化超过0.045Hz，并且要持续2s以上。

（3）频率越死区前15s内频率波动不能超过（50.0±0.033)Hz。

3. 火电机组一次调频免考核规则

在出现下列情况时，对机组进行免考核（以下任一满足即可）：

（1）一次调频已退出。

（2）PMU通信中断、时钟不同步或PMU故障。

（3）无调节裕度（出力大于设定值，或小于设定值）。

（4）出力在连续上升或连续下降过程中。

四、一次调频控制主要问题及控制策略优化

电网系统负荷变化可以分解为3种具不同性质的负荷分量：第1种是变化幅度较小，频率较高的随机分量；第2种是变化幅度较大，频率较低的脉动分量；第3种是按照每天变化有规律的持续分量。一次调频主要克服负荷的随机变化分量即第1种分量，这种负荷变化的周期一般在10s以内，要求DEH侧一次调频必须反应迅速，同时还要求执行机构时间常数要小，需要提高机组的负荷响应速度。

实际电网频率经常在±0.05Hz（对应转速差为±3r/min）频繁变化，如果机组汽轮机综合阀位指令工作位置不合适，特别是机组在顺序阀方式运行时，在阀门行程重叠度范围极易引起汽轮机阀门的大幅快速晃动，严重的会造成EH油管的剧烈振动，造成机组EH管路泄漏导致事故停机。

根据机组实际情况和电网需求进行参数的设置显得尤为重要，调频参数的设置既要充分考虑对电网周波变化的快速响应，又不能对机组的安全、稳定运行造成影响。超临界火电机组一般为滑压运行模式，存在低负荷阶段一次调频响应速度较慢、调频幅度不足等问题。为此，需要通过对机组一次调频功能频差信号选取、DEH侧采取将频差信号叠加在汽轮机调速汽门指令方法以及调频动作闭锁汽轮机主控中主蒸汽压力偏差对负荷修正逻辑等进行了优化。

1. 火电机组投入一次调频后，主要存在问题

（1）一次调频动作频繁。

（2）不同负荷（压力）下一次调频贡献率差异。

（3）机组顺序阀下GV3晃动过频，极易造成阀体EH泄漏事故。

（4）电网频率在±0.05Hz以内频繁变化对机组累计一次调频负荷贡献量的影响有限。

（5）选取合适综合阀位指令与机组滑压曲线设置和调频功率关系问题。

（6）解决机组不同运行模式下对一次调频贡献率的差异问题。

（7）解决电网基频选择与机组PMU信号传递问题。

2. 电网一次调频考核基准确认

电网侧一次调频考核是以其接收到的调频负荷量、基准电网频率、GPS时间等为基础对火电机组进行统一评判。例如，目前华能沁北电厂接收河南省调使用站频为郑州和官渡两站平均值作为电网基频。

以电网调度中心的同步向量测量装置（PMU）所采集数据为基准的机组一次调频优化，需要同步电网测试频率端与机组转速偏差的时间差异，即，时间同步问题。以及发电机出口频率与电网辅助系统考核频率的差异。

需要向电网上传机组转速、调频前负荷指令、调频后负荷指令、机组实际负荷、汽轮机综合阀位指令等模拟信号。保证PMU的正常运行以及GPS对时正常，保证主子站的通信良好。

3. DEH侧阀门管理特性

DEH侧阀门管理一般分为单阀模式和顺序阀模式，对于顺序阀模式各调阀开启顺序一般为GV1/GV2→GV3→GV4顺序。例如，某电厂超临界机组典型综合流量指令与阀门开度指令曲线如图6-2所示。

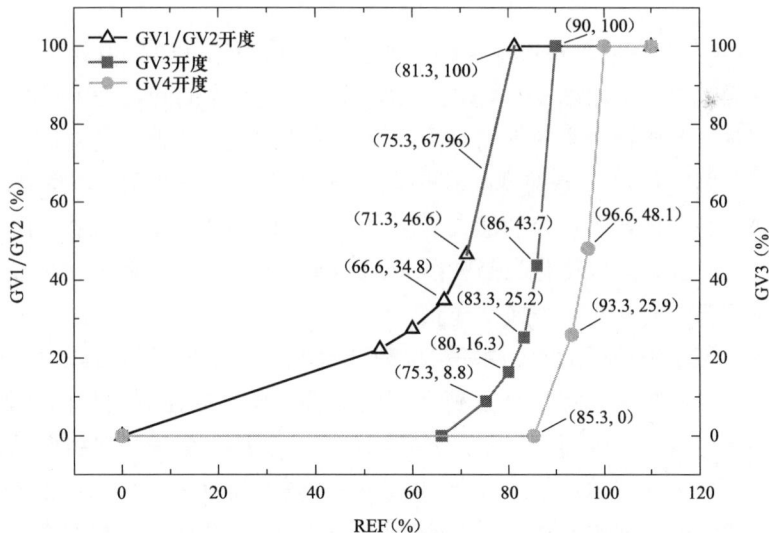

图6-2 顺序阀下，综合流量指令与各高压调阀开度指令曲线

由图6-2可知，综合阀位为81.3%时，GV1和GV2开度为100%；在综合阀位为83.3%时，GV3开度为25.2%；综合阀位为86%时，GV3开度为43.7%；综合阀位为90%时，GV3开度为100%。综合分析理想综合阀位指令在83%～86%之间。可通过改变滑压曲线的方式来保证汽轮机综合阀位指令在理想区间之内。避免综合阀位指令长期在75%～81.3%或87%～90%之间运行。

如果无法避免在调阀波动大区域长期运行，可以通过修改一次调频逻辑来防止频繁波动。方法是在一次调频动作后，锁定同向最大实际一次调频阀位量并在调频动作恢复后延迟3s再缓慢归零的原则进行控制逻辑修改。主要目的是在一次调频动作频繁且持续时间很短的情况下既要满足一次调频幅度的要求，同时还要避免阀门过快扰动满足其稳定性要求。

最终目的是避开顺序阀较大重叠区对应的综合阀位指令区间；在一次调频动作时增加其动作幅度保持时间并延迟一定的归零时间。综合流量指令保持并延迟归零控制回路如图 6-3 所示。

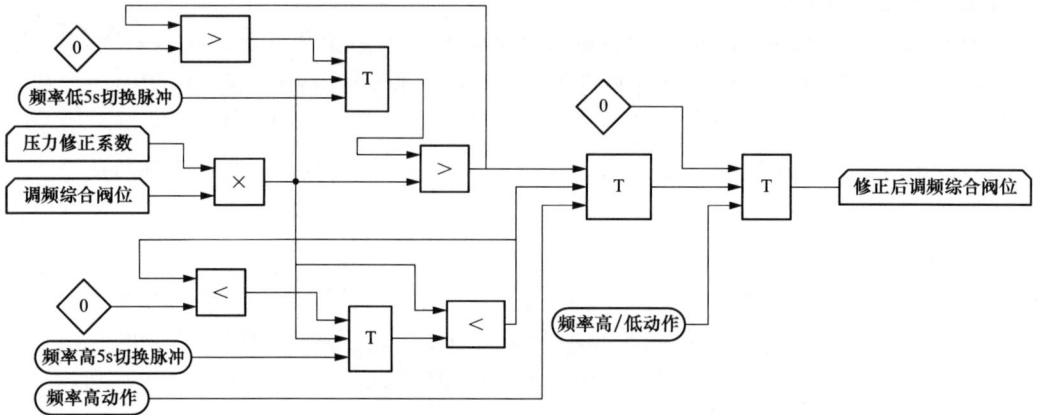

图 6-3　综合流量指令保持并延迟归零控制回路

DEH 侧转速偏差的多变，造成综合阀位的多变；采用选择较大值且尽量少变的选择模式，避免调阀的无效多变。由图 6-3 可知，一次调频持续动作期间，为了避免网频小幅度持续波动形成的汽轮机调阀指令高频振荡对阀体及 EH 油回路的影响，特对阀门指令增加保持并延迟归零控制回路。但对于电网规模较小，一次调频的动作幅度大，持续时间长的情况（如：海南省网），必须定期对选择的最大量值进行与当前动作幅度的跟随，防止一次调频动作复位带来的负荷突变，此处优化只是在图 6-3 控制策略上的一个完善。

4. 低负荷段 DEH 侧调频动作回路优化

机组在低负荷段单独进行 DEH 侧一次调频试验时，由于机组机前压力较低，在同等调频阀位开度情况下，调频功率幅度无法满足电网要求。通过在控制逻辑内（如图 6-4 所示）引入主蒸汽压力修正系数，进而达到放大调频阀位指令目的，解决了机组低负荷阶段一次调频负荷量的幅度和持久性问题，最终实现相应频差对调频阀位幅度要求。由图 6-4 可知，机组实际转速经过调频死区和预设转速不等率的函数后产生一基准调频阀位指令，通过设定主蒸汽压力修正函数后，最终产生压力修正后调频阀位指令。

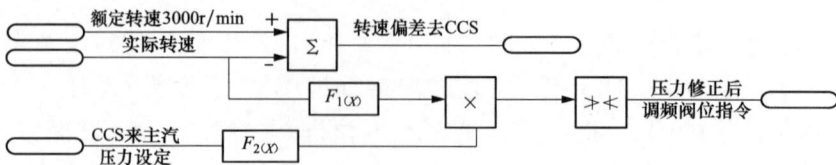

图 6-4　低负荷段 DEH 侧调频阀位控制回路

机组调频响应速度是判断调频是否合格的主要参数之一，为了加快机组调频响应速度，在DEH综合阀位指令控制回路内增加压力修正后调频阀位指令前馈回路（如图6-5所示），在机组控制在功率闭环、压力闭环或DEH控制在遥控模式时，直接通过调频阀位前馈指令来快速响应电网对机组一次调频速度的要求。

在DEH阀位控制时，一次调频修正系数为1，保持正常的动作幅度；在遥控投入后为了避免叠加阀位指令对系统的扰动，增加了弱化修正回路，修正系数为0.3（在线可调）。

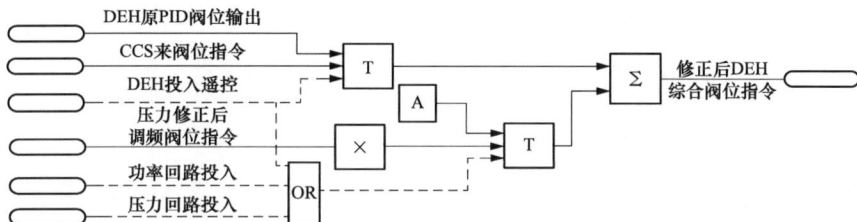

图 6-5　DEH侧调频快速响应回路

5. CCS侧与DEH侧调频动作同步问题

根据电网关于调频信号的选取宜采用汽轮机转速信号的要求，采用汽轮机转速信号与额定转速信号的偏差作为同步CCS侧与DEH侧调频动作信号如图6-4所示。转速偏差信号直接引入协调控制回路的一次调频控制回路，该转速偏差信号经过预设函数转换为相应调频负荷指令，该调频指令汇总机组负荷指令后直接去汽轮机主控和锅炉主控控制回路。

DEH与CCS采用同一转速偏差信号，能够保证DEH、CCS一次调频动作的同步性，同时机组能够根据电网频差波动快速响应并能够满足在电网频差波动时间长、幅度大时一次调频负荷贡献的持续性。

6. CCS侧汽轮机主控功率回路完善

由于电网频率多变，调频负荷指令适合采用选择较大值且尽量少变的选择模式，保持协调侧负荷指令基本稳定。同时在CCS侧调频功率指令形成回路也采取同样的限制回路。弱化后一次调频指令（带死区和弱化分段函数，避免燃料扰动过大）仅作用于变负荷前馈回路。快速响应主蒸汽压力变化并及时弥补直流锅炉蓄热较小的特性。

为了避免CCS侧在机组一次调频动作时，对DEH侧调频控制回路进行"拉回"动作，特完善CCS侧汽轮机主控控制回路（如图6-6所示）。增加了调频负荷指令"直通"回路，避免负荷指令对调频动作拉回作用；由于调频动作后，主蒸汽压力偏差会增大，进而削弱调频负荷指令动作幅度，特增加一次调频动作后，闭锁当前主蒸汽压力偏差控制拉回回路，在调频动作消失一段时间后（一般30s）缓慢释放主蒸汽压力偏差控制回路。这样就避免因主蒸汽压力波动对汽轮机负荷指令的扰动并最大限度满足电网对调频负荷稳定性的要求。

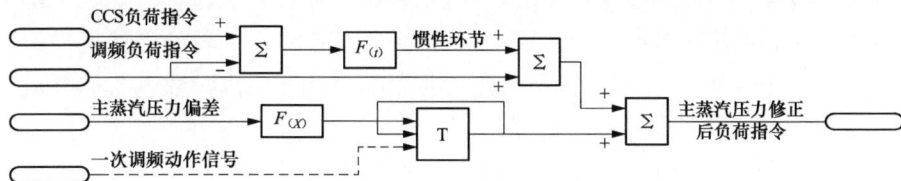

图 6-6　CCS侧汽轮机主控调频控制指令形成回路

第七章

抽汽供热机组控制的优化

随着我国经济建设的飞跃，电力工业有了飞速的发展，全国总装机容量和发电量已居世界第二位。其中，大型火电厂的发电机组热电联产化将是未来大型火电站发展的一种趋势。大型火电厂热电联产化在保持蒸汽与发电的高效与大容量的基础上，能提供满足工业锅炉热负荷的需求，并可以保持热力供应的高效性。这包括工业供热和民用供热两个方面。从统计来看，西方国家热电厂装机容量占电力总装机容量的 30%，其中用于工业生产和集中供暖各占一半。而在工业生产中，造纸、钢铁和化学工业都是热电联产的主要用户。在国内，随着机组容量和参数等级的提高，部分超临界机组也开始作为热电联产机组，以取得最大的能源利用经济效益。

热电联产机组的主要优点：

（1）蒸汽不经降压或经减温减压后供热，而是先发电，然后用抽汽或排汽满足供热、制冷的需要，可提高能源利用率。

（2）增大背压机负荷率，增加机组发电，减少冷凝损失，降低煤耗。

（3）保证生产工艺，改善生活质量，减少从业人员，提高劳动生产率。

（4）替代大型、分散的热岛，有利于环境的保护。

第一节　工业供热超临界机组相关系统的简介

在国内，热电联产的超临界机组大部分容量为 350MW，其中的大部分用于冬季的采暖供热，少部分机组用于工业供热。本章节主要以某电厂 350MW 超临界机组参与周边工业园区工业供热项目来进行介绍。

一、供热项目简介

1. 供热项目

某化工园区包含 80 万 t 甲醇和 DCC（二环己基碳二亚胺）项目，80 万 t 甲醇装置已经运行，由自建的辅助天然气锅炉保证其用汽。而 DCC 设备将不设辅助天然气锅炉，考虑由电厂供汽。80 万 t 甲醇和 DCC 项目的最大热负荷为 370t/h（用汽参数为 3.8MPa，450℃），额定热负荷为 170t/h。

由于天然气锅炉热效率很低，在 DCC 项目投产后需大量蒸汽，天然气锅炉房已不能满足其负荷需求。而周边的电厂共投产 4 台 350MW 超临界机组，具有高的供热能力和可靠性，且对外供热后，电厂的热经济性得到了提高。该项目实施后，化工园区 80 万 t 甲醇和 DCC 项目将得到稳定而优质的汽源，电厂也在开发电力生产附产品效应上取得突破。供热系统的投入将提高电厂的供热负荷，同时可提高经济效益以及锅炉汽轮机组的安全经济性，满足国家对电厂实施热电联产、集中供热、保护环境的要求，企业的经济效益和社会效益显著提高。

2. 供热方案

机组供热，一般考虑从回热系统上抽汽供出，但电厂的 350MW 超临界燃煤机组，一段抽汽参数压力为 6.923MPa，温度为 380.3℃，压力满足要求，但温度小于 420℃；三段抽汽参数压力为 2.056MPa，温度为 476.8℃，温度满足要求，但压力小于 3.5MPa；其他回热抽汽蒸汽参数均达不到要求。为达到热用户负荷参数需求，考虑由高温再热蒸汽提供。锅炉高温再热蒸汽参数压力 4.0MPa 左右，温度 566℃。从高温再热蒸汽接至供热分界点的管道有阻力损失，蒸汽到分界口处压力接近 3.8MPa，考虑仅设减温器，不设减压器。规划电厂 4 台机组的高温再热蒸汽管道上各引出 1 路支管接到各自减温器减温至 450℃，然后减温器的出口管道两两合并成一根管道送到分界点。

80 万 t 甲醇和 DCC 项目最大热负荷约为 370t/h，额定热负荷约为 170t/h，折算到电厂高温再热蒸汽管道抽出口处，整个电厂对外最大应抽汽约为 336t/h，额定抽汽约为 155t/h。

根据汽轮机厂提供的数据，单机最大抽汽量为 200t/h（4.0MPa、566℃），对应汽轮机进汽量 1068t/h。要维持对外供汽抽汽参数（4.0MPa、566℃），机组负荷电功率不得低于额定负荷的 80%（即 280MW），对应汽轮机进汽量为 910t/h，可对外抽汽 168t/h。

结合热负荷特点，同时考虑机组对外供热的可靠性，可以考虑热负荷由 4 台机组中仅任意 3 台对外供给，1 台作为备用。而电厂运行方式灵活，负荷既可由 3 台机承担，也可由 2 台机承担，也可由 1 台机承担，机组的供热抽汽工况见表 7-1。

表 7-1 　　　　　　　　　　机组的供热抽汽工况

工况	额定工况 1	额定工况 2	额定工况 3	最大工况 1	最大工况 2
供热方案	4 台运行 3 台供汽	4 台运行 2 台供汽	4 台运行 1 台供汽	4 台运行 3 台供汽	4 台运行 2 台供汽
单台机组抽汽量（t/h）	52	78	155	113	168
抽汽压力、温度（MPa、℃）	3.99、566	3.99、566	4.03、566	4.03、566	4.0、566
单台机组进汽量（t/h）	1068	1068	1068	1068	1068
单台机组发电出力（MW）	345.512	329.125	304.813	321.312	300.282

二、机组类型

锅炉采用哈尔滨锅炉厂有限责任公司自主开发设计和制造，为一次中间再热、超临界压力、变压运行、单炉膛、平衡通风、固态排渣、全钢架、全悬吊结构、π 型布置，型号：HG-1100/25.4-PM1。锅炉主要参数见表 7-2。

表7-2   锅 炉 主 要 参 数

编号	项目	单位	数据	编号	项目	单位	数据
1	过热器出口蒸汽流量	t/h	1100	6	过热器出口温度	℃	571
2	再热器出口蒸汽流量	t/h	928.37	7	再热器进口温度	℃	318.7
3	过热器出口压力	MPa（g）	25.40	8	再热器出口温度	℃	569
4	再热器进口压力	MPa（g）	4.40	9	省煤器进口温度	℃	282.3
5	再热器出口压力	MPa（g）	4.21	10	锅炉热效率		93.3%

汽轮机采用哈尔滨汽轮机厂有限责任公司生产的超临界、单轴、双缸双排汽、冷凝式汽轮机，型号：CLN350-24.2/566/566。汽轮机主要参数见表7-3。

表7-3   汽 轮 机 主 要 参 数

编号	项目	单位	数据	编号	项目	单位	数据
1	机组型式		超临界、一次中间再热、双缸双排汽、单轴、凝汽式	12	排汽压力	kPa（a）	6.6
				13	配汽方式		喷嘴或节流
				14	设计冷却水温度	℃	小于或等于26.4
2	汽轮机型号		N350-24.2/566/566	15	给水温度	℃	289
3	额定功率	MW	350	16	额定转速	r/min	3000
4	主蒸汽压力	MPa（a）	24.2	17	THA工况热耗率	kJ/kWh	7701.1
5	主蒸汽温度	℃	566	18	给水回热级数（高加+除氧+低加）		3+1+4
6	高压缸排汽口压力	MPa（a）	4.302				
7	高压缸排汽口温度	℃	316.7	19	机组外型尺寸（长、宽、高）	m	17.4×10.4×6.95
8	再热蒸汽进口压力	MPa（a）	3.77				
9	再热蒸汽进口温度	℃	566	20	启动方式		高压缸启动
10	主蒸汽进汽量	t/h	1100	21	变压运行负荷范围		30%～90%
11	再热蒸汽进汽量	t/h	921.3				

发电机为哈尔滨电机厂生产的水-氢-氢冷却、静态励磁方式发电机，型号：QFSN-350-2。发电机主要参数见表7-4。

表7-4   发 电 机 主 要 参 数

编号	项目	单位	数据	编号	项目	单位	数据
1	额定容量	MVA	412	9	励磁方式		自并励静止励磁
2	额定功率	MW	350	10	相数		3
3	最大连续输出功率	MW	366.6	11	极数		2
4	额定功率因素		0.85	12	额定氢压	MPa（g）	0.35
5	额定电压	kV	20	13	效率（保证值）		≥98.9%
6	额定频率	Hz	50	14	漏氢量（保证值）	Nm³/24h	<10
7	额定转速	r/min	3000	15	汽轮发电机组噪声水平（距外壳1m处）	dB（A）	≤90
8	定子线圈接线方式		YY				

三、单元机组的供热系统

从电厂4×350MW机组的高温再热蒸汽管道上各引出1路蒸汽管道到各自的减温器，减温器的出口管道分别接到1根供汽母管上，再送到与中海油的交界点处。考虑到减温器后厂区供热蒸汽管道的温降，减温器将高温再热蒸汽减至（450±20)℃，实际运行中可通过调整减温水量来调整蒸汽温度。抽汽压力由汽轮机 DEH 自动控制系统的中压调门来调节，随负荷的改变调整中压缸的进汽流量。从而满足在供热交界点处的蒸汽参数达到压力 3.5MPa（g）、温度（450±20)℃。

供热系统与主机系统的工艺连接见机组供热系统如图 7-1 所示。这是采用再热抽汽用于供热的热电联产机组，机组负荷在 180～350MW 变化范围内均能满足供热的需求。图 7-1 中从高温再热器出口来的蒸汽经汽轮机中压调节门的调节，维持固定压力 3.5MPa；再热抽汽经给水泵抽头来的减温水减温后的蒸汽温度为 450℃；由于 4 台机组均可供热，而供热流量基本为 170t/h（最大为 370t/h），考虑电厂运行中存在检修、设备缺陷等情况，采用两台机组各按 50%供热负荷运行，其余机组热备用。

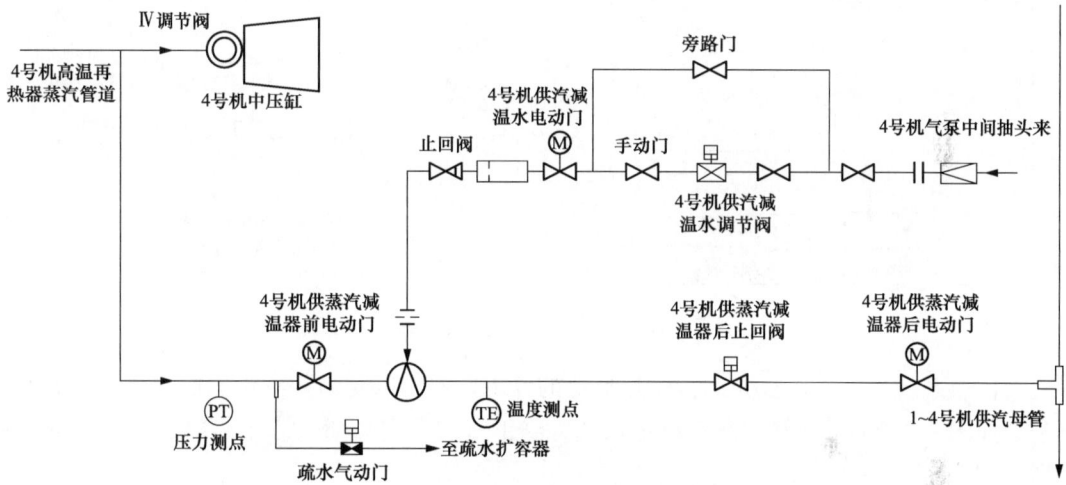

图 7-1 单台机组供热系统

第二节 工业供热超临界机组热负荷控制的优化

由于供热系统的投入，锅炉与汽轮机间的能量平衡被打破，锅炉除满足汽轮机的能量需求外，还要满足抽汽供热系统的能量需求。锅炉的水煤配比关系发生一定的改变，需要对给水设定回路、燃料设定回路进行相关供热负荷下的分支。汽轮机高压缸做功与中压缸、低压缸做工的比例关系发生改变，同一设定电负荷工况下的主蒸汽压力设定必须有所增加，汽轮机的中调门处于入口再热压力的调节状态，DEH 的控制中相应增加一个压力调节器，并存在与纯凝模式下的中压缸流量回路的切换。此外，RB、OPC、甩负荷等工况下，需要退出相应的供热控制。

一、锅炉侧相关控制优化

供热控制策略优化前，原有的控制中炉侧负荷仅限于满足汽轮机的能量需求，表现为控制主蒸汽压力偏差的大小。在供热投入后，锅炉负荷在保证汽轮机能量需求的基础上增加了热网负荷的要求，随热网供热的变化（假设机组电负荷不变），进入中压缸做功的再热蒸汽流量会发生改变，从而影响机组的实发功率，并导致机前压力发生变化，而锅炉在主蒸汽压力发生改变后，才会通过锅炉主控进行燃料、送风、给水等相关子系统的调节。为减小供热负荷变化带来的扰动，在锅炉侧的控制中增加相关的供热负荷计算逻辑，并将相应的供热负荷分别送至给水设定、燃料量设定、BTU 控制逻辑以及修正机组的滑压设定。供热负荷控制逻辑如图 7-2 所示。

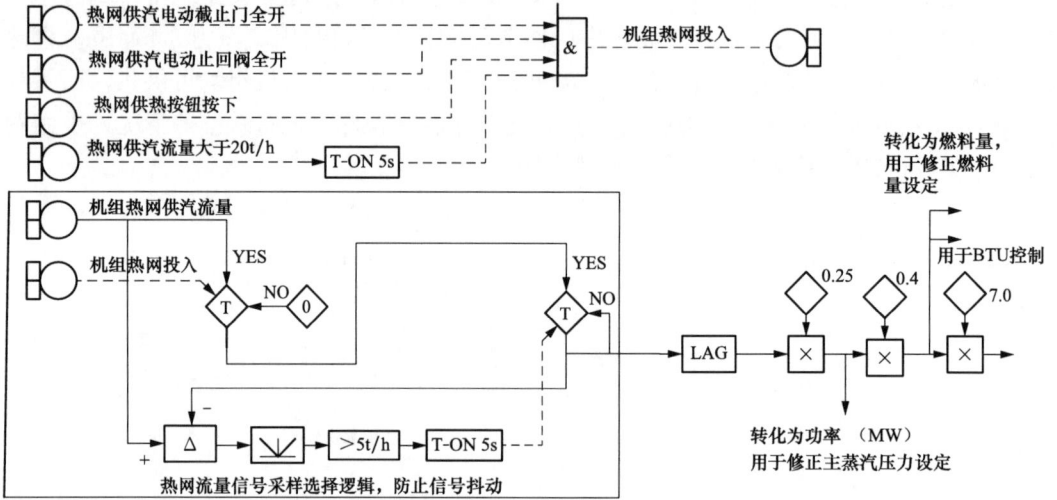

图 7-2　供热负荷控制逻辑

在供热系统投入后，首先进行供热负荷的计算，然后以此为基础用于修正机组相关的控制逻，如图 7-3 所示 1（修正滑压设定）、2（修正给水设定）、3（修正燃料量设定）标注的逻辑。

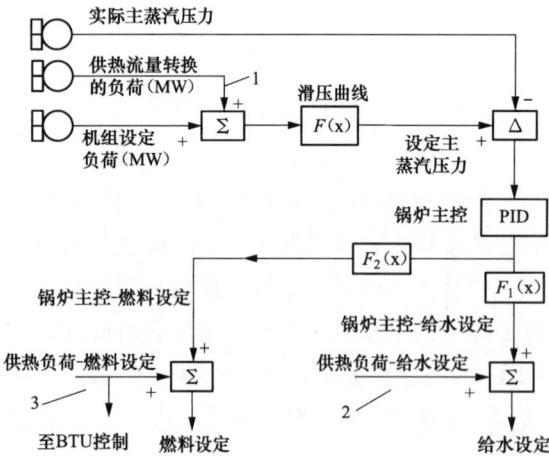

图 7-3　机组相关的控制逻辑优化

相关说明如下：

（1）构造热网是否投入的判断逻辑。以图 7-1 中单元机组抽汽至供热母管上的电动截止门全开、气动止回门全开、投入供热按钮按下及测量的蒸汽流量大于 20t/h 并延时 5s，四个条件全部满足标志着本台机组供热投入。

（2）完成供热抽汽流量信号的处理（图 7-2 中方框内的逻辑）。在当前的供热抽汽流量与记忆流量偏差的绝对值超过 5t/h 并延时 5s 后，记忆流量变为当前的测量值并保持至切换条件再次满足，保证供热基本不变的情况下减少对锅炉侧控制的扰动；此外，对流量信号的处理上，当发生坏质量时对流量信号进行闭锁并设置为坏质量不传递，以避免协调控制切手动及流量信号对控制系统造成的扰动。

（3）直流炉控制的核心问题是水煤比，对供热负荷部分也必须保证一定的水煤配比，以保证锅炉中间点温度的控制偏差较小，因此，将供热负荷中设置的水煤比例控制为 7∶1。

（4）原 BTU 控制策略中的理论燃料量由机组实发功率转换而来，在投入供热后，理论燃料量必须增加供热负荷消耗的燃料量，供热负荷对应的燃料量：以 4t/h 的蒸汽近似换算为 1MW 负荷，对应燃料量为 0.4t/h。

（5）由于供热抽汽以定压的方式运行，而机前压力处于滑压状态，汽轮机高压缸的做功效率随负荷不同变化很大，因此抽汽供热运行时机组滑压曲线应随供热负荷变化带有一定的修正。

二、DEH 相关控制的优化

DEH 控制逻辑中，当汽轮机的流量大于 35％后，中压缸的流量指令切换至 100％，中压缸进汽调阀处于全开的状态。在投入供热后，为满足用户端对供汽压力的要求，需要维持再热出口蒸汽压力稳定在 3.5MPa 运行，因此在 DEH 的控制中增加一个单独的闭环控制用于调节中压调阀的开度，调节器的输出指令与原 DEH 中的流量－中调开度指令进行切换。在供热投入按钮按下后，中压调门的控制信号切换至再热压力闭环控制逻辑，此时运行人员通过手动调节中压调阀的开度维持再热抽汽压力为 3.5MPa 后，可投入闭环的压力控制。如果需要退出供热，需要运行人员先将控制切手动，缓慢调整中压调阀至全开，最后将供热投入按钮切至退出状态。此外，在汽轮机跳闸、发电机解列等状态下，自动退出供热状态，中调门的控制切至原有的 DEH 控制回路。中压调阀控制投入/退出逻辑如图 7-4 所示。

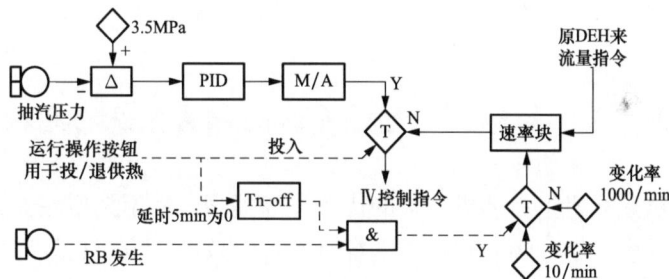

图 7-4　中压调阀控制投入/退出逻辑

三、RB 工况下的控制

供热投入要求机组负荷高于 180MW，而 RB 发生后，机组的目标负荷为 175MW（50％负荷）（实际负荷有可能低于 175MW），因此，必须考虑 RB 发生后因负荷过低导致供热方式切除后 DEH 对中压调门的控制。RB 发生后，将 RB 动作信号送至 DEH 内的供热投入/切除控制逻辑，在自动退出供热的 5min 内，以一定的速率缓慢将中调门全开，控制逻辑如图 7-4 所示。RB 发生后，炉侧的供热负荷切换至 0，锅炉维持 RB 目标负荷对应的燃料量，汽轮机主控在 TF 方式下维持机前压力，实现 RB 状态下的供热自动退出。由于中压调阀全开且负荷降低，再热抽汽压力随之下降，发生 RB 机组供热管路上的气动止回阀随之关闭，投入供热运行的另一台机组的出力随之增加，能够保证整个热负荷的稳定。

此外，在 RB 状态下，随着供热控制的退出，供热系统的抽汽管路电动截止阀 1/2、抽汽止回阀、供热减温水调阀及截止阀联锁关闭。

四、供热投入时机组运行参数变化

供热投入后，汽轮机中压调节阀的控制由汽轮机的流量指令切换至控制再热压力调节器的输出，汽轮机高压缸的排汽压力上升，再热蒸汽流量相应减少，再热蒸汽温度上升幅度较大，汽轮机振动、轴瓦温度有轻微的变化，汽轮机高调开度增加，给水与煤量的配比、主蒸汽压力的设定有所上升；供热投入过程相应参数的变化如图 7-5 所示。

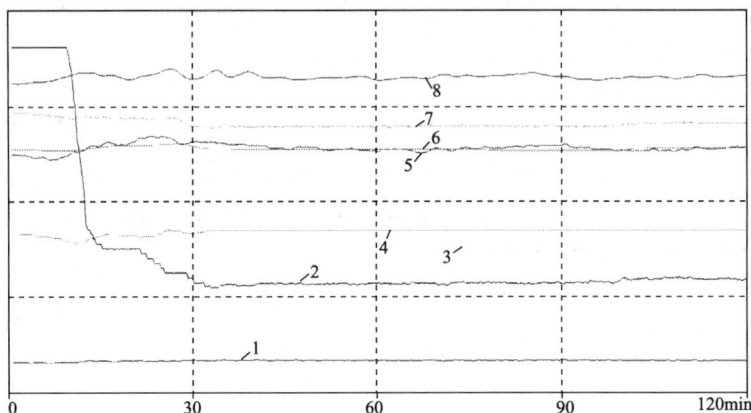

图 7-5　供热投入过程相应参数的变化

1—给水与煤量配比（0~100）；2—中压调阀开度反馈（0%~100%）；3—供热蒸汽流量（0~100t/h）；
4—再热蒸汽压力（0~5MPa）；5—机前主蒸汽压力（10~30MPa）；6—主蒸汽压力设定（10~30MPa）；
7—机组实发功率（100~400MW）；8—再热蒸汽温度（400~600℃）

第三节　采暖供热超临界机组相关系统的结构

近年来，我国供热式机组占装机容量的比重逐渐提高，采用大型超临界机组作为采暖供热机组的情况越来越多。超（超）临界机组容量大，参数高，全厂热效率高，相对于常规热电联产机组，更能发挥节能环保的作用，达到减少排放的效果。

相对于工业抽汽系统，采暖供热抽汽系统有着自身的特点。其目的是为了居民及城市公用事业取暖，因此，抽汽供热的蒸汽参数要求不高，通常采用汽轮机中压缸排汽作为汽源。具有明显的季节性，全年变化较大，全天变化很小。采暖供热抽汽与其余工业抽汽方式区别及特点见表 7-5。

表 7-5　　　　　　　　　　　　供热抽汽方式区别及特点

类别特点	工业热负荷	热水供应热负荷	采暖热负荷
用途	用于加热、干燥、蒸馏等工艺热负荷；驱动汽锤、压气机、泵等动力热负荷	印染、漂洗等生产用热水；城市公用设施及居民生活用热水	生产、城市公用事业及居民采暖
主要用户	石油、化工、冶金、轻纺、橡胶等行业	生产及人民生活	生产及人民生活
负荷特点	非季节性，昼夜变化大，全年变化小	非季节性，昼夜变化大，全年变化小	季节性，昼夜变化小，全年变化大

续表

类别特点	工业热负荷	热水供应热负荷	采暖热负荷
介质及参数	一般为 0.15～0.6MPa 或 1.4～3MPa 过热蒸汽	60～70℃热水	70～150℃ 热水 或 0.07～0.28MPa 过热蒸汽
工质损失率	直接供汽：20%～100% 间接供汽：0.5%～2%	100%	水网循环量的 0.5%～2%

典型火电厂采暖供热抽汽系统图如图 7-6 所示。

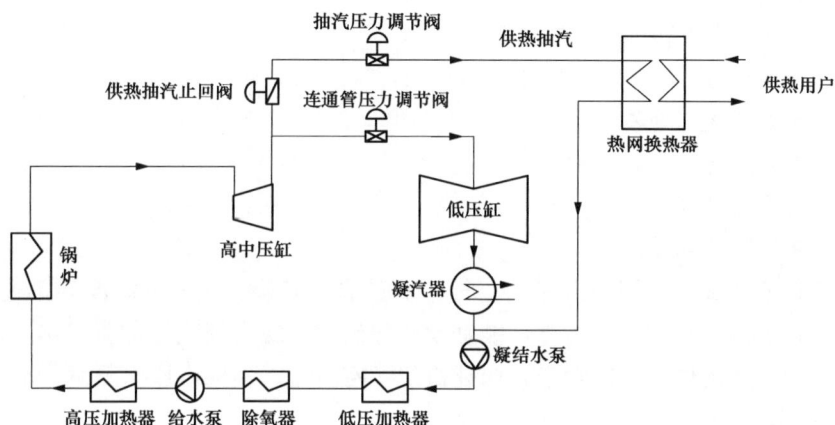

图 7-6　典型火电厂采暖供热抽汽系统图

由于对采暖供热抽汽的蒸汽参数要求不高，通常由汽轮机中压缸排汽处抽出汽源；该抽汽进入供热换热器，与热网用户冷工质交换热量后，经过疏水管道进入凝汽器，通过凝结水泵重新进入热力循环。为保证抽汽压力，在中压缸排汽至低压缸入口联通管上，设置连通管压力调节阀调节抽汽的压力。当需要降低抽汽压力时，减少连通管压力调节阀开度，使更多的中压缸排汽进入低压缸做功；当需要提高抽汽压力时，加大连通管压力调节阀开度，使更多中压缸排汽进入抽汽系统用于加热热网用户；同时，为保证低压缸最小蒸汽流量，当低压缸入口压力低时，闭锁该调节门开大，从而确保低压缸叶片的工作安全。此外，在采暖抽汽管道上串联设置一个压力调节阀，当热用户负荷需求变化时，用于调节流经热网换热器汽侧的蒸汽流量。

第四节　采暖供热超临界机组负荷控制的优化

由于采暖供热机组从中压缸排汽中抽出部分蒸汽用于供应热负荷的需求，此部分蒸汽未进入低压缸做功，从而造成机组电负荷与锅炉负荷之间的不匹配；若此时仍将机组电负荷作为基准进行机组协调控制，必然会造成锅炉能量与汽轮机需求之间能量的失衡，从而导致负荷、温度、压力等重要参数的失调，进而影响机组安全稳定运行，更无法适应电网 AGC 对机组负荷的快速响应要求。因此，准确的计算出采暖抽汽热负荷量，并将之有效的加入到机组协调控制系统中，是采暖供热型超临界机组模拟量控制的关键。

一、采暖抽汽热量的计算

（一）采用采暖抽汽的蒸汽参数计算

通常机组在抽汽调节阀后设有流量喷嘴，用于测量采暖抽汽的流量、温度及压力。因此可以通过采暖抽汽的蒸汽参数，计算出抽汽热量。通过抽汽蒸汽的参数计算热量的公式如下：

$$q_r = [(T_s - T_0)C_{ps} + r + (T_0 - T_w)C_{pw}]Q_m$$

式中　q_r——计算抽汽热量；

　　　T_s——抽汽温度；

　　　T_0——抽汽压力下的饱和温度；

　　　C_{ps}——抽汽压力下的蒸汽定压比热容；

　　　r——水蒸气汽化潜热；

　　　T_w——疏水温度；

　　　C_{pw}——水的比热容；

　　　Q_m——抽汽质量流量。

当机组负荷变化或热网用户需求改变时，采暖抽汽流量、压力及温度均迅速发生变化，利用以上蒸汽参数进行采暖热量计算，能够及时准确的反映出抽汽热负荷变化情况，保证锅炉水、煤、风等子回路做出及时响应，保证机组稳定运行。当抽汽压力测量不准确或无测点时，可采用热网加热器疏水量进行计算。

（二）采用热网冷工质参数计算

热网系统状态稳定时，热网抽汽消耗热量等于用户侧冷工质吸热量。因此当抽汽流量或疏水量测量不准确时，可用热网用户侧进出水温度及流量进行热量计算。其计算公式如下：

$$q_r = (T_1 - T_2)C_{pw}Q_m$$

式中　q_r——计算抽汽热量；

　　　T_1——热网用户侧出水温度；

　　　T_2——热网用户侧进水温度；

　　　C_{pw}——水的比热容；

　　　Q_m——热网用户侧水质量流量。

由以上公式计算出采暖抽汽热量后，需将其转化为电负荷单位，并增加相应的判断切换逻辑，保证其计算热量的真实有效。

（三）供热负荷的转换

1. 供热负荷—电负荷转换

以上公式计算出的抽汽热量为能量单位，需先将其转换为功率单位。转换公式如下：

$$P_{rl} = 1000q_r/3600 = 0.278q_r$$

式中　q_r——计算抽汽热量，GJ/h；

　　　P_{rl}——计算热功率，MW。

由于采暖抽汽是从中压缸排汽处抽出，此部分蒸汽未进入低压缸做功，因此需将上式中计算热功率转换为电功率。转换公式如下：

$$P_r = K \times \eta_{LP} \times P_{rl}$$

式中 P_{r1}——计算热功率，MW；

　　P_r——计算抽汽热电功率，MW；

　　η_{LP}——低压缸效率，可由汽轮机说明书得出；

　　K——修正系数。

修正系数可根据现场机组非供热、供热两种工况对比计算得出，并且在机组不同的负荷段，修正系数存在一定的差异。此处是控制上的一个关键环节，只有将热负荷转换为相应的电负荷后，才能确定机、炉间的能量平衡关系，确保炉侧的目标负荷相对准确。

2. 供热负荷生成回路

由上文可知，供热电负荷由工质流量、温度、压力等测点计算得出，影响因素较多，且水侧流量波动较为频繁，因此，需进行相应的逻辑判断，保证供热负荷计算的真实有效。其具体逻辑如图 7-7 所示。当供热抽汽止回阀已关或抽汽压力调节阀指令小于 5% 时，延时 20s，认为此时采暖抽汽回路已经切除，其供热电负荷由计算值切至 0；当计算供热电负荷出现坏质量时，将计算的负荷锁死，避免因测点不准确造成负荷波动。由于此控制方案针对的是采暖热负荷，每天的变化幅度小，采暖供热的热水流量很大，热负荷存在非常大的热惯性。为了避免测点扰动造成计算电负荷波动大，相应增加负荷计算的闭锁功能；当计算热电

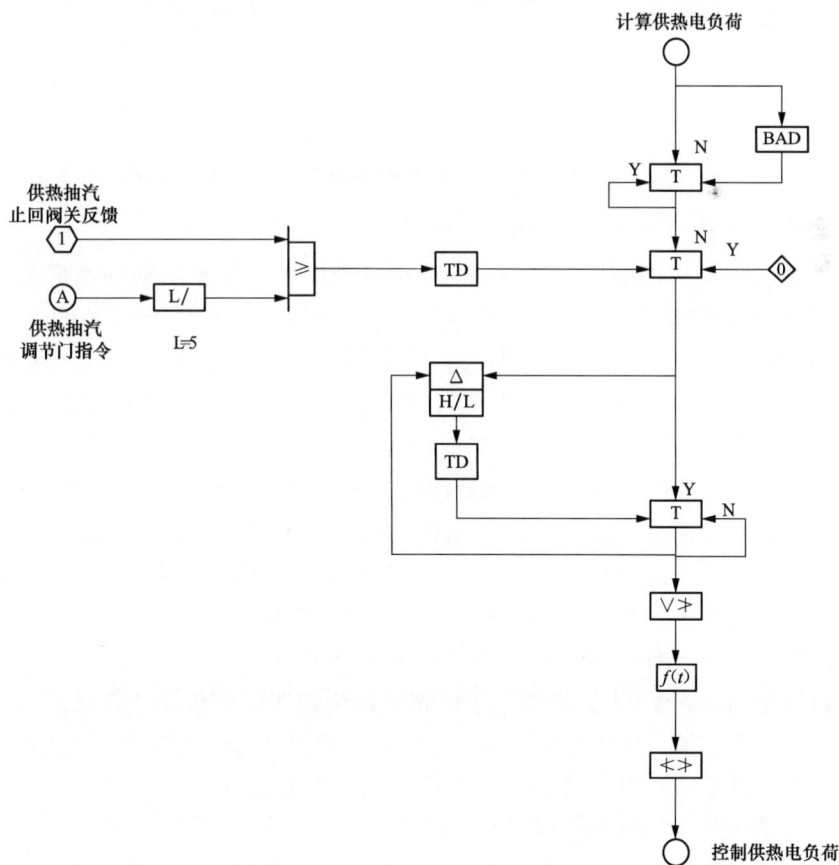

图 7-7　供热电负荷生成回路逻辑图

负荷变化较小时，保持当前值，维持系统稳定；当该负荷计算值变化较大时，输出跟踪实际计算值，保证计算结果准确；为避免计算测点波动及测量误差大，在此后增加限速、惯性及高低限幅环节，最终得出协调控制所需的供热电负荷。

二、供热抽汽轮机组负荷控制优化

根据上述所计算出的供热电负荷，将其加入协调控制中，保证锅炉负荷满足汽轮机需求和热网用户需求，发确保发电机电负荷与汽轮机热负荷相一致，其具体逻辑如图 7-8 所示。

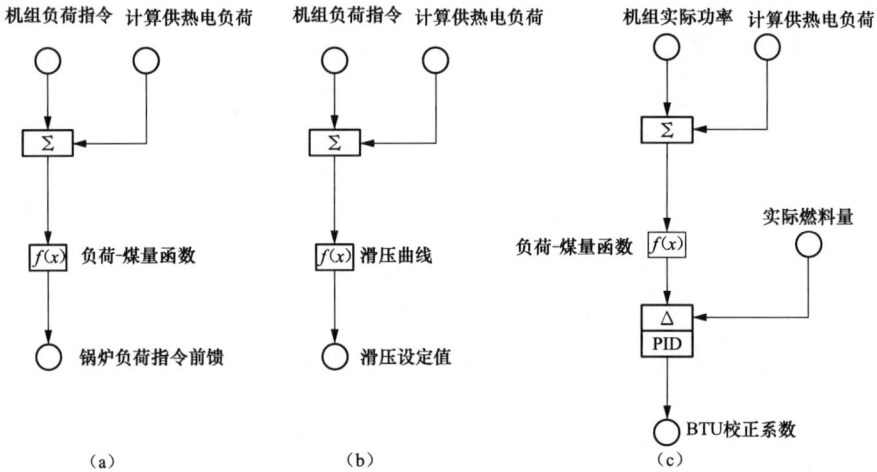

图 7-8　供热机组负荷控制优化逻辑图
（a）锅炉主控回路；（b）主蒸汽压力生成回路；（c）燃料校正回路

1. 热负荷信号具体在控制系统的应用

（1）增加至锅炉主控指令。在供热抽汽负荷变化时，直接要求锅炉能量发生变化，因此，将此计算负荷叠加至锅炉主控指令前馈中，通过锅炉主控输出信号的变化带动相应子系统控制指令的改变，保证送风、煤量、给水等子回路相应增减，从而确保供热负荷变化时锅炉的及时响应。从而减少热负荷改变影响主蒸汽压力到过炉主控输出变化的扰动过程。

（2）主蒸汽压力生成回路。由于供热抽汽的产生，导致汽轮机进汽量的增加，与实际电负荷产生偏差。若此时仍按照原先的滑压曲线运行，会导致主蒸汽压力过低，调门开度过大，降低了机组经济性，并影响安全。因此，需将供热电负荷叠加至汽轮机滑压曲线生成回路中，保证机组主蒸汽压力正常。此处非常重要，滑压曲线是否合理关系着机组运行过程汽轮机调门的裕量，直接影响 AGC 调节指标和一次调频指标。

（3）燃料校正回路（BTU）。燃料校正回路通过当前实际负荷设计的煤量与实际煤量相比较，调节燃料校正系数，从而实现煤种变化时协调控制自适应的功能。因此，需将供热负荷叠加至设计煤量计算回路中，保证燃料校正回路调节的准确性。

2. 带供热抽汽功能的超临界燃煤机组

带供热抽汽功能的超临界燃煤机组供热负荷变化较为缓慢，在确保供热负荷计算准确的前提下，对负荷控制回路进行相应修改，能够满足抽汽变化时机组协调系统及时响应的要求；根据实际运行情况，合理选择供热抽汽负荷的计算方法，从而准确计算供热负荷的大小，是确保机组协调控制稳定运行的关键。

在机组运行上，运行人员可利用供热系统对机组的运行情况进行一定的干预，例如，机组在高负荷段由于某些原因，主蒸汽压力偏高很多，存在超压的危险时，可想应增加热负荷来释放一定的锅炉能量。因此，对投入 AGC 运行的机组，在变负荷过程可考虑通过热负荷的改变来给与一定的缓冲。

第八章

针对机组经济指标进行控制上的优化

第一节 机组滑压曲线的优化

对于超临界机组来说，主蒸汽压力控制是锅炉控制系统的关键环节，主蒸汽压力的变化过程对机组的外特性来说影响机组的变负荷能力，对内特性来说将影响锅炉的汽温控制，所以选取合适的滑压曲线对于超临界机组非常重要。超临界参数机组是强耦合、多参数、非线性的控制对象，在系统控制中，不仅要考虑汽轮机与锅炉的协调一致，还要考虑煤和水的匹配一致。不仅要保持水煤比的稳定，而且更要兼顾煤和水本身的动态特性，使它们变化的速度及幅度保持协调。

一、机组滑压曲线优化的原则

（1）机组低负荷阶段尽量保持两阀全开运行模式，高负荷段减少节流损失。

（2）机组降负荷阶段避免调阀关小过多诱发机组振动及轴位移的改变，同时确保 EH 油系统的运行安全。

（3）充分考虑季节变化引起真空差异对机组效率和所选滑压曲线的影响。

（4）机组滑压曲线设定压力的提高需要兼顾在升负荷过程中汽动给水泵小机高压切换阀是否开启的限制。

（5）兼顾机组变负荷能力和一次调频响应的裕度。

（6）迭代测算机组最优热耗率使机组综合供电煤耗最低。

二、机组滑压曲线优化常用手段

（1）根据机组主要运行工况及负荷阶段，修改并完善机组负荷滑压曲线。

（2）相应优化过热度设定函数，适应滑压曲线改变后锅炉各受热面不超温。

（3）对过热器一级、二级和三级减温水控制进行整定，满足锅炉出口蒸汽温度稳定。

（4）在不同负荷段对变负荷前馈的燃料、给水、送风进行适配，满足机组变负荷阶段水煤配比。

（5）测算并获取机组热耗率最低工况的滑压曲线。

三、汽轮机调阀开启顺序及最优开度选择

（1）根据某电厂 1000MW 机组汽轮机 DEH 综合阀位指令与顺序阀指令对应关系（如图 8-1 所示），使 GV2/3 全开 GV1 开度较小模式下经济运行，需要综合阀位指令在 83.8%～92.9%之间。考虑到变负荷、一次调频动作需要以及避免 GV1 因一次调频的频繁动作引起

阀门 EH 油系统振荡过于频繁，推荐综合阀位指令在 87%～91% 之间。

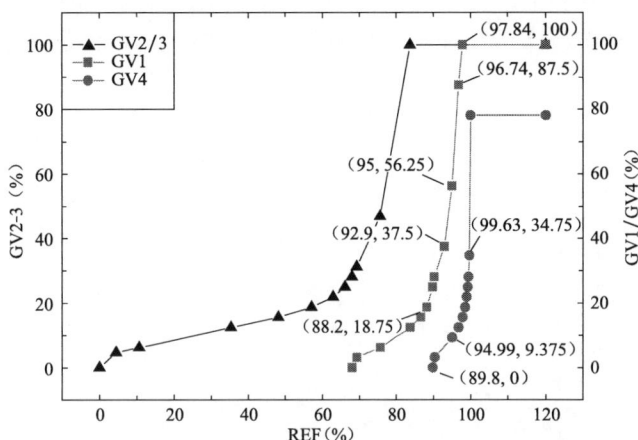

图 8-1　1000MW 机组 DEH 综合阀位指令与顺序阀指令对应关系

（2）分析 AGC 指令变化速率及其调节深度可知：机组负荷变化率小于 10MW/min（1% 额定负荷）的时间占据大多数。负荷速率变化要求慢、高负荷阶段稳定时间长。因此可通过适当牺牲负荷的快速响应能力来满足负荷经济性的要求，主要通过提高高负荷阶段主蒸汽压力设定值来达到汽轮机两阀运行的节能效果，但是压力提高受限于额定压力 25.2MPa 以及汽泵出力对应的低压调阀经济开度 85% 以下的限制（如图 8-2 所示）。在降负荷及夜间运行时由于汽轮机真空变化明显，需要考虑汽轮机综合阀位不可低于 85% 的合理阀位低限。同时需要考虑升负荷时汽动给水泵前馈增加给水而对其出力的限制（低压调阀大于 85.4% 时，切换阀就会开启），以及给水控制上需要满足机组一定的变负荷裕量。

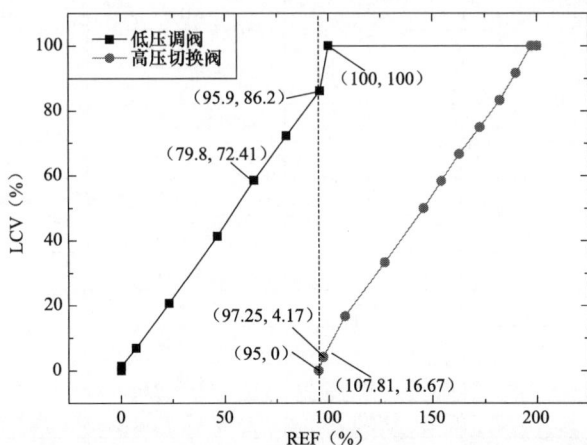

图 8-2　汽动给水泵小机综合阀位指令与低压调阀及切换阀开关顺序阀位曲线

（3）根据图 8-3 和表 8-1 可知，机组使用滑压曲线 MWD1（机组负荷指令）～MSP1（主蒸汽压力设定）可知其对应阀位综合指令在 94.5% 左右、GV2/3 在全开位、GV1 在 50% 左右、GV4 在 7% 左右。由性能试验推荐的主蒸汽压力需要提高主蒸汽压力的设定，减小汽轮机调阀节流损失。因此需要提高主蒸汽压力设定值使综合阀位指令回落到 87%～92% 之间。大致需要提高 1.4MPa 左右的压力，滑压段缩短、定压段加长。同时根据滑压曲线主蒸汽压力的提高，需要同步修正机组滑压速率与机组滑压惯性时间等的匹配关系。

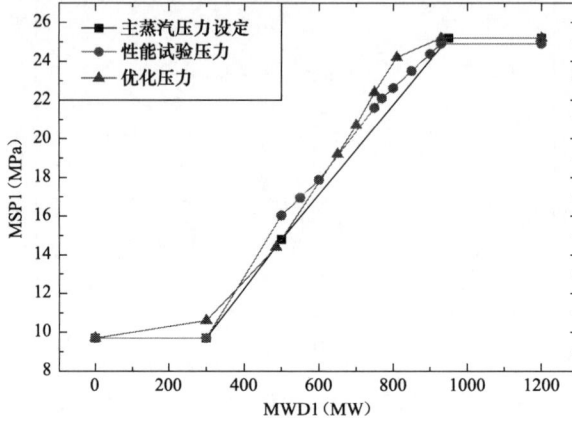

图 8-3　机组负荷指令与原主蒸汽压力设定、性能试验压力及优化压力曲线

为了适应机组主蒸汽压力滑压曲线的改变，重新对变负荷前馈、燃料前馈、给水前馈、送风前馈进行整定并优化变负荷结束时的"刹车"控制回路。根据不同变负荷速率，形成一定比例关系的燃料、给水和送风量并进入各子控制系统，满足机组连续变负荷对功率、压力和温度的要求。

表 8-1　　　**机组负荷指令与主蒸汽压力设定、性能试验推荐压力及优化压力表**

负荷指令 MWD1	主蒸汽压力设定 MSP1	负荷指令 MWD2	性能试验压力 MSP2	负荷指令 MWD3	优化压力 MSP3
MW	MPa	MW	MPa	MW	MPa
0	9.7	0	9.7	0	9.7
300	9.7	300	9.7	300	10.6
500	14.8	500	16.038	486	14.4
950	25.2	550	16.954	650	19.2
1200	25.2	600	17.87	700	20.7
		750	21.594	750	22.4
		770	22.091	810	24.2
		800	22.618	930	25.2
		850	23.496	1000	25.2
		900	24.373	1200	25.2
		930	24.9		
		1200	24.9		

四、主蒸汽和再热蒸汽温度控制系统

在直流锅炉控制中，汽温的控制分成两部分来完成，第一部分为中间点温度的控制来作为汽温控制的粗调，第二部分减温喷水控制作为汽温的精确调节。由于汽水分界面的不固定，我们通常都采用分离器入口温度作为中间点温度进行控制，并由此初步判断水煤是否失

衡的导前信号，它的波动在一定程度上反映了主蒸汽温度的变化趋势，为了更好的控制主蒸汽温度，必须改善中间点温度的控制效果。控制中间点温度的直接目的就是为了控制主蒸汽温度，以主蒸汽温度调节情况作为参照对中间点温度控制进行了修正，利用减温水的喷水量和减温水调门开度作为中间点温度控制的参考，从而使中间点温度控制得到改善。

（1）对中间点温度控制引入喷水量对给水设定的修正，确保中间点温度控制平稳。

（2）优化过热度函数曲线。

（3）引入一级喷水调门的开度指令来修正中间点温度的设定函数。

（4）优化变负荷前馈对给水指令的延时时间。

五、机组滑压曲线优化过程

在 750MW、810MW 负荷段滑压曲线优化试验，根据汽轮机调阀 GV2/GV3 全开，GV4 全关的节能要求进行了滑压曲线不同负荷段修改。

在汽轮机综合阀位大于 89.9％时，GV4 开始开启；在小于 83.4％时，GV2/GV3 开启关闭，同时考虑到变负荷需要因此需要综合阀位在 87％～90％为佳。通过提高主蒸汽压力设定值的方式可以减小综合阀位开度指令，但是需要照顾到汽动给水泵小机调阀开度小于 85％的安全裕量。由于变负荷时给水前馈动作影响，需要小机调阀开度控制在 80％以内。机组滑压曲线优化前各主要监控参数变化情况见表 8-2。

表 8-2　　　　　　　机组滑压曲线优化前各主要监控参数变化情况

负荷(MW)	综合阀位（%）	主蒸汽压力（MPa）	汽动给水泵 A 阀位指令（%）	汽动给水泵 B 阀位指令（%）	过热温度（℃）	再热温度（℃）	给水（t/h）	燃料（t/h）
500	90.65	14.86	47.6	53.8	600	594	1436	208
600	93.70	16.82	53.7	58.5	601	599	1771	248
777	94.35	21.06	61.8	64.3	601	598	2287	280
800	93.81	21.90	62.6	64.7	602	601	2329	300
850	94.32	22.71	67.4	68.2	601	603	2476	327
920	94.95	24.39	70.4	70.5	601	603	2727	356
1000	96.77	25.31	75.3	74.1	603	602	2920	377

通过对表 8-2 分析可知：未优化前 01：30～04：30 负荷在 500MW；04：30～07：30 负荷从 500MW 升到 800MW 左右；07：30～21：30 负荷在 800MW 以上运行；21：30～01：30 负荷从 800MW 逐步降低到 500MW 运行；从时间上看优化重点在 800MW 以上负荷段以及变负荷过程以及在 500～800MW 变负荷阶段。一般汽轮机综合阀位指令在 90％～96％之间，汽动给水泵阀位指令一般在 47％～70％之间，可见汽轮机侧节流损失较大。

机组滑压曲线优化后各主要监控参数变化情况见表 8-3。

表 8-3　　　　　　　机组滑压曲线优化后各主要监控参数变化情况

负荷(MW)	综合阀位（%）	主蒸汽压力（MPa）	汽动给水泵 A 阀位指令（%）	汽动给水泵 B 阀位指令（%）	过热温度（℃）	再热温度（℃）	给水（t/h）	燃料（t/h）
稳态运行参数								
500	88.1	14.98	45.4	49.3	603	604	1356	185
665	88.79	20.27	56.8	61.7	605	605	1861	234

负荷 （MW）	综合阀 位（%）	主蒸汽压力 （MPa）	汽动给水泵 A 阀位指令（%）	汽动给水泵 B 阀位指令（%）	过热温度 （℃）	再热温度 （℃）	给水 （t/h）	燃料 （t/h）
稳态运行参数								
800	88.8	24.06	64.6	65.3	604	599	2246	263
821	89.58	24.31	68.6	69.8	604	603	2328	297
848	90.5	24.50	68.8	69.1	603	604	2416	309
880	92.6	24.59	70.1	70.4	603	603	2530	299
903	93.2	24.83	71.1	71.5	600	602	2610	313
949	93.7	25.50	74.4	73.6	604	603	2728	312
970	95.2	25.11	78.0	75.8	603	604	2814	343
976	95.1	25.21	78.8	76.6	604	604	2830	339
负荷从 625MW 升高到 937MW								
625	88.68	19.00	54.1	58.6	601	601	1748	219
799	88.17	24.34	66.3	67.9	602	602	2221	271
894	93.53	24.35	71.1	71.4	602	599	2604	298
940	94.17	24.98	74.4	74.1	600	603	2716	336
负荷从 800MW 升高到 900MW								
800	89.7	23.71	65.8	66.2	604	597	2285	264
887	92.2	24.93	72.4	72.9	604	604	2548	304
900	93.1	24.79	71.7	72.2	600	601	2574	309
900	92.9	24.95	72.1	72.5	602	603	2592	310
负荷从 900MW 降低到 800MW								
900	92.9	24.95	71.7	72.2	602	603	2583	309
879	90.5	25.31	68.5	69.1	602	603	2448	280
822	87.9	24.97	64.7	65.3	602	601	2259	259
800	86.5	24.54	64.7	65.6	600	597	2222	265
负荷从 517MW 升高到 908MW								
517	84.5	15.91	46.7	50.5	599	600	1426	202
584	87.2	18.00	52.5	55.9	603	600	1613	205
630	87.7	19.25	54.8	57.8	602	606	1739	235
745	88.2	22.53	60.1	61.7	602	596	2084	256
824	89.3	24.46	68.9	69.2	604	602	2314	287
908	93.1	25.14	71.7	71.8	603	600	2610	309

通过对比表 8-2 和表 8-3 可知，机组滑压曲线优化后，使机组正常运行时汽轮机综合阀位指令在 85%～95% 之间，既满足机组经济运行的需要，又提高机组一次调频动作响应的速度和幅度要求。

第二节　凝结水系统控制的优化

一、凝结水系统介绍

机组启动或正常运行过程中，旁路或汽缸的进汽排入凝汽器，排汽受到冷却介质的冷却而凝结成水，汽体凝结成水后进入热水井，热水井布置在管束的下方，其下部为凝结水停留区域，为适应真空泵和凝结泵运行，凝结水需要保证一定的水位。凝结水通过壳体底部出水管引向一个出口流出，经滤网后与凝结水泵入口相连接。凝汽器正常运行时，有两路进水，主要是低压缸排汽凝结水，其次是从凝结水补水泵来的除盐水补水，负荷平稳时理想状态下汽水损失为零，则凝汽器水位稳定，除盐水补水量为零。但机组的汽水工质在实际做功循环过程中的损失是较大的，因此，需要不停补充除盐水。

大型单元机组通常设计两台凝结水泵，一台运行一台备用，当凝结水母管压力低时联动备用泵后双泵运行，或者运行泵故障跳闸联动备用泵。低负荷时除氧器上水不需要太大的给水量，因此，为了保证凝结水泵的最小流量，设计凝结水泵再循环门到凝汽器，维持凝结水泵的最小出力。凝结水系统图如图 8-4 所示。

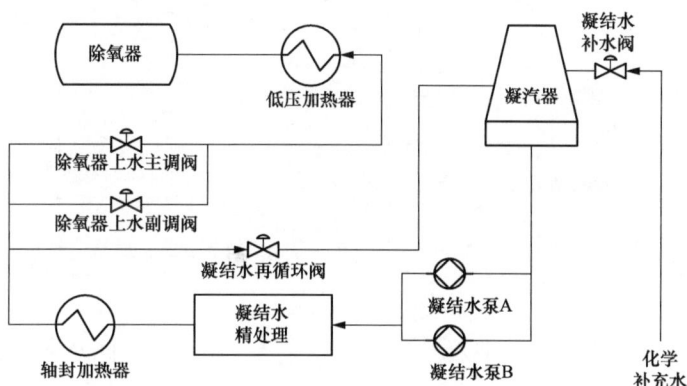

图 8-4　凝结水系统图

二、常规除氧器水位控制方法

除氧器是大型火电机组回热系统中的重要辅机之一，它的主要功能是除去凝结水中的氧和二氧化碳等非冷凝气体；其次除氧器同时又是给水回热加热系统中的一个加热器和储水器，加热汽源采用机组辅汽、汽轮机抽汽等将凝结水加热至除氧器运行压力下的饱和温度，当负荷大于一定值时，除氧器进入滑压阶段，因此，除氧器上水压阻是随时变化的，这也因此影响着凝结水泵的效率。除氧器为锅炉主给水泵提供水源，其容量一般应不小于锅炉额定负荷下连续运行 $15\sim20$min 所需的给水量。除氧器水位过低，储水量不足有可能危及锅炉的安全运行，此外还有可能造成给水泵入口汽化。除氧器水位过高，则影响除氧器的除氧效果。因此，除氧器水位应维持在允许范围内。

除氧器水箱的容积较大，在除氧器上水调节阀开度作阶跃变化时，除氧器水箱水位不会立即变化，而表现出一定的延迟。此外，由于水箱容积大而进水管路较细，除氧器水位上升或下降的速度就较小（对象的飞升速度小）。在负荷一定时，除氧器水位对象的动态特性近似为有延迟的一阶积分环节。

当凝结水泵采用定速泵时，除氧器水位控制采取低负荷时用除氧器上水副阀调整，高负荷时用除氧器上水主阀调整的方法。通常，当机组负荷低于 30％额定负荷时，除氧器上水主调节阀关闭，除氧器上水副调节阀开启调节除氧器水位；当机组负荷高于 30％额定负荷时，除氧器上水副调阀按照一定速率慢慢关闭至零位，除氧器上水主调节阀开启控制水位。除氧器这种分段方法充分利用了上水主/副调阀的阀门线性控制区间，保证了除氧器水位的可调性。另外，上水主阀调整液位时还常采取三冲量调整的方法，利用锅炉给水流量和凝结水流量的平衡关系快速预测除氧器液位的变化，改善除氧器液位的调节品质。当锅炉给水流量测点或凝结水流量测点出现坏质量时，除氧器上水主阀退出三冲量控制，切换为单冲量控制。常规除氧器水位控制逻辑原理图如图 8-5 所示。

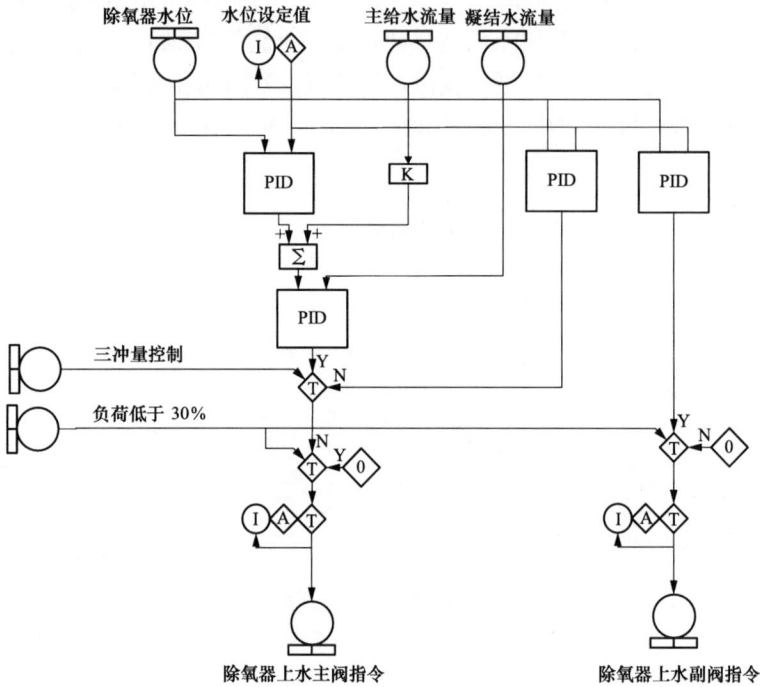

图 8-5　常规除氧器水位控制逻辑原理图

在上图 8-5 中，机组正常运行情况下采用三冲量的串级控制，除氧器作为密闭的容器，流入和流出工质的平衡是维持除氧器水位平衡的关键。所以，副回路的设定和反馈尽可能精确。其中，必须明确给水流量是否包含减温水量，凝结水流量与高加回水流量的比例关系，从而减少除氧器流入与流出工质的不平衡，从副回路上消除扰动的影响，减少水位偏差带来的主调节器输出修正，提高其调节品质。

三、凝结水泵改变频后的除氧器液位控制方法

1. 凝结水泵变频器配置方案

随着高压变频技术的日益成熟，机组自动化水平日益提高，火电机组动力系统的变频应用成为必然趋势，其具有能耗低、精度高、调速平稳等优点，被越来越多的发电企业所认可。对凝结水控制系统进行优化改造，将原来定速运行的凝结水泵改造成变速运行，通过改变凝结水泵转速来改变凝结水泵运行曲线，使凝结水泵运行时出口压力、流量与电机能耗达到最佳匹配，从而实现大幅度降低凝结水泵功耗的目的。由于除氧器液位影响因素增多，机组除氧器液位控制方案必须重新进行设计和试验以满足机组的运行要求。

凝结水泵改为变频调速，受变频器可靠性影响，改造方案通常有三种：一是一台工频一

台变频；二是一台变频器带两台凝结水泵；三是从电气回路改造，变频模式与工频模式并列，一旦变频发生故障立即切换工频模式，两台凝结水泵均按此方式改造。三种方案在发生运行泵故障或变频器故障后，均要联动备用泵启动，但备用泵联起后的运行方式，前两种是工频模式，后一种则是变频模式，备用泵联起执行变频模式与主给水备用联起的过程相似，对控制方案的影响不大，备用泵联启执行工频模式则对自动控制影响较大。综合比较经济性、维护方便性、安全可靠性等因素，一工一变方式最经济。因此这里只针对一工一变方式对变频改造后自动调节方案的进行讲述。

2. 变频控制水位方案的选择

凝结水泵变频控制可以设置为两种除氧器水位调节方式，第一种是上水调门调节压力，变频控制调节水位；第二种是变频控制调节压力，上水调门调节水位。两种方式从调节品质上差别不大，第二种利于上水调门前后压差恒定，调门的调节线性较好，第一种有利于保证凝结水母管压力全过程中不低于一个正常值。但两种控制方案都存在互相耦合，互相干扰的情况，在水位或者压力发生波动时，很容易引起系统的振荡。

另外，影响凝结水泵变频控制除氧器水位的因素还有以下几点：

（1）凝结水压力应保持在合理范围之内。凝结水母管压力过高会使除氧器上水调门开度过小，增加节流损失，增加凝泵功耗；压力过低会使凝结水个别用户不能正常运行，严重时会无法上水给除氧器甚至除氧器蒸汽倒流回凝结水管道而引起管道振动。

（2）变频切工频或备用泵联启时除氧器水位控制模式的切换。当变频器故障或者凝结水压力过低时，备用泵联启，除氧器液位控制逻辑应当具备自动切换的功能以满足特殊工况的要求，否则在特殊工况下，凝结水系统会发生压力波动，除氧器液位也会发生较大的振荡。

（3）凝结水泵存在临界转速。当凝结水泵转速进入共振区间工作时会影响凝结水泵安全，在凝结水泵的变频区间选择上应避免凝结水泵进入共振区工作。

3. 凝结水泵变频控制水位控制方案

综合上面提到的变频控制影响水位的因素，我们需要制定以下控制方案：

（1）机组负荷小于30％额定负荷时，变频器调节凝结水压力，上水主调节阀调节除氧器液位。

（2）机组负荷大于30％额定负荷时，变频器调节除氧器液位，上水主调节阀转换为开环控制，其开度由机组负荷对应开度曲线得出。

（3）特殊工况下，如变频器故障或者备用泵联启时，上水主调节阀控制液位，凝结水泵维持工频运行。

这种模式的优点是在变频调节水位过程中，如果机组负荷不变，上水调阀开度不变，仅存在凝结水泵转速直接控制水位，避免了耦合的发生而有利于水位调节的快速稳定。如果设置了合理的上水调门开度曲线，这种控制方式即能够保持除氧器水位的稳定也能保证凝结水压力的要求，又可尽量开大除氧器上水调门，减少节流损失，提高机组效率。

在机组负荷低于30％时，变频器控制凝结水压力；当机组负荷高于30％时，变频器切换为控制除氧器液位。变频控制液位仍然采取三冲量控制和单冲量控制两种模式，在流量信号出现异常时，采取单冲量调节模式；在流量信号正常时，采取三冲量调节模式。当备用泵联启时，变频泵为了保证自身出力，将频率指令按照每秒钟 5Hz 的速率增加到 50Hz，同时切除变频自动。变频器控制逻辑图如图 8-6 所示。

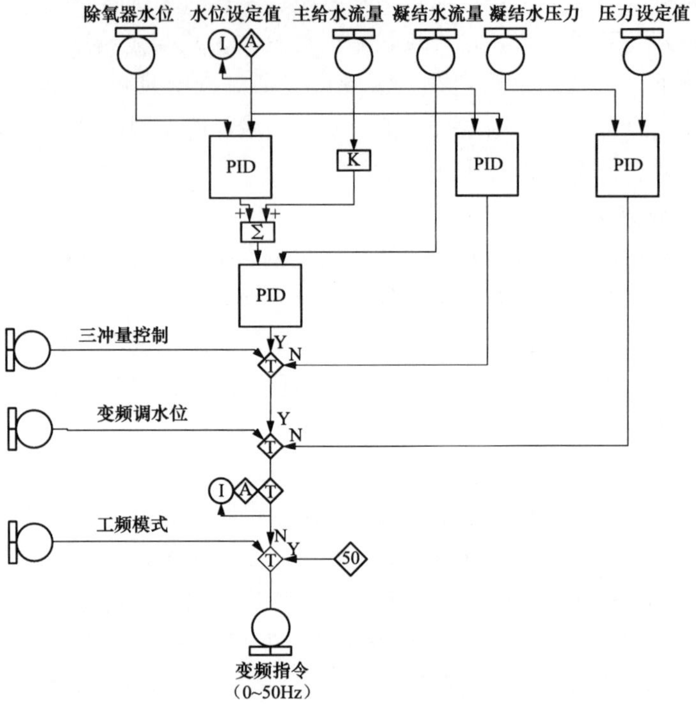

图 8-6　变频器控制逻辑图

　　除氧器上水副阀始终关闭，当机组负荷低于 30％时，上水主调节阀调节除氧器水位，凝结水泵变频调节凝结水压力；当机组负荷高于 30％时，凝结水泵变频调节水位，除氧器上水主调节阀采用开环控制模式，其开度由机组负荷对应的函数确定；当发生变频模式切换为工频模式时，变频指令强制输出 50Hz，变频退出水位调节自动，上水主调节阀首先快速置位至工频运行时机组负荷对应的开度，开度曲线见表 8-4（开度函数可由凝结水泵工频运行试验得出），10s 之后，上水主阀开始调节除氧器水位。除氧器上水主阀控制逻辑图如图 8-7 所示。

　　4. 变频调水位模式条件

　　凝结水泵调节水位的切换条件采用机组负荷进行判断，当机组负荷大于 30％额定负荷时，除氧器水位切换为变频调节模式，当机组负荷小于 25％额定负荷时，除氧器水位由除氧器上水主阀控制，5％的死区设置可以避免水位控制模式来回切换，以免造成凝结水系统发生扰动；除了考虑到负荷的影响，还应兼顾凝结水压力的稳定，当发生凝结水压力低于 1.5MPa 时，凝结水泵变频退出水位调节切换为凝结水压力调节；变频器出现故障退出变频模式后，凝结水泵由变频模式变换为定速模式，凝结水泵已不具备调节能力退出水位调节，由除氧器上水主阀调节水位；当上水主阀发生故障退出自动时，会影响除氧器水位调节的同时不能保证凝结水压力的稳定，凝结水泵变频需退出水位调节，优先保证凝结水压力的稳定。变频调水位判断逻辑如图 8-8 所示。

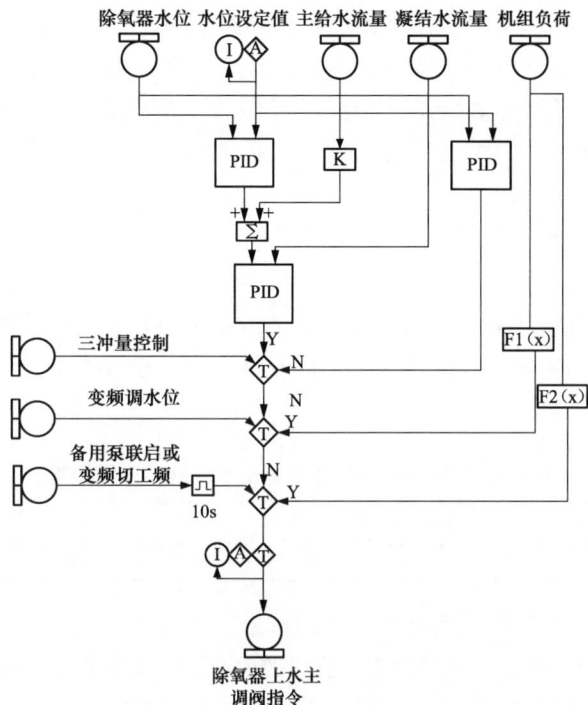

图 8-7　除氧器上水主阀控制逻辑图

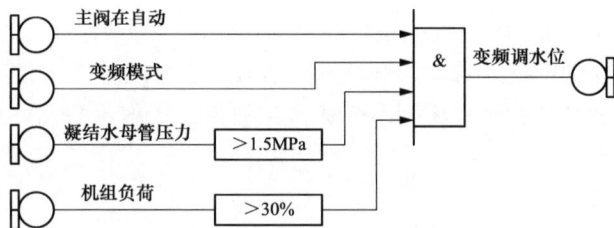

图 8-8　变频调水位判断逻辑

5. 变频模式信号的确定

变频模式信号在多处逻辑判断中都有应用，通常此信号不能由变频器送出信号直接判断，而必须经过逻辑处理。变频器送出信号包括变频运行、工频运行、变频故障等，变频模式信号须由这些信号结合变频器自身特点综合判断。变频模式判断逻辑如图 8-9 所示。

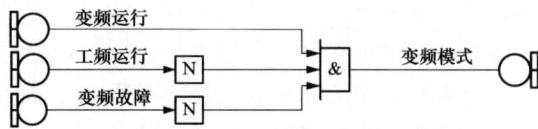

图 8-9　变频模式判断逻辑

四、凝结水泵变频控制逻辑关键点

1. 除氧器上水主阀开环控制曲线的确定

凝结水泵在变频模式下控制除氧器水位，在保证凝结水系统运行压力稳定的前提下，应尽量全开除氧器上水主调节阀，使其无节流，增加系统运行经济性。同时确保凝结水泵变频器的输出频率使凝结水泵转速远离临界转速区，确保凝结水泵运行安全。

凝结水母管主要的供水系统包括机侧疏水扩容器喷水、小汽轮机排汽减温、辅助蒸汽减温器、低压缸喷水、低压缸汽封减温器、主机轴封减温器、低旁减温、定子冷却水补水、闭式水补水、采暖补水、低旁三级减温、给水泵密封水、真空破坏门密封水、自身密封水等。其中，低旁减温水和给水泵密封水压力比较高。低旁减温水只在机组启动初期使用，此时变频器处在调节压力模式，所以在进行变频调节水位试验时，需着重考虑给水泵密封水的需求，以凝结水压力满足给水泵密封水需求为界限，制定上水主阀开度曲线并设置相应的母管压力下限值。

国内某1000MW机组除氧器上水主阀开度曲线由变频自动试验而得，见表8-4。曲线的拐点由实际试验得出，拐点以躲过AGC可调下限为宜，确保在正常运行范围内上水调阀全开。

表8-4　　　　　　　　　国内某1000MW机组除氧器上水主阀门开度曲线

机组负荷（MW）	0	200	300	400	500	700	1000
阀门开度（%）	10	20	30	70	100	100	100

2. 变频与工频切换时变频与阀调阀之间的配合

凝结水泵变频故障，变频向工频切换时，凝结水泵转速和功率迅速上升，为保持除氧器水位稳定，上水主调节阀快速关闭至工频对应开度，变化速率为10%/s，信号保持超驰10s后，上水主调节阀开始调节除氧器水位。

工频向变频切换时，上水主调节阀由较小开度向较大开度开启，逐步减少节流损失，此时，凝泵由50Hz开始缓慢下降，整个过程相对变化缓慢。当凝结水泵变频发出工频切换变频成功后，凝结水泵变频可投入自动，开始调节水位，上水主调节阀切换至开环控制模式，向开环函数指示开度过渡，此时宜将阀门变化速率放慢，一般设置在1%/s，这样有利于除氧器液位的稳定。

3. 凝结水压力的设定

当负荷上升至30%负荷时，除氧器上水主调节阀由水位调节转换为开环控制。如果凝结水压力设定过高，会造成上水主调节阀开环曲线函数输出比上水主调节阀实际开度小；如果凝结水压力设定过低，会造成上水主调节阀开环曲线函数输出比实际开度大。这两种情况下如果偏差过大，会引起模式切换时凝结水系统的扰动，所以凝结水压力设定值在低负荷时应保持在合理范围之内，以避免模式切换时的过大扰动，所以此设定值为除氧器上水主调节阀开度曲线测试试验时的凝结水母管压力，也即是负荷对应压力的曲线。

低负荷时，变频输出低，凝结水压力控制在临界值，如果低旁出现打开情况，会引起凝结水压力降低，如果不能维持住凝结水压力，会造成低旁快关。另外，凝结水压力应能保证除氧器的可靠上水，凝结水压力应该比除氧器压力稍高。所以，凝结水压力设定值应采用负荷指令函数控制曲线 $f(LD)$、低旁请求开与除氧器压力+0.3MPa三者取大值，加上运行偏置设定值，最终值作为压力设定值，做到真正的全程自动控制。凝结水压力设定值逻辑如图8-10所示。

4. 凝结水泵备用联锁时保护切换功能

在机组大负荷运行中，一旦因某些原因造成凝结水泵变频器跳闸，联锁逻辑会自动联启另外一台备用凝结水泵，并按照工频方式运行。虽然在画面中设置了光字牌报警功能提醒运行人员，但考虑到此工况出现威胁机组稳定运行的因素，为确保机组安全，特别修改了控制策略，针对该情况进行专门处理，完善后的控制策略如图 8-7 所示。函数 $f_2(x)$ 的设置是按照凝结水泵工频运行时试验数据制定的负荷—阀位对应关系，在凝结水泵变频控制方式下调节除氧器水位时，若出现工频泵联启，则联锁条件下的除氧器进水主调节阀超驰关小保护回路动作，触发一个脉冲信号，在 10s 内将除氧器上水主阀关至当前机组负荷所对应阀位。10s 之后除氧器上水主调节阀开始调节除氧器水位，表 8-5 为某 1000MW 机组工频模式下的主阀开度曲线函数曲线 $f_2(x)$。

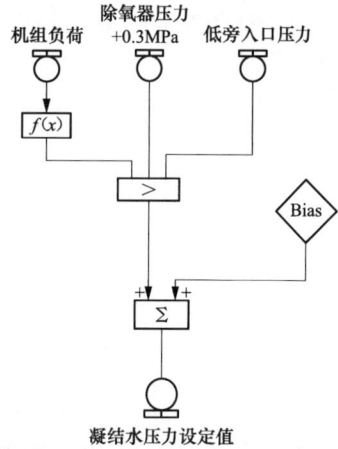

图 8-10　凝结水压力设定逻辑

表 8-5		工频模式下，机组负荷与主调节阀开度曲线								
机组负（MW）	0	100	200	300	400	500	600	700	800	1000
阀门开（%）	4	8	8	9	10	12	16	19	23	30

这种处理方式能够迅速将凝结水流量控制在一个合理范围，同时也能够为运行人员及时处理故障争取宝贵的时间。

五、总结

凝结水系统变频控制方式将是今后国内投产机组实现节能的一项主要技术手段，也是在建超临界主力机型系统设计中广泛采用的控制策略，通过对多种凝结水系统变频控制策略的比较和分析，此种方法实现了除氧器液位控制的全程自动跟踪和控制方式的无扰切换，并针对故障情况设计了应对措施，所提出的优化手段对今后技术改造和基建调试有着一定的指导意义和参考价值。

第三节　低温烟气换热器控制优化

为提高锅炉的热效率，火电机组在降低锅炉排烟温度和提高烟气热量回收方面主要利用烟气余热加热凝结水的低温省煤器，该系统采用烟气余热通过机械转盘或水媒介时的余热回收再热装置（GGH）。GGH 的作用是利用原烟气将脱硫后的净烟气进行加热，使排烟温度达到露点之上，减轻对进烟道和烟囱的腐蚀，提高污染物的扩散度；同时降低进入脱硫吸收塔的烟气温度，降低吸收塔内对防腐工艺技术的严格要求。本文重点对低温烟气换热器（LGGH）温度控制方面进行阐述。

一、LGGH 工艺流程

1. 工艺概况

LGGH 设备的主要工艺流程如图 8-11 所示，由烟气热回收器、循环管路及旁路系统、低负荷加热系统、再加热器、蒸汽吹灰系统和膨胀水箱系统组成。通过该系统，可将空气预热器出口烟温从经常的 130℃降低到 90℃低温状态，吸收的热量通过循环管路送至再加热器，将湿法脱硫后约 50℃低温烟气加热到 80℃以上。不仅实现低温布袋除尘高效运行，同时解决 SO_3 对设备污染和腐蚀难题。

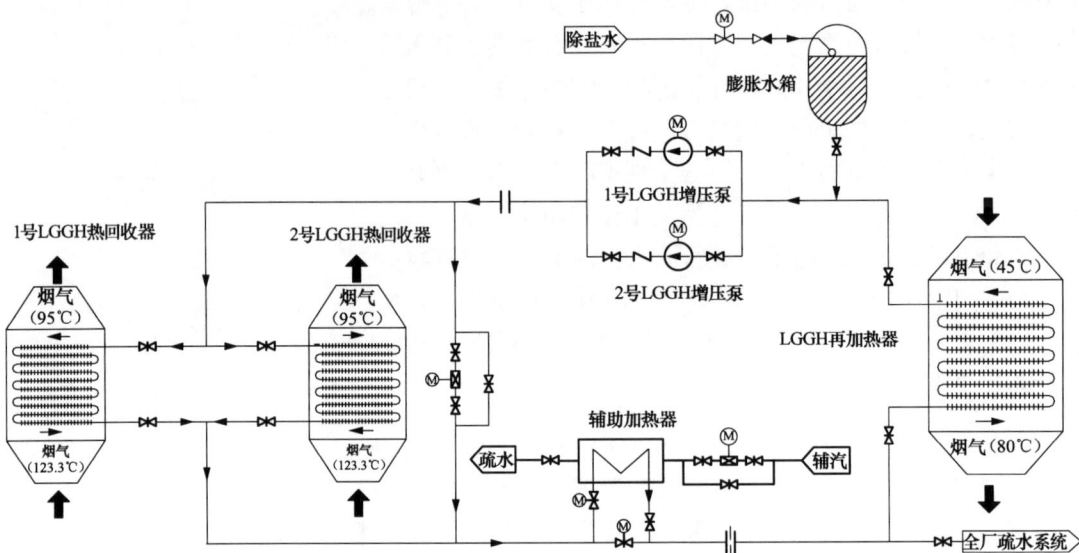

图 8-11　LGGH 主要工艺流程图

2. 主要设备组成

（1）LGGH 热回收器。LGGH 热回收器安装在空气预热器出口至低温除尘器进口之间的水平烟道上。每个烟道上的换热器沿烟气方向分前后两区，每个区的换热器在高度方向设置 3 个换热分区，每个烟道共有 6 个换热分区，单台锅炉共有 24 个换热分区。

（2）LGGH 再加热器。LGGH 再加热器安装在脱硫塔出口至烟囱之间，具体布置位置在烟道除雾器之后的水平烟道上。

（3）辅助加热器。辅助加热器安装在 LGGH 再加热器前的热媒管道上，在机组启动初期热媒温度较低时投入，采用辅助蒸汽加热热媒循环水。

（4）LGGH 增压泵。LGGH 增压泵安装在脱硫除尘器底部支架内，实现热媒流体强制循环。

（5）膨胀水箱。膨胀水箱安装在再热器壳体顶板上。在初次启动时，除盐水通过补水泵送至 LGGH 增压泵入口以及蒸汽辅助加热器入口，该系统管路中的空气被除盐水排挤通过排气阀排出管路。在实现稳定管路系统压力的同时，避免循环泵及管路系统的汽蚀。

该系统工艺流程：经膨胀水箱进入 LGGH 增压泵升压的热媒体（除盐水）进入锅炉烟气余热回收装置，加热后的除盐水进入锅炉烟气余热再加热装置以便加热脱硫后的低温烟气，而经锅炉烟气余热再加热装置冷却后的除盐水回水到 LGGH 增压泵入口。

烟气余热回收装置的除盐水进水温为 70℃，进入烟气余热再热装置的除盐水温度为 105℃。烟气余热回收装置的烟气温度从 130℃降至 90℃，吸收的热量满足将烟气余热再加热装置的烟气温度从 43℃升至 80℃以上。但在低负荷工况下，锅炉烟气余热回收装置回收的热量无法满足烟气余热再加热装置的使用要求时，需将经锅炉烟气余热回收装置加热后的除盐水进入辅助加热器进一步加热后进入烟气余热再加热装置以满足烟气余热再加热装置的设计要求。

二、LGGH 温度控制过程

低温烟气换热器系统投运初期，除盐水温度及机组排烟温度均较低，需要投入并联于主回路的辅助加热器并对热媒水系统进行加热。即：开启辅助加热器入口电动门，关闭 LGGH 系统主管路电动门，调节安装于辅助蒸汽至辅助加热器的蒸汽/水交换器调阀对循环水进行加热，尽快提高水温至 110℃左右，避免进入 LGGH 系统的水温长时间过低，最终实现再加热器出口烟气温度达到 85℃以上并避免热回收器、再加热器及烟囱的低温腐蚀。

随着机组负荷的升高，空气预热器出口烟温逐渐升高到 120℃左右，在热回收器的出口水温达到 100℃后，辅助加热器调节阀会自动退出，通过调节循环泵的电机频率，增加进入热回收器的换热水流量实现再加热器出口烟温达到 85℃以上。

正常运行时，经热回收器加热至 110℃后的除盐水进入再加热器加热脱硫后的低温烟气，在辅助加热器的共同作用下将再加热器进口的低温烟气从 45℃提高到 85℃以上，经锅炉再加热器冷却后的除盐水回水到 LGGH 增压泵入口，除盐水在 LGGH 增压泵的驱动下再次进入热回收器将烟气温度从 140℃降至 90℃。除盐水在 LGGH 增压泵的驱动下周而复始，不断循环。此时辅助加热器系统自动退出运行回路。

正常运行过程中，根据机组负荷及空预器排烟温度的变化，通过调节 LGGH 增压泵的电机频率来改变通过 LGGH 系统的循环水量，保持热回收器出口烟温在 90～95℃。同时通过再加热器快速升温器进口调节阀调节进入快速升温器的蒸汽量来维持再加热器出口烟温达到 85℃以上。

在夏季等特殊工况，机组运行空气预热器排烟温度一般会高于 140℃的设计温度，此时通过加大循环泵的电机频率，增加进入 LGGH 系统中的除盐水量，将热回收器出口的烟温降到 90～95℃，此时除盐水吸收的热量远大于设计吸热量，这样便实现对再加热器出口的烟温升至设计烟温以上的目的，此时无需启用辅助加热器，而辅助加热器进口调阀保持关闭状态。

在冬季及低负荷工况，空气预热器出口烟温将低于设计烟温，烟气 LGGH 系统的热回收器进口烟气温度较低，除盐水从热回收器吸收的热量不能满足再加热器所需的热量，此时将无法满足再加热器出口烟温提升至 85℃以上需求，需重新启用热媒体辅助加热器并投入辅助加热器调阀。根据机组运行负荷及排烟温度情况，通过调节辅助加热器调阀的开度来控制进入热媒体辅助加热器的蒸汽流量，以确保有足够的换热量，使再加热器出口排烟温度达 85℃以上。同时开启辅助加热器放水门，蒸汽疏水回到疏水扩容器中。

若系统检测到进入电除尘器的烟气温度低于 85℃，调节循环泵电机频率改变 LGGH 系统的循环流量，同时开启热媒体循环旁路调阀，通过调节热媒体循环旁路的水量，减少进入热回收器的除盐水量，使得热回收器出口的烟温回升到设计温度 90℃以上。

再加热器出口烟温升温过高时，可适当调低快速升温器的蒸汽进口调阀开度。若在低温工况下，再加热器出口烟温升温过高的情况是热媒体辅助加热器的加热蒸汽流量及温度过高造成的，此时可通过控制系统调节辅助加热器蒸汽入口调阀门开度，减少进入热媒体辅助加热器的蒸汽量。同时调节快速升温器的蒸汽进口调阀开度，适当减少进入快速升温器的蒸汽量。

为确保热回收器和再加热器的换热效果，定时对换热管路进行吹灰，清除换热管束上堆积的粉尘。

三、LGGH 的温度控制策略及优化

1. 主要调节回路

（1）热媒体循环旁路调阀。通过热媒体循环旁路调阀的控制来实现对进入低低温烟气换热系统水量的调整，间接实现对流经电除尘器入口烟气温度的控制。使换热器出口烟气温度降至 95℃。

该回路的调节过程量为左右两侧进入电除尘前烟气温度的小选值，设定值为烟气出口温度通常在 95℃左右。在烟气温度升高时，需要关小调阀；反之，需要开大调阀。该控制回路仅在机组启动初期或烟气温度较低时投运。

（2）热媒体辅助加热器蒸汽进口调阀。通过热媒体辅助加热器蒸汽进口调节阀控制进入热媒体辅助蒸汽加热器的蒸汽流量，以确保与循环水有足够的换热量，使得烟囱排烟温度达到 85℃左右。

该控制回路的过程量为烟囱排烟温度，设定值为烟气出口温度，通常设置在 85℃左右。在烟气温度升高时，需要关小调阀；反之，需要开大调阀。该控制回路在机组启动初期或烟气温度较低时投运。

（3）增压泵控制。增压泵用于控制流经 LGGH 烟气换热系统管道中的水流量，实现热交换器和再热交换器之间热量的传递并最终实现稳定烟囱排烟温度在 85℃的目标。

增压泵为变频调节，该控制回路的过程量为烟囱排烟温度，设定值为烟气出口温度，通常设置在 85℃左右。在烟气温度升高时，需要降低频率；反之，需要加大频率。该泵运行在机组的整个投运期间且为一运一备。

（4）蒸汽吹灰系统。吹灰系统分为热回收器程控吹灰与再加热器程控吹灰，热回收器程控吹灰按顺序依次吹灰，每台吹灰器吹扫间隔时间为 100s（时间可调），吹扫周期为 24h（时间可调）；运行人员也可手动单独对某一吹灰器进行吹灰。再加热器采用半伸缩式蒸汽吹灰器，吹灰器启动指令发出后，吹灰器自动前进、后退，回到原位后发出退到位反馈信号。

2. 调节回路切换方式

增压泵与热媒体循环旁路调阀都是控制烟气烟温，调节切换顺序为：

（1）热回收器出口烟温（进入电除尘器前烟温）高于设定值时，先自动关小热媒旁路调阀开度，在旁路调阀开度全关时，烟温依然高于设定值，则再增大增压泵转速。

（2）热回收器出口烟温（进入电除尘器前烟温）低于设定值时，首先减小增压泵转速，若泵转速小于 25Hz 或泵出口压力小于 0.5MPa 时，烟温依然低于设定值，则自动开大旁路调阀。

3. 系统主要报警及闭锁信号

热回收器 1 烟气差压高报警（600Pa）；

热回收器 2 烟气差压高报警（600Pa）；

再热器烟气压差高报警（700Pa）；

流量偏差大报警（增压泵出口母管流量与再热器入口流量偏差大于 50t/h）；

热回收器入口水温低（低于 65℃）；

热回收器出口烟温低（低于85℃）；

再加热器入口水温低（低于70℃）；

再加热器出口烟温低（低于80℃）；

膨胀水箱液位高/低报警。

四、LGGH温度控制优化

根据某电厂火电机组实际运行情况的分析，烟气换热控制回路存在烟温温差小、热媒循环倍率高及出口净烟气温度存在纯滞后和大惯性等特点，控制回路间相互交错，切换点处的控制偏差较大，烟温控制效果不佳。

1. 控制策略优化原则

为确保实现出口净烟气温度控制在85℃以下，尽可能减少热媒循环倍率，提高系统运行的经济性并避免电除尘入口烟温低于90℃。

2. 控制逻辑完善

增压循环泵是实现出口净烟气温度在可控范围的关键，影响控制的主要因素有热回收器入口烟温、热回收器换热效率以及出口烟温、辅助加热系统对热媒循环的影响和再加热循环系统换热效率等影响。由图8-12可知：采用热回收器热媒出口水温作为串级控制回路中的副环控制对象，采用热回收器综合换热量折算函数作为副回路修正函数，以主回路PID的设定值为最终调节目标。该控制策略可提前预判热负荷并提前进行快速补偿，通过副回路的快速调节来克服整个低温换热过程惯性时间长的弊端。

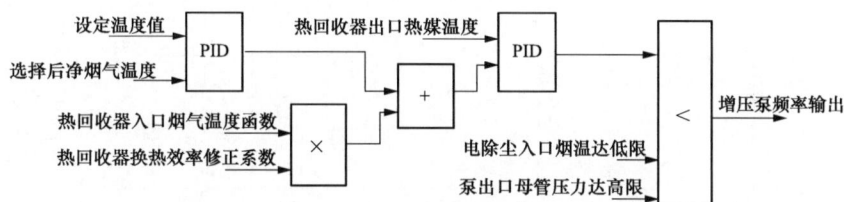

图8-12 增压循环泵控制逻辑框图

由图8-13可知，辅助加热调阀控制再循环加热器入口热媒温度的随动控制系统，其设定值根据电除尘入口烟温的函数和增压循环泵入口热媒温度的函数来改变，在电除尘入口烟温低于90℃时，提高热媒设定值到110℃。在增压循环泵入口温度低于75℃时，提高热媒设定值到120℃。在电除尘入口烟温和增压循环泵入口热媒温度控制在合理范围之内时，设定值会自动降低并最终使辅助加热调阀自动退出加热系统。

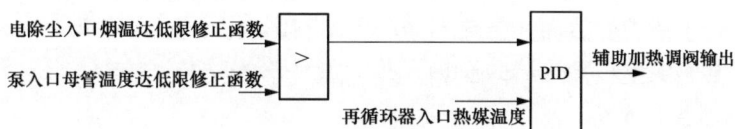

图8-13 辅助加热调阀控制逻辑框图

热媒旁路调阀控制电除尘入口烟气，在电除尘入口烟温低于95℃时，由增压循环泵减少频率来初步调节，在烟温继续低于90℃时，该阀自动开启，通过旁路部分的热煤流量来减少加热器换热量实现烟温的最低控制。

在烟气压力偏差大、热媒旁路调阀未开且热回收循环换热效率低时，启动自动吹灰系统对加热器进行吹灰清洗。

五、低温省煤器概述

低温省煤器一般布置在锅炉尾部空气预热器与电除尘之前的垂直烟道上，工艺流程如图 8-14 所示。由低温省煤器、循环泵、旁路调阀、旁路电动门和蒸汽吹灰系统等组成。7号低压加热器凝结水通过低温省煤器并经循环泵强制循环后，凝结水温度从 70℃升高到 86℃左右后汇入 6 号低压加热器。空气预热器出口烟气温度从 123℃降低到 90℃后进入电除尘。在机组启动或低负荷阶段，通过旁路调阀来控制出口烟气温度不低于 90℃。旁路电动门主要起到隔离低温省煤器作用。

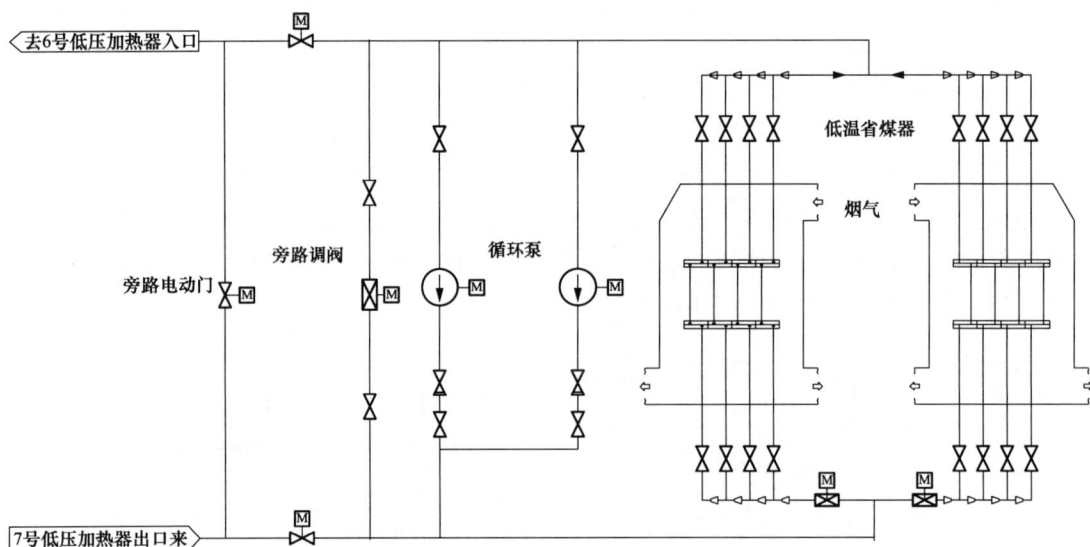

图 8-14　低温省煤器工艺流程图

1. 低温省煤器优点

（1）可降低排烟温度 30～70℃，节能效果明显。

（2）增设低温省煤器后，可减少抽汽量，降低煤耗。

（3）具有良好的煤质变化和季节适应性。低温省煤器出口烟温可以根据不同季节和煤质进行调节，实现节能和防腐蚀的综合要求。

（4）对于锅炉燃烧和传热不会产生任何不利影响。由于低温省煤器布置于锅炉空预器后面，其传热效果对于锅炉受热面的传热不会产生不利影响。既不会降低入炉热风温度而影响锅炉燃烧，也不会影响空气预热器的换热。

2. 低温省煤器控制策略

低温省煤器控制策略类似于 LGGH 系统，循环泵为变频调节控制，由 7 号低压加热器来凝结水在低温省煤器与烟气换热后，出口温度在 86℃左右。旁路调阀主要控制换热后烟气温度不低于 90℃，通过开大旁路调阀来减少与烟气的换热来实现烟温的可控性。

第九章

机组相关改造后的控制优化

第一节 机组引增合一改造后的控制优化

一、机组引增合一改造

1. 机组引增合一改造简介

在火电厂中，引风机的功能是抽吸锅炉燃烧产生的烟气并通过烟囱排放到大气中。引风机输送介质为含尘且温度较高的烟气。由于烟气中含有大量的烟尘，往往需要先将烟气除尘，然后再经引风机抽吸。因此，引风机需要克服从锅炉出口到烟囱出口的烟气阻力，其中包括沿程的烟道阻力、空气预热器和除尘器等设备的阻力，以及烟囱的阻力。

在设置烟气脱硫装置的电厂中，烟气还需要通过烟气脱硫装置进行脱硫后才能排放到大气中，因此，还需要克服脱硫系统的阻力。这对石灰石—石膏法湿式烟气脱硫工艺来说主要是克服脱硫系统烟道的阻力、脱硫吸收塔和烟气换热器（GGH）的阻力。在设置炉外烟气脱硝的电厂中，比如采用选择性催化还原法（SCR），烟气还需要克服催化剂反应器的阻力。因此，需要采用引风机来克服整个流程中烟道的阻力以及其中的设备阻力，直至排放到大气中。对于脱硫系统与主机工程系统同步建设的电厂中，若引风机的选择中未考虑脱硫系统的阻力，则需要在脱硫系统中另外设置脱硫增压风机以排放烟气。对于脱硫装置和主体发电工程同步建设的电厂，可不必把烟气流程分为主体发电工程部分和烟气脱硫部分，统一考虑风机的扬程达到烟气排放的最终目的。这样，引风机的设置可有两种方案，一是将引风机和脱硫增压风机合二为一，即"引增合一"；二是分别设置引风机和脱硫增压风机。

2. 引增合一设计的优点

（1）采用引增合一设计，即引风机和脱硫增压风机合并的方案，每台机组可减少一台或两台增压风机，可以简化系统，减少初期建设投资。

（2）机组带脱硫装置运行时，烟气排放系统是一个整体。根据机组负荷的变化，烟气量和系统阻力发生变化，引风机和增压风机需做相应的调节。对于引风机和增压风机分设的方案，在机组负荷变化时，需同时调节串联的两种风机，控制回路比较复杂。如果引风机和增压风机合一，调节对象变为一个，烟气系统响应负荷变化较分设方案迅速、准确。

（3）机组在安装阶段，脱硫系统的整体调试应在主机调试之后。因此，如果采用引增合一方案，在主机调试阶段，若风机扬程不作调整，风机扬程高于系统所需，浪费了能耗，但不会影响系统运行。因此，需要通过调整风机动叶或风机进口导叶使风机适应系统压降，此时由于风量保持不变，扬程下降，该工况的风机运行点更远离风机的喘振点，风机运行比较安全。

3. 引风机和脱硫增压风机合一后对锅炉和除尘器的影响

目前主要的设计规程对炉膛瞬态设计压力的规定如下：

行业标准 DL/T 5121—2000《火力发电厂烟风煤粉管道设计技术规程》中有如下规定：

（1）炉膛瞬态设计压力按送、引风机在环境温度下的选型点（TB 点）能力取用，一般取 ±8700Pa。

（2）如果由于锅炉尾部烟气净化设备阻力增大等因素，使得引风机在环境温度下的 TB 点能力低于 -8700Pa 时，必须考虑增大的设计负压。

行业标准 DL/T 435—2004《电站煤粉锅炉炉膛防爆规程》中要求的炉膛结构设计要求如下：

（1）炉膛瞬态设计压力不应低于 ±8700Pa。

（2）无论由于什么原因使引风机选型点的能力超过 -8700Pa 时，炉膛瞬态设计负压都应考虑予以增加。

以前的机组设计中，如：在常规 660MW 机组设计时，由于没有脱硫、脱硝及合并引风机和增压风机等要求，对煤粉锅炉炉膛、除尘器及与炉膛相同部分烟风道的瞬态设计压力多为不超过 ±8700Pa。近年来，由于环保标准的日益严格，锅炉机组普遍配置了脱硫、脱硝装置，使得烟气系统的阻力明显上升，引风机在环境温度下的 TB 点有可能低于 -8700Pa。因此，对于相应的炉膛设计瞬间负压应提高多少的问题就显露出来。目前，国内对此问题还没有定论。一方面，提高炉膛设计瞬间负压对于机组的安全运行是有好处的。另一方面，防爆设计压力取值越高，意味着炉膛、除尘器及烟风道钢材耗量越多，工程造价增加。过高的防爆设计压力还增加了锅炉及除尘器结构的设计难度，对锅炉及除尘器设计造成很大影响。

目前，国内主要的观点认为，NFPA85 中已规定膛设计瞬间负压可不超过 -8700Pa。当机组增加脱硫、脱硝装置，使得烟气系统的阻力明显上升，引风机在环境温度下的 TB 点能力高于 -8700Pa 后，应当通过联锁控制等手段来保护锅炉的安全运行，而不是一味地提高炉膛设计瞬间负压，增加设备的初投资。

二、引增合一后的控制优化

引增合一后，由于引风机出力增大，为了防止引风机过吸力对炉膛安全的影响，必须提高炉膛压力的调节品质，特别是当异常工况发生时，炉膛压力能通过适当的调节手段，快速恢复至正常值，对引风机控制就提出了更高的要求。

1. 合理设置引风机前馈量

常规引风机控制中，往往引入送风指令作为前馈量，以超前克服送风对炉膛负压的扰动，减少超调量，提高负压控制调节品质。引增合一后，引风机出力增大，送风机出力占比更小，为了加快引风机调节速度，除了将送风量前馈引入负压调节系统外，还需要将其他影响炉膛压力的主要扰动引入引风机前馈中，如：将一次风量前馈和磨煤机启/停前馈引入引风机控制系统。引风机控制前馈如图 9-1 所示。

在整个机组的入炉风量当中，二次风与一次风量的占比近似于 4：1。送风和一次风量的变化都会对炉膛负压产生扰动。在图 9-1 中，增加了一次风量微分信号，当一次风量出现过大扰动时，能动态加强引风机的调节速度，超前克服一次风量对炉膛压力的扰动，同时，又不影响控制系统静态平衡关系。对一次风量的前馈信号进行限幅和死区处理，是为了防止

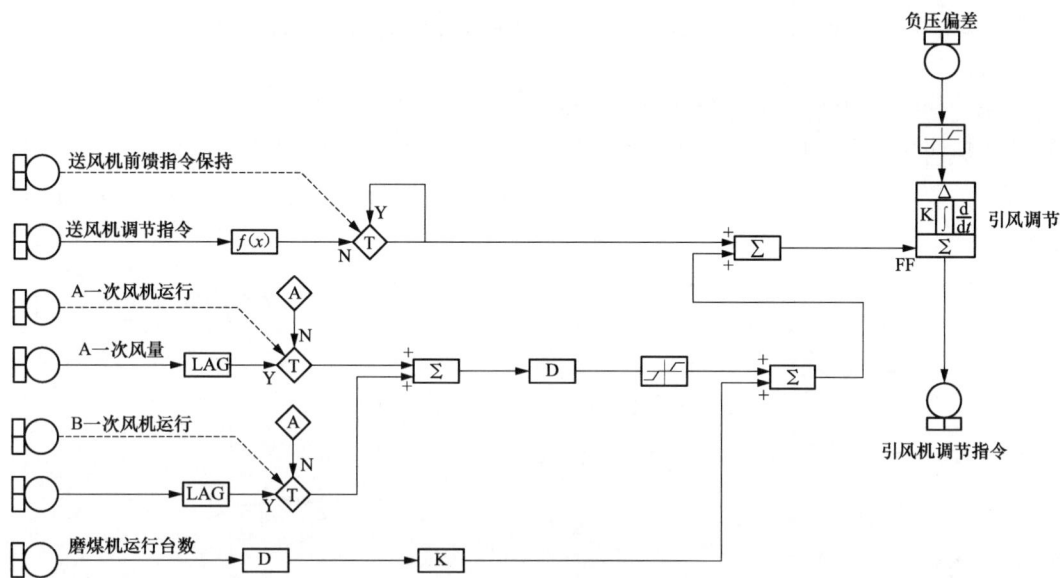

图 9-1 引风机控制前馈

因为信号测量误差或高频信号给引风控制带来扰动；磨煤机的启/停对炉膛压力扰动较大，增加磨煤机运行台数的微分信号，就是为了快速消除磨煤机启/停过程给炉膛负压带来的干扰，其增益系数需要根据实际的动态响应数据进行合理匹配。

2. 增加偏差限制功能

在引风控制中，增加偏差限制功能，以防止调节系统产生过大的超调量，引起系统振荡，危及锅炉安全。

在图 9-1 中，对负压偏差信号进行一定的限幅，防止异常工况或测量误差时调节系统因过调而产生振荡现象。其中，对偏差信号还应增加一定的死区限制，以避免炉膛压力小幅波动时使引风机调节频繁动作，利于调节系统快速稳定。

3. 增加变增益调节功能

在引风控制中，增加变增益调节功能，实现系统正常运行时调节增益较小，有利于系统快速稳定。当调节偏差较大时，自动增大调节增益，以加强调节作用，快速抑制偏差扩大，使炉膛压力在合理的范围内波动。具体逻辑原理如图 9-2 所示。

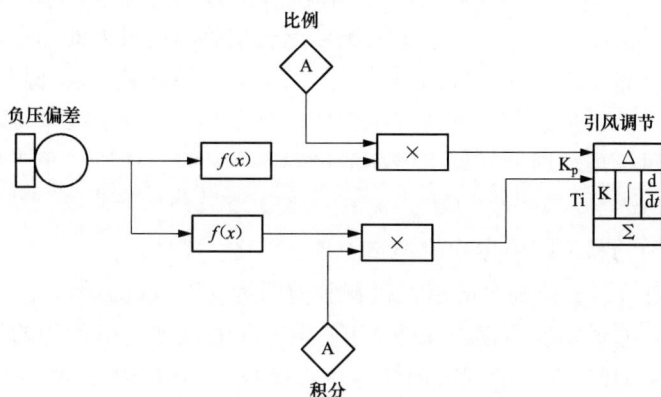

图 9-2 引风机变增益控制

189

图 9-2 中，负压偏差信号经过函数转换，分别和比例增益及积分时间相乘，生成动态的调节参数。

4. 增加炉膛压力偏差大时的方向闭锁功能

在送风机控制中，增加炉膛压力偏差大时的方向闭锁功能，以协助引风机稳定炉膛压力；这时需要设置合理的送风调节速率，并区分正常调节过程和 RB 工况。逻辑原理如图 9-3 所示。

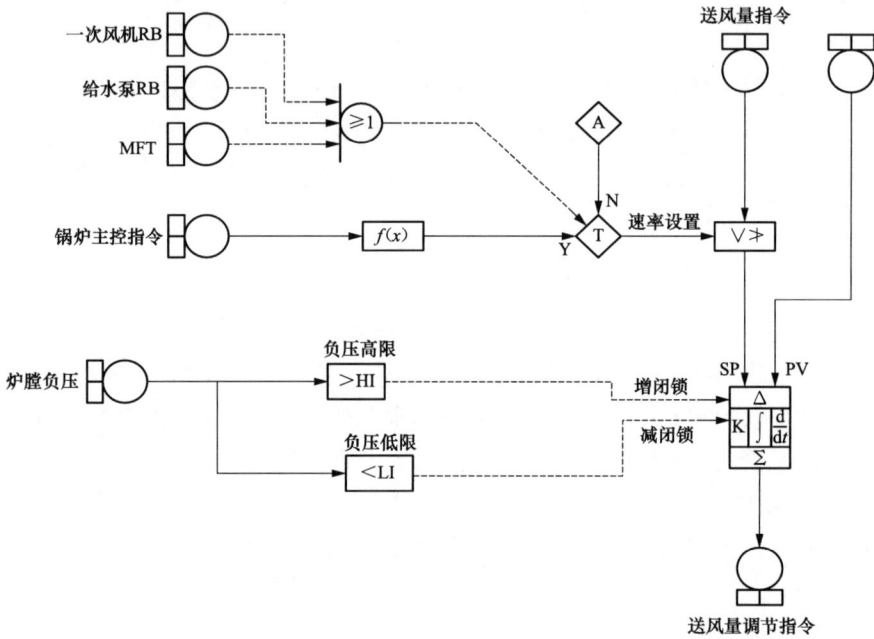

图 9-3　不同工况下的送风控制策略

在图 9-3 中，当炉膛负压超过一定的限制后，送风机控制增方向被闭锁，此时送风机控制指令只能朝减小出力单方向动作，以避免炉膛压力的进一步恶化，反之亦然；关于送风指令限速分析详见第五章的相关内容。

5. 设置合理的 MFT 防内爆逻辑

当锅炉发生 MFT 跳闸时，由于锅炉所有燃料及一次风量瞬间切断，造成炉膛压力瞬间升高，如果此时引风机动作不及时，严重情况会造成炉膛因过吸力而变形。此时引风机出力必须要快速下降，仅靠正常闭环调节回路是满足不了要求的，必须设计超驰前馈回路，使引风机出力阶跃下降，控制炉膛负压在适宜范围内，即所谓"防止锅炉内爆功能"。特别是引增合一后，由于引风机出力增大，如果该功能设置不当，将造成锅炉承受更大的负压力，严重危及设备的安全。

引增合一改造后的锅炉防内爆功能逻辑原理，如图 9-4 所示。

在图 9-4 中，由机组负荷确定的引风机超驰前馈量（引风机关闭幅度）经过纯滞后和切换模块 1 的选择后，通过切换闭锁来保持 MFT 发生前的机组负荷作为前馈量。经过切换块 2 和惯性环节来确保 MFT 发生的同时前馈指令快速执行，当 MFT 发生 1s 后，随着炉膛压力闭环调节作用的增强，前馈指令缓慢恢复，以维持炉膛压力稳定。惯性环节输出信号除以

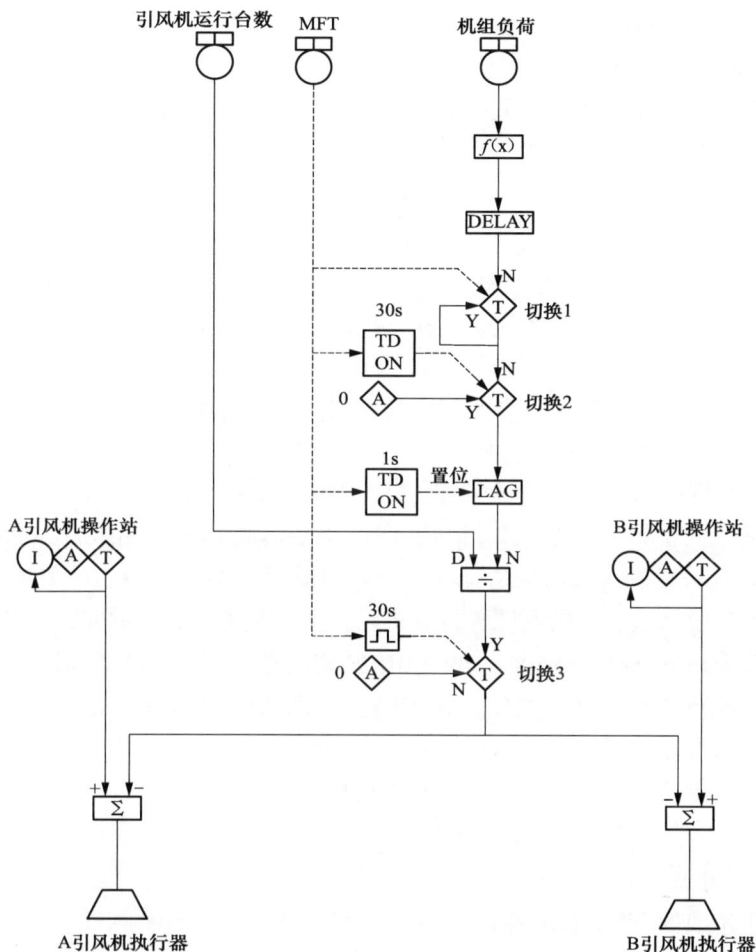

图 9-4 引增合一改造后的锅炉防内爆功能逻辑

引风机实际运行台数，以使前馈量和引风机实际运行台数相匹配，切换块 3 的作用是确保该前馈量只在 MFT 发生的 30s 内起作用，防止影响炉膛压力的正常调节作用。由切换块 3 选择后的前馈信号，直接被 A/B 引风机操作指令相减，输出至引风机执行器，确保在引风机手、自动状态均能实现防内爆功能。

三、机组引增合一改造后的控制优化

当前的火电机组，由于国家环保政策的要求，取消了脱硫系统的大旁路并相应增加脱硝系统，这对带有增压风机的机组增加了锅炉 MFT 的触发因素，同时脱硝系统使烟气系统的阻力增加。这些因素使相应的机组都进行引风机和脱硫增压风机的合一改造或引风机的增容改造（原设计上已经是引增合一）。在进行上述改造后，机组的控制除应具备前述的控制功能外，还需要注意下列问题：

（1）由于引风机容量的增加需要对炉膛负压的 PID 调节参数进行相应的调整，通常需要对调节参数进行一定的弱化。

（2）相应的保护联锁逻辑进行清理，特别是取消增压风机的改造，在热控的逻辑上取消相互的传递信号。此外，风机间的联锁保护必须进行相应的传动试验，确保动作的可靠性。

（3）由于引风机容量的增加，烟气系统的阻力等情况发生了改变，还应当进行相应的引风机 RB 试验。通过动态试验来确定引风机的动叶开度与电机电流的变化情况，并以此确定引风机出力的上限。此外，通过引风机 RB 试验的数据来确定送/引风机间的前馈匹配，以及一次风机出力变化对引风机前馈的影响，满足机组安全稳定运行的要求。

四、总结

引风机和脱硫增压风机合一技术，由于减少了设备投资，简化了系统结构，在大型发电厂应用越来越广泛。由于引风机出力的增加，也带来了一些控制和保护方面的问题，在原有控制逻辑基础上，必须经过相应的优化调整，以确保锅炉设备安全稳定运行。

第二节　机组环保改造后进行的优化

火电机组的环保改造主要是指对现役存量机组进行脱硫、脱硝、脱碳、减烟尘和汞及其化合物的设备进行更新和技术改造，目前国内主要是对脱硫和脱硝进行大面积改造以适应 GB 13223—2011《火电厂大气污染物排放标准》的要求。本节内容主要针对机组脱硝改造后造成协调控制系统无法投入的问题进行分析以及在控制策略进行的完善。鉴于超临界、超超临界机组普遍采用低 NO_x 燃烧器，进行相应脱硝改造的机组基本是 20 世纪 90 年代投产的 300MW、600MW 等级汽包炉机组，在控制上出现的问题基本上都是由于分层配风、弱化燃烧导致的主蒸汽压力波动大，锅炉负荷响应慢等问题，在此以实际工作中完成的汽包炉优化工作为例进行讲述。相应超临界机组的控制与此类似。

一、炉内 NO_x 生成机理及常用控制技术

1. 炉内 NO_x 生成机理

燃烧过程中生成的 NO_x 有三种途径：热力型 NO_x（Thermal NO_x）是在燃烧过程中，空气中的氮气在高温下氧化而产生的氮氧化物；快速型或称瞬时型 NO_x（Prompt NO_x）是在碳化氢燃料过浓时燃烧产生的氮氧化物；燃料型 NO_x（Fuel NO_x）是燃料中含有的氮的化合物在燃烧过程中经热分解和氧化而成的氮氧化物。

（1）热力型 NO_x。热力型 NO_x 是指空气中的 N_2 与 O_2 在高温条件下反应生成的 NO_x。温度对热力型 NO_x 的生成具有决定性作用，随着温度的升高，热力型 NO_x 的生成速度按指数规律增长。以煤粉炉为例，在燃烧温度为 1350℃时，几乎 100% 是燃料型 NO_x，但当温度为 1600℃时，热力型 NO_x 可占炉内 NO_x 总量的 25%～30%，如图 9-5 所示。

（2）快速型 NO_x。快速型 NO_x 主要是指燃料中碳氢化合物在燃料浓度较高的区域燃烧时所产生的 NO_x。是先通过燃料产生的 CH、CH_2、CH_3 等烃离子基团撞击空气中的 N_2 分子，生成中间产物 HCN、N 和 CN 等，再进一步被氧化生成 NO_x。如图 9-5 所示，在燃煤锅炉中，其生成量很小，一般在燃用不含氮的碳氢类燃料时才予以考虑。

（3）燃料型 NO_x。煤中的氮一般以氮原子的形态与各种碳氢化合物结合成氮的环状或链状化合物，因此，燃烧时有机物中的原子氮容易分解出来并生成 NO。这种燃料中的氮化合物经热分解和氧化反应而生成的 NO 称为燃料型 NO_x。燃料型 NO_x 的生成过程十分复杂，要涉及多种化学反应和化学动力学参数，它的生成和破坏过程与燃料中的氮分子受热分解后在挥发分和焦炭中的比例有关，随空气-燃料混合比、温度和氧量等燃烧条件而变。经研究

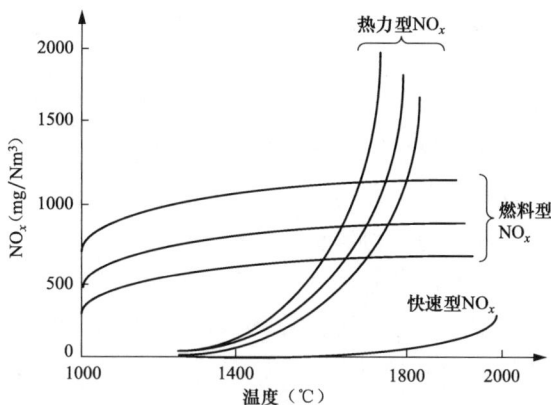

图 9-5 不同类型 NO_x 生成量与燃烧温度关系图（引用 Zelkowski，1986）

发现，燃料型 NO_x 主要来源于挥发分氮的转化，占总量的 $60\%\sim90\%$，其余来源于焦炭氮。

燃煤锅炉排放 NO_x 主要由 NO、NO_2 及微量 N_2O 组成，其中 NO 体积超过 90%，NO_2 体积为 $5\%\sim10\%$，N_2O 体积约为 1%。燃烧过程中，热力型 NO_x 的生成与温度、压力、N_2 浓度、O_2 浓度以及停留时间有关。反应温度、过剩空气系数和停留时间对热力型 NO_x 的生成有决定性的影响。

2. NO_x 常用排放控制技术

经过多年的研究及发展，燃煤锅炉 NO_x 控制主要分为炉内的 NO_x 燃烧技术和烟气脱硝技术两类，炉内低氮燃烧技术主要采用低 NO_x 燃烧器、炉内空气分级燃烧等技术，烟气脱硝主要采用选择性催化还原脱硝（SCR）、选择性非催化还原脱硝（SNCR）等。

二、脱硝改造后锅炉特性的主要变化

1. 炉内结焦、积灰严重

低 NO_x 燃烧器、炉内空气分级燃烧技术，使炉内煤粉燃烧过程拉长，炉膛出口烟温升高，空气分级会造成飞灰含量的增加和炉内结焦、积灰加剧。在快速变负荷或高负荷阶段尤其明显。

2. 制粉系统出力降低

烟气脱硝改造后，造成空气预热器入口烟温降低过多并导致磨入口一次风温下降过大，使制粉系统干燥出力不足。

3. NH_3 逃逸对下游设备影响

少量的 NH_3 随烟气逃逸出反应器，催化剂的氧化作用使部分 SO_2 氧化为 SO_3 与 NH_3 反应生成 NH_4HSO_4 和 $(NH_4)_2SO_4$，沉积在催化剂表面和空气预热器换热管上，冷凝后析出晶体物质，与烟尘混合，降低了催化剂的活性，增大了空气预热器的换热阻力和堵塞、腐蚀的风险。

4. 协调控制系统无法投入

经过燃烧器和脱硝改造后，锅炉燃烧严重滞后，经过测算在负荷低于 480MW（500MW 机组）以下时，从煤量进入炉膛到氧量显著变化需要 1.5min，到锅炉主蒸汽压力变化需要 2min 的纯迟延时间；在负荷大于 480MW 时，相应锅炉起压时间甚至延迟到 3min 左右。造成汽轮机调阀全开情况下功率也无法严格跟随 AGC 指令变化。因此，协调控制策略逻辑优化着重解决机组变负荷能力差、主蒸汽温度波动大、劣质煤低负荷稳定燃烧以及机组经济运行问题，满足电网 AGC 功能要求以及提高机组经济运行的前提下，提高机组运行的安全性和稳定性。

此外，需要指出的是燃烧的滞后，导致锅炉的辐射换热减少，过热面换热增加，过热减温水量偏大，有必要在改造燃烧器的同时，增加减温水的总体流量。

三、设备概况及机组环保改造后协调优化背景

某电厂 500MW 亚临界机组，锅炉采用斯洛伐克托尔马其锅炉厂 1986 年制造的亚临界低倍率强制循环固态排渣塔式炉（复合循环锅炉），型号：1650-17.46-540/540，一次中间再热，平衡通风，分段燃烧，前后墙对冲方式。主蒸汽压力为 17.46MPa，主蒸汽温度为 540℃。

随着 GB 13223—2011《火电厂大气污染物排放标准》在电厂全面推开，机组进行了彻底的环保改造（增加脱硫、脱硝系统、更换低 NO_x 燃烧器等），锅炉的燃烧状况发生了很大的改变。特别是燃烧器配风的改造，使燃料在炉内分段逐级燃烧，实现了降低 NO_x 的目的。但这种分层配风方式对机组燃烧、各层二次风挡板的控制、总风量及炉内氧量控制等提出了新的要求并直接关系着机组运行的安全性、稳定性和经济性。因此，对锅炉送风系统（总风量及氧量）、二次风系统的控制策略及燃烧配风进行控制策略上的优化及运行方式上的调整非常必要，在保证环保指标的同时，减少电网"两个细则"的考核，提高机组运行的自动控制水平，降低运行人员的劳动强度具有重要意义。

四、二次风控制策略完善

每只燃烧器有一个一次风喷口和三个二次风喷口，一次风煤粉气流经中心管外的环形通道喷出，内二次风经可调轴向旋流叶片形成旋转气流，外二次风为直流。每只燃烧器设有独立的二次风小风室，其内、外二次风及中心风均有各自的入口挡板，可实现风量单独控制。

（1）针对机组运行过程投运煤粉的每层二次风门，优化燃料量与二次风门挡板开度（风量）的对应关系，拟合运行过程燃料量变化与最优二次风门开度曲线。

（2）针对机组运行过程不投运煤粉的每层二次风门，优化负荷与二次风门挡板开度（风量）的对应关系，既保证燃烧器的冷却，又实现合理的二次风与炉膛差压。

（3）对送风机及氧量控制策略进行研究，将送风机控制二次风母管压力、燃烧器风门控制风量及氧量的方式改为由送风控制总风量并最终确保省煤器出口氧量的串级控制策略，同时在高负荷时考虑如何兼顾送风机出力及二次风压变化，确保送风机的安全运行。

（4）在不同负荷段（特别是高负荷段），通过对相关二次风挡板的调整，优化燃烧过程配风变化对 NO_x 生成的影响，实现低氮燃烧。

（5）研究确定合适的风煤比曲线、一次风量与二次风量配比曲线，实现锅炉燃烧的经济性和锅炉响应热负荷变化的快速性。

（6）在机组高负荷阶段，针对锅炉燃烧惯性大的特点，重点解决升负荷阶段各过热段超温问题；同时研究风量和燃料的相关控制策略，实现机组负荷变化的快速性并兼顾好送风、燃料、氧量间的匹配。

（7）在机组供热投入后，优化热负荷的相关控制策略，实现锅炉供热条件下的相关控制。

五、机组协调控制策略完善

主蒸汽压力控制是协调控制系统关键环节，主蒸汽压力变化过程对机组的外特性来说影响机组的变负荷，对内特性来说将影响锅炉的汽温控制，所以选取合适的滑压曲线对于机组非常重要。机组的整个模拟量控制策略中，不仅要考虑机、炉间的协调一致，还要考虑燃料和送风的匹配、主/再热蒸汽温度控制等问题。

1. 锅炉主控回路

根据机组直接能量平衡控制策略，重新构造 DEB 能量平衡逻辑，如图 9-6 所示。锅炉主控 PID 调节上增加负荷指令函数和变负荷燃料前馈信号作为燃料量指令的前馈信号，同时增加随负荷指令的变参数控制逻辑。

在图 9-6 中，直接能量平衡（DEB）协调控制系统是以汽轮机的能量需求直接作

图 9-6　DEB 能量平衡控制逻辑框架图

为锅炉输入能量的设定值。其基本出发点是在任何工况下均保证锅炉能量的输入与汽轮机能量的需求相平衡。

DEB 信号构成形式为

$$u_B = \frac{p_1}{p_T} p_S \left[1 + k_1 \frac{\mathrm{d}\left(\frac{p_1}{p_T} p_S\right)}{\mathrm{d}t} \right] \tag{9-1}$$

直接能量平衡的特点：协调方式通常采用锅炉跟随汽轮机为基础的协调控制方式，由汽轮机的调门来控制功率。采用 $(p_1 \div p_T) \times p_S$ 代表汽轮机的能量需求，控制锅炉的输入能量，保证机组内部能量的供需平衡。与 IEB 间接能量平衡控制不同的是机前压力 p_T 并不代表真正的能量，只是表征能量平衡的参数。采用与汽轮机调阀开度成正比的信号 $(p_1 \div p_T) \times p_S$ 及其微分量之和［式（9-1）］作为锅炉负荷指令，式中微分项在动态过程中加强燃烧指令，以补偿机、炉之间对负荷要求响应速度的差异。由于要求补偿的能量不仅与负荷变化量成正比，而且还与负荷水平成比例，所以微分项要乘以 $(p_1 \div p_T) \times p_S$。在变工况运行的情况下，机前压力设定值 p_S 是一个变量。对于定/滑压运行的机组均可采用 $(p_1 \div p_T)$ 作为能量平衡信号。

锅炉的能量反馈信号采用 $p_1 + c \times (\mathrm{d}p_d/\mathrm{d}t)$，与锅炉的负荷指令信号相平衡。$c$ 是锅炉的蓄热系数，p_d 作为锅炉汽包的压力，汽包压力的微分提前反应锅炉能量的变化过程，即蓄热还是放热。p_1 信号在负荷变化过程与机组输出功率成正比，同时代表汽轮机调门的开度又不受调门开度变化过程滞后和死区的影响。可以能够有效克服锅炉侧扰动对机组输出功率的影响。$(p_1 \div p_T) \times p_S$ 及其微分信号作为锅炉指令的主回路很好地克服了锅炉对象的大惯性，主蒸汽压力闭环回路的引入可在稳态过程消除主蒸汽压力的偏差，起到一个细调的作

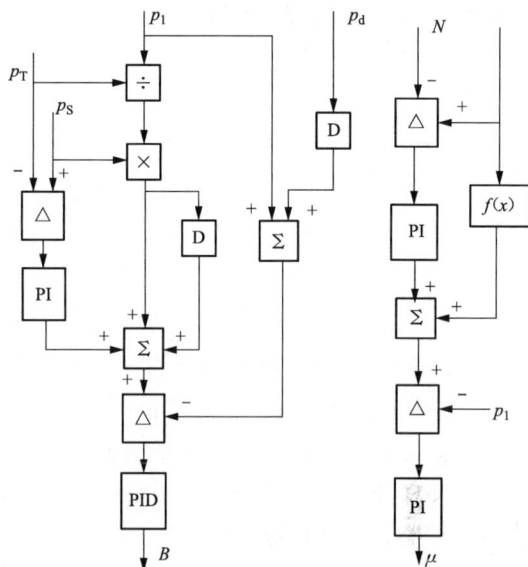

用。汽轮机侧主控制器的输出控制调门的开度来维持设定功率的变化对调节级压力的需求，满足负荷指令变化的要求。

锅炉主控调节输出作为机组燃料指令设定值，构造燃料主控平衡逻辑，实现磨组启/停时给煤机煤量的自动平衡，并快速消除燃料扰动对机组压力及负荷的影响。

2. 煤质校正回路

新增加煤质校正回路，实现煤质校正自动计算，以此满足运行过程煤质变化的问题。同时对煤质校正调节的参数进行整定，使其适应不同运行工况，但是在煤质剧烈变化或煤层投运变化剧烈时，由运行人员及时手动预先干预调整。

3. 汽轮机主控回路

将汽轮机主控回路优化为以功率偏差为主，主蒸汽压力偏差为辅的控制策略（压差偏大），以适应 AGC 方式对负荷快速响应的要求，同时兼顾机、炉能量的平衡。根据汽轮机主控主要控制机组功率偏差的策略（在一定负荷段及压力偏差内），对调节参数（比例、积分）进行优化。同时根据一次调频要求，在汽轮机主控回路单独分离一次调频负荷信号为直通分量，并增加一次调频动作时闭锁主蒸汽压力偏差对负荷指令的修正功能，确保一次调频动作方向正确、幅度足够。

4. 变负荷前馈控制

为了适应机组连续变负荷能力，新增加机组变负荷前馈控制逻辑，主要由变负荷前馈及变负荷结束时的"刹车"回路、燃料量前馈回路、给水量前馈回路和送风量前馈回路组成。

通过不同的变负荷速率，形成一定比例关系的燃料、给水和送风量并进入各子控制系统，满足机组连续变负荷对功率、压力和温度的要求。

5. 送风及引风控制

原送风机控制二次风压，燃烧器风门调节燃料量对应的总风量（风煤比控制），同时氧量调节直接修正燃烧器风量的设定。由于二次风量测量上，32 个燃烧器测量的燃烧器风量和作为总的二次风量，测量误差较大且容易出现坏质量而导致总风量自动难于投入。因此在控制上优化为送风机控制入炉总风量，二次风挡板开度用于匹配燃料量变化并通过尾部烟道氧量调节进行总风量校正。根据变负荷要求同步增加送风变负荷前馈回路，实现在满足环保对 NO_x 排放前提下缩短进入锅炉燃料的燃烧时间，提高风煤比的响应速度，进而提高机组变负荷能力。

根据脱硝改造后风道阻力的变化，进一步完善送风对引风的前馈功能。

6. 一次风机控制

锅炉燃烧率的变化决定锅炉负荷的响应速度，因此，为提高锅炉燃烧速率，必须增强变负荷过程的风粉比控制（特别煤质较差时），一次风干燥并携带煤粉量成为变负荷过程的关键。必须对一次风压设定值进行优化。

一次风机系统增加变容量风压偏置回路（包含：前馈量、速率及惯性环节），同时完善偏置自动跟踪切换回路。一次风压设定使用实发功率，因给煤机称重不准且时常发生棚煤现象造成给煤机转速飞升，无法使用磨煤机最大给煤量作为一次风压设定信号。控制上修改一次风机风压设定为最大给煤机转速指令换算的最大给煤量函数，同时在变负荷中对一次风压设定偏置进行最大±3kPa 变动。

7. 磨煤机冷/热风挡板控制

增加磨煤机冷/热风挡板之间的交叉前馈，实现增加磨一次风量时，热风挡板开打的同时冷热风挡板按一定前馈同步增加开度。

优化磨煤机出口温度控制，增加冷/热风挡板交叉限制前馈（热风挡板对冷风挡板前馈30%，给煤机指令对冷风挡板前馈－20%，冷风挡板对热风挡板前馈－20%）；给煤机指令对热风增加前馈，并在热风流量控制指令之上增加变容量风量偏置回路，进一步提高动态风粉比的变化幅度。

此外，热风挡板的控制上增加磨一次风量设定偏置自动跟踪功能，确保调节过程上的无扰切换。

六、机组环保改造后优化实例

机组优化后的负荷变动试验是在 270～500MW 区段、以 10MW/min 的负荷变化率进行的。在 270～450MW 之间负荷变动过程中，汽轮机调门波动较小，机组负荷响应快，机组主蒸汽压力偏差可控制在±0.5MPa 以内。

根据华北电网 AGC 自动考核系统对机组环保改造后 1 个月内调节特性统计可知：

综合调节品质 K_p＝2.1520、调节速率 K_1＝1.0825、调节精度 K_2＝1.6659 和响应时间 K_3＝1.1261。以上各参数均大于 1 时才会免于考核。

机组变负荷曲线（如图 9-7～图 9-11 所示）中各参数量程为

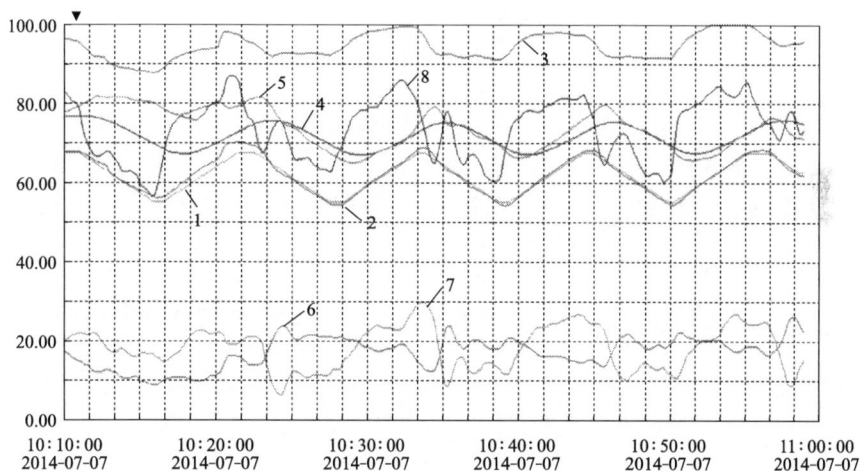

图 9-7 负荷变化 470MW-420MW-470MW（4 组三角波），
速率 10MW/min，功率偏差最大 5MW、变负荷时压力偏差最大 0.35MPa

1-负荷指令　量程范围：200～600MW；

2-实发功率　量程范围：200～600MW；

3-汽轮机综合指令　量程范围：0～100%；

4-滑压设定，5-主蒸汽压力　量程范围：8～18MPa；

6-汽轮机能量需求，7-锅炉能量　量程范围：8.5～16.5MPa；

8-燃料量指令　量程范围：80～280t/h。

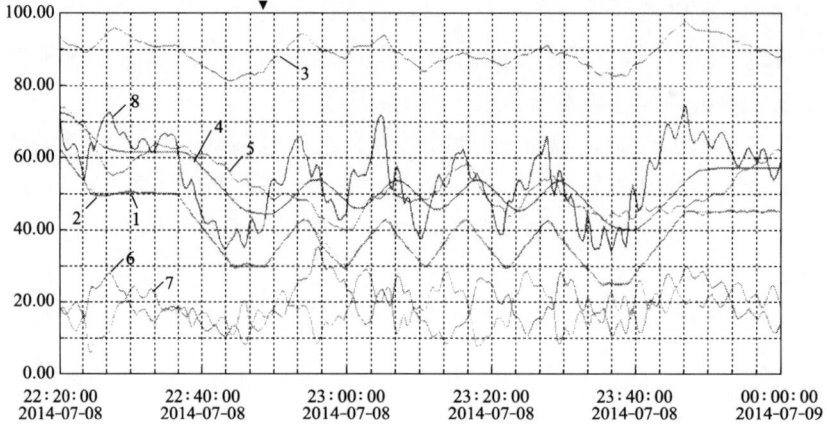

图 9-8　负荷变化 320MW-370MW-320MW（4 组三角波），
速率 10MW/min，功率偏差最大 3MW、变负荷时压力偏差最大 0.7MPa

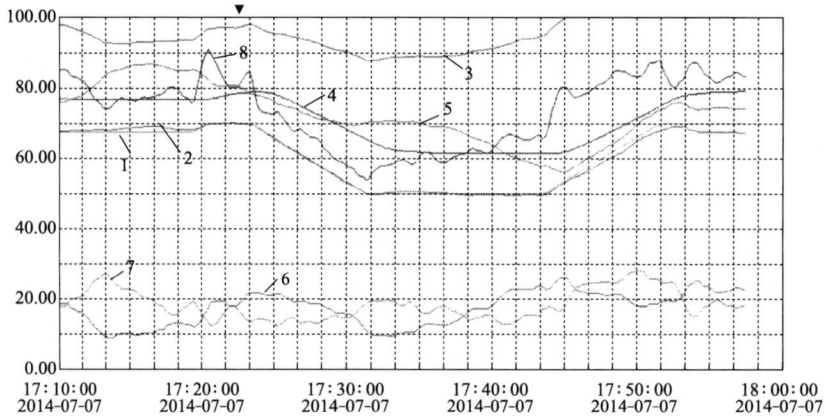

图 9-9　负荷变化 480MW-400MW，速率 10MW/min，功率偏差
最大 1MW、变负荷时压力偏差最大 0.25MPa，稳态最大 0.6MPa

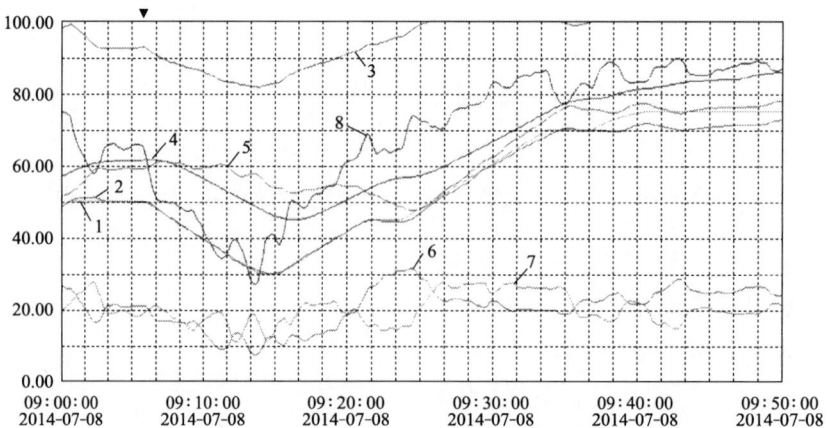

图 9-10　负荷变化 400MW-320MW-380MW，速率 10MW/min，
功率偏差最大 2MW、变负荷时压力偏差最大 0.8MPa

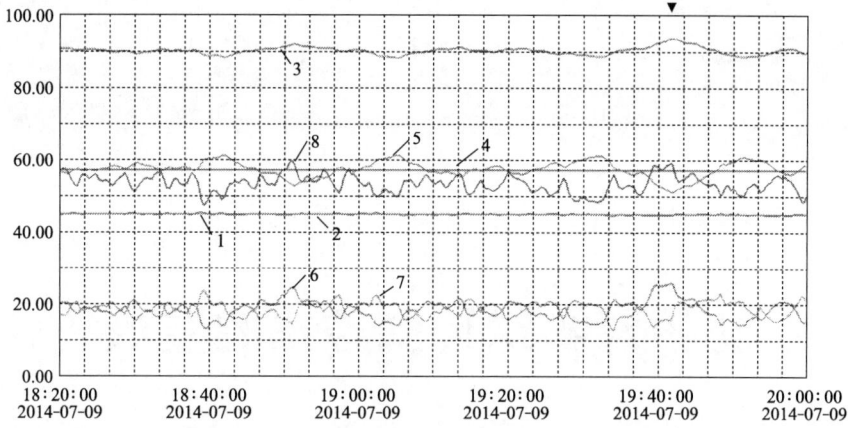

图 9-11　负荷 380MW，稳态运行，功率偏差
最大 1MW、压力偏差最大 0.2MPa

第十章

超临界机组控制技术的发展

第一节　超（超）临界机组 APS 控制技术

机组自启停控制系统（APS）用于完成发电机组启、停过程的全自动控制，能够简化操作、提高机组安全性、缩短启停时间、提高运行效率和经济性，是近年来火电机组研究的热点之一。机组自启停控制系统（APS）根据机组工艺流程在启停过程中不同阶段的需要和对机组工况全面、准确、迅速的检测，通过大量的条件与时间等方面的逻辑判断，按规定好的程序向各功能组、子功能组或驱动级、协调控制系统（CCS）、模拟量自动控制系统（MCS）、炉膛安全监控系统、汽轮机数字电液控制系统（DEH）、给水泵汽轮机调节系统（MEH）、汽轮机旁路控制系统等发出启动或停运命令，最终实现发电机组的自动启动或停运。

超（超）临界机组存在耦合特性复杂、关联性强、可控性较差、控制难点多等特点，针对超（超）临界机组实现 APS 控制具有诸多难点及要点，国内多台超（超）临界机组已进行过 APS 的探索及应用工作。

一、APS 控制结构

超（超）临界机组涉及的系统和设备数量众多、设备类型繁杂、控制方法种类多，机组启动或停机过程中对系统及设备的启/停过程有严格的顺序规定，对启/停参数具有明确的技术要求。为了能够合理的组织启/停顺序，有效的控制启/停参数，实现机组 APS 启动或停机时各项控制指标满足超（超）临界机组的技术要求，APS 采用了分层控制的系统结构，根据各个系统的功能及其控制内容将 APS 结构分为四层，即：

（1）机组控制级。

（2）功能组控制级。

（3）功能子组控制级。

（4）设备控制级。

APS 分层控制结构及各层相互之间的联络关系如图 10-1 所示。采用分层结构后，每层的控制任务明确，层与层之间接口界限分明，联系密切可靠。这种分层的结构将整个机组控制化大为小，将复杂的控制系统分成若干个功能相对独立和完善的功能组，减轻了机组控制级统筹全厂控制的压力，简化了控制系统的设计，为 APS 功能的有效实现提供了支持。

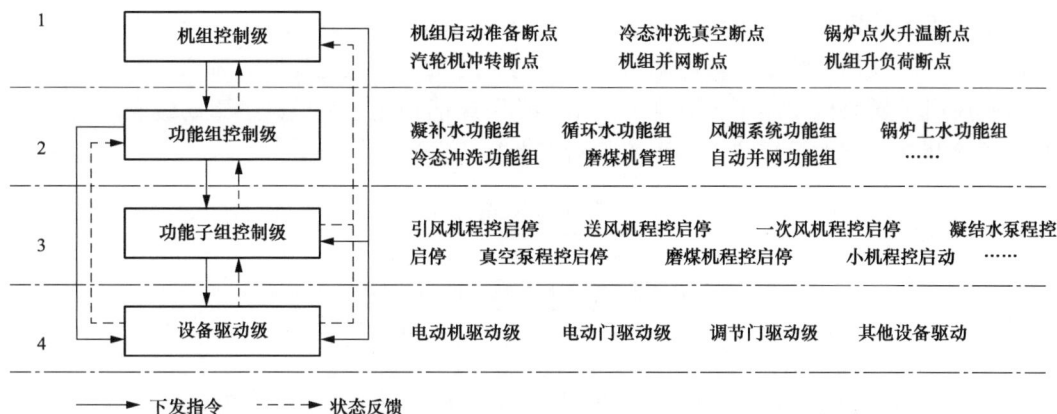

图 10-1　机组 APS 控制系统结构图

1. 机组控制级

机组控制级是整个机组启停控制的管理中心，属于系统最高层控制，是机组 APS 控制的决策层。它对机组的运行工况进行全面监视，根据机组启停过程中不同阶段的需要，向各功能组、功能子组或设备驱动级及其他相关系统发出控制指令，并根据各控制系统的工作情况，协调机-炉-电各系统的控制，以保证在少量人工干预的情况下，自动地完成整台机组的启停。

2. 功能组控制级

功能组控制级是为了完成某一系统的投入或退出设计的顺序控制程序，如：风烟系统功能组、凝补水系统功能组、闭冷水系统功能组、循环水系统功能组、锅炉上水功能组、给水管道注水功能组等。

3. 功能子组控制级

功能子组控制级是为了完成某一设备的投入或退出设计的顺序控制程序，如：引风机启动功能子组、送风机启动功能子组、空预器启动功能子组、前置泵启动功能子组、凝结水泵启动功能子组等。

功能组控制级和功能子组控制级是机组 APS 控制的组织层，是整个 APS 系统的中间环节，也是实现机组级控制的前提。为完成机组控制级下发的系统或设备投退请求，功能组及功能子组根据工艺流程的需要和特点，按照预定的顺序、时序和逻辑条件向设备控制级发送指令，完成系统或设备的投/退控制。

4. 设备控制级

设备控制级是机组 APS 控制的最终执行层，是用于完成电机启/停、阀门开/关、调阀开度给定值、设备运行状态判断等功能而设计的驱动回路。设备控制级接受机组控制级、功能组控制级、功能子组控制级下发的指令，通过采用联锁及保护、超驰开/关等方式自动对就地设备进行控制，保证系统运行工况满足上级控制级的要求。

5. 控制结构举例

以锅炉点火升温断点→风烟系统启动功能组→风机程控启动功能子组→风机设备驱动为例，其控制结构示例如图 10-2 所示。机组控制级中的锅炉点火升温断点下发指令给风烟系统启动功能组要求启动风烟系统，同时下发指令给火检冷却风机设备驱动级要求启动火检冷却风机，并检测风烟系统及火检冷却风机反馈的系统状态，与此类似，风烟系统功能组及空预器、引风机、送风机功能子组分别下发指令给下级的功能子组或设备驱动级要求启动相关系统，并检测其反馈的系统状态，用于判断指令执行情况。

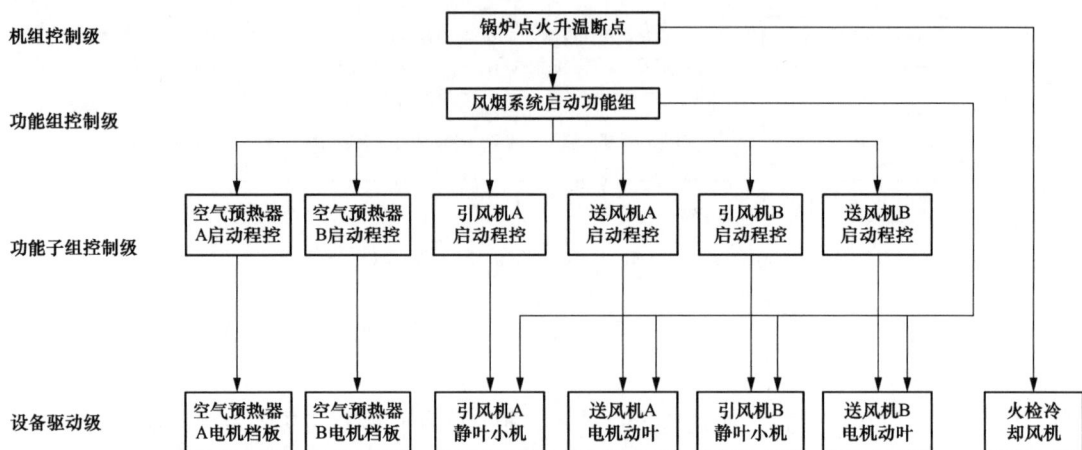

图 10-2　控制结构示例

二、超（超）临界机组 APS 控制功能

1. 启动方式选择

APS 执行模式分启动模式和停止模式，分别用于机组自动启动及自动停机。依据机组启动前状态，启动模式分为冷态、温态、热态和极热态 4 种启动方式。手动选择启动模式或停机模式，启动模式选中后，自动根据高压调节级后内壁温度对机组启动方式进行判定。启动模式和停机模式互相闭锁，选中启动模式的情况下，停机断点不允许执行；选中停机模式的情况下，启动断点不允许执行。

2. 预选及状态确认

APS 功能执行前，必须对需要执行的断点、功能组、功能子组进行选择，这种选择能够确定 APS 控制执行的深入程度，并对机组设备状态进一步确认，防止 APS 执行过程中将不具备运行条件的设备错误启动，导致设备或系统事故。

机组重要辅机采用一运一备或多运一备等方式运行，如：密封风机、闭式冷却水泵、真空泵、循环水泵、凝结水泵等。对此类设备，APS 启动前需要对其工作位及备用位进行选择，以明确 APS 执行过程中此类设备的主备状态。

对于无法纳入 APS 控制的机组辅助系统及设备，其运行状态是否满足机组启动要求由运行人员在执行 APS 启动功能前予以手动确认。

3. 断点执行

机组自启停（APS）采用断点控制方式。根据机组启动及停机过程不同阶段所完成的任务，将 APS 启机或停机这个庞大且繁杂的过程划分为若干个相对独立的断点（阶段），断点的设置应根据系统及设备的实际情况，满足常规控制系统的运行要求，既能够给 APS 提供支持，实现机组的自启/停控制，也满足对各单独运行工况及过程的操作要求。采用断点控制方式，各断点既相互联系又相互独立。只要条件满足，各断点均可独立执行，适合机组多种多样的运行方式，符合电厂生产过程的工艺要求。

APS 启动过程通常设置 6 个断点，分别为：

（1）机组启动准备断点。

（2）冷态冲洗及真空建立断点。

（3）锅炉点火升温断点。

（4）汽轮机冲转断点。

（5）机组并网断点。

（6）升负荷断点。

APS 停机过程通常设置 3 个断点，分别为：

（1）降负荷断点。

（2）机组解列断点。

（3）机组停运断点。

4. 功能组及功能子组执行

功能组及功能子组在机组 APS 启停机过程中发挥承上启下的作用，根据不同的系统及设备的运行要求来确定完善、健全的功能组及功能子组是实现机组 APS 的基础。功能组及功能子组能够独立执行，不采用 APS 启停机时也能够发挥良好的自动控制效果。

APS 启动及停机过程中涉及的主要功能组及功能子组包括：

（1）各类辅机设备启动/停机功能子组。

（2）凝补水系统启动功能组。

（3）闭冷水系统启动功能组。

（4）循环水系统启动功能组。

（5）凝结水系统启动功能组。

（6）凝结水正常、排放运行方式功能组。

（7）凝结水上水功能组。

（8）低加投入/停运功能组。

（9）高加投入/停运功能组。

（10）轴封及真空系统启动/停运功能组。

（11）给水管道注水功能组。

（12）除氧器加热功能组。

（13）汽动给水泵启动/停机功能组。

（14）汽轮机高调阀及高压缸预暖功能组。

（15）汽轮机油系统启动功能组。

（16）锅炉上水功能组。

（17）锅炉冷态清洗功能组。

（18）风烟系统启动/停运功能组。

（19）等离子点火准备功能组。

（20）制粉准备功能组。

（21）炉底水封及渣水系统启动/停机功能组。

（22）机组自动并网功能组。

（23）煤层投入/停运功能组。

（24）磨组管理。

（25）精处理系统投入/停运功能组。

5. 操作指导及状态监视

APS 在完成机组自启/停任务的同时，也能够向运行人员提供机组启/停操作指导及系统投运状态指示。APS 主控窗口、断点执行窗口、功能组执行窗口不仅是执行机组自启/停的操作界面，也向运行人员提供机组启/停机过程中不同阶段对工艺系统及设备的运行要求，同时提供系统运行状态反馈及相关闭锁条件。

6. 与其他系统接口功能

机组 APS 控制功能通常设计在 DCS 控制系统内，与 DCS 一体化设计，针对一体化设计的 DCS 系统，APS 控制系统与顺序控制（SCS）、模拟量控制（MCS）、小汽轮机电液控制（MEH）、旁路控制（BPS）等控制功能之间主要采用通讯接口的方式进行指令及反馈状态的传递。对于开关量控制回路，采用联锁及保护条件的形式，接受机组控制级、功能组控制级、功能子组控制级下发的设备启/停请求，通过联锁、保护逻辑及设备驱动逻辑完成设备启/停；对于模拟量控制回路，采用设定值切换、控制输出指令切换、自动状态判断等多种手段，接受机组控制级、功能组控制级、功能子组控制级下发的设定值、调阀开度设定指令，根据回路所处状态给定调阀开度，使被调量调整在上级要求范围内。

对于未纳入 DCS 控制的部分主机及辅助设备，如独立设置的汽轮机危急跳闸系统及数字电液控制系统、高压旁路油站、吹灰系统、循环水二次滤网、除灰系统等，APS 控制系统通过硬接线的形式向此类设备下发启停指令并接收反馈状态，完成对此类设备的监控。

三、超（超）临界机组 APS 控制要点

（一）确定合理的 APS 启/停机流程

超（超）临界机组启动及停机过程中需要控制的系统及设备数量繁多，机组的启动或停机过程对各个系统及设备的投/退顺序有着明确的要求，根据不同类型超（超）临界机组启动及停机的特点制定合理的 APS 启/停机流程是有效实现 APS 控制的基础。

机组 APS 启动及停机过程通常被分为若干个断点分段执行，断点依次执行完成机组启动或停机不同阶段的控制任务，每个断点需要完成的控制任务及执行顺序也必须依据机组启动或停机流程的要求合理确定。

1. 1000MW 等级超（超）临界机组 APS 启机及停机流程

以某 1000MW 等级超（超）临界机组为例。锅炉采用高效超超临界参数变压运行螺旋管圈水冷壁直流炉、单炉膛、一次中间再热、采用前后墙对冲燃烧方式、平衡通风、固态排渣、全钢悬吊结构 Ⅱ 型、露天布置燃煤锅炉。汽轮机为超超临界、一次中间再热、单轴、四缸四排汽、凝汽式汽轮机，汽轮机具有八级非调整回热抽汽。锅炉带基本负荷并参与调峰，变压运行时采用定-滑-定的运行方式，在燃用设计煤种时，不投油最低稳燃负荷不大于 30%BMCR。旁路系统采用一级启动旁路，容量为 30%BMCR。

机组 APS 启动共设置机组启动准备、冷态冲洗及建立真空、锅炉点火升温、汽轮机冲转、机组并网、机组升负荷共 6 个断点，启动流程如图 10-3 所示，机组 APS 启动主监控画面如图 10-4 所示。

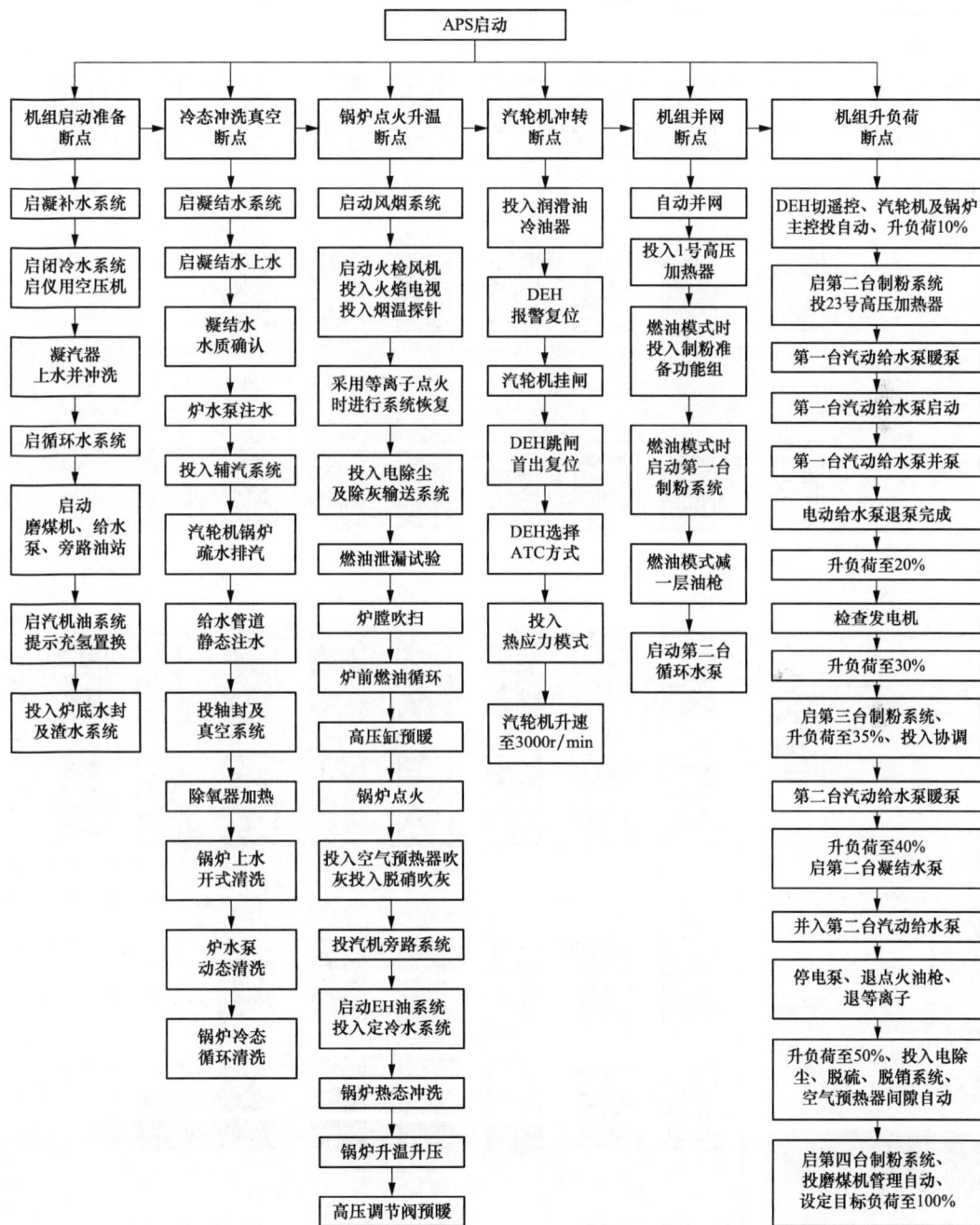

图 10-3 某 1000MW 等级超（超）临界机组 APS 启动流程

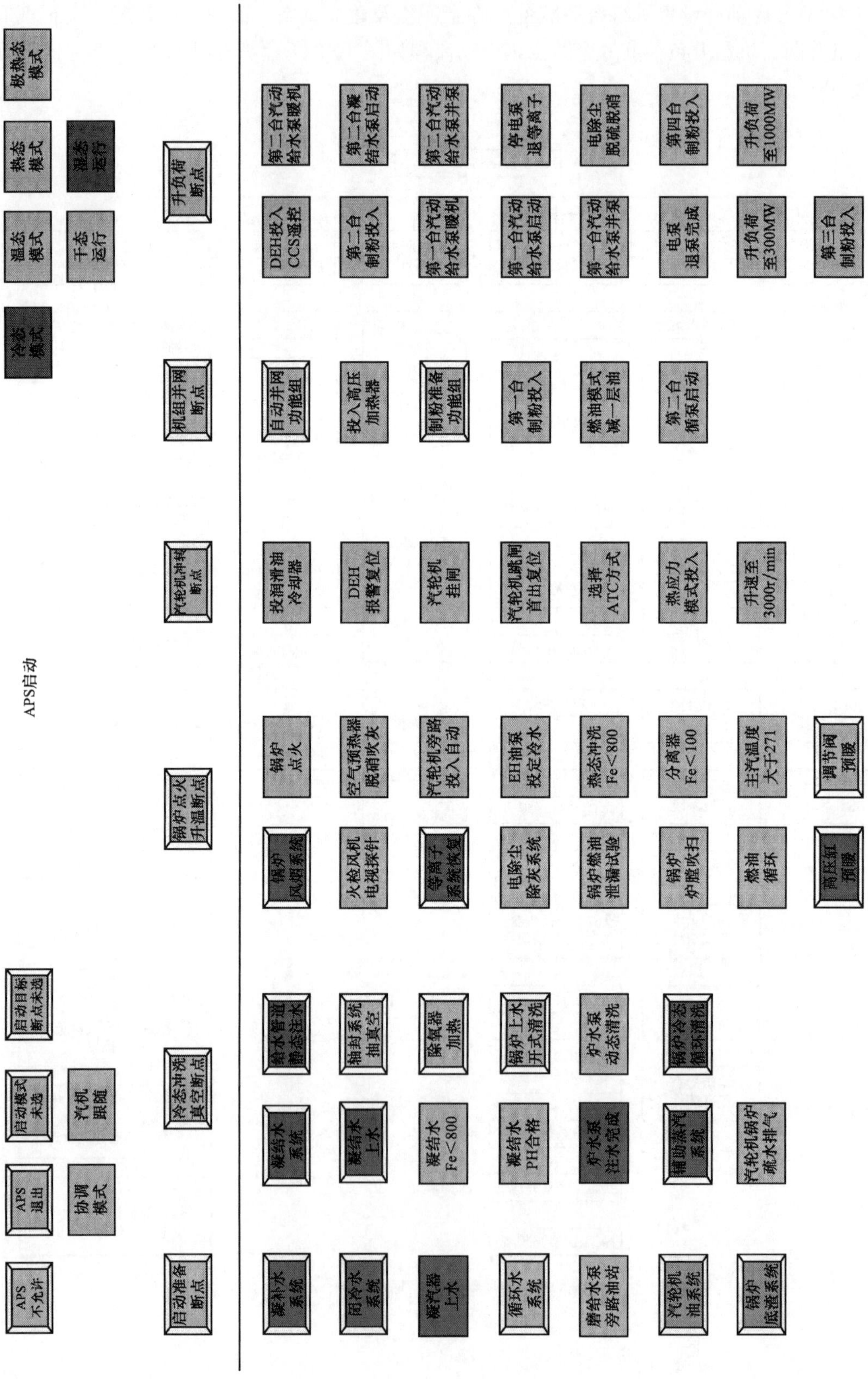

图10-4 某1000MW等级超（超）临界机组APS启动主监控画面

该机组 APS 停机共设置降负荷、机组解列、机组停运共 3 个断点，停机流程如图 10-5 所示，机组 APS 启动主监控画面如图 10-6 所示。

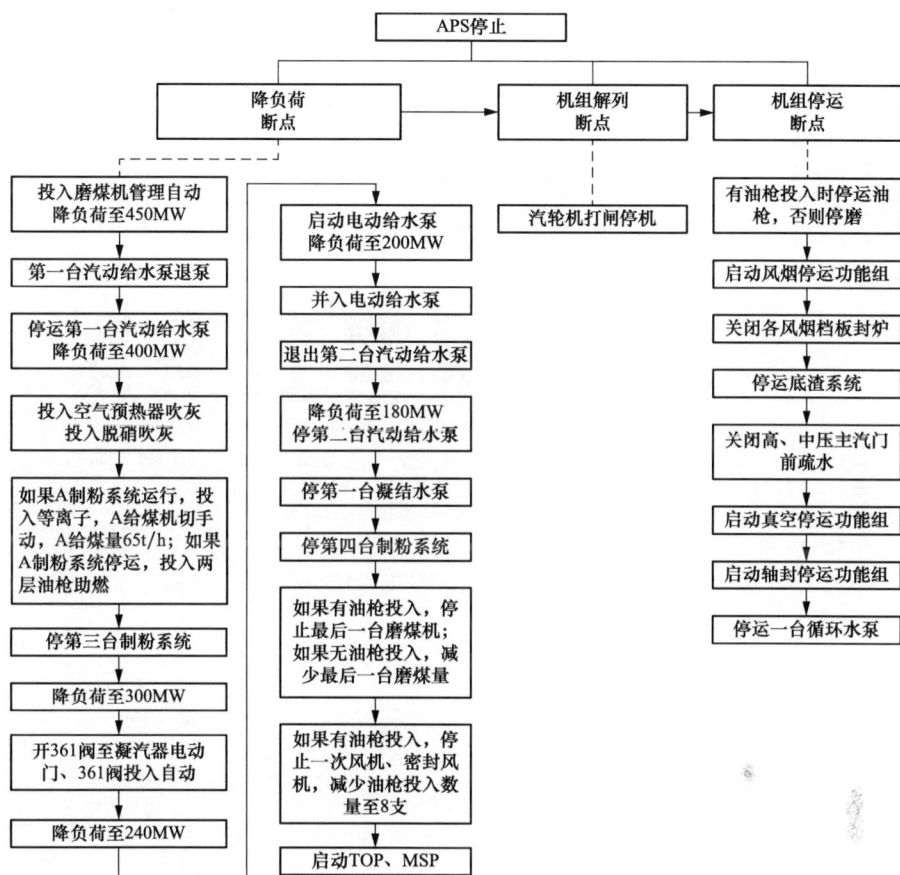

图 10-5 某 1000MW 等级超（超）临界机组 APS 停机流程

2. 600MW 等级超（超）临界机组 APS 启机及停机流程

以某 600MW 等级超（超）临界机组为例。锅炉采用超超临界参数变压运行内螺纹垂直管圈直流炉，单炉膛、一次中间再热、侧墙切圆燃烧方式、平衡通风、固态排渣、全钢悬吊结构Ⅱ型、露天布置燃煤锅炉。汽轮机采用超超临界、一次中间再热、单轴、二缸二排汽、凝汽式汽轮机。锅炉带基本负荷并参与调峰，变压运行时采用定-滑-定的运行方式。旁路系统采用一级启动旁路，容量为 30%BMCR。

机组 APS 启动共设置机组启动准备、冷态冲洗及建立真空、锅炉点火、升温升压、汽轮机冲转、机组并网、机组升负荷共 7 个断点，启动流程如图 10-8 所示，机组 APS 启动主监控画面如图 10-7 所示。

机组 APS 停机共设置降负荷、机组解列、机组停运共 3 个断点，停机流程如图 10-9 所示，机组 APS 启动主监控画面如图 10-10 所示。

冷态模式　温态模式　热态模式　铁热态模式

温态运行　干态运行

APS停止

机组停运断点

轴封系统停运　保留一台循环水泵

停燃料锅炉MFT　风烟系统停运　关闭烟气挡板封炉　底渣系统停运　关主汽门前疏水　真空系统停运

机组解列断点

汽轮机打闸停机

APS不允许　APS退出　停止模式未选　停止目标断点未选　助调模式　汽机跟随

降负荷断点

降负荷至450MW　第一台汽动给水泵退备　第一台汽动给水泵停运　空气预热器脱硝吹灰　投等离子油枪助燃　停第三台制粉系统

降负荷至300MW　361阀至凝汽器　降负荷至240MW　电动给水泵启动　电动给水泵并启动　第二台汽动给水泵退备

第二台汽动给水泵停运　停运一台凝结水泵　停第四台制粉系统　停最后一台制粉器　停一次风密封风机　启动TOP MSP

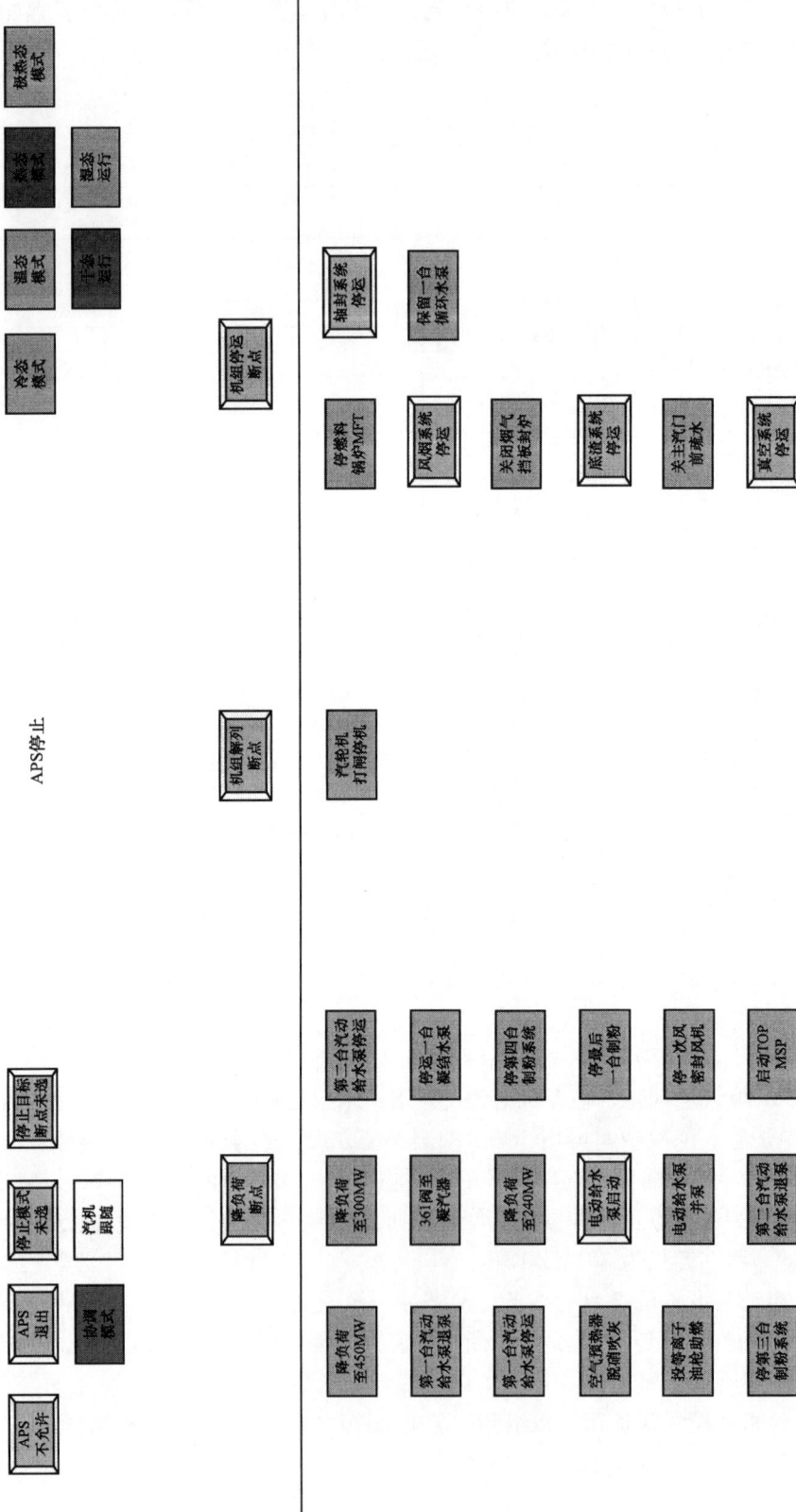

图10-6　某1000MW等级超（超）临界机组APS停机主监控画面

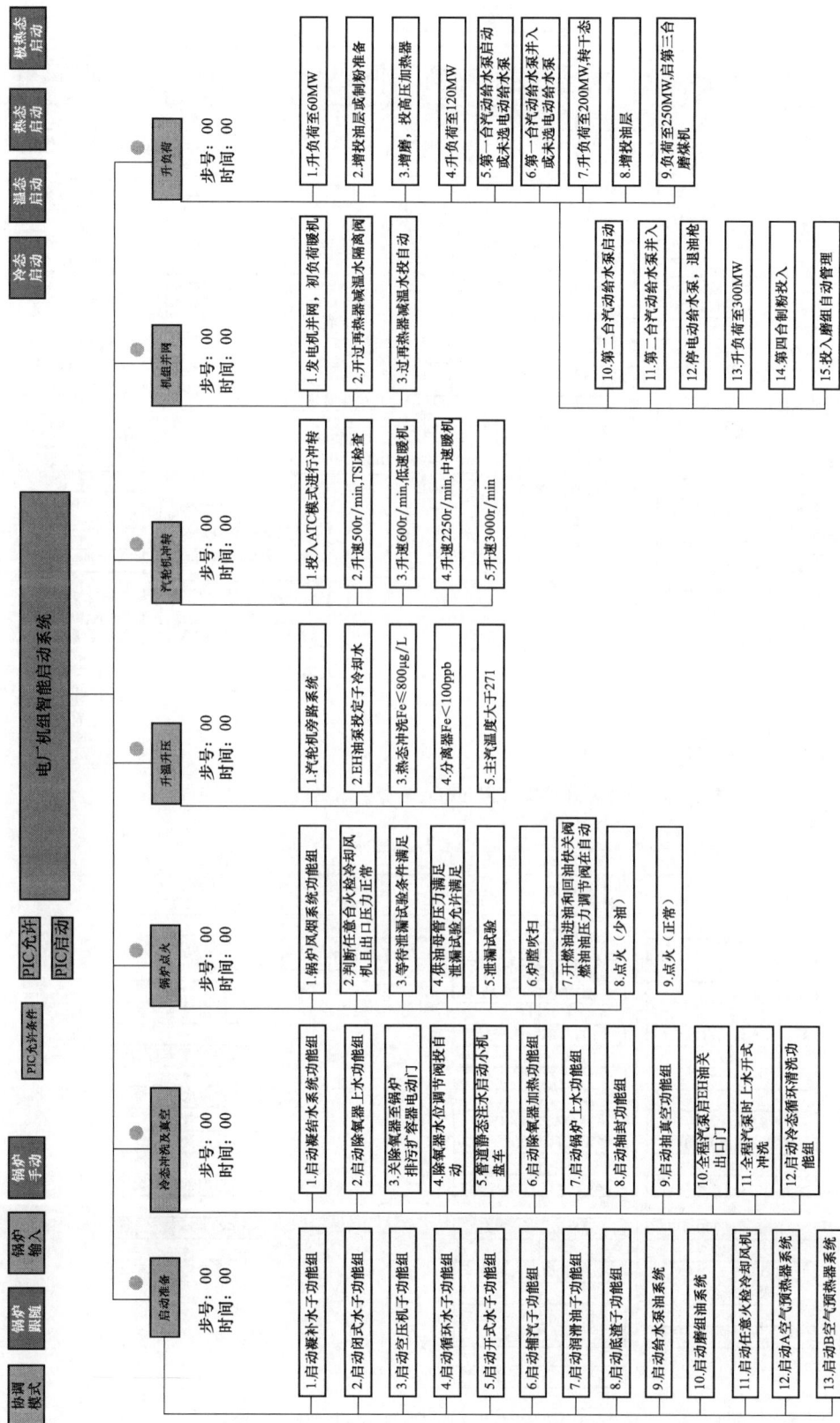

图10-7　某600MW等级超（超）临界机组APS启动主监控画面

图 10-8 的流程：

APS启动

机组启动准备断点 | 冷态冲洗真空断点 | 锅炉点火断点 | 升温升压断点 | 汽轮机冲转断点 | 机组并网断点 | 机组升负荷断点

机组启动准备断点： 启凝补水系统；启闭冷水系统；启空压机系统；启循环水系统；启开式水系统；启动辅汽系统；启给水泵油系统；启火检冷却风系统；启A空气预热器系统；启B空气预热器系统

冷态冲洗真空断点： 启凝结水系统；除氧器上水；关除氧器至锅炉疏扩排污；除氧器水位调阀投自动；管道注水启动小机盘车；投入除氧器加热；锅炉上水；投轴封系统；投真空系统；未选择电泵时启EH油系统汽泵启动准备；锅炉上水开式冲洗；锅炉冷态循环清洗

锅炉点火断点： 启动风烟系统；判断火检冷却风系统正常；等待泄漏试验条件满足；燃油压力满足泄漏试验允许；燃油泄漏试验；炉膛吹扫；开燃油进油及回油快关阀投燃油压力自动；锅炉点火

升温升压断点： 投入汽机旁路系统；启动EH油系统；投入定子冷却水；热态冲洗Fe＜800ug/L；确认分离器Fe＜100ppb；确认主汽温度＞271℃

汽轮机冲转断点： 投入汽轮机ATC冲转；升速至500r/min TSI检查；升速至600r/min低速暖机；升速至2250r/min中速暖机；升速至3000r/min

机组并网断点： 发电机并网初负荷暖机；开过热器及再热器减温水隔离阀；投入过热器及再热器减温水自动

停电动给水泵，退油枪；升负荷至300MW；第四台制粉系统投入；投入磨组自动管理

机组升负荷断点： 升负荷至60MW；增投油层或制粉设备；增磨，投高压加热器；升负荷120MW；启动首台汽动给水泵或未选择电动给水泵启动；第一台汽动给水泵并泵或为选择电动给水泵；升负荷至200MW，转干态；增投油层；升负荷至250MW，启第三台磨煤机；第二台汽动给水泵启动；第二台汽动给水泵并泵

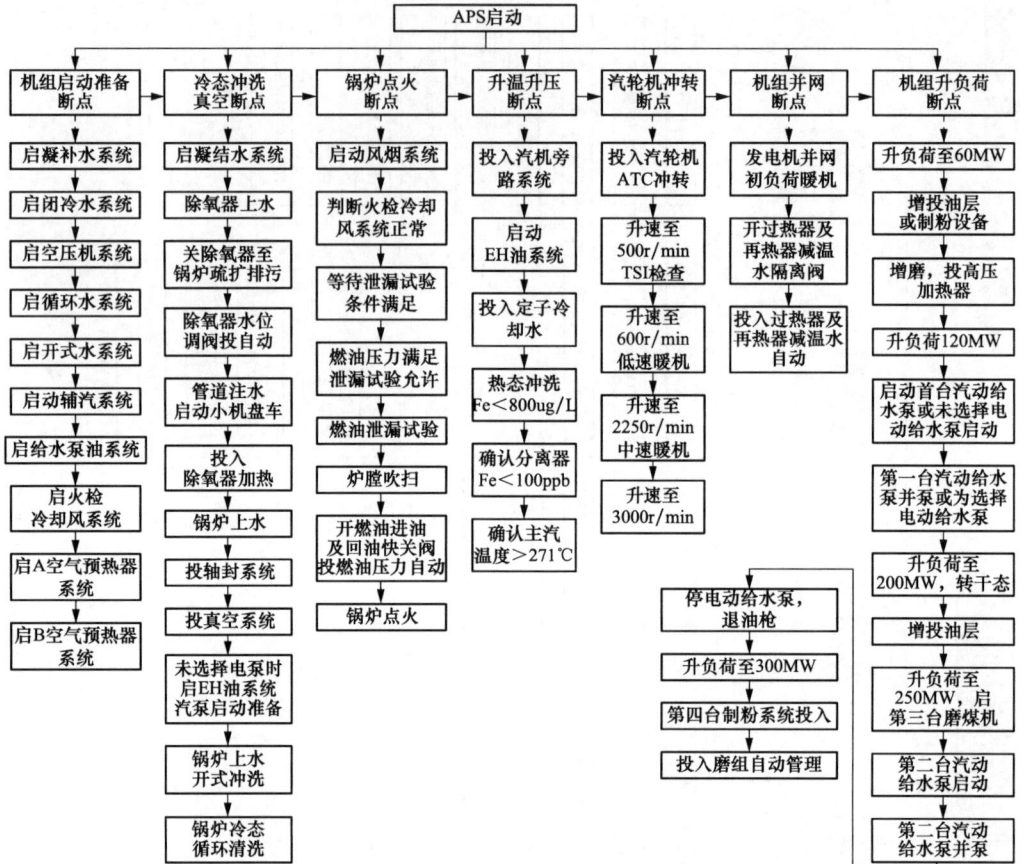

图 10-8　某 600MW 等级超（超）临界机组 APS 启动流程

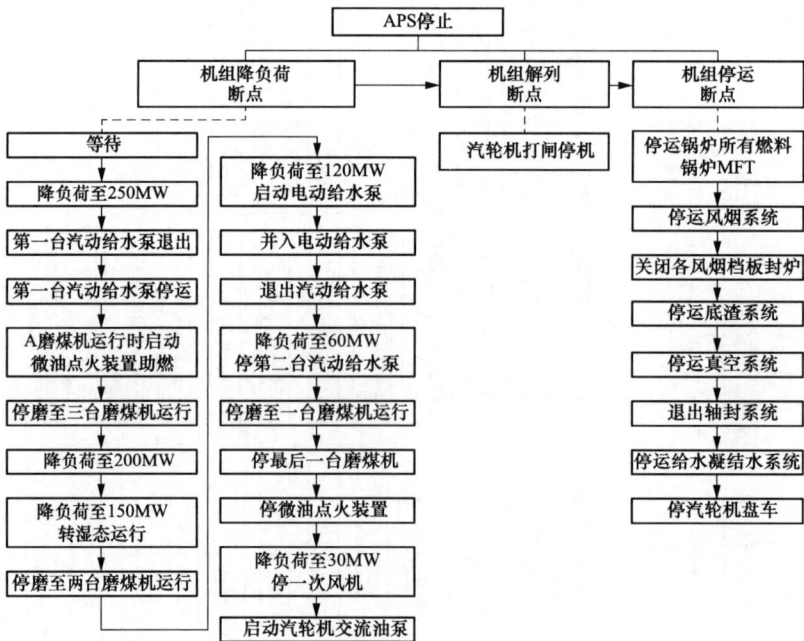

APS停止

机组降负荷断点 → 机组解列断点 → 机组停运断点

机组降负荷断点： 等待；降负荷至250MW；第一台汽动给水泵退出；第一台汽动给水泵停运；A磨煤机运行时启动微油点火装置助燃；停磨至三台磨煤机运行；降负荷至200MW；降负荷至150MW转湿态运行；停磨至两台磨煤机运行

降负荷至120MW启动电动给水泵；并入电动给水泵；退出汽动给水泵；降负荷至60MW停第二台汽动给水泵；停磨至一台磨煤机运行；停最后一台磨煤机；停微油点火装置；降负荷至30MW停一次风机；启动汽轮机交流油泵

机组解列断点： 汽轮机打闸停机

机组停运断点： 停运锅炉所有燃料锅炉MFT；停运风烟系统；关闭各风烟档板封炉；停运底渣系统；停运真空系统；退出轴封系统；停运给水凝结水系统；停汽轮机盘车

图 10-9　某 600MW 等级超（超）临界机组 APS 停机流程

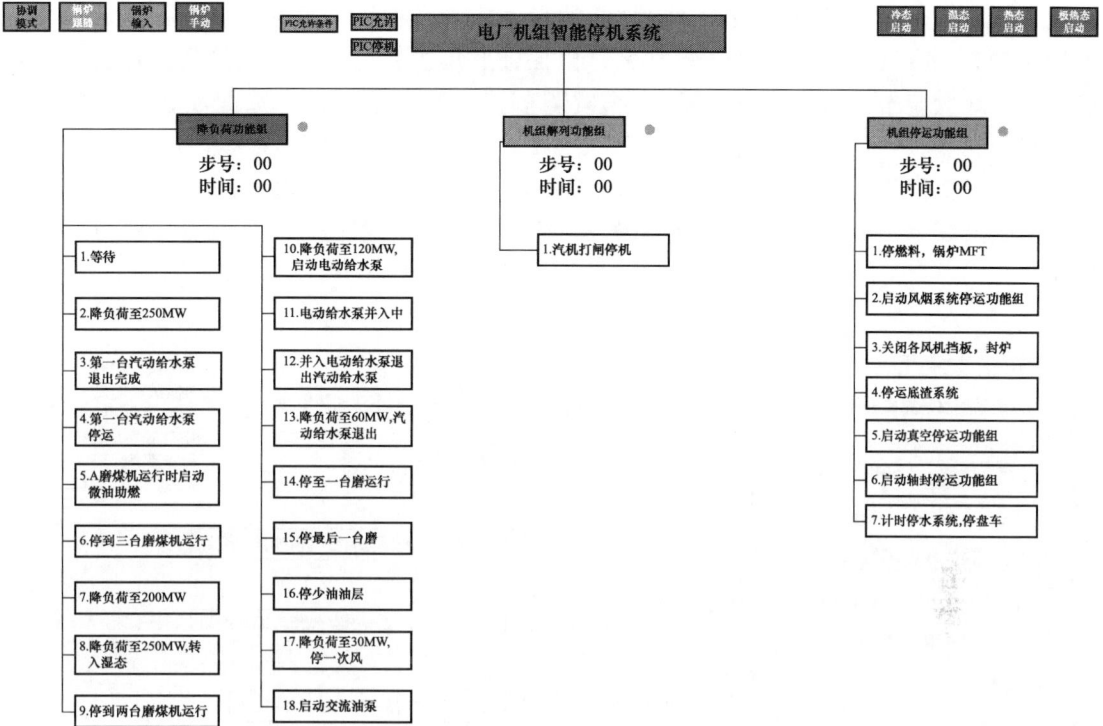

图 10-10 某 600MW 等级超（超）临界机组 APS 停机主监控画面

（二）制定完善的功能组及功能子组

作为 APS 控制结构中承上启下的关键环节，功能组及功能子组能否顺畅的执行直接影响 APS 的可用性。对于工况多样、设备复杂的系统，必须全面考虑系统启动或停运流程中的多种运行工况及所涉及的设备状态和监测参数，提高功能组及功能子组应对不同运行工况的能力，为 APS 的顺畅执行提供有力的支持。风烟系统启动功能组、制粉系统启动功能组、锅炉上水及开式冲洗功能组是超（超）临界机组几个比较典型功能组。

1. 风烟系统启动功能组

风烟系统程控启动所涉及的被控系统包括空气预热器系统、引风机系统及送风机系统，这三个系统均设计了独立的启动功能子组，风烟系统启动功能组根据系统启动前的预选状态依次对功能子组投入并在投入过程中对系统状态进行检查及判断，完成系统的启动，风烟系统功能组启动流程如图 10-11 所示。风烟系统启动功能组提供了风机运行工况方式的选择，这样让功能组能通过每一步反馈条件的判断来决定是否调用相应的子功能组来完成单侧风机或双侧风机的启动。功能组执行过程中依据系统运行条件自动选择送风机导叶的开度以适应当前运行工况的需求。

2. 制粉系统启动功能组

以采用等离子点火的正压直吹式中速磨制粉系统为例，其功能组启动流程如图 10-12 所示，启动中涉及的设备包括磨煤机润滑油系统、等离子点火装置、点火油枪、磨煤机冷/热风挡板、给煤机、磨煤机及给煤机密封风挡板、动态分离器及给煤机进/出口闸阀等众多设备，启动过程中需要合理掌握磨煤机通风暖磨、投粉点火阶段风量及给粉量的配合关系，是一个涉及设备众多、过程复杂的自动控制过程。在磨煤机启动初期，热风调节挡板全关，冷风调节挡板开启至10％，以保证磨煤机具有适合的通风量；在磨煤机暖磨阶段，冷风调节挡板开启至60％，热风调节挡板开启至35％，磨煤机出口温度达到65～100℃正常值且磨煤机入口一次风压大于2.0kPa且入口一次风量大于45t/h判断暖磨完成；磨煤机投粉点火时将冷风调节挡板开启至30％，热风调节阀开启至35％，同时给煤机按照给煤率10t/h运行10s、给煤率32t/h运行550s、给煤率27t/h运行的方式投入煤粉。

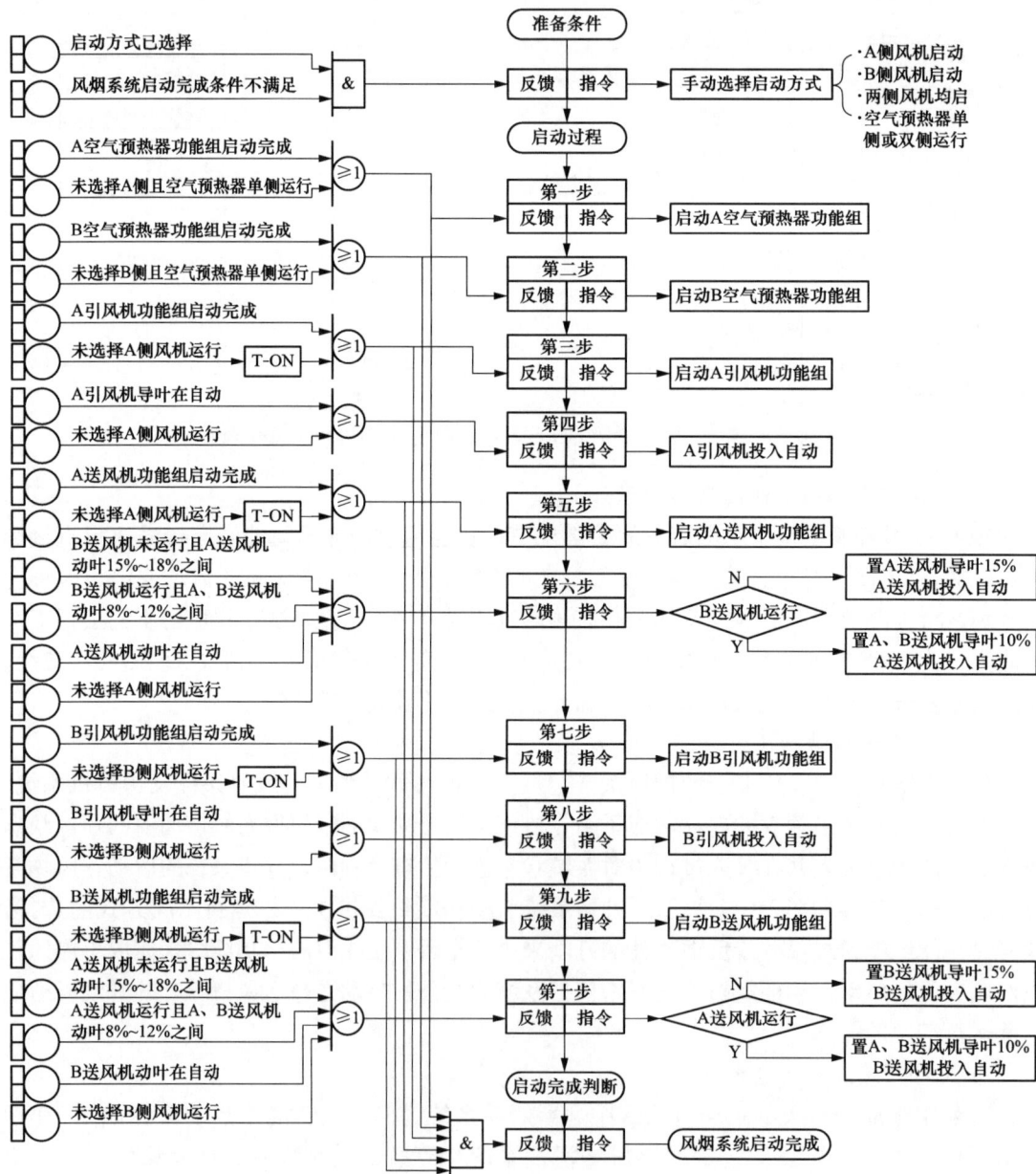

图10-11 风烟系统启动流程

212

左侧条件列表：

- 至少一台一次风机运行
- 热一次风母管压力>8kPa
- 冷一次风母管压力>8kPa
- 至少一台密封风机运行
- 密封风压力>8kPa
- A煤层点火能量满足
- A磨煤机润滑油条件满足
- 煤层点火能量满足
- A层二次风门在自动位
- 磨煤机A密封风门已开
- A磨煤机出口门已开
- A给煤机密封风门已开
- 燃烧器冷却风门全关
- A磨煤机出口密封风门已关
- 磨煤机A冷风关断门已开
- 磨煤机A热风关断门已关
- A磨煤机冷风调阀开度8%~12%
- A磨煤机热风调阀开度<5%
- A磨煤机启动允许条件满足
- A磨煤机运行
- A磨煤机动态分离器运行
- A磨煤机热风门密封风门已开
- A磨煤机热风关断门已开
- A磨煤机进口一次风压>2.0kPa
- A磨煤机进口一次风量>45t/h
- A磨煤机出口温度正常(65~100℃)
- A给煤机出口闸阀全开
- A给煤机启动允许条件满足
- A给煤机运行
- 动态分离器转速控制自动
- A给煤机入口闸阀已开
- A给煤机运行
- A磨煤机运行
- A磨煤机出口门已开
- 煤层有火数量≥6
- A给煤机入口闸阀已开

中间流程：

准备条件 → 反馈 指令

启动过程

- 第一步　反馈 指令
- 第二步　反馈 指令
- 第三步　反馈 指令
- 第四步　反馈 指令
- 第五步　反馈 指令
- 第六步　反馈 指令
- 第七步　反馈 指令
- 第八步　反馈 指令
- 第九步　反馈 指令

启动完成判断

反馈 指令 → A制粉系统启动完成

右侧指令：

- 启动A磨煤机润滑油系统
- 启动等离子点火装置
- 选择等离子点火　Y / N
- 启动A层油枪
- 投A层二次风门自动
- 开磨煤机A密封风门
- 开磨煤机A出口门
- 开给煤机A密封风门
- 置A层二次风挡板点火位
- 开磨煤机A冷风关断门
- 关磨煤机A热风关断门
- 磨煤机A冷/热风阀投入自动
- 磨煤机A冷风调阀开至10%
- 关闭磨煤机A热风调阀
- 启动磨煤机A
- 启动磨煤机A动态分离器
- 开磨煤机A热风门密封风门
- 开磨煤机A热风关断门
- 置磨煤机A冷风调门暖磨位
- 置磨煤机A热风调门暖磨位
- 开给煤机A出口闸阀
- 启动给煤机A
- 置动态分离器转速控制自动
- 置磨煤机A冷风调阀点火位
- 置磨煤机A热风调阀点火位
- 开给煤机A入口闸阀
- 给煤率10t/h运行10s
- 给煤率32t/h运行550s
- 给煤率27t/h运行

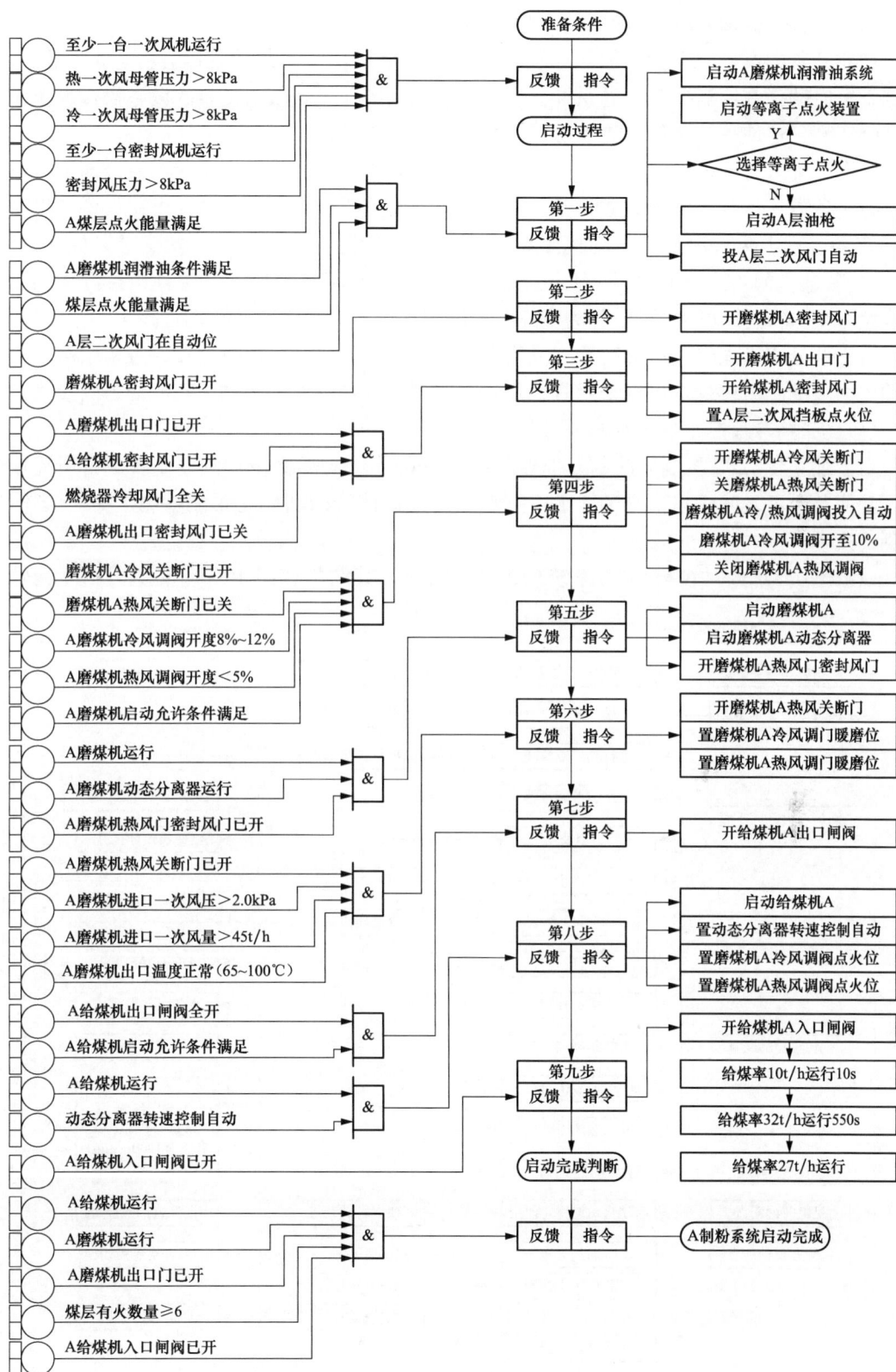

图 10-12　直吹式中速磨制粉系统启动流程

（三）制定完善的设备驱动级

功能完善的设备驱动功能能够减轻断点或功能组及功能子组的控制任务，APS执行时仅需下发启动指令给需要启动的系统并检测其状态反馈即可，较为复杂的设备操作均由设备驱动级实现，这使得控制任务更加明确、控制结构更为清晰。

对于配置有备用设备的系统，如：引风机冷却风机，单台引风机配置两台冷却风机，采用一运一备方式运行，对于此类设备，在系统启动前需要指定运行设备及备用设备，以明确APS启动过程中两台设备的启动优先级。对于此类系统，在设备驱动级设置主/备选择功能，主/备选择的功能一般由运行人员手动进行预选，对于测点较为完善且运行可靠的设备及系统，主/备选择功能也可设计为由控制系统根据设备或系统状态自动选择。

对于部分在投入时仅需进行单一反复操作的设备，如：高压加热器投入过程中蒸汽进汽电动门的点动开启过程，可以采用联锁及状态监测的方式由设备驱动级完成设备的投入。

（四）明确与外部控制系统接口功能

对于独立于APS控制系统的外部控制系统，应明确APS系统和独立系统各自所完成的控制功能及两者之间接口信号的需求，重点明确接口信号的功能是否能够满足APS各阶段控制的需求。

以某电厂DEH系统与APS系统接口结构为例，其结构如图10-13所示。DEH能够完

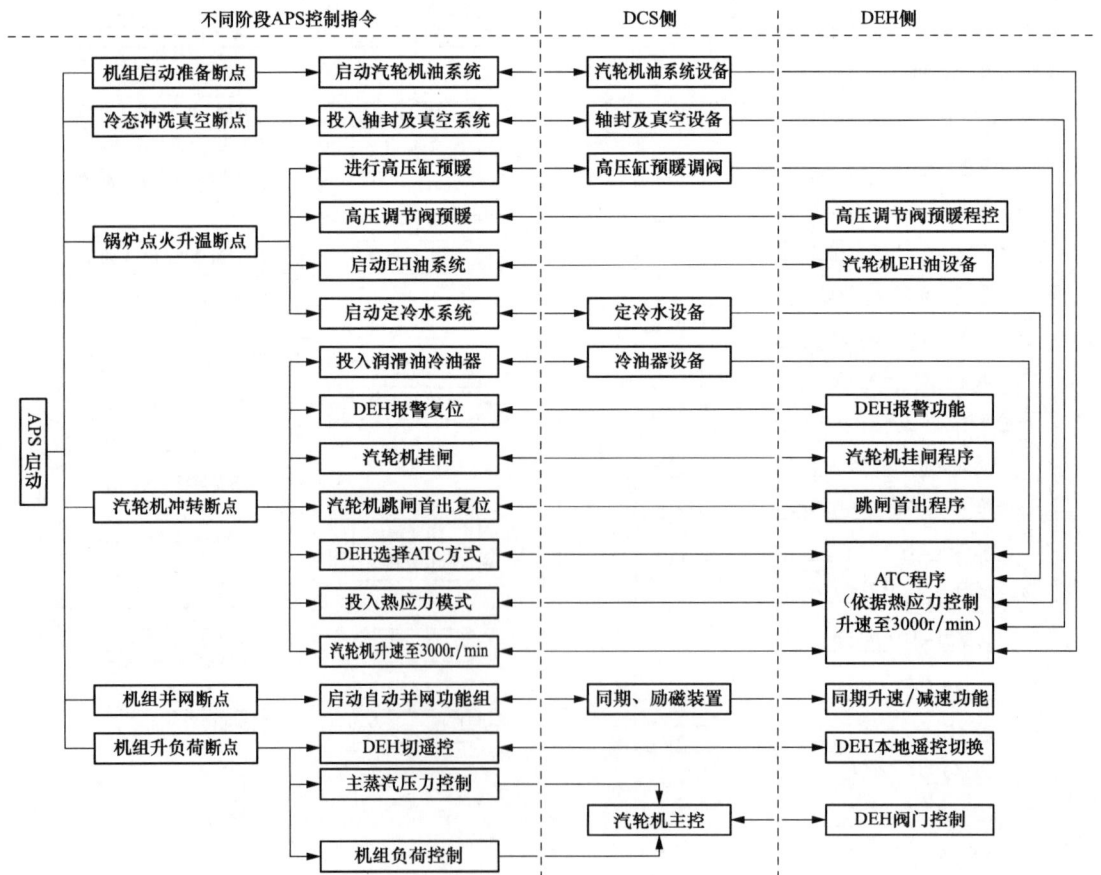

图 10-13　某电厂 APS 与 DEH 控制接口结构

成汽轮机挂闸、自动判断启动状态、高压调节阀阀壳预暖、转速控制、负荷控制、一次调频、负荷限制、加速度限制、功率负荷不平衡、后备超速、锅炉-汽轮机协调控制、甩负荷、在线试验、自动启动（ATC）、汽轮机保护（ETS）等多项功能。

APS 启动过程中汽轮机冲转阶段需要完成以下任务。

（1）准备阶段：高压缸预暖、高调阀预暖、辅助系统投入等。

（2）冲转阶段：报警复位、汽轮机挂闸、跳闸首出复位、ATC 方式选择、热应力投入、汽轮机升速。

（3）并网阶段：机组自动并网。

由于汽轮机辅助系统、高压缸预暖调阀、机组同期及励磁装置均在 DCS 控制，因此 DEH 的 ATC 功能在 APS 启机过程中仅完成依据热应力进行汽轮机自动升速至 3000r/min 的功能，汽轮机冲转过程中其他任务均由 DCS 侧的 APS 断点进行控制。APS 与 DEH 之间传送的信号采用硬接线或者通信方式实现。

（五）制定完整的模拟量控制策略

机组 APS 启动不是单纯的顺序控制所能完成的任务，需要完善、合理、有效的模拟量控制系统作为基础。风烟全程自动控制、给水全程控制、燃料自动增减控制、燃烧器负荷全程控制、主蒸汽压力全程控制、主蒸汽温度和再热蒸汽温度的全程控制是超（超）临界机组 APS 顺利进行的前提。

相比不设计 APS 功能的机组，大量的模拟量控制回路在机组启动或停机过程中所完成的控制阶段更为广泛，存在被控对象多变、设定值多变、控制结构多变等特点，模拟量控制功能是否健全、调整效果是否良好等因素直接影响 APS 的顺畅执行。

1. 模拟量控制回路设定值自动生成

对于涉及多个运行阶段或多种工况的模拟量控制回路，其设定值应根据运行工况的需求自动形成，以较为简单的除氧器水位设定为例，其控制原理如图 10-14 所示。根据运行工况的不同，除氧器水位设定值应自动进行调整，除氧器加热功能组第二步将水位设定为 1900mm，第七步将水位设定为 2300mm，凝结水上水功能组第九步将水位设定为 2300mm，为防止设定值阶跃变化给调节系统带来的冲击，设定值输出进行限速处理。

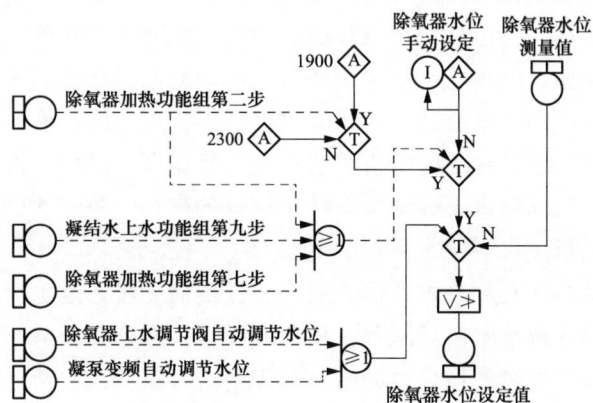

图 10-14　除氧器水位设定值控制原理图

2. 风烟系统全程控制策略

炉膛负压自动控制及送风量自动控制是风烟系统两项模拟量控制的重点内容，在此基础上实现两侧引风机及两侧送风机的自动并列是风烟系统全程控制的一个难点。

风烟系统启动过程中，第一台引风机启动后炉膛负压自动调节回路连续投入对炉膛负压进行调节，保证机组从启动到带满负荷过程中炉膛负压稳定在设定值。

对于采用汽动引风机的风烟系统，炉膛负压在低负荷阶段由引风机静叶调节，高负荷阶段由引风机转速调节，静叶调节回路及转速调节回路为两套独立的 PID 控制回路，相互之间通过切换条件实现切换及跟踪。升负荷过程中，首先由静叶调整炉膛负压，随机组负荷升高，静叶逐渐开启，当静叶开度大于 75％后，静叶开度锁定，静叶调节 PID 跟踪静叶开度平均值，炉膛负压切换至风机转速调节，此时可由运行人员手动将静叶开启或保持在 75％位置。降负荷过程中，首先由风机转速调整炉膛负压，随机组负荷的降低，转速逐渐降低，当风机转速小于 2650r/min 后，风机转速自动保持，转速调节 PID 跟踪转速平均值，炉膛负压切换至风机静叶调节。

送风机动叶控制在 APS 启机过程中划分为 3 个阶段：

（1）风烟系统启动阶段。送风机动叶按照固定开度开启，单台送风机运行时，动叶开度为 15％；两台送风机运行时，动叶开度为 10％，以维持风机有一定的通风量。

（2）炉膛吹扫阶段。炉膛吹扫指令下发后，送风机动叶投入自动调节，动叶开度由 PID 给出，此时风量设定按照一定速率增加至锅炉最小风量，以满足炉膛吹扫要求。

（3）锅炉点火带负荷阶段。锅炉点火投入燃料后，风量设定依据投入锅炉的燃料量变化，随着燃料量增加，相应的风量同时增加。在此阶段，风量设定持续接受锅炉最小风量的限制。

由于两台引风机及两台送风机启动顺序有先后，第二台引风机启动后必然涉及与第一台引风机并列的问题，未设计 APS 功能时，该操作通常由运行人员手动完成，设计 APS 功能后，该操作需要在风烟系统程控启动的过程中自动完成，因此需要根据两侧风机运行电流、风压等工况合理调整运行风机的导叶，以保证风机并列过程中的稳定运行。

3. 全程给水控制策略

针对超（超）临界机组典型的给水系统配置为：一台电动调速启动泵、两台汽动给水泵、一台锅炉上水调节阀。机组在 APS 启动过程中，存在调节阀调整流量、电动给水泵差压调节、给水大小阀切换、电动给水泵流量调节、汽动给水泵与电动给水泵并泵、汽动给水泵与汽动给水泵并泵、汽动给水泵调整流量等多种运行工况，因此需要设计完整的机组全程给水控制功能，以保证以上各种工况的自动切换及正常运行。其中，汽动给水泵与电动给水泵并泵及汽动给水泵与汽动给水泵并泵是设计及调试的难点，控制功能调整的效果直接影响机组启动过程的顺利进行。

对于设置电动启动给水泵的系统，锅炉启动至低负荷阶段，给水旁路调节阀控制给水流量，电动给水泵控制给水调节阀前后压差；负荷升高至给水旁路调节阀接近全开后，给水旁路调节阀和主给水电动门进行切换，电动给水泵控制给水流量；负荷升高至汽动给水泵启动完成后，采用自动并泵功能将汽动给水泵自动并入电动给水泵，并泵完成后，电动给水泵自动切泵退出运行。

对于仅设置两台汽动给水泵的系统，锅炉启动至低负荷阶段，给水旁路调节阀控制给水流量，汽动给水泵维持固定转速；负荷升高至给水旁路调节阀接近全开后，给水旁路调节阀和主给水电动门进行切换，汽动给水泵控制给水流量；旁路调节阀和主给水电动门切换完毕后，由汽动给水泵自动调节满足给水流量需求。

给水全程控制过程中，给水旁路调节阀、电动给水泵、汽动给水泵在不同的运行阶段分别控制给水流量，为避免同一阶段多种设备同时调整给水流量导致相互扰动，必须合理选择控制切换条件，以配置两台汽动给水泵及一台给水旁路调节阀的系统为例，其控制切换逻辑如图 10-15 所示，其中汽动给水泵真自动的含义为汽泵已转入给水流量自动调节方式。

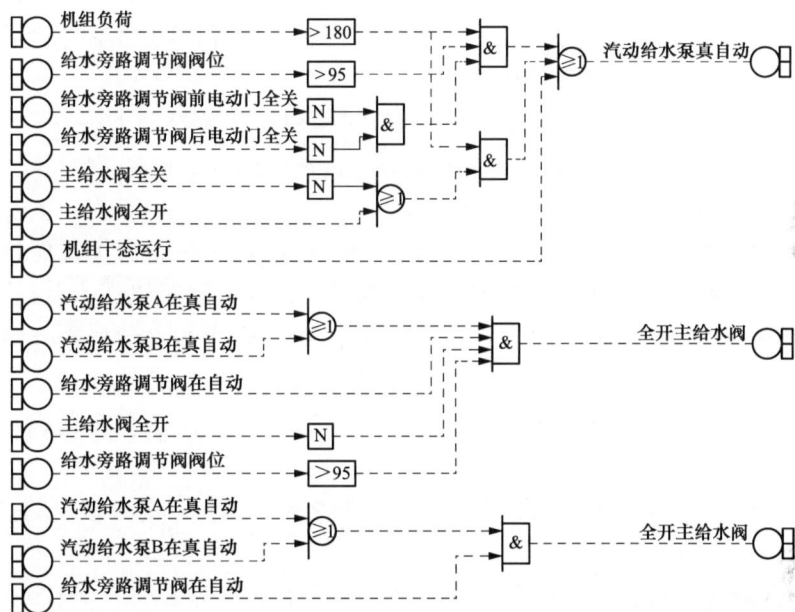

图 10-15　给水控制切换逻辑图

给水泵自动并泵及退泵是 APS 控制中的一项难点技术，通过对给水母管压力、给水泵出口压力、给水泵流量偏差等运行参数的判断采用连续监测、间歇调整的方式自动调整给水泵转速，以保证并泵过程中给水流量的稳定。

4. 锅炉升温升压自动控制

未设计 APS 功能的超超临界直流机组，其机炉协调控制基本上是在机组转入干态工况运行后，才开始投入协调控制。在湿态工况时，通常是投入汽轮机跟随（TF）方式，由汽轮机调门调节主蒸汽压力。采用 APS 控制后，从锅炉点火开始，锅炉的燃料量、送风量、给水流量等主要控制回路即要求投入自动，在锅炉升温及升压、汽轮机冲转并网、机组湿态运行、机组湿态转干态等启动过程中，旁路控制系统、锅炉主控、水煤比控制、给水流量等控制回路应根据机组运行的不同阶段完成不同的控制任务，以满足锅炉升温及升压、汽轮机冲转并网、机组升负荷等不同阶段对机组主蒸汽参数、锅炉中间点温度等参数的要求。

相对机组的干态运行，超（超）临界机组在锅炉点火到转为干态运行这一阶段，存在运行工况多变、受控对象繁多、控制结构复杂的特点，因此需要设计一套针对多工况、多变量的控制策略，协调不同阶段、多种设备来完成这一阶段的各项控制任务。

在锅炉点火升温阶段，制粉系统投入后按一定速率增加燃料，控制汽水分离器入口温度满足锅炉升温即升压的要求，分离器入口温度由给水流量控制。在主蒸汽压力达到汽轮机冲转压力前，旁路处于程序控制方式，按一定的函数曲线增加开度；当主蒸汽压力达到冲转压力时，旁路进入定压控制模式。机组并网带初负荷暖机结束后，DEH 切到 DCS 控制，按机组启动曲线设定目标负荷开始升负荷。升负荷过程中给水、燃料、总风量控制均在自动，燃料主控、水煤比控制、锅炉主控、汽轮机主控也均投自动。主蒸汽压力按定—滑—定的负荷曲线设置。

低负荷时，旁路调节主蒸汽压力，汽轮机按升负荷曲线增大调门开度，锅炉按升负荷曲线增加燃料；随着负荷增加，旁路开度逐渐减小，当机组负荷升到一定时将旁路切除，汽轮机调节主蒸汽压力，机组在汽轮机跟随方式运行。

随负荷升高，锅炉按升负荷曲线增加燃料。机组由湿态转换到干态后，汽轮机控制负荷，锅炉控制主蒸汽压力，机组投入协调控制方式。

5. 旁路系统自动控制

对于实现 APS 控制的超（超）临界机组，应设计适用于机组启动及停机过程的旁路自动控制功能。在锅炉点火至汽轮机冲转阶段能够有效的控制蒸汽压力及温度的升速率，在汽轮机冲转阶段能够有效的稳定主蒸汽压力，在并网后能够自动根据升负荷控制机前压力并配合汽轮机主蒸汽调节阀的开启，此后随负荷的升高，旁路逐步全关，机组转为跟随方式。在机组停机期间能够及时投入，以保证锅炉的蒸汽流量与燃烧相匹配，有效完成滑压停机。

以某电厂 1000MW 超（超）临界机组一级大旁路系统为例，高旁在启动过程中分为以下三个控制阶段：

（1）高压旁路压力程序控制阶段。MFT 复位至主蒸汽压力升至 5.0MPa 过程中，高压旁路处于程序控制方式，由主蒸汽压力对应的高压旁路开度曲线控制机组升压。

（2）高压旁路压力 PID 调节升压阶段。主蒸汽压力升至 5.0MPa 后，高压旁路压力由 PID 调节，压力设定值按照升温升压要求逐步提升到 9.7MPa 并维持稳定。

（3）高压旁路切除阶段。机组负荷升至 150MW 并且汽轮机主控投入自动，机组进入 TF 方式运行，汽轮机主蒸汽阀逐渐开启，高压旁路逐步关闭至全关后进入切除方式。

（六）提高磨煤机组管理功能

完善的 APS 控制功能应能够根据机组运行阶段及燃烧需求，实现磨煤机运行数量及启/停顺序的合理选择，即在 APS 执行过程中，根据机组负荷合理配置磨煤机运行数量及启/停顺序，这也取决于 APS 要求的控制阶段，即机组 APS 自动启动执行至什么阶段结束，APS 停机过程自什么阶段开始执行。根据机组及设备状况合理地选择磨煤机数量及启/停顺序，对提高 APS 的执行能力及应用范围有很好的作用。

（七）保证汽轮机 ATC 控制的可用性

汽轮机的自动启动 ATC 控制功能是实现 APS 的一个重要环节，能够实现汽轮机从挂闸至冲转到 3000r/min 过程的自动控制，DEH 出厂时一般自带 ATC 功能。在机组试运期间必须严格、完整的完成 ATC 各项功能的测试，以保证 ATC 功能正确可用。

四、APS 应用状况及调试注意事项

（一）APS 应用状况

机组 APS 控制功能是目前火电机组最高级别的控制功能，也是火电机组自动控制行业持续追求的目标之一。针对超（超）临界机组的 APS 控制策略已在多台机组上进行过探索及应用并取得了一定的成绩，但其可用性仍有待进一步提高。针对超（超）临界机组，全面分析其启/停机过程中的多种工况，在 APS 中有针对性的融入应对策略，增强 APS 应对多工况、多选择时的处理能力，是提高 APS 可用性的首要问题。

APS 控制功能仅使用于机组启动或停机过程中，相比较机组协调控制等重要控制功能，其使用频次不具备可比性。

机组的启/停机过程，特别是机组启动过程是一项多设备、多系统、多工种协作完成的一项工作。在机组启动过程中，根据设备及系统的运行情况，经常出现多种选择，而机组 APS 功能设计时，通常是根据机组正常启动流程规定了较为单一的路径，机组启动过程中出现故障点时，运行人员一方面要考虑故障的处理工作，另一方面还要顾及 APS 执行的要求，往往措手不及，只能首先保证系统安全，不得不退出 APS 功能。在 APS 中，根据启动流程合理设置断点，根据系统合理划分功能组，实现 APS 程序分阶段、分系统执行是解决这一问题的一种手段，但要使 APS 对多种工况特别是故障点出现时能够完成状态判断并进行合理的操作，还需要在 APS 各功能组及断点中较为完整的区分不同的故障点并设置合理的处理流程。

系统及设备上测点布置的完善、合理以及设备、测点的可靠工作是顺畅的完成 APS 启/停机的一个前提，完善的测点能够为 APS 对各设备及系统进行状态监测提供充足的判断依据，设备的运行可靠极大地减少了 APS 执行时因设备故障出现的中断，从而减少 APS 执行时人工确认的工作量，提高 APS 执行的效率。目前设计了 APS 功能的机组，往往在 APS执行时因测点问题、设备故障问题，需要对系统及设备运行状况进行人工检查并进行人工确认，因此大大降低了 APS 执行效率，同时也成为导致运行人员退出 APS 执行的一个因素。

对于超（超）临界机组，其 APS 功能虽然有待进一步深入完善，使用频次及可用性仍然有待提高，但设计有 APS 功能的机组其自动控制水平明显表现出较高的水准。针对超（超）临界机组，APS 功能对多个系统全程自动控制、对设备及测点可靠性的高度要求，为全面提高机组自动控制水平，提高机组运行的安全性、稳定性、可靠性均有明显的促进作用。APS 需要解决的湿态工况下机组如何协调运行、启动阶段升温/升压自动控制、给水泵并泵/退泵等问题均是超（超）临界机组自动控制的难点问题，这些问题的解决对机组运行水平的提高具有极其实际的应用价值。

为实现机组 APS 功能，从机组控制策略设计阶段开始，便需要考虑给水全程自动、引风机全程自动、送风量全程自动、燃料全程自动、旁路全程自动、各类系统程控启/停、给水泵程控启动、汽轮机自动启动、给水泵自动并泵等一系列机组重要控制回路的设计、组态、调试、投运、优化等工作，这些功能经机组试运及试生产阶段的不断调整优化，均能在机组运行过程中发挥良好的控制效果。

APS 对机组设备及测点提出了较高可靠性要求，设备或测点的故障导致的结果是 APS无法顺利执行，因此在安装、试运及生产过程中，必须重视设备及测点的安装调试质量，客

观地保证了机组运行的安全性及稳定性。

APS 中设置的风烟系统程控启/停、锅炉上水程控、凝结水程控启/停、高低加程控投/切、给水泵自动并泵等控制功能，是针对某一系统设置的独立功能，在机组不执行 APS 启/停时也能完成针对某一系统的自动启/停操作，在减轻运行人员的操作量、规范系统启/停流程、避免误操作等方面可以发挥重要作用。

（二）APS 调试注意事项

目前，国内超（超）临界机组 APS 的调试工作基本上是在机组基建阶段进行。在此阶段系统及设备均处于试运阶段，能够提供的工况比较丰富，为全面考察 APS 的控制功能带来了有力地条件，但由于在此阶段系统及设备的各类故障及机组试运进程的影响也为 APS 的调试工作带来了不利的影响因素。只有尽可能多的暴露 APS 功能的欠缺并进行优化调整，才能获得较好的使用效果。要实现机组 APS 功能并提高其可用性，在 APS 功能的调试阶段需要重点注意以下问题。

1. 全面、深入的掌握机组特性及工艺流程，多专业协作

APS 实现机组的自动启动及停机过程，过程中参与控制的设备众多、系统全面，不但涉及锅炉、汽轮机主机的启/停控制，同时要完成对锅炉和汽轮机所有辅机、精处理系统、电气并网、脱硫系统等多个系统的自动启/停，完成以上系统启动过程、正常运行及停机过程的全程控制，因此要求参与 APS 调试的人员必须对超（超）临界机组的整个工艺流程及控制要求有全面、深入的掌握。APS 调试过程中锅炉、汽轮机、电气、化学、热控、脱硫等专业必须全程合作，发挥各自的技术优势，取长补短，才能制定全面的控制策略，控制系统的各项功能试验才能安全、有效地进行。

APS 控制过程涉及机组各个系统模拟量控制、联锁及保护、顺序控制等多项控制功能，与 DEH、MEH、MCS、SCS 等控制回路接口众多，调试人员对以上系统必须有足够全面及深入的了解及应用，才能在调试过程中有条不紊、合理配合，高水平的完成 APS 调试工作。

2. 充分完成各项功能试验

完成各项功能试验是实现 APS 的基础工作。针对各个工艺系统，进行 APS 控制功能的静态试验，结合系统实际的启停过程进行动态试验，针对不同工况时的启/停过程进行功能测试，有助于暴露控制策略的欠缺并进行相应的完善调整。通过进行各项试验有助于提高 APS 功能应对多种工况的执行能力，提高了 APS 的可用性。

APS 要求的一些控制功能，如：给水全程控制、旁路全程控制、湿态时锅炉升温/升压控制等，必须反复进行多次试验调整才能取得较好的控制效果，因此必须结合机组试运过程合理制定工作计划，为 APS 功能试验争取充足的试验机会。

3. 确保机组试运期间 APS 的调试时间

APS 包含的控制功能数量众多，各类功能组共计超过 100 项，其中的难点控制问题不在少数，每项功能组及控制功能的测试要进行静态试验、动态试验、投运调整等多项工作，特别是投运调整过程必须在机组启/停过程中完成，机组试运过程中往往因计划安排的影响导致 APS 的调试时间十分欠缺，造成控制功能调整不到位，在后期使用时效果不理想。

4. 保证后期投入

完成 APS 调试工作，在机组生产运行期间及使用过程中，通过运行经验的积累及总结，

原设计上的一些控制策略难免会出现不适用于当前运行控制要求的现象，因此，在机组转为生产运行后，仍需要对 APS 控制功能进行进一步的优化调整，以提高其可用性。

第二节　二次再热机组控制策略的特点

一、二次再热超超临界机组的发展状况

1. 国外的发展状况

在国外，从 20 世纪 50 年代开始，美国、日本等国均建造了大量二次再热发电机组，其中美国 25 台、日本 11 台、德国、丹麦各数台，多在 20 世纪 70～90 年代期间投入运行，而二次再热机组中采用超超临界参数的有 6 台。运行效率最高的是丹麦 NORDJYLLAND 火电厂 3 号机组（410MW），设计为燃煤/油混合燃料，设计参数为 29.0MPa/580℃/580℃/580℃，电厂效率达 47%。容量最大的为日本川越火力发电厂 1、2 号机组（700MW），参数为 31MPa/566℃/566℃/566℃，燃用液化天然气。国外超超临界二次再热机组发展情况，见表 10-1。

表 10-1　　　　　　　　　　国外超超临界二次再热机组发展情况

国家	电厂机号	制造商机/炉	机组容量（MW）	参数（MPa/℃/℃/℃）	设计效率（%）	燃料	投运时间
美国	EDDYSTONE1	WH/CE	325	34.4/649/566/566	未知	煤	1958
美国	EDDYSTONE2	WH/CE	325	34.4/649/566/566	未知	煤	1960
日本	川越 KAWAGOE1	东芝/三菱	700	31/566/566/566	41.92	气	1989
日本	川越 KAWAGOE2	东芝/三菱	700	31/566/566/566	41.92	气	1990
丹麦	SKERBAEKSVAERKET3	FLS MILJφBWE	412	28.4/580/580/580	未知	煤	1997
丹麦	NORDJYLLAND3	FLS MILJφBWE	410	29/582/580/580	47	气	1998

2. 国内的发展状况

近十余年来，我国在超（超）临界发电技术领域取得了显著的发展。主要发电设备制造厂家通过引进并消化吸收国外发达国家的先进超临界发电技术，或与国外厂家以不同合作方式设计生产 350MW、600MW 等级超临界机组，600MW、1000MW 等级超超临界机组。主要蒸汽参数为：

350MW、600MW 等级超临界机组：24.2MPa/538℃/566℃或 24.4MPa/566℃/566℃。

600MW 等级超超临界机组：25MPa/600℃/600℃。

1000MW 等级超超临界机组：26.25～27MPa/600℃/600℃或 25MPa/600℃/600℃。

虽然主要发电设备制造厂家均具备了设计和制造 1000MW 等级超超临界发电机组的技术能力，但尚未完全摆脱国外发达国家的相关束缚。为更好的继续贯彻国家节能减排战略方针，今后我火力发电的建设将逐步过渡到以清洁高效燃煤发电机组为主。这决定了我国将在一段时间内继续采用超超临界燃煤机组作为成熟先进的发电技术。

因此，提高蒸汽参数（蒸汽的初始压力和温度）、增加再热次数等提高机组效率的有效方法开始成为超临界机组新的发展方向。我国及美、日、欧等国均将"压力≥35MPa、温度≥700℃、机组容量≥600MW"作为对将来更高参数超超临界机组的要求。但 700℃耐高温镍基合金材料目前正处于试验阶段，还需要相当长时间才能投入到广泛的实际应用。所以，

当前阶段，为提高机组的效率，充分利用现有的耐高温材料是一个可行的选择，这一情况下，国内选择采用二次再热技术来发展超超临界机组。

从国外的二次再热机组运行业绩可知，二次再热机组运行可靠、经济性好，是成熟的技术。采用超超临界参数的二次再热机组，经济性提升主要体现在以下几个方面。

（1）主蒸汽压力从 27MPa（a）提高至 35MPa（a），可降低热耗约为 1.0%。

（2）再热温度从 600℃提高至 620℃，可降低热耗约为 0.5%。

（3）采用二次再热，可降低热耗约为 1.5%。

因此，采用二次再热是大容量超超临界机组发展的方向。根据当前的发展情况，2015年，我国将有 660MW 和 1000MW 的超超临界二次再热机组投入运行，目前正处于机组的调试阶段。但发展二次再热超超临界机组面临一定的困难，表现在下述方面。

（1）我国目前还没有自己设计、制造或引进的二次再热火力发电机组，更没有投运的二次再热超超临界机组，缺乏二次再热机组相关的设计、制造、调试和运行方面的技术和经验。

（2）二次再热机组是在一次再热基础上再增加一套再热系统，锅炉和汽轮机将有较大变化，锅炉需要增加二次再热受热面，汽轮机相应增加超高压缸，旁路系统增加至三级旁路，设备及系统更加复杂。

（3）控制上存在的难题：二次再热机组相较一次再热机组，过热蒸汽和再热蒸汽系统的吸热份额发生了很大的变化，需要相对减少过热蒸汽系统的吸热份额并增加再热蒸汽系统的吸热份额，因此，需要对两级再热蒸汽的吸热进行合理调配。这就要求研究和掌握二次再热机组锅炉的汽温特性及调整的方法；此外，二次再热机组在不同负荷段、不同速率的负荷变动过程及特殊工况（磨煤机启/停及各种 RB 工况等）下的汽温控制和调整的方法；再就是二次再热后机组的协调控制策略需要进一步的研究和完善。

二、国内主要设备制造厂家关于二次再热技术研发状况

在国内，三大主机制造厂都开展了相关二次再热超超临界机组的研发工作。从目前的资料相比较，三大主机制造厂在二次再热的设计上存在一定的差异。相关数据见表 10-2。

表 10-2　　　　　国内三大主机厂二次再热机组设计参数

二 次 再 热 机 组			
项 目 名 称	哈 电	上 电	东 电
机组功率 MW	660	660	660
锅炉出口蒸汽参数 MPa/℃/℃/℃	32.2/605/623/623	34.2/605/623/623	31.5/605/623/623
汽轮机入口蒸汽参数 MPa/℃/℃/℃	31.0/600/620/620	33.2/605/623/623	30.0/605/623/623

（一）哈电集团二次再热超超临界机组的研发状况

1. 哈尔滨锅炉厂二次再热锅炉的特点

哈尔滨锅炉厂与日本三菱公司合作，开展了关于二次再热超超临界机组的研发工作。锅炉采用Π型布置；受热面按烟气流程布置，水平烟道。

烟气流程如下：烟气依次流经上炉膛的分隔屏过热器、后屏过热器、末级过热器，水平烟道的高压末级再热和低压末级再热器后，再进入用分隔墙分成的前、后二个尾部烟道竖井，在前竖井中一部分烟气流经高压低温再热器和前级省煤器，另一部分烟气则流经低压低温再热器和后级省煤器，在前、后两个分竖井出口布置了烟气分配挡板以调节流经前、后分竖井的烟气量，用于调节低温再热器的换热量，从而达到调节再热器汽温的目的。烟气流经分配挡板后通过连接烟道、脱硝装置、回转式空气预热器后排往电气除尘器和引风机。在省煤器后设置烟气再循环烟道，部分烟气通过烟气再循环风机引入炉膛底部四角实现对再热换热量的调整，从而实现再热汽温的控制。

　　主蒸汽系统受热面布置在炉膛上方，基本上接近全辐射和半辐射，主要采用燃烧器摆动和烟气再循环调温。高温再热器基本属于纯对流吸热方式，一、二次高温再热依次布置在折焰角上方，尾部竖直烟道分为双烟道，烟气挡板调节。前烟道布置二次低温再热器，后烟道布置一次低温再热器，下部布置烟气挡板调节一、二次低温再热器吸热比例，通过烟气再循环调节总的再热汽温。烟气再循环通过在炉膛掺入低温烟气调整燃料放热特性，强化对流换热以实现对再热汽温的有效调节。烟气再循环率为 $10\%\sim15\%$ 。哈锅 660MW 二次再热超超临界锅炉过热器、再热器系统图，如图 10-16 所示。

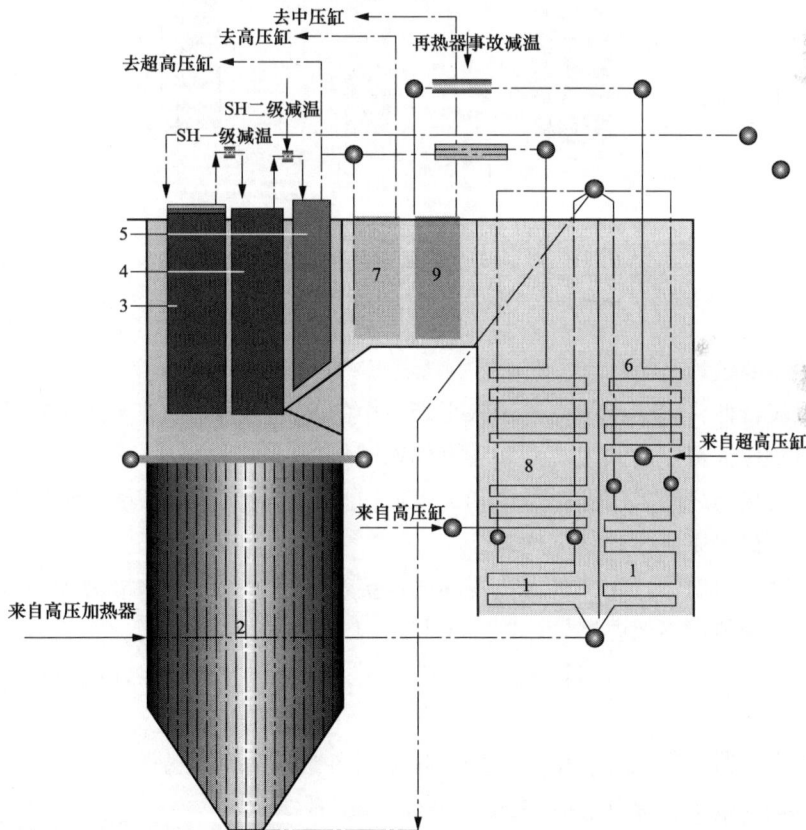

图 10-16　哈锅 660MW 二次再热超超临界锅炉过热器、再热器系统图

1—省煤器；2—水冷壁；3—分隔屏过热器；4—屏式过热器；5—末级过热器；
6—低压低温再热器；7—高压末级再热器；8—高压低温再热器；9—低压末级再热器

过热器的主要设计特点：

（1）受热面三级布置，单级焓增小，工质侧受热均匀，同屏偏差小。

（2）调温方式：煤水比＋两级四点喷水；实现较快的变负荷速度、变工况调节灵敏。

（3）各级受热面间采用大口径管并交叉布置，最大限度消除汽水侧偏差。

（4）连接方式：进、出口集箱之间的所有连接管道均为端部引入、引出方式和小集箱结构，保证沿炉宽方向蒸汽在受热面管屏均匀分配。

（5）选择可靠成熟的受热面材料，确保安全可靠。

过热系统结构，如图 10-17 所示。

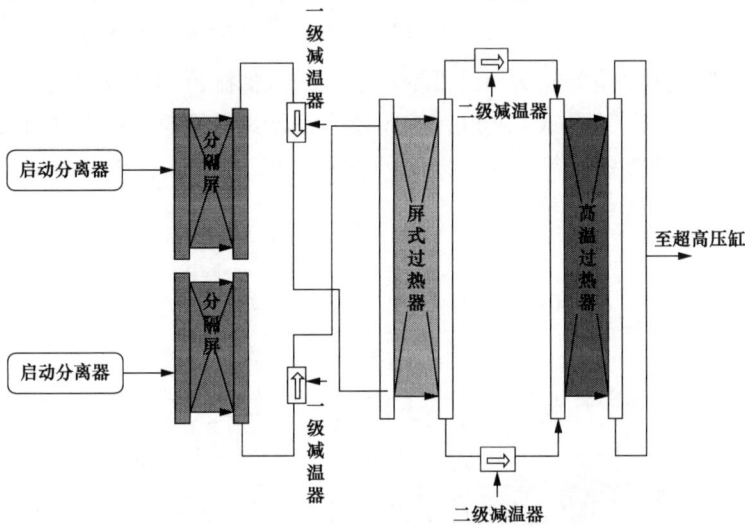

图 10-17　哈锅 660MW 二次再热超超临界锅炉过热系统结构图

再热器的主要设计特点：

（1）纯对流特性：再热系统由位于水平烟道中的高温再热器和布置于前部尾部烟道的低温再热器组成；保证良好的调温特性和较大的调温幅度。

（2）两级再热器之间采用混合集箱和大管道连接，有效消除上级受热面的热力偏差，保证高温受热面入口工质流量和温度均匀。

（3）事故喷水减温器：在两级再热器间的连接管上布置事故喷水减温器，可以在事故工况下，保护高再受热面不超温爆管，同时也起到调节再热汽温的作用。

（4）连接方式：进、出口集箱之间采用端部引入、引出方式，保证沿炉宽方向蒸汽均匀分配到各管屏。

（5）末级再热器材料大量使用了耐高温和蒸汽内壁氧化的高热强钢。

2. 哈尔滨汽轮机厂二次再热汽轮机的特点

哈尔滨汽轮机厂二次再热机组汽轮机的设计采用三菱技术，为超超临界、二次中间再热、冲动式、单轴、五缸四排汽、凝汽式汽轮机。即一个超高压缸、一个高压缸、一个双流中压缸和两个双流低压缸。其中，中压缸和两个相同的低压缸模块均采用双分流的通流技术，低压末级叶片长度 1029mm，此低压缸模块已普遍应用于哈汽的 600～660MW 等级超（超）临界机组。660MW 超超临界二次再热汽轮机的超高压缸和高压缸模块是以 660MW 超超临界一次再热汽轮机的高、中压缸模块为母型（具有多台应用业绩，蒸汽参数为 25MPa/

600℃/600℃），考虑到蒸汽参数的提高，对汽轮机的进汽部分，通过更改部件材料和结构尺寸，使其满足31MPa/600℃/620℃/620℃的需要。

哈尔滨电气集团二次再热机组的压力可选择为28MPa和31MPa，一次及二次再热温度均为610℃。相对于25MPa/600℃/600℃参数机组以及相同背压下的28MPa/600℃/600℃/600℃机组热效率提高约1个百分点，相对于31MPa/600℃/610℃/610℃机组的热效率提高（1.6～1.7）个百分点。

（二）东电集团二次再热超超临界机组的研发状况

1. 东方锅炉厂二次再热锅炉的特点

东方锅炉厂对二次再热超超临界锅炉进行自主研发，依托项目为华能段寨1000MW二次再热超超临界空冷机组项目。目前已基本完成28MPa/600℃/620℃/620℃的二次再热锅炉和汽轮机的初步方案，并开展了30MPa/600℃/620℃/620℃的二次再热锅炉和汽轮机初步方案的研究。与1000MW一次再热机组相比，东方锅炉厂二次再热28MPa/600℃/620℃/620℃机组设计方案的热耗率下降约220kJ/kWh。

东方锅炉厂二次再热超超临界锅炉的设计采用п型布置，单炉膛，固态排渣，前后墙对冲燃烧，水冷壁采用螺旋盘绕上升加垂直管屏的结构，尾部三烟道，平衡通风，全钢结构、全悬吊结构。锅炉整体布置方案如图10-18所示。

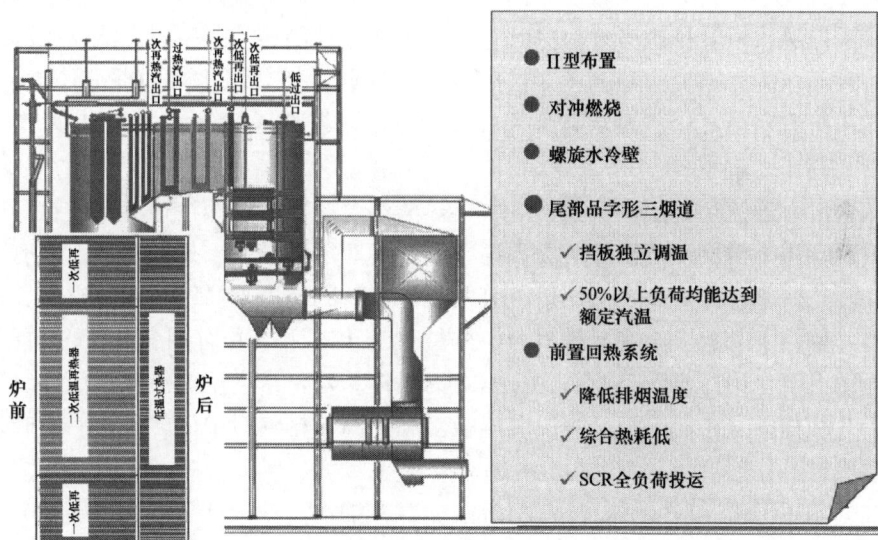

图10-18 锅炉整体布置方案

2. 东方汽轮机厂二次再热汽轮机的特点

东方汽轮机厂二次再热超超临界汽轮机的机型为单轴，二次中间再热，四缸四排汽凝汽式汽轮机。机组各级均为冲动级，共四个模块，超高压缸和高压缸为合缸结构，一个双流中压缸和两个双流低压缸，采用节流配汽调节。分别为超高压模块，高压-中压合缸模块和两个低压模块。高中压合缸模块借鉴传统的一次再热超临界和600MW超超临界高中压合缸结构，低压模块采用已有的成熟设计。

超高压进汽采用节流配汽方式，主汽调节阀悬挂在机头侧，高压联合汽阀和中压联合汽阀采用浮动式弹簧支架分别固定于运行平台汽缸两侧。机组有三个绝对死点，分别位于中低压间轴承箱下、低压缸（A）和低压缸（B）中心线附近，相对死点位于高中压轴承箱内。

主蒸汽从超高压外缸 2 个进汽口分别切向进入汽轮机，超高压缸共有 8 个压力级，无调节级。高压缸有 7 个压力级，中压缸有 6 个压力级。低压缸为双流 2×2×6 级。超高压模块整体同常规 1000MW 机组，采用内外双层缸结构，外缸采用传统成熟法兰结构；内缸采用红套环结构。高中压缸采用反向合缸对置结构。

3. 东方汽轮机厂 660MW 二次再热汽轮机简介（以华能安源电厂为例）

该汽轮机为东方汽轮机厂引进日立技术生产制造 660MW 超超临界压力、二次中间再热、冲动式、四缸四排汽、凝汽式汽轮机，机组具有十级非调整回热抽汽。与哈尔滨锅炉厂的 HG1938-32.45/605/623/623 型超超临界压力变压运行直流锅炉及 QFSN-660-2-22 型水-氢-氢冷却发电机配套，锅炉与汽轮机热力系统采用单元布置。

（1）汽缸。汽轮机的汽缸分超高压缸、高中压缸、低压缸 A、低压缸 B 四部分。

超高压缸为双层缸结构，其目的是为了减小内缸、外缸的应力和温度梯度。通流部分为反向流动。超高压进口按进汽管上下布置，上半进汽口采用法兰结构连接，下半进汽管道采用焊接结构，进汽腔室采用变截面蜗壳切向进汽结构。内缸采用红套环密封的圆筒形汽缸，内缸外表面布置隔热罩，进汽区域加紧固螺栓。内缸下半设有排汽口，排汽不进入超高压内外缸夹层，采用单排汽管排汽方式，排汽管与外缸之间利用叠片式密封，能吸收内、外缸之间的胀差。超高压内外缸夹层与高压 3 级后排气管连通。超高压排汽中部分作为一级抽汽，并利用超高压排汽对超高压进口及高压进口进行冷却。超高压部分共 10 级，第 1～10 级隔板全部装在超高压内缸里。

高中压合缸，通流部分反向布置，一次再热蒸汽及二次再热蒸汽进汽集中在高中压缸中部，以降低两端轴承温度及汽缸热应力。高中压缸为双层缸结构。外缸中部下方有 2 个高压进汽口与高压主汽管相连，高、中压进汽管两端靠密封圈与外缸联结，能吸收内、外缸及喷嘴间的胀差。前端下部有 2 个高压排汽口。外缸中部上、下半左右侧各有 1 个中压进汽口，外缸后端上部有 1 个中压排汽口。高中压内缸为整体结构，带高压 3 级和中压 3 级隔板，高压隔板套带 3 级隔板，中压隔板套带 5 级隔板。利用高压排汽对中压转子第一级叶轮和中压进汽口进行冷却。

低压缸分 A 低压缸和 B 低压缸，A、B 缸非对称抽汽。单个低压缸为三层缸、采用对称分流结构，中部进汽，由低压外缸、低压内缸、低压进汽室组成，轴承座在低压外缸上。低压内缸进汽室为装配式结构，整个环形的进汽腔室与内缸其它部分隔开，并且可以沿轴向径向自由膨胀，低压进汽室与低压内缸的相对热膨胀死点为低压进汽中心线与汽轮机中心线的交点。A、B 低压外缸均采用焊接结构，低压外缸上半顶部进汽部位有带波纹管的低压进汽管与内缸进汽口联接，以补偿内外缸胀差和保证密封。每个缸顶部两端共装有 4 个内孔径 Φ610 的大气阀，作为真空系统的安全保护措施。为减少启动过程中螺栓与法兰温差，特采用大螺栓自流加热系统。A、B 低压部分正反各向共 12 副隔板。

（2）旁路系统。汽轮机旁路系统采用 40％额定容量的高、中、低压三级串联旁路，三级旁路简图如图 10-19 所示。

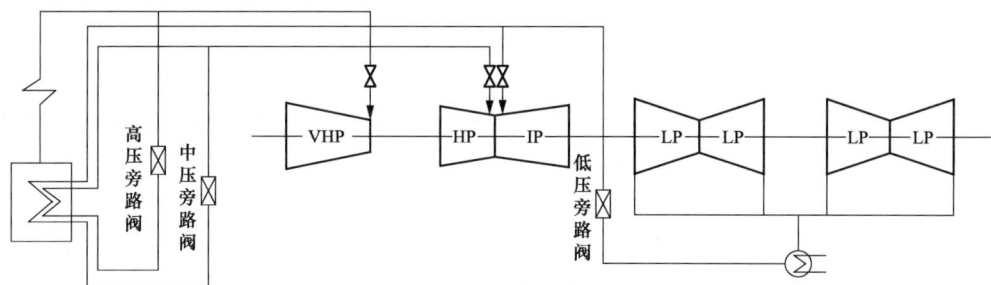

图 10-19　三级旁路简图

　　旁路有"自动""手动"两种控制方式；高低旁有"快关""复位"模式，高中低旁减温水有"快开""快关"模式。高旁"自动"方式控制主蒸汽压力，高旁减温水"自动"方式控制高旁后蒸汽温度；中、低旁"自动"控制一、二次再热蒸汽压力，低旁减温水"自动"方式控制低旁后蒸汽温度；

　　高、中、低旁及其减温水的"快关"方式，即：当触发到快关条件时，高、中、低旁及其减温水快速关闭切除。在汽轮机冲转定速后，将逐步关闭高、中、低压旁路，直至退出高中低旁路运行。

　　(3) 抽汽系统。该型机组有 10 级不调整抽汽。其中 1、2、3、4 级抽汽分别供 1～4 号高压加热器，5 级抽汽供除氧器、给水泵小机、引风机小机及辅汽母管用汽，6、7、8、9、10 级抽汽分别供 6、7、8、9、10 号低压加热器。在 1～8 级抽汽管道上均设有气动逆止门，第 7、8 级抽汽因蒸汽容积流量较大，各采用一只气动蝶阀，第 9、10 级抽汽因加热器为内置式，故不装抽汽阀门。各段回热抽汽参数、流量见表 10-3。

表 10-3　　　　　　　　　　　各段回热抽汽参数及流量

抽汽段号	抽汽器	抽汽点（第几级后）	抽汽压力（MPa）	抽汽压损	抽汽温度（℃）	流量（t/h）
1	JG1	10	10.791		432.9	190.551
2	JG2	13	6.000		532.7	107.620
3	JG3	16	3.551	3%	448.4	105.398
4	JG4	19	1.648		514.4	61.473
5	CY	22	0.800		405.8	97.038
6	JD6	24	0.459		330	66.409
7	JD7	26/32	0.167		217	35.927
8	JD8	39/45	0.087	5%	152.4	38.679
9	JD9	28/34	0.039		83.5	33.907
10	JD10	41/47	0.017		56.9	37.158

　　(三) 上电集团二次再热超超临界机组的研发状况

　　上海电气集团对二次再热技术进行了相关的研发工作。对参数的选择、锅炉的布置形式、汽轮机的结构形式及二次再热的技术难点进行了研究，推出的参数为（30～35）MPa/600℃/620℃/620℃ 的二次再热机组。与 1000MW 一次再热机组相比，上电集团二次再热机组 35MPa/600℃/620℃/620℃ 方案的热耗率下降约 280kJ/kWh，30MPa/600℃/620℃/

620℃方案的热耗率下降约 230kJ/kWh。

1. 上海锅炉厂二次再热塔式锅炉的特点

上海锅炉厂既能提供塔式锅炉，又能提供 Π 型锅炉，两种炉型均适用于二次再热超超临界机组。厂家认为，塔式锅炉系统设计简单，阻力低（包括汽水阻力和烟气阻力），因此其相对运行中的能耗低。因此，优先推荐塔式锅炉方案。

二次再热超超临界锅炉的最大变化在于增加了低温再热器的受热面，从锅炉侧而言，其总的燃烧效率上一次再热机组和二次再热机组处于同一水平，选用最新的燃烧器设计，可确保获得最优的效率和最佳的污染物排放水平。

一次再热和二次再热锅炉的特点比较如下：

（1）一次汽侧。对于二次再热机组，由于增加了三次汽的吸热（第二级再热），一次汽的流量是降低的，其受热面会有所减少，制造成本存在差异。

由于给水温度的提高、一次汽流量的降低导致水冷壁可能无法使用目前一次再热超超临界机组中所使用的材料，而需要将材料的档次进行提升，带来成本上的差异。

由于一次汽整体压力水平的提高，导致一次汽材料的变化，带来成本上的变化。

对于整个一次汽而言，二次再热超超临界机组由于压力提高、水冷壁材料变化、受热面减少等综合原因，其一次汽受热面的成本是增加的。

（2）二次汽侧。二次再热的二次汽和一次再热的二次汽相比较，压力提高较大，出口温度也有了一定程度的提高，因此成本略有增加。

（3）三次汽侧。二次再热的三次汽和一次再热的二次汽相比较，压力较低，出口温度有一定程度的提高，因此，成本略低于一次再热的二次汽。

如图 10-20～图 10-22 所示，分别为上锅二次再热塔式炉过热系统、一次再热系统、二次再热系统结构图。

2. 上海锅炉厂二次再热 Π 型炉的特点

上海锅炉厂自主研发的二次再热 Π 型炉，炉膛上部并列布置有分隔屏式过热器，一次屏

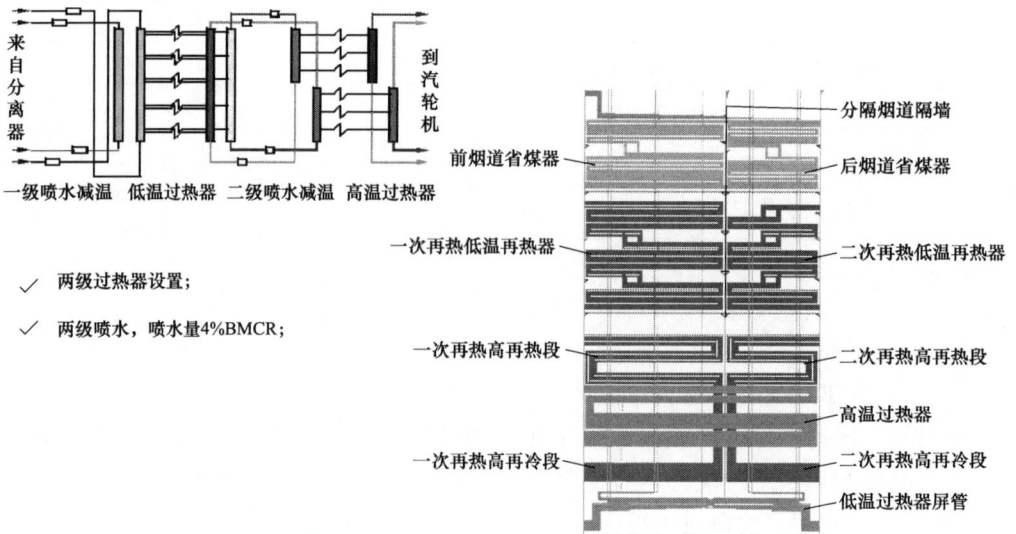

图 10-20　上锅二次再热塔式炉过热系统

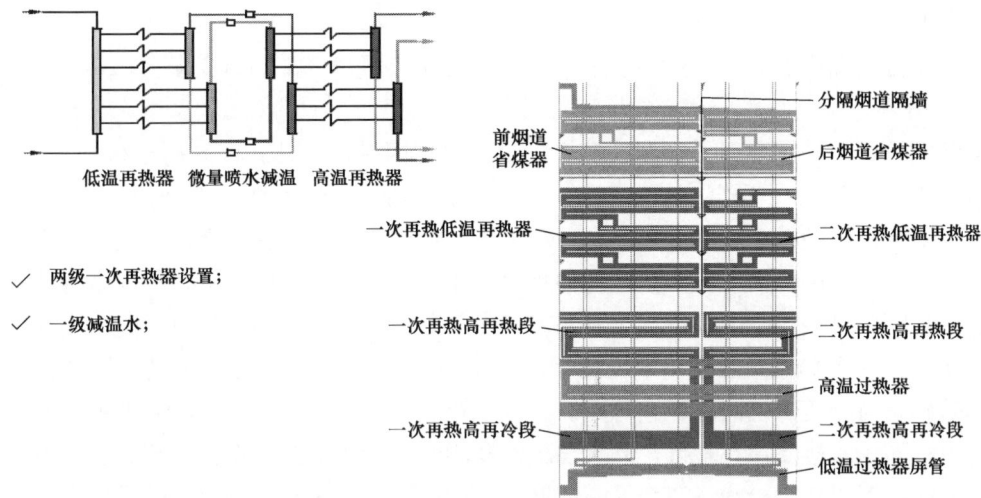

低温再热器　微量喷水减温　高温再热器

✓ 两级一次再热器设置；
✓ 一级减温水；

图 10-21　上锅二次再热塔式炉一次再热系统

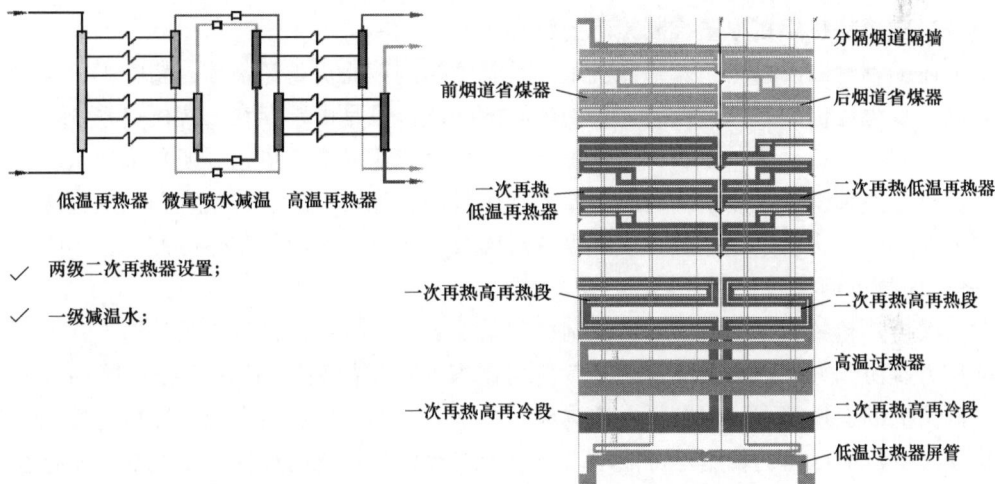

低温再热器　微量喷水减温　高温再热器

✓ 两级二次再热器设置；
✓ 一级减温水；

图 10-22　上锅二次再热塔式炉二次再热系统

式再热器和二次屏式再热器；炉膛折焰角上方布置高温过热器，高过后水平烟道布置一次高温再热器和二次高温再热器，三者并列布置；尾部烟道为并联双烟道，后烟井前烟道布置一次低温再热器、后烟道布置低温过热器，在低温再热器和低温过热器管组下方布置省煤器。

过热器分三级布置，低温过热器布置在尾部烟道的后烟道，逆流布置，主要吸收对流换热；屏式过热器布置在炉膛上部，顺流布置，主要依靠辐射换热；末级过热器布置在折焰角的上方，顺流布置，兼有辐射及对流换热特性。

一次再热器为三级串联布置，一次低温再热器布置在尾部烟道的前烟道中，逆流布置；一次屏式再热器布置在炉膛上方后部，顺流布置，与二次屏式再热器左右并列布置；一次高温再热器布置在水平烟道上方，顺流布置，与二次高温再热器左右并列布置。

二次再热器为二级布置，二次屏式再热器布置在炉膛上后方，顺流布置，与一次屏式再热器左右并列布置；二次高温再热器布置在水平烟道上方，顺流布置，与一次高温再热器左右并列布置。

锅炉在排烟温度控制上，主要通过增大省煤器受热面来将排烟温度降至 120℃左右。

3. 上海汽轮机厂二次再热汽轮机的特点

上海汽轮机厂采用西门子 HMN 模块组合，五缸四排汽，即：超高压缸模块（筒型）＋高压缸模块（单流）＋中压缸模块（双流）＋2×低压模块，末级叶片长度 914.4mm。超高压缸模块为单流圆筒型结构，外缸由前、后缸组成，由受力面小的轴向螺栓连接，没有水平中分面；内缸有水平中分面，但无法兰外伸且尺寸小，超高、高、中压缸独特的结构使机组在启动运行时膨胀自由；全周式进汽没有调节级的部分进汽损失；无抽汽口。高压模块以现有 IP-2 改型设计一个单流高压缸；中压缸采用一个 IP-3 模块；中压缸双流双层缸结构；在一次再热基础上对相关部件的材料进行升级；低压模块通用一次再热 660MW 机组，低压双流缸具有内缸转子直接支撑在基础，外缸与凝汽器刚性连接等的结构型式；超高压缸冷却方式是在第五级后引出夹层冷却汽流至平衡活塞后，中压转子在进汽的高温区域采用切向涡流冷却结构；轴系除高压转子外均采用单轴承支撑型式，结构紧凑，轴承的型式为椭圆式，轴承座均为落地式。

三、二次再热机组模拟量控制策略的特点

对上述提到的二次再热超超临界机组，其总体控制策略仍与超临界、超临界机组的控制策略相同，水煤比仍然是机组控制上最为核心的问题，只是由于存在二次再热系统，锅炉的过热系统、一次再热系统、二次再热系统间的热量分配比一次再热超（超）临界机组更为复杂，不仅是过热系统和再热系统之间需要控制热量的分配，一次再热系统和二次再热系统之间还要分配热量，实现过热汽温、一次再热汽温及二次再热汽温的整体可控。

（一）机组协调控制

对二次再热超超临界机组而言，协调控制系统的汽轮机主控在汽轮机跟随方式下用于调节机前压力，协调方式下用于满足电网负荷的需求（功率控制）；锅炉主控在协调方式下用于满足汽轮机的能量需求，与燃料主控构成一个串级控制，通过给煤机对燃料的控制发生改变，快速维持机前压力的偏差尽可能小。但由于二次再热系统的存在，在控制上又存在一些自身的特点。

（1）由于汽轮机增加了一个超高压缸，各缸之间的做功比发生了改变，在机组负荷发生改变后，与一次再热机组相比，各缸间的做功依次发生变化，整个负荷的变化过程时间相应加长。使整体负荷的稳定性变差。

（2）燃料量的改变对中间点温度、主蒸汽温度、一次再热温度、二次再热温度同时发生变化，这些因素都对汽轮机进汽工质的参数产生影响，导致汽轮机负荷的变化。加之，各温度间的调整变化过程相互影响，稳定过程时间相对较长。而这些参数的变化又会通过汽轮机负荷的变化体现在机前压力的变化上，这又会引起燃料量的改变、给水流量的变化、减温水流量的变化，这些变化过程循环往复，逐渐衰减直至最终的稳定。因此，控制上的调节过程要注重子系统的调节速度匹配，以此适应 AGC 负荷频繁波动的影响，确保控制偏差在合理范围内，实现一个动态的稳定。

（3）控制策略上将广泛的使用变参数、自适应的控制方式，考虑尽可能多的扰动变量，而前馈控制将得到更多的应用。

（二）水煤比控制

水煤比控制仍是整个机组控制的核心问题，综合以往一次再热超临界、超超临界机组的控制经验，水煤比对确保二次再热超超临界机组中间点温度、主蒸汽温度、一次再热温度、二次再热温度的稳定，乃至整个机组的稳定更加重要。结合水煤比控制的策略，将水跟煤与煤跟水的控制策略相互融合，给水流量控制中间点温度为主，燃料量为辅。在中间点温度偏差超过一定的限值后，开始投入燃料量的控制，并尽可能使燃料的波动小一些，以最快速度稳定中间点温度。这样可减少过热系统换热的变化，提高一次、二次再热汽温控制上的灵活性和稳定性，确保整个机组的控制在快速性满足要求的前提下，实现安全稳定高效的运行。

水跟煤与煤跟水相结合的控制策略，其自动控制的投入和切除条件以及锅炉主控和给水控制的跟踪逻辑更为复杂，不仅对热控人员提出更高的要求，对运行人员的手动调整同样是一个难点。

（三）主蒸汽温度控制

与其他超（超）临界机组的主蒸汽温度控制相同，喷水减温仍是主蒸汽温度控制的主要手段。但二次再热机组对主蒸汽温度的控制品质要求更高，减少主蒸汽温度的波动，也就尽可能减少了过热系统和整个再热系统热量分配的变化，对提高整个机组的稳定性大有益处。因此，必须构造成整个汽水系统的联合控制，及时调整中间点温度的变化，确保过热减温水控制的快速、准确。在此，减温水与给水的比例控制以及对水冷壁的温度控制都需要分离器温度的控制品质尽可能的满足要求，而各级过热器的换热偏差也应参与到分离器入口温度的控制之中，形成整个汽水系统的联合调节。

（四）再热汽温控制

一、二次再热汽温的控制是整个二次再热超超临界机组的难点，在不同电网对机组AGC控制方式（考核指标）的差异之下，完全没有任何先例可循。在此，通过设计过程的相关资料以及当前二次再热工程的组态提出相应的控制策略。对于不同二次再热锅炉的制造厂家，由于受热面布置方式的差异，炉型结构和调整手段上也存在很大区别，这也直接影响控制策略的选择。现以哈尔滨锅炉厂660MW二次再热机组的控制策略为例。

在一、二次再热汽温的控制中普遍保留事故喷水这一有效的控制手段，但事故喷水的投入意味着失去二次再热机组运行经济性的优势，正常不参与再热汽温的控制。事故喷水调节如图10-23所示。而燃烧器摆角变化在再热汽温的控制中仅作为一个辅助性的手段，控制上采用以机组负荷为基础的线性开环控制，同时存在运行人员的手动偏置调整接口。在此仅讲述烟气挡板及烟气再循环控制策略对二次再热汽温的调节。

1. 再热汽温调节采用烟气挡板和烟气再循环控制策略

二次再热机组存在一次再热和二次再热两个系统，控制上存在各自的目标设定值，也就是需要控制好各自的吸热量。在采用调节挡板和烟气再循环调节再热汽温的控制策略上，由于整体的再热吸热以对流换热为主，因此，烟气再循环量的改变对再热吸热量的影响较为明显，而再循环烟气对整个炉膛温度的改变对辐射换热的影响较为明显，从而实现对过热系统和整个再热系统热负荷的分配。从整个控制策略来讲，烟气再循环量的调节用于控制一次再热和二次再热设定温度的和，而反馈信号则采用一次再热和二次再热实际温度的和，如果考虑一次与二次再热吸热份额的不同，其设定值与反馈值的构成上应对两个温度设定和反馈量之间设置一定的加权，使其控制更为精确。烟气再循环控制策略如图 10-24 所示。

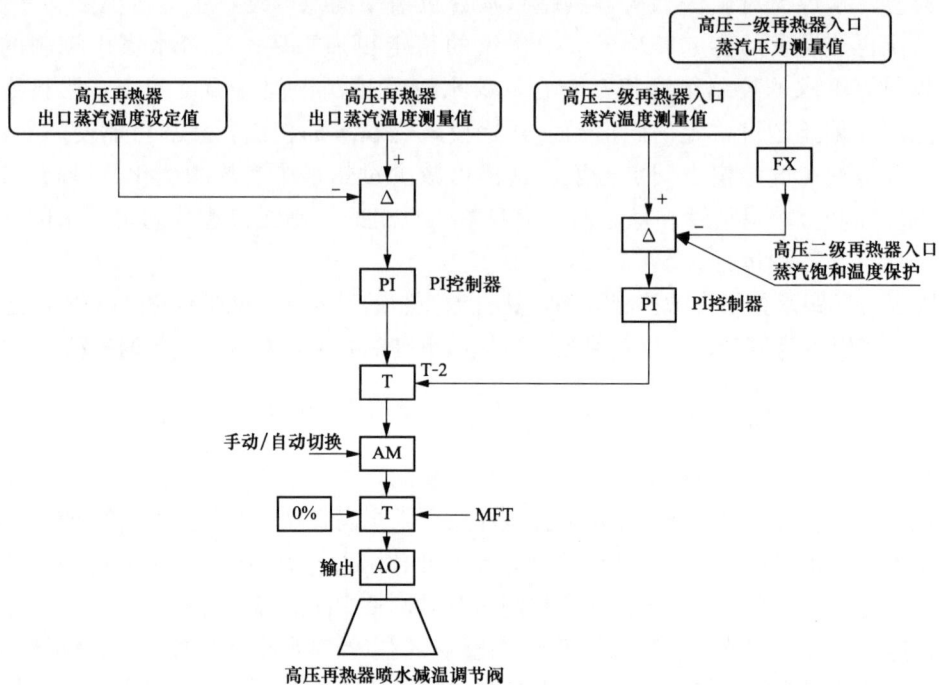

图 10-23　再热事故喷水调节

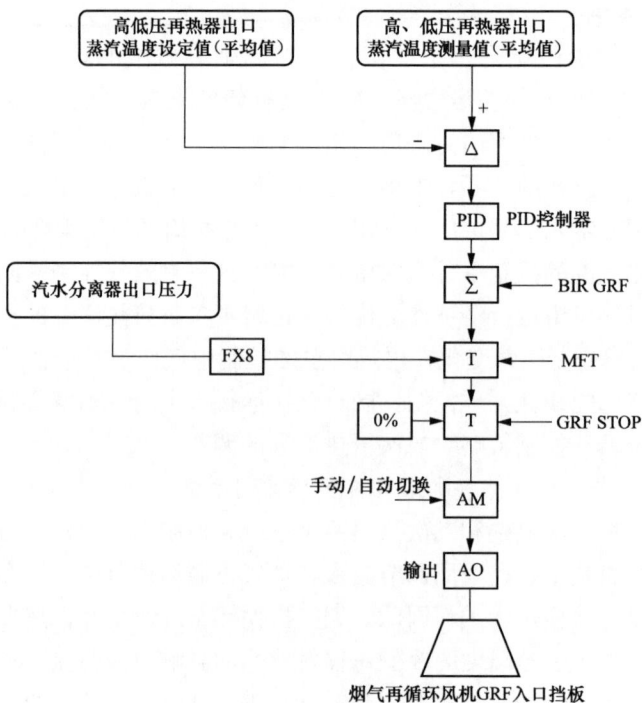

图 10-24　烟气再循环控制策略

　　烟气挡板位于烟道竖井省煤器出口处，通过双烟道出口烟气挡板的调节进行烟气流量分配来进行高、低压再热器之间的温度控制。其设定值为一次再热的设定温度与实际温度的偏差，反馈值为二次再热的设定温度与实际温度的偏差。燃烧器摆动及烟气挡板控制策略如图 10-25 所示。

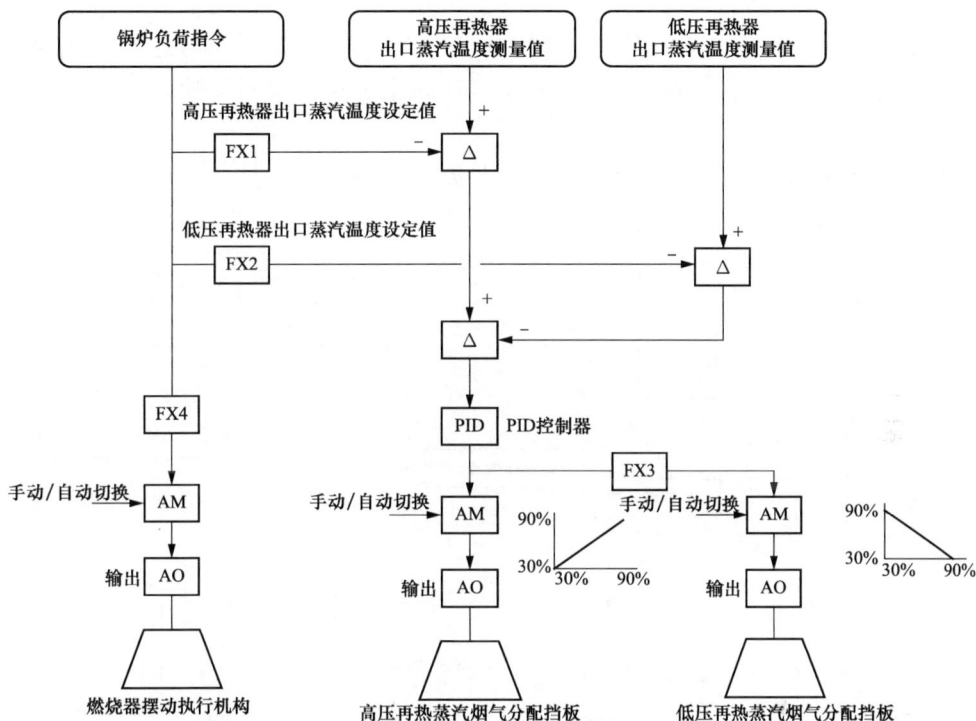

图 10-25　燃烧器摆动及烟气挡板控制策略

　　整个再热系统汽温控制方案说明，见表 10-4。

表 10-4　　　　　　　　　　　　　　　　再热系统汽温控制方案

优先级	控制内容	说　　明
主	烟气再循环风机（GRF）入口挡板	高压再热器和低压再热器总的吸热量是通过控制烟气再循环风机（GRF）入口挡板的开度来实现的
	烟气分配挡板	高压低温再热器和低压低温再热器的吸热是通过调节各自烟气分配挡板开度来实现的，两组低温再热器的分配挡板动作方向是相反的。烟气分配挡板的最小开度设定为 10%，目的是防止烟尘腐蚀挡板的金属材料
辅	燃烧器摆动执行机构	燃烧器喷嘴的成组上下摆动可以改变火焰长度从而改变烟气温度。根据锅炉负荷大小对燃烧器摆角进行开环控制，不考虑再热蒸汽温度的反馈控制。 通过燃烧调整试验来确定各负荷下的燃烧器摆动角度
事故状态	喷水减温器	按锅炉设计再热器是不需要喷水的，但是在负荷变化和紧急情况时，烟气分配挡板和烟气再循环风机 GRF 入口挡板的控制达不到效果、响应滞后，这时就需要投入再热器喷水减温器。控制系统还具有喷水过量保护功能，控制蒸汽温度要比蒸汽饱和温度点高

2. 烟气再循环系统相关说明

如果再热汽温的控制上仅采用摆动燃烧器加烟气挡板进行调温，再热间烟气挡板的调整并不会增加一次和二次再热器的总吸热量。当在某一负荷下，燃烧器摆动角度达到正向最大时，假设一次再热器温度到达了额定温度，而二次再热器还没有达到额定温度，此时调整烟气挡板，增加二次再热器的吸热量，那么一次再热器的吸热量就会减少，而使一次再热器的温度降低，有可能无法同时保证一、二次再热器同时达到额定温度，因此，可考虑通过增加烟气再循环系统，增加烟气的流量从而使对流换热曾加，满足再热器总体的吸热量。

烟气再循环系统的工艺流程上通常存在 3 种方案，如图 10-26 所示。

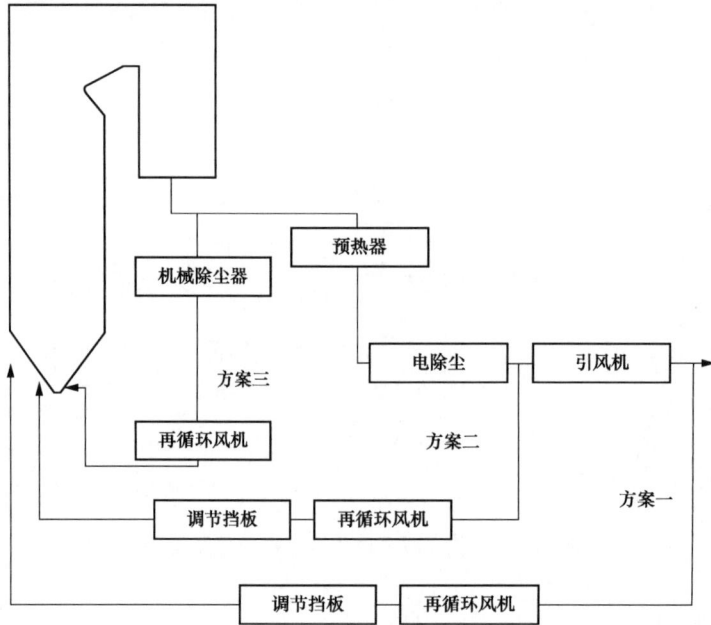

图 10-26　烟气再循环系统

在图 10-26 中，存在 3 种烟气再循环的布置方案，三者间存在一定的差异。

方案一：从引风机出口增加再循环风机，此时再循环风机的作用相当于引风机。流经烟道的烟气流量增加，此时的空气预热器为保证换热充分，必须在设计上加大。烟气流经空气预热器后，再循环回来的烟气温度较低，进入炉膛后能够显著降低炉内的温度水平，减少锅炉的总体辐射换热，从而实现增加对流换热量。此方案中，如果引风机的容量足够大，可以取消再循环风机，由引风机替代。

方案二：此方案中的空气预热器需要考虑再循环增加的烟气量，所以容积上需要加大。烟气不流经引风机，所以再循环风机必不可少。

方案三：在空气预热器之前抽取烟气，减少了空气预热器和引风机增容（无再循环风机）带来的问题，但此烟气未经过电除尘，烟气中含有大量的飞灰，会对锅炉产生一定的冲刷。因此，在再循环风机前加装机械除尘器。

需要说明的是：上述控制策略主要针对在较高负荷区域内采用烟气再循环方式，而未采用较低的烟气再循环率或烟气再循环为零，原因是采用这种设计方式，烟气再循环仅用于再热汽温低于额定值或设定值。如果一旦整体再热汽温处于超温时，无法通过降低烟气再循环实现调节再热汽温，只能启动再热器事故减温水系统。

3. 再热汽温调节采用三烟气挡板的控制策略

东方锅炉厂二次再热超超临界锅炉的设计采用ⅡⅡ型布置，单炉膛，固态排渣，前后墙对冲燃烧，水冷壁采用螺旋盘绕上升加垂直管屏的结构，尾部三烟道，平衡通风，全钢结构、全悬吊结构。过热蒸汽系统中的低温过热器布置在尾部烟道，屏式过热器布置在炉膛，末级过热器布置在水平烟道。

尾部采用三烟道布置方式，即在锅炉深度方向并列分为三个烟道，三烟道的受热面布置是尾部每个烟道从前（靠炉膛侧）到后分别布置：二次低温再热器、低温过热器、一次低温再热器。在各低温级管组下方分别布置省煤器，在各烟道省煤器的下方各布置一个调节挡板，通过尾部烟气调节挡板改变烟道中烟气份额来调节各级再热器的汽温；同时保留再热器微调喷水和事故喷水作为一种备用的调节手段。尾部三烟道结构如图10-27所示。

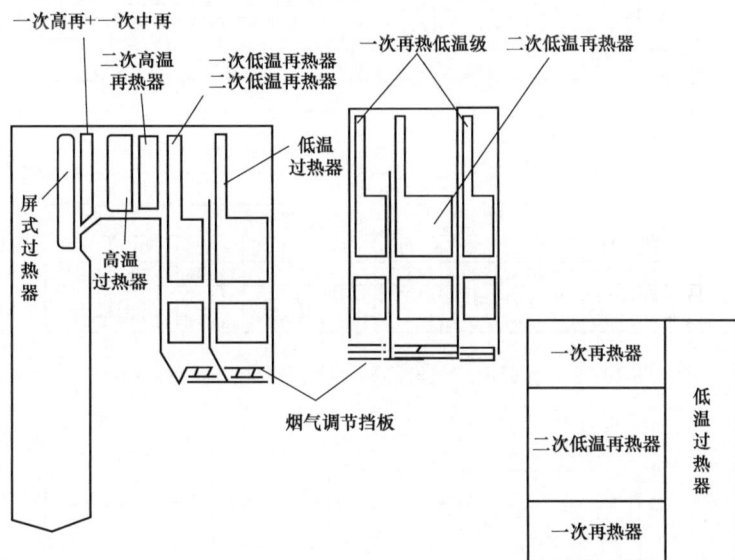

图 10-27 尾部三烟道结构图

从图10-27中可以看出，低温过热器与一次、二次再热器间的烟气挡板能够改变过热与整个再热间的热负荷分配，一次再热器与二次再热器间的烟气挡板能够分配两级再热器间的热负荷。在控制策略上，低温过热器与再热器间的烟气挡板用于控制一次再热温度控制偏差与二次再热温度控制偏差的和，一次再热器与二次再热器间的烟气挡板用于控制一次再热温度控制偏差与二次再热温度控制偏差的差，通过相互间控制的耦合作用，实现两级再热汽温的控制。而在满足再热汽温控制的前提下，过热汽温必须保有足够的喷水。

东方锅炉厂在二次再热超超临界机组的设计上给出相应的烟气挡板开度变化过程曲线，如图10-28～图10-30所示。

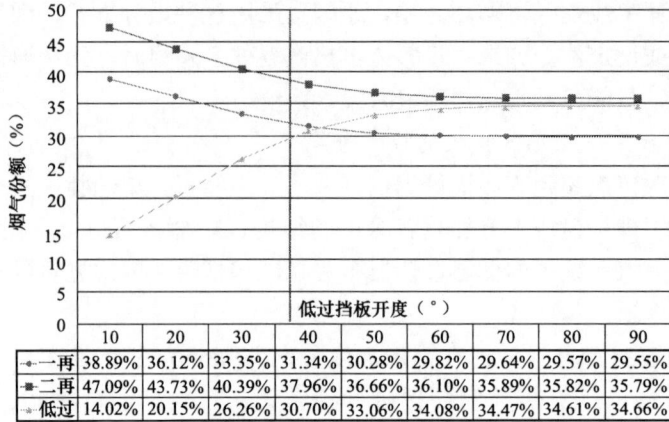

	10	20	30	40	50	60	70	80	90
一再	38.89%	36.12%	33.35%	31.34%	30.28%	29.82%	29.64%	29.57%	29.55%
二再	47.09%	43.73%	40.39%	37.96%	36.66%	36.10%	35.89%	35.82%	35.79%
低过	14.02%	20.15%	26.26%	30.70%	33.06%	34.08%	34.47%	34.61%	34.66%

图 10-28　各烟道烟气份额随低过侧挡板变化曲线

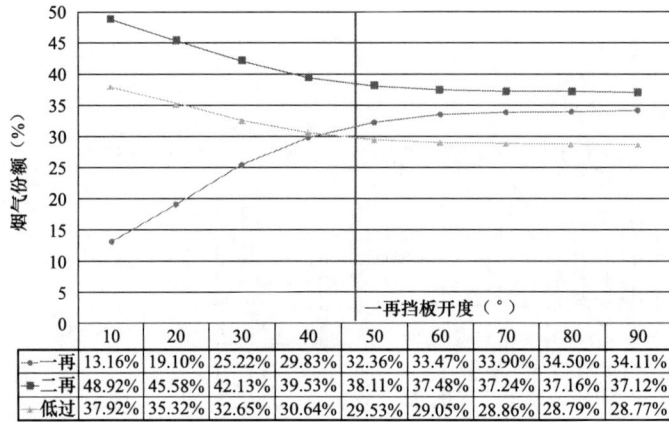

	10	20	30	40	50	60	70	80	90
一再	13.16%	19.10%	25.22%	29.83%	32.36%	33.47%	33.90%	34.50%	34.11%
二再	48.92%	45.58%	42.13%	39.53%	38.11%	37.48%	37.24%	37.16%	37.12%
低过	37.92%	35.32%	32.65%	30.64%	29.53%	29.05%	28.86%	28.79%	28.77%

图 10-29　各烟道烟气份额随一次再热侧挡板变化曲线

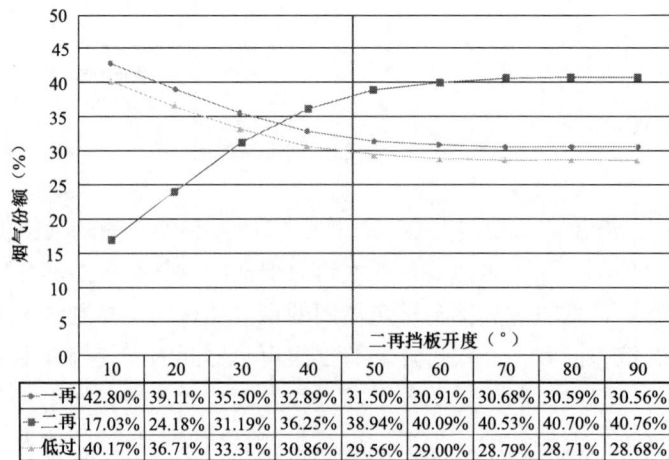

	10	20	30	40	50	60	70	80	90
一再	42.80%	39.11%	35.50%	32.89%	31.50%	30.91%	30.68%	30.59%	30.56%
二再	17.03%	24.18%	31.19%	36.25%	38.94%	40.09%	40.53%	40.70%	40.76%
低过	40.17%	36.71%	33.31%	30.86%	29.56%	29.00%	28.79%	28.71%	28.68%

图 10-30　各烟道烟气份额随二次再热侧挡板变化曲线

4. 二次再热汽温控制的难点

（1）当出现锅炉偏烧时，两侧的烟气温度出现很大的偏差，特别是在锅炉的热负荷变化时，偏差的现象可能更加严重，从而给烟气量的分配带来困难。

（2）吹灰过程中，相应受热面的换热发生改变，同样会带来热负荷分配的变化，特别是水冷壁吹灰过程中再热汽温的控制往往出现偏低。

（3）磨煤机启/停过程实际上是入炉燃料发生改变的过程，运行人员必须总结经验，减少这一过程的扰动，确保主蒸汽温度、一次再热蒸汽温度、二次再热蒸汽温度的可控性。

（4）磨煤机风粉比的响应速度。在以往机组的控制上，负荷变化过程中的锅炉响应速度远远滞后于汽轮机，为此控制上通过燃料量的超调以及磨煤机风粉比的快速改变提高锅炉的燃烧变化率。这将给再热汽温的控制带来很大的扰动，因此在负荷的控制上必须做到两者兼顾。

（五）旁路控制

由于二次再热机组增加了二次再热系统，相应的在旁路系统上也增加了一级旁路，从而构成三级旁路相互串联的结构，如图 10-19 所示，但其控制要求与一次再热机组的旁路控制策略基本相同。

（六）汽轮机的 DEH 控制

二次再热超超临界机组的 DEH 控制内容与一次再热超超临界机组的 DEH 控制内容基本相同，但由于超高压缸的增加，机组的启动过程以汽轮机 DEH 转速调节器的输出形成流量指令同时分配给超高压缸、高压缸和中压缸的调阀，转速调节过程中三个缸之间的流量分配比例为 1：1.5：2。在机组并网转为负荷控制后，三个缸之间的流量分配比例为 1：3：3，这样在汽轮机流量达到 33.33% 后，高压缸和中压缸的流量达到 100%，按照其流量形成的调阀开度指令将达到全开，整个机组的负荷控制完全由超高压缸的调阀来完成。

整个 DEH 上的控制难点是汽轮机甩负荷过程的控制，由于超高压缸的增加，汽轮机甩负荷后防止超速的难度加大，同时控制上转速的波动也会大一些。

参 考 文 献

[1] 赵志丹，党黎军，刘超，等. 超（超）临界机组启动运行与控制［M］. 北京：中国电力出版社，2011.

[2] 徐通模，袁益超，陈干锦，等. 超大容量超超临界锅炉的发展趋势［J］. 动力工程，2003（3）：2363-2369.

[3] 西安热工研究院. 超临界超超临界燃煤发电技术［M］. 北京：中国电力出版社，2008.

[4] 朱宝田，赵毅. 我国超超临界燃煤发电技术的发展［J］. 华电技术，2008（2）：1-5.

[5] 贾鸿祥. 制粉系统设计与运行［M］. 北京：水利电力出版社，1995.

[6] 孙灏，李奕，蒋从进. 锅炉引风机和脱硫增压风机合并研究［J］. 华北电力技术，2012（5）：12-16.

[7] 王卫良，李永生. 350MW 超临界供热机组热网疏水系统优化［J］. 汽轮机技术，2013（4）：303-305.

[8] 贾鸿祥. 制粉系统设计与运行［M］. 北京：水利电力出版社，1995.

[9] 高奎，常磊，陈志刚，等. MPS 型中速磨煤机运行故障分析及其控制功能改进［J］. 热力发电，2011（8）：73-77.

[10] 赵志丹，高奎，闫旭彦，等. 百万千瓦机组汽动引风机的控制策略［J］. 电力建设，2011（7）：73-78.

[11] 陈志刚，郝德锋，赵志丹，等. 采用汽动引风机的 1000MW 级汽轮发电机组 RB 试验［J］. 电力建设，2012（8）：74-77.

[12] 赵志丹，陈志刚，王家兴，等. 汽动引风机控制策略的优化［J］. 热力发电，2012（9）.

[13] 蒲万里，曹志勇. 1000MW 火电机组汽动引风机启动并联运行方式探讨［J］. 风机技术，2014（3）：75-78.

[14] 陈洪兴，高天云. 上海电网 AGC 调节速率现状分析［J］. 华东电力，2013，41（6）：18-21.

[15] 张永军，陈波. 浙江电网火电机组 AGC 运行状况及性能考核分析［J］. 浙江电力，2010，3：35-39.

[16] 张秋生. 提高机炉协调控制系统 AGC 响应速率的方法［J］. 电网技术，2005，29（18）：49-52.

[17] 梁朝. 华能上海石洞口发电有限责任公司 3 号机组 DCS 逻辑优化报告［R］. 西安：西安热工研究院有限公司调试技术部，2011.

[18] 潘洋，贾庆岩，王晋. 680MW 超超临界机组凝结水系统变频控制策略优化 2011，35（2）：29-30.

[19] 杨冬，路春美，王永征. 不同种类煤粉燃烧 NO_x 排放特性试验研究［J］. 中国电机工程学报，2007，27（5）：18-21.

[20] 陈志刚. 山西大唐国际神头发电有限责任公司 3 号机组协调优化试验报告［R］. 西安：西安热工研究院有限公司调试技术部，2014.

[21] 陈志刚. 华能沁北电厂三期工程 5 号机组热控 RB 试验报告［R］. 西安：西安热工研究院有限公司调试技术部，2012.

[22] 赵志丹，陈志刚，郝德锋，等. 火电机组 RB 控制策略及其在试验中应注意的问题［J］. 热力发电，2010，22（6）：48-50.

[23] 赵志丹，高奎，梁朝，等. 华能海门电厂一期工程 3 号机组热控调试报告［R］. 西安：西安热工研究院有限公司调试技术部，2010.

［24］ 广东省电力设计研究院. 汽轮机驱动引风机专题报告［R］. 广州：广东省电力设计研究院，2010.

［25］ 陈志刚. 华能沁北电厂一期工程 1 号机组一次调频试验报告［R］. 西安：西安热工研究院有限公司调试技术部，2012.

［26］ 梁朝. 华能金陵电厂 1 号机组 DCS 逻辑优化报告［R］. 西安：西安热工研究院有限公司调试技术部，2012.

［27］ 赵志丹，宋太纪，陈志刚，等. 华能日照电厂 1 号、2 号机组 AGC 控制功能优化研究［J］. 热力发电，2010（11）：77-81.

［28］ 赵志丹，段元光，梁朝，等. 华电芜湖电厂超超临界 660MW 机组模拟量控制系统的优化［J］. 热力发电，2011（6）：61-64.

［29］ 赵志丹，陈志刚，王晓勇，等. 直接能量平衡在协调控制中的应用及优化［J］. 热力发电，2008（4）：1-5.

［30］ 赵志丹，韩吉亮，练领先，等. 配置双进双出钢球磨超临界机组控制策略的优化［J］. 热力发电，2013（11）.